Sammlung geologischer Führer

capio lumen

1790

Sammlung geologischer Führer

Herausgegeben von Peter Rothe

Band 104

Gebr. Borntraeger · Stuttgart · 2011

Harz, östlicher Teil
mit Kyffhäuser Kristallin

von

Hans Joachim Franzke und Max Schwab

Mit 5 Farbbildern, 142 Abbildungen und 2 Tabellen

Gebr. Borntraeger · Stuttgart · 2011

Harz, östlicher Teil, mit Kyffhäuser Kristallin

Dr. Hans Joachim Franzke
Hirschler Weg 11
38678 Clausthal-Zellerfeld
e-mail: franzke.clz@gmail.com

Prof Dr. Max Schwab
e-mail: drmaxschwab@gmx.de

Umschlagvorderseite: Blick in das Bodetal

1. Auflage 2011

ISBN 978-3-443-15090-7

Information on this title: **www.borntraeger-cramer.de/9783443500351**

Verlag: Gebr. Borntraeger Verlagsbuchhandlung
Johannesstr. 3A, 70176 Stuttgart, Germany
mail@borntraeger-cramer.de
www.borntraeger-cramer.de

∞ Gedruckt auf alterungsbeständigem Papier nach ISO 9706-1994

Satz und Gesamtherstellung: Satzpunkt Ursula Ewert GmbH, Bayreuth

Printed in Germany by Tutte Druckerei GmbH, Salzweg

Inhalt

Vorwort

Dieser neue Band aus der „Sammlung geologischer Führer" enthält 10 Exkursionen im Gebiet des Unter- und Mittelharzes (Anteile der Bundesländer Sachsen-Anhalt und Thüringen, E1 bis E10) und einen Anhang mit vier Exkursionsrouten (R1–R4) im wenig erschlossenen östlichen Harz sowie eine Exkursion (E11) in den Kristallinaufbruch des Kyffhäusers. Mit dem Exkursionsführer „Harz, östlicher Teil" wird nach langen Vorarbeiten die Lücke im Harzgebiet geschlossen. Zuvor sind bereits die Exkursionsführer „Harzvorland, Westlicher Teil" (K. Mohr 1982, Bd. 70), „Westharz" (K. Mohr, 5. Auflage 1998, Bd. 58), „Thüringer Becken" (G. Seidel, 1992, Bd. 85), und „Nördliches Harzvorland (Subherzyn), östlicher Teil" (G. Patzelt, 2003, Bd. 96) erschienen. Damit sind Harz und Umfeld durch die „Sammlung geologischer Führer" weitgehend erfasst.

Neben den bereits klassischen Lehrbüchern zur Harzgeologie von Schriel (1954) und Möbus (1965) gibt es moderne Übersichten zur Geologie des Harzes (Mohr 1992, Wachendorf 1986, Wachendorf et al. 1995, Schwab 1999, Schwab 2007). Inzwischen ist auch die „Geologie von Sachsen-Anhalt" (Hrsg. Bachmann et al. 2008) erschienen, in welcher von M. Schwab, Halle, eine ausführliche Darstellung der Geologie des Ostharzes gegeben wird. Deshalb können wir uns zugunsten der Exkursionen auf eine kurze einführende Darstellung der Geologie des östlichen Harzes beschränken. Dies gilt auch für das Kristallin am Kyffhäuser, welches in mehreren Spezialarbeiten und in der „Geologie von Thüringen" (Hrsg. G. Seidel 2003) durch J. Wunderlich, Jena, detailliert beschrieben wird. Literaturangaben beschränken sich auf das Wesentliche.

Die Verfasser bedanken sich bei zahlreichen Fachkollegen für Hinweise und mannigfaltige Unterstützung. Hervorheben möchten wir Herrn Dr. Armin Zeh, Würzburg, der sich an der Erarbeitung der Exkursion zum Kristallin des Kyffhäusers (E11) beteiligte. Unser besonderer Dank gilt Irene Joß, Clausthal, und Eva Puppel, Freiberg/Sa., die mit großem Engagement die Bearbeitung der vielen Abbildungen besorgten und nochmals Dank an Irene Joß für ihre große Hilfe und Umsicht bei den redaktionellen Arbeiten.

Hans Joachim Franzke
Max Schwab

I. Einführung in die Geologie des östlichen Harzes

1. Zur Landschaftsentwicklung des östlichen Harzes

Der Harz ist das nördlichste deutsche **Mittelgebirge**. Er erstreckt sich in WNW-ESE-Richtung („herzynische Richtung") auf etwa 120 km Länge, quer dazu auf 30 km Breite. Sein Umriss wurde geformt durch seit dem Jungmesozoikum (85 Ma) und im Känozoikum aktive Blockgrenzen, welche entlang von WNW-ESE-Störungen (Nordrand) und an SSW-NNE-Strukturen verlaufen (W- und E-Rand).

Auf der entlang der N-Randstörung pultartig angehobenen Hochscholle des Harzes wurde der ehemals vorhandene, bis ca. 2 km mächtige Gesteinsstapel des Deckgebirgs seit der oberen Kreide vollständig erodiert, so dass im Harz **altpaläozoische Gesteine** des variszischen Unterbaus weiträumig angeschnitten sind. Die flach lagernden jungvariszischen **Molassebecken** von Ilfeld, Meisdorf und des Saalebeckens überlagern nach einer Erosions- und Hebungsphase von ca. 10–15 Ma die im Variszikum verformten und dabei steil aufgerichteten Serien des Altpaläozoikums.

Am W-, S- und E-Rand des Harzes fällt das **Deckgebirge**, durch relativ kleine NW-SE- und SSW-NNE-Störungen modifiziert, flach in das umliegende Vorland ab. Es wird von steil aufgerichteten, verfalteten und verschieferten Sedimenten und Magmatiten des variszis verformten Stockwerks unterlagert. Das diskordante Auflager des permischen Deckgebirgs (Zechstein-Konglomerat und Kupferschiefer) ist in mehreren Bereichen des Süd- und Ostharzes und am Kyffhäuser aufgeschlossen (E5, E8, E9). Am Nordrand der Harzscholle ist durch steile Aufrichtung der Schichten (Aufrichtungszone) entlang der Nordrand-Störung eine Schichtrippen-Landschaft entstanden. Die marine Sedimentation des postvariszischen Deckgebirgs begann mit der Transgression des Zechsteins und reichte bis in die Oberkreide. Als Kompensation der Hebung der Harzscholle entstand in der Oberkreide der schmale, synsedimentär einsinkende Sedimenttrog (Subherzyn-Randtrog), der synchron mit der Harzhebung, 1–2 km mächtige Sedimente der Oberkreide aufgenommen hat. Das damit über 3 km mächtige Profil des postvariszischen Deckgebirgs ist in der weitgespannten Subherzyn-Senke am vollständigsten und mächtigsten entwickelt. Durch fortdauernde Einsenkung ist dort die Schichtfolge von der jungen Erosion seit der Kreide-Tertiärwende weitgehend verschont geblieben. Deshalb ist dieser Raum besonders geeignet, die jungmesozoische **saxonische Tektonik** exemplarisch zu studieren (E. Voigt 1963, Wrede 1988, Franzke et al. 2004, Th. Voigt et al. 2004, 2005, 2006). An der mittelsteil nach SW einfallenden N-Randstörung wurde der Harzblock in der jüngsten Oberkreide (oberkretazische Inversionstektonik) um mehrere km nach N aufgeschoben, wodurch der dem Schollenrand vorgelagerte Randtrog zum subherzynen Becken transformiert wurde.

Im W-, S- und SE-Vorland (Hessische und Thüringer Senke, SE-Vorland) hat die Erosion großflächig die Sedimente des Oberperms/Trias und bereichsweise die variszischen Molassen (Permokarbon) freigelegt, wodurch eine eindrucksvolle Schichtstufen-Landschaft entstanden ist. Auf den Festgesteinen des Molasse- und Deckgebirgs-Stockwerks sowie des Harzpaläozoikums liegt ein dünner, lückenhafter Schleier von Lockergesteinen des Tertiärs und Quartärs.

Die Harzscholle begann sich morphologisch erst seit der Oberkreide (vor ca. 87–85 Ma, Coniac/Santon) aus ihrer Umgebung herauszuheben. Es gibt keine Hinweise auf die frühere Existenz eines Harzblocks (Voigt et al. 2004, 2005). Die Hebungen seit der Oberkreide verliefen asymmetrisch und waren mit mehr als 5 km Hebung der Harzscholle am N-Harzrand am intensivsten. Gleichzeitiger hierzu erfolgte die Einsenkung des Vorlands in der Oberkreide um ca. 2 km (E. Voigt 1963). Entlang der Nordrand-Störung bildete sich seit der Oberkreide die markante Schollenkante heraus, an welcher der Harzblock heute das Nordvorland zwischen 300 m (Ostharz) und nahezu 1.000 m (Brockengebiet) überragt. Aus dem Niveauvergleich von küstennahen marin/brackischen Sedimenten des Unteroligozäns in Karstschlotten des Elbingerode-Komplexes (König et al. 2008) und deren Korrelation mit altersgleichen flachmarinen Sedimenten am unmittelbaren N-Rand des Harzes bei Wienrode kann man schließen, dass sich die postoligozäne Hebung des mittleren N-Harzes in den letzten 32 Ma auf ca. 300 m beläuft. Der heutige Höhenunterschied des Harzblocks zum Vorland wird also wesentlich von jungen Hebungen/Senkungen mitbestimmt.

Die Ausrichtung der morphologischen Formen und des Entwässerungssystems widerspiegelt die variszischen Strukturen (SW-NE) und die mesozoisch /känozoische Blocktektonik (WNW-ESE und SSW-NNE). In den Ruhephasen der jungmesozoisch-känozoischen Blockhebung entstanden die vom W- zum E-Harz hin immer tiefer abgetreppten Verebnungsflächen (Frühauf et al. 1993). Diese werden etwa seit dem Oligozän/Miozän von den Schollenrändern her durch rückschreitende Erosion der Flüsse angeschnitten und immer weiter zerlappt (Abb. V1).

Die Gliederung in die Bereiche Ober-, Mittel- und Unterharz basiert auf der in SE-Richtung stufenartigen Abtreppung der markanten Verebnungsflächen des Harzblocks. Diese wird verursacht durch unterschiedliche jungmesozoisch-känozoische Hebungsbeträge von Teilblöcken, abgegrenzt durch möglicherweise reaktivierte variszische SW-NE-Scherzonen. Es sind dies namentlich der SE-Rand des Acker-Bruchberg-Zugs als Grenze zwischen Oberharz (synonym: Westharz) und Mittelharz sowie die S-Grenze der Tanne-Zone zwischen dem Mittel- und Unterharz. Oberhalb von 700 m Höhe spricht man auch vom Hochharz.

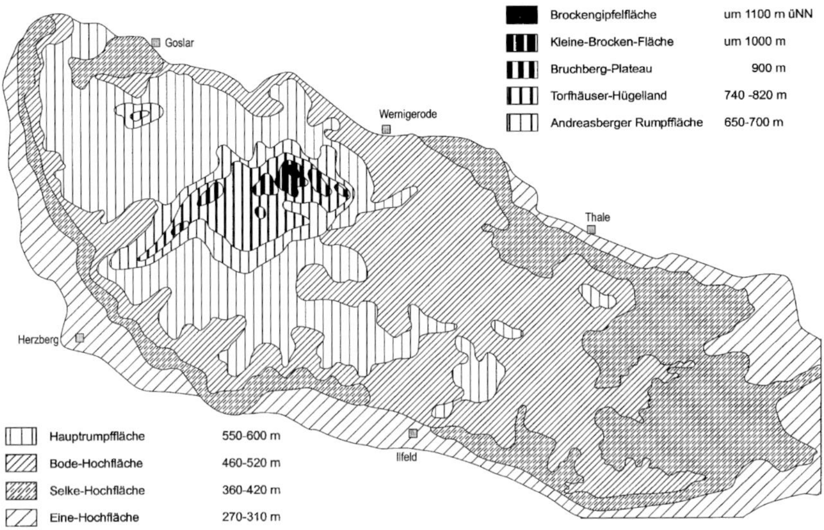

Abb. V1: Verebnungsflächen des Harz-Blocks (Hövermann 1950).

Der Ostharz wird von der Unterharz-Hochfläche beherrscht, welche sich noch in die Eine-Hochfläche (270–310 m NN), die Selke-Hochfläche (360–420 m NN) und die Bode-Hochfläche aufgliedert (+ 460–520 m NN, Abb. V1). Den Übergang zum Hochharz vermittelt die Hauptrumpffläche (+ 550–600 m NN), die weite Teile des Mittel- und Westharzes einnimmt. Weitere Verebnungsflächen sind bis in den oberen Bereich des Brockenmassivs (Brockengipfelfläche bei 1.141,4 m) zu verfolgen. Hier sind zwischen + 740 m und 1.100 m NN noch vier kleinräumige Reste von ihnen auszumachen. Die stratigraphische Einordnung der Flächen ist problematisch, da zeitgleich gebildete Sedimente kaum erhalten sind oder bisher nicht datiert werden konnten. Die Relikte einer marin/brackischen Sedimentbedeckung auf der Hauptrumpffläche im Bereich des Elbingerode-Komplexes in 512 m NN lassen den Schluss zu, dass die Anlage dieser Verebnungsflächen ab dem Oligozän (Rupel) erfolgte (König et al. 2008).

Die letzte morphologische Prägung, d. h. die Gestaltung des heutigen Mittelgebirges, erhielt der Harz durch die Auswirkungen der Eiszeiten. In den quartären Kaltzeiten bildete der Harz, insbesondere der höher ragende Oberharz, ein morphologisches Hindernis, das vom Inlandeis umströmt werden musste. Die Vorstöße der Elster- und Saale-Kaltzeiten erreichten den Nordrand des Harzes und überwanden auch den Unterharz, kenntlich an wenigen Moränenresten und an der S-Verbreitung des Flints („Feuersteinlinie“). In Blankenburg und Wernigerode sind die Grenzen der Gletschervorstöße der Elster- und Saale-Kaltzeit durch Denksteine markiert (Wagenbreth 1978). Eine Eigenvergletscherung von Teilen des Hochharzes um den Acker-Bruchberg und das Brocken-Gebiet (nicht der Gipfel) gilt als erwiesen (Duphorn 1968, Hövermann 1987).

Am Nordrand des Harzes sind tiefe, steilwandige, weit in das Gebirge hineinreichende Flusstäler, wie das Bodetal zwischen Treseburg und Thale und das Selketal zwischen Alexisbad und Meisdorf anzutreffen. Schuttmassen und bizarre Felsformen an den Talflanken sind größtenteils periglazialer kaltzeitlicher Entstehung. Eisstauseen, die am Nordrand des Oberharzes verbreitet waren, sind im Bereich des Unterharzes bisher nicht nachgewiesen. In der Saale-Kaltzeit (Drenthe-Stadium) schlossen Eispfropfen zusätzlich die Taleinschnitte ab (z. B. an Ecker und Ilse). Sie verursachten bis in Höhen von etwa 300 m NN die Bildung von Talstauseen. Beim Rücktauen des Inlandeises erfolgten plötzliche Entleerungen dieser Seen. Schotterstürze in das N-Vorland waren die Folge (Pilger 1991).

Allgemein verbreitet sind im Ostharz Frostschuttdecken als Folge von Frostverwitterung, außerdem Frosthebung, Abspülung, Erdfließen und Lösseinblasung. Sie überlagern mit 1–2 m, lokal auch mächtiger, die anstehenden Festgesteine. Charakteristisch sind die Zwei- bis Dreigliederung der Frostschutte sowie kryoturbate Verstellungen und Polygonböden. Die blockige, bröckelige oder grusige Auflockerungszone bildete das Substrat für die Bodenbildungen. Lokal wurden durch sommerliches Auftauen des Dauerfrostbodens (Solifluktion) und durch Abspülung Granitblöcke aus ihrer grusigen Ummantelung freigelegt. Im Brocken- und untergeordnet auch im Ramberggebiet entstanden somit Blockmeere, markante Klippenzüge und Felsburgen („Wollsacktürme").

Die Höhenstufung der natürlichen Vegetation ist wegen der N-exponierten Lage des Harzes gegenüber den anderen deutschen Mittelgebirgen um 100–150 m nach unten verschoben. Am Brocken ist daher schon die subalpine Waldgrenze erreicht. Auf dem Gipfelplateau des Brockens oberhalb der primären Baumgrenze hat Tundrenvegetation seit der Weichsel-Kaltzeit bis heute bei durchschnittlichen Jahrestemperaturen von + 2,5 °C überlebt. In niedrigeren Lagen wich sie einer von Höhe und Klimaverhältnissen abhängigen Bewaldung. Durch die Wiedererwärmung im Holozän setzte in den höheren Lagen die Moorbildung ein. Die Hauptvermoorung erfolgte vor 4.000 Jahren. Ein Relikt aus dieser Zeit ist das 17.000 ha große Hochharzer Moorgebiet.

Oberharz und Brockenmassiv gehören aufgrund ihrer Exposition und den unbehindert von W heranziehenden atlantischen Luftmassen zu den niederschlagsreichsten Gebieten Mitteleuropas (Brocken: Jahresdurchschnitt 1.678 mm). E davon nehmen die Niederschläge infolge des Absinkens der Luftmassen im Regenschatten des Oberharzs unter allmählicher Erwärmung und Wolkenauflösung (Föhneffekt) rasch ab (Schierke 1.193 mm, Tanne 962 mm, Hasselfelde 782 mm, Harzgerode 618 mm, östlicher Gebirgsrand 523 mm).

2. Zur jungproterozoisch-paläozoischen Vorgeschichte des Harzes

Die Aufgliederung der mitteleuropäischen Varisziden in eine streifenförmige Zonenfolge stammt von Kossmat (1927). Sie wird grundsätzlich weiter angewendet, jedoch auf der Basis neuerer geowissenschaftlicher Untersuchungen im Sinne der Plattentektonik interpretiert. Der Harz, einschließlich der Wippra-Zone, befindet sich nach Kossmat am SE-Rand der Rhenoherzynischen Zone (Lutzens & Schwab 1972), der Kyffhäuser am NW-Rand der

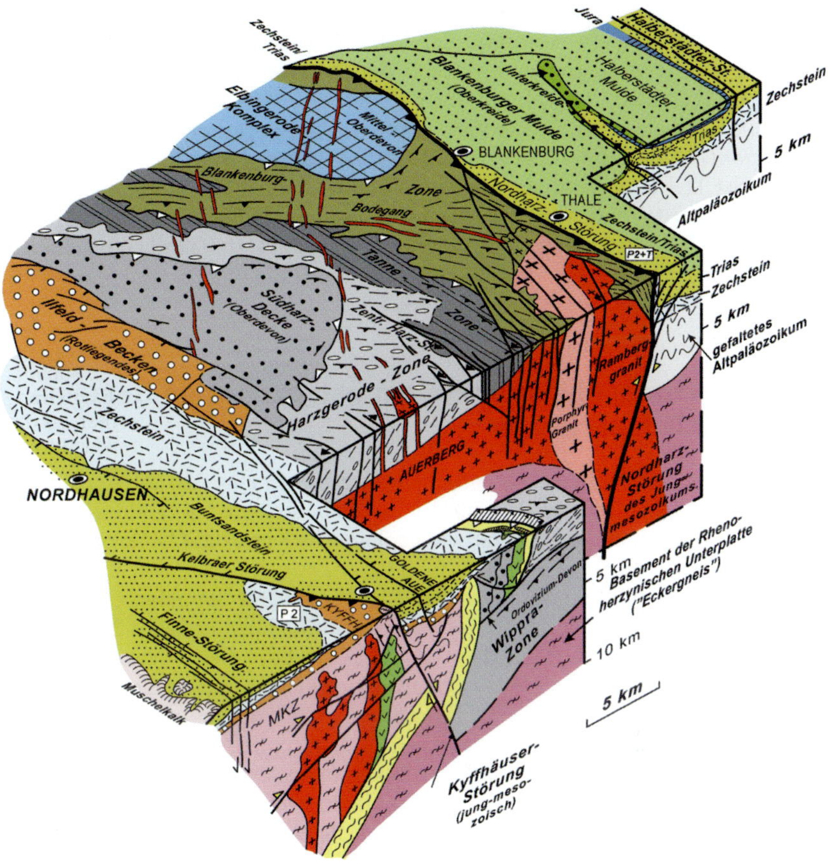

Abb. V2: Blockbild zur strukturellen Situation des variszischen Orogens zwischen dem Kyffhäuser (Mitteldeutsche Kristallinzone) und dem Harz (Rhenoherzynische Zone). Jüngere, mesozoische Bruchstrukturen (Nordharz-Störung, Kelbra-Störung als Zweig der Kyffhäuser-Störung) versetzen die paläozoischen Einheiten. Entw.: Franzke.

Mitteldeutschen Kristallinzone/MKZ (Saxothuringische Zone). Die Zuordnung der Wippra-Zone zur Rhenoherzynischen Zone beruht auf den Unterschieden in der faziellen Ausbildung der altpaläozoischen Sedimente des Rhenoherzynikums (Ordovizium, Silur und Devon) im Vergleich zu zeitgleichen Sedimenten des Saxothuringikums.

Nach den plattentektonischen Interpretationen verläuft zwischen der Wippra-Zone und dem Nordrand der MKZ (Kristallin des Kyffhäusers) die Platten- oder Terranegrenze zwischen den Mikroplatten bzw. Mikrokontinenten (= Terranes) Ostavalonia im N (Nördliche Phyllitzone/Rhenoherzynikum) und Armorica im S (Saxothuringikum). Diese Einheiten werden in den *Exkursionen E9* (Wippra-Zone) und *E11* (Kyffhäuser-Kristallin) besucht. Die Grenze ist Teil einer Kollisionszone, an der, beginnend im tieferen Unterkarbon (Tournai IIIγ, d. h. vor 350 Ma), bis zum tiefen Oberkarbon (Visé IIIγ bis Namur, 330 bis 320 Ma), Armorica von S nach N auf Ostavalonia überschoben wurde (Abb. V2).

3. Zu Stratigraphie und Alter der paläozoischen Gesteine des östlichen Harzes

Im gefalteten Paläozoikum des östlichen Harzes wird eine Anzahl von strukturell begrenzten sedimentologischen Einheiten unterschieden (Dahlgrün 1939, Abb. V3, Stratigraphie (S. 298) sowie geologische Karte des Ostharzes (Innendeckel des Buchs)).

Die ältesten biostratigraphisch datierten Sedimente des Harzes befinden sich in der Wippra-Zone des Südostharzes (Burmann & Franzke 2001). Dort wurden in phyllitischen Schiefern der Serien 3 und 4 (Metaquarzitzone und Karpholith führende Rotschiefer) von Burmann (1973) und Sehnert (1991a, b) Acritarchen gefunden, welche die Einordnung ins **Ordovizium** erlauben (Arenig-Llanvirn, evtl. bis Ashgill). Für die nach S anschließende Serie der Klippmühlquarzite (Serie 5) ist ebenfalls Ordovizium zu vermuten. Lithofaziell und palynologisch wurde das Ordovizium in einem offenen marinen Kaltwasserschelf sedimentiert, in dem fossilfreie Quarzite dominieren. Die Mächtigkeit der ordovizischen Sedimente übersteigt 1.000 m.

Graptolithen führende, tonige Sedimente des **Silurs** mit Einlagerungen von unreinen Karbonatlagen, Kieselschiefern und Pyroklastika (Tuffe) wurden in der Blankenburg- und Harzgerode-Zone aufgefunden. Die Vorkommen lagern hier als allochthone Komponenten (Olistholithe) ortsfremd im unterkarbonischen Wildflysch (Olisthostrome) und sind tektonisch stark verschuppt. Dennoch wurden alle Graptolithenzonen nachgewiesen, so dass vom unteren Llandovery (Zone 17) bis zum Pridoli mit dem *Scyphocrinus*-Horizont das gesamte Silur bruchstückhaft belegt werden konnte (Jaeger 1991). In der Serie 2 der Wippra-Zone wurde das Silur anhand von Acritarchen und Conodonten, mit Llandovery und Wenlock in einigen Zehnermeter mächtigen dunklen Tonschiefern nachgewiesen. Sie zeigen ein hemipelagisches Milieu an.

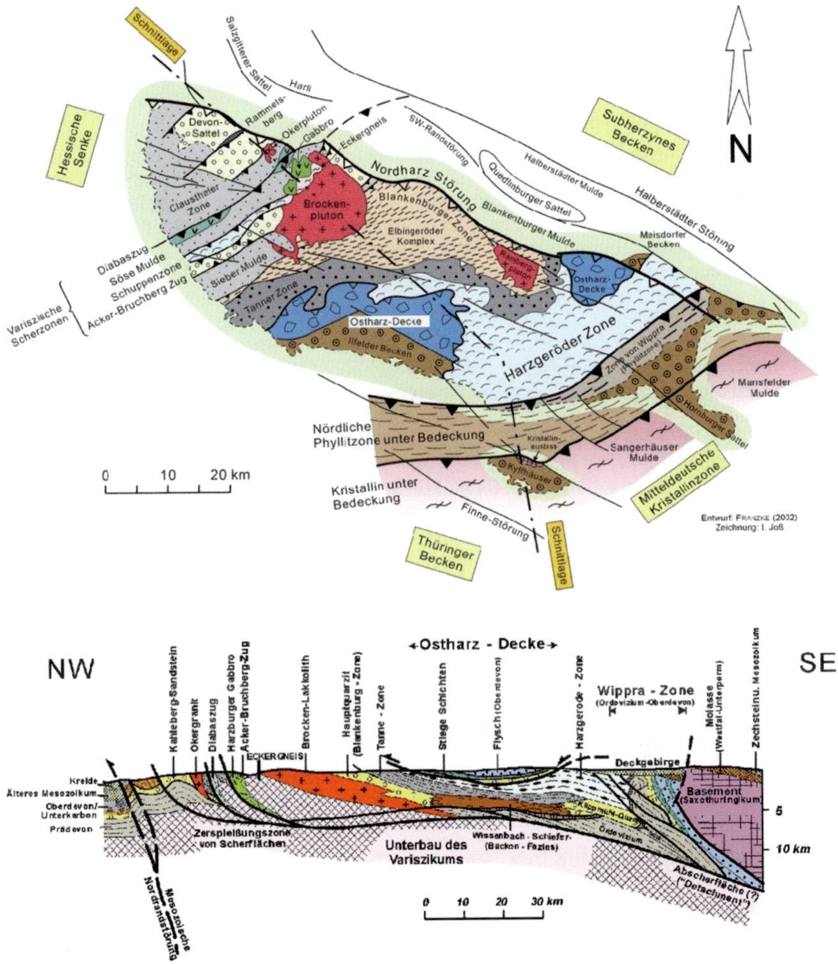

Abb. V3: Geologische Übersicht und Schnitt zwischen Harznordrand-Störung und dem Kristallinaufbruch des Kyffhäusers (vgl. Geologische Übersichtskarte im Innendeckel). Entwurf: Franzke.

Im **Unterdevon** begann die eigentliche variszische Entwicklung im Harzpaläozoikum (Lutzens 1979), doch lassen aufschlussbedingte bio- und lithostratigraphische Lücken noch keine befriedigende Auskunft über das paläogeographische Geschehen im Grenzzeitraum zwischen dem Silur (Pridoli, Zeitraum von 418 bis 417,5 Mio Jahren) und dem Devon zu (Lochkov, zwischen 417,5 bis 413,0 Ma, Alberti & Alberti 2008). Grobklastisches Gedinne – wie im nördlichen links-rheinischen Schiefergebirge weit verbreitet – ist im östlichen Harz unbekannt.

In der von Alberti (1995) und Alberti & Alberti (1996) als Harzgerode Tonschiefer- und Kieselgallen-Formation bezeichneten Schichtfolge ist das älteste Unterdevon (Gedinne/Siegen=Lochkov/Prag) nur in der Graptolithenschiefer-Fazies der marinen (?ozeanischen) Becken und in der Herzynkalk-Fazies der diese Becken aufgliedernden Schwellen in „wenigen Vorkommen sehr lückenhaft belegt“ (Buchholz et al. 2008a). Der Übergang vom Silur zum Devon vollzog sich anscheinend ohne Fazieswechsel und ohne deutliche Schichtlücke (Hueneke 2008a). Es dominierten im Lochkov und Prag siltige Schiefer mit Ton- und Kieselgallen in Beckenfazies. Außerdem tritt die Kalkknollen-Grauwacken-Formation mit mikritischen Kalkstein-Geröllen und die zahlreiche Herzynkalklinsen führende Schwellenfazies des Präherzyns oder ältesten Herzyns sensu Ruchholz (1972) auf.
Der im Oberharz, insbesondere im Oberems, mächtig entwickelte und weit verbreitete, über 640 m mächtige Kahlebergsandstein, der in einer von N (Oldred-Kontinent) geschütteten Deltaschelf-Fazies (**Rheinische Fazies**) abgelagert wurde, fehlt im östlichen Harz (Buchholz et al. 2008a). Hier, vor allem in der Harzgerode-Zone, häufen sich im Ems die fossilreichen **Herzynkalke** (Älteres Herzyn) der untermeerischen Karbonat-Plattformen (auch als submarine Schwellen bezeichnet). Sie waren von Becken mit hemipelagischen Pelitgesteinen umgeben (**Herzynische Fazies**). Die Karbonatausscheidung der Herzynkalke ist streng an eine kontinuierliche Abnahme des Energieindex bei steigender Wassertiefe gebunden, d. h. mit zunehmender Tiefe reduzierte sich die Kalk-Sedimentationsrate oder es kam zu Wiederauflösungsprozessen (Hueneke 1997, 1998). Es wurden zunächst neritische Karbonatsande mit eingestreuten konglomeratischen Resedimenten des Unterems abgelagert, was auf bewegtes Wasser über einem flachen Plattformschelf hindeutet. Im Oberems und dem unteren Mitteldevon (Eifel) bildeten sich in stärkerem Maße feinkörnige Biomikrite eines küstenfernen (pelagischen) Stillwasserbereichs. Eine detaillierte Beschreibung der im frühen Ems (Älteres Herzyn) und im späten Ems bis Givet (Jüngeres Herzyn) ablaufenden komplizierten Karbonatbildungsprozesse gibt (Hueneke 1997, 2008a).

Im **Mitteldevon** herrschte eine stärkere Faziesdifferenzierung. Zwischen den Faziesräumen des Kahleberg-Sandsteins im W-Harz und dem der Herzynkalke im Ostharz breiteten sich etwa von Sankt Andreasberg nach Thale die siliziklastischen Fazies eines weiten Schelfbereichs aus. Traditionell werden die fossilführenden Sandsteine wegen ihrer starken Verfestigung auch **Hauptquarzit** genannt. Biostratigraphisch gesehen reicht der Hauptquarzit vom Oberems bis in das Eifel, möglicherweise sogar bis in das untere Givet. Neben fortdauernder Herzynkalkausscheidung auf den submarinen Karbonatplattformen (Jüngeres Herzyn) bildeten sich im Mittelharz in Beckenposition die hemipelagischen Pelitserien der Wissenbachschiefer (**Wissenbach-Formation**), die mit Quarzsand-Turbiditen wechsellagern. Dies könnte die zeitliche Fortsetzung der unterdevonischen Hauptquarzitfazies sein, die dann bis in das Givet reichen würde (Borsdorf & Freyer 1973, Borsdorf 1978, Bohrung Todtenrode). Hinzu kommt im Wernigeröder Raum die **Flinzfazies**, eine Wechselfolge von kieseligen Peliten und laminierten, feinkörnigen Detritus-Karbonaten („Allodapische Kalke"). Die Flinze entstanden als Folge der submarinen Erosion der Herzynkalke und des Elbingerode-Riffs und der erneuten Ablagerung sowie der Wiederausscheidung der gelösten Karbonatsubstanz in pelagischen Stillwasserbecken, den „Hungerbecken" (Buchholz et al. 1991). Charakteristisch für die Flinzkalke sind zusammengeschwemmte unlösliche Conodonten verschiedenen Alters („Geisterfaunen") und umgelagerter Gesteinsdetritus. Ein erstes Maximum der Flinzgenese liegt im Givet (Unterer Flinz), ein weiteres im unteren Oberdevon (Oberer Flinz).

Im Gebiet von Elbingerode (Mittelharz) und am Iberg bei Bad Grund (Oberharz) erfolgte unter günstigen Klimabedingungen im späteren Mitteldevon (Givet) und im beginnenden Oberdevon (Frasnes) auf vulkanischen Sockeln das Riffwachstum *(E4)*. Besonders das größere **Elbingerode-Riff** mit über 600 m Mächtigkeit zeigt den typischen Aufbau eines atollartig gewachsenen Stromatoporen-Korallenriffs mit innerer Lagune, Vor- und Hinterriffbereich sowie vorgelagerten Riffschutt-Fächern (Weller 2008) mit den Stringocephalen-Kalken (benannt nach dem Brachiopoden *Stringocephalus burtini*). Die Riffbildung endete im Frasne und das Riff nahm darauf den Charakter einer Tiefschwelle an. In den nun ansteigenden Wassertiefen entstanden bis über 10 m mächtige pelagische Cephalopoden-Plattenkalke, die ihre karbonatische Substanz auch aus den versinkenden Riffkalken bezogen. Das Elbingerode-Riff ist heute ein wichtiger Rohstofflieferant für sehr reine Karbonate.

Das **Oberdevon** liegt im Mittel- und Unterharz sowohl in der karbonatischen Schwellenfazies des **Neoherzyns** (Givet bis Famenne), der Rifffazies von Elbingerode (Givet bis Frasnes) als auch in der Beckenfazies des **Oberen Flinz** (Givet und Frasne/Famenne), der Hauptkieselschiefer, Cypridinenschiefer, Bunt- und Bandschiefer sowie Cephalopoden-Kalken vor. Eine besondere paläogeographische Position nimmt die allochthone Südharz-Selke-Formation ein, deren Bildungsraum sich vermutlich im oberen, gering metamorphen Stockwerk der Nördlichen Phyllitzone und damit am Nordrand der Mitteldeutschen Kristallinzone befand (Buchholz et al. 2008).

Die sich annähernden Platten der Kleinkontinente Ostavalonia im N und Armorica im S veränderten zunächst die paläogeographische Situation des unteren Devons nur unwesentlich. Sie gewannen jedoch im Verlauf des Oberdevons (380 bis 358 Ma) zunehmend Einfluss auf die Sedimentverteilung. Die Wanderung des armorikanischen (saxothuringischen) NW-Schelfs nach N wird auch im Ostharz spürbar, da sich im Gebiet von Elbingerode pelagische Kalke über dem abgesunkenen Riff entwickeln konnten. Mit der Ausdehnung des Pelagiums im Frasnes erreichte der Hauptkieselschiefer (s. u.) eine bedeutende Verbreitung und relativ große Mächtigkeit. Wie im älteren Devon setzte sich auch im Oberdevon die karbonatisch-pelitische Herzynkalk- und die Flinzkalkfazies fort, wenn auch mit deutlich reduzierten Karbonatanteilen. Die vordem ausgeprägte Trennung von Karbonat-Plattformen

und Becken verlor an Schärfe. Vergleichbar mit den ordovizischen Rotschiefern (Serie 4 in der Wippra-Zone), bildeten sich bei ausreichendem O_2- und vermindertem C_{org}-Angebot oberdevonische Rotschiefer, jedoch mit dem Schwerpunkt im Westharz (Franke & Paul 1982).
Besondere Aufmerksamkeit verdienen die beiden **Kellwasserkalkbänke**, die im Unterharz im Selketal (*E7*) in allochthoner Position vertreten sind. Es sind geringmächtige (0,1–0,2 m), fossilreiche, schwarze bituminöse Kalke, die in mergelige Ton- oder Bänderschiefer eingeschaltet sind. Sie repräsentieren im Ostharz – ihr „locus typicus" liegt im Westharz im Kellwassertal bei Altenau – zwei weltweit durch Faunensterben nachweisbare „Bio-Events". Diese Ereignisse wurden durch das plötzliche Übergreifen einer lebensfeindlichen anoxischen ozeanischen Schicht auf vordem flachere Meeresteile ausgelöst und gehören wohl zu den Vorboten der eskalierenden „variszischen" tektonischen Prozesse (Joachimski & Buggisch 1993, Walliser 1995).

Die auch als Adorf-Kieselschiefer bezeichneten **Hauptkieselschiefer** (oberes Givet bis unteres Frasnes) treten in der Südharz-Selke-Formation als schwarze Kieselschiefer (Lydite) mit eingelagerten kieseligen plattigen Tonschiefern im Wechsel auf. Ihre Mächtigkeit beträgt ca. 45 m (Ganssloser 2001, Tschapek 1989). In der Wernigerode-Formation wechsellagern gleichalte, ca. 50 m mächtige, schwarzgebänderte Kiesel- und hellgraue Wetzschiefer mit graugrünen Tonschiefern (Zellmer 1997). In der Sieber-Mulde des Oberharzes liegt das gesamte, 100 m mächtige Oberdevon in Kieselschiefer-Fazies vor (Wachendorf 1966), was eine Mächtigkeitszunahme nach NW bedeutet. Die Bunt- und Bandschiefer, die im Unterharz im Umfeld des Elbingerode-Riffs bzw. der Blankenburg-Zone autochthon entstanden und allochthon in der Südharz- und Selke-Decke verbreitet sind, erreichen bis zu 50 m Mächtigkeit. Untergeordnet vertreten sind in der Blankenburg-Zone die im Oberharz > 100 m mächtigen Cypridinenschiefer und die bis zu 10 m mächtigen Cephalopoden-Kalke.

Die Schüttungen der > 300 m mächtigen Südharz-Selke-Grauwacken begannen im mittleren Famenne und setzten sich bis in das obere Famenne fort. Mit Conodonten sind Oberdevon IIIß und die frühe *trachythera*-Zone belegt (Ganssloser 2001). Die allochthone Position der Grauwacken als stratigraphisch jüngste Sedimente der Südharz-Selke-Decke (Ostharz-Decke) gestattet keine Aussagen zu Schüttungsrichtungen in den fünf von Tschapek (1990a) ausgehaltenen Faziestypen. Diese ordnet er einem System von Tiefseefächern zu. In die Selke-Grauwacken eingelagerte Metabasalt-Kissenlaven und Metabasalt-Tuffe machen deutlich, dass der submarine Vulkanismus bis in das höhere Oberdevon anhielt (König & Schwab 2001).

Im Ostharz ist das **Unterkarbon** vorwiegend in Kulmfazies (Flysch- und Wildflysch-Fazies) ausgebildet. Ein wichtiger Leithorizont zwischen der Blankenburg-Zone und dem Westharz sind die **Liegenden Alaunschiefer** (Tournai II–III) mit hohen Gehalten an organischem Kohlenstoff und Phosphoritknollen. Sie spiegeln in ihren Verbreitungsgebieten eine extrem verlangsamte Sedimentation wider. Im Visé I–IIIß folgte der weitgehend intrusive **Deckdiabas**.

Die **Kulmkieselschiefer** variieren in ihren Mächtigkeiten in Abhängigkeit vom Paläorelief (Zellmer 1995). Auf Schwellen sind zeitlich verzögerte Sedimentation, reduzierte Mächtigkeit und Basalkonglomerate bekannt, in Becken dagegen werden bis ca. 60 m Mächtigkeit erreicht. Im Umfeld des Elbingerode-Riffs werden die Kulmkieselschiefer in die Büchenberg- und Ahrendfeld-Fazies aufgegliedert.

Die **Acker-Bruchberg-Zone** nahm im Unterkarbon mit Glimmerquarziten, Kieselschiefern und quarzitischen Sandsteinen sowie den bis 200 m mächtigen Kammquarziten, die von NE in einen schmalen Trog eingeschüttet wurden (Visé Iiß–IIIα), eine Sonderstellung ein. Die Sedimentverfrachtung schon aufbereiteter Klastika erfolgte aus dem Küstensaum Laurussias im N über schmale Zufuhrkanäle nach SW (Jäger & Gursky 2000). Sie war beendet, als im Visé IIIα die von SE über die Flyschfächer herankommenden Trübströme (Kulm-Flysch) den Westharz erreichten. Dabei entstanden zyklisch aufgebaute Turbidit-Sequenzen aus Grauwacken- und Grauwackenschiefern, die sich über den Hang des sich nach NW erweiternden Akkretionskeils dachziegelförmig ausbreiteten und ihre Fracht immer weiter nach NW in den heutigen Westharz verlagerten.

Auch in anderen Einheiten des Harzes gibt es diese Flyschfazies mit in der Regel nach NW abnehmendem Alter. Der Oberdevon-Flysch (Famenne II–?IV) wurde mit der Südharz-Selke-Decke vom Dach der MKZ oder der Nördlichen Phyllitzone nach NW verfrachtet. Es folgten der Kulm-Flysch in der Harzgerode-Zone (Tournai III–Visé II), in der Tanne-Zone (Visé IIγ–?III), im Elbingerode-Komplex (Visé II), der Nordrand-Kulm und die Grauwacken der Sieber-Mulde (Visé II–III), der Söse-Mulde (Visé III) und schließlich der Oberharzer Kulm (Visé IIIγ). Die größten Mächtigkeiten besitzen die Kulmserien des Visé IIIγ in der Clausthal-Zone, wo > 2.000 m Mächtigkeit erreicht werden (Wachendorf et al. 1995).

Eine Besonderheit des Mittel- und Ostharzes ist der hohe Anteil von **Wildflysch-Einschaltungen (Olisthostromen)** in den Flyschserien (Harzgerode-Zone, Blankenburg-Zone). Sie dokumentieren für das Visé II–III eine sich phasenhaft steigernde Bodenunruhe (Seismizität), welche vor der NW-Flanke der MKZ submarine Reliefversteilungen und das Abgleiten von Turbiditströmen, namentlich von Olisthostromen („Wildflysch“), auslöste. Am mächtigsten und am weitesten verbreitet sind Olisthostrome in der Harzgerode-Zone. Sie können dort über 1.500 m Mächtigkeit erreichen, wie die Bohrungen Götzenteiche mit 1.200 m im tektonisch Liegenden der Selke-Decke (Lutzens 1972) und die Bohrung Stiege 1/84 mit ca. 1.500 m Olisthostrom im tektonisch Liegenden der Südharz-Decke nachwiesen (Schwandtke et al. 1991).

4. Synorogene magmatische und vulkanische Gesteine im östlichen Harz

Basaltische bis keratophyrische Magmatite/Vulkanite sind als stratiforme Einlagerungen (Lagergänge, Vulkanitdecken und Tephren) im östlichen Harz aus Sedimenten des Ordoviziums, Silurs, Mitteldevons (Eifel/Givet), vereinzelt des Oberdevons und Unterkarbons (Cu II, Deckdiabas) bekannt (*Details in E4, E6 und E9*). Nach Liegend- und Hangend-Kontaktwirkungen und Effusivkriterien, wie Pillowstrukturen, ist ihre stratigraphische Einordnung gut belegt. Durch hydrothermale Metamorphose am Ozeanboden wurden Teile der Basalte zu Metabasalten transformiert („Spilitisierung"), indem sich aus Pyroxenen und Hornblenden Chlorite und aus den Plagioklasen Albite bildeten. Es sind die für den Harz typischen Diabas-Serien („Grünstein-Serien").

Besonders im Mitteldevon entstanden im Mittel- und im westlichen Unterharz gemeinsam mit der Wissenbach-Formation mächtige Serien von Metabasalten. Sie erreichen bei Sankt Andreasberg bis 350 m Mächtigkeit und bilden auch unter dem Elbingerode-Riff im Mittelharz einen bisher nicht durchbohrten, > 500 m mächtigen vulkanischen Sockel. Er baut sich auf aus intrusiven und subeffusiven Lagergängen (Diabase) sowie diskonformen Stöcken (Keratophyre), submarinen basaltischen Ergüssen (Pillowlaven) sowie unter dem Begriff „Schalstein" zusammengefassten Gesteinen. Die Schalsteine setzen sich aus Pillow- und Fragmentbrekzien, Hyaloklastiten (Anhäufungen von abgeschulpten Glasrändern von Laven) und diversen Typen von Agglomeraten zusammen (Mucke 1973). Tuffogene Lagen (Tephren) in den mitteldevonischen Sedimenten werden in der Blankenburg-Zone traditionell als „Porphyroide" bezeichnet. Nach der geochemischen Charakterisierung gehören die devonischen Magmatite vorherrschend zu den Intraplattenbasalten (Tholeiit- und Alkalibasalte, Werner 1995), im Bereich der Ostharzdecke auch vereinzelt zu E-MORB-Basalten (Gansslosser 1996). Durch das Eindringen von Meerwasser in Frakturzonen entstanden submarine Hydrothermalsysteme, deren Thermen vor allem gegen Ende der vulkanischen Tätigkeit am Meeresboden austraten und stratiforme Fe-Mn-Erze des **Lahn-Dill-Typus** bildeten. Diese Lagerstätten wurden an vielen Orten im Harz, vor allem im Gebiet des Elbingerode-Riffs, abgebaut *(E4)*. Unter den metamorphen Grünschiefern in der Serie 6 der Wippra-Zone verbergen sich basaltische Gesteine wahrscheinlich devonischen Alters.

Für das olivintholeiitische **Harzburg-Gabbronorit-Massiv** hat Vinx (1982) nachgewiesen, dass diese Intrusion trotz des mit den Brockengraniten identischen radiologischen Alters noch als spätsynorogen-variszische Intrusion einzustufen ist.

5. Postorogene magmatische und vulkanische Gesteine im östlichen Harz

Die spät- bis postorogenen Magmatite/Vulkanite wurden in einem sehr kurzen Zeitintervall zwischen 296 Ma und 290 Ma (Unterrotliegend) gebildet (Abb. V4). Die mit denen der Granite nahezu identischen Altersdaten der Rhyolithe des SW-Harzes von 290 Ma (Biotite) (Lippolt & Hess 1996) legen es nahe, dass die Vulkanite als die unmittelbaren Ergussäquivalente der Magmatit-Komplexe des Harzburg-Gabbronorits, der Brocken-/Oker-/und Ilsestein-Granite und der Ramberg-Granite anzusehen sind (295–290 Ma).

Die **Granitmassive** des **Brockens** *(E1),* des **Okergranits** und des **Rambergs** *(E6)* sind mehrphasige Intrusionen, wie es die Zwiebelschalen ähnliche Anordnung der Gesteinstypen im Brockenmassiv zeigen (Schust 1995). Die Schweredaten belegen einen geringen Tiefgang des Plutons von ca. 2,5 km (Plaumann 1978, Jentzsch & Jahr 1995). Die Granite des Brockenmassivs bilden einen flach nach SE eintauchenden diskusförmigen Körper, welcher der Grenzfläche des unterlagernden Eckergneises aufsitzt (Lakkolith). Der jüngste Einschub der Brockengranite, der **Ilsestein-Granit**, hat steile Kontakte. Diese Intrusion hat eine parallel zur N-Randstörung des Harzes verlaufende WNW-ESE-Fuge als Intrusionsbahn benutzt *(E1).* Der steil SE eintauchende Harzburg-Gabbronorit und die dioritischen Randzonen im N und E des Brockenmassivs sind als Vorläuferintrusionen anzusehen, deren Magmenherkunft aus tieferen Krustenbereichen herzuleiten ist.

Die Genese des tiefgründigen, zweiphasig intrudierten **Ramberg-Massivs** (Benek 1967, Eidam & Seim 1971), („Normalkörniger" und „Porphyrartiger" Granit) steht im Zusammenhang mit tiefkrustaler Anatexis. Metamorphe Relikte (Granat, Andalusit, Cordierit) werden als Zeichen für eine palingene Magmagenese angesehen (S-Granit). Der N-Kontakt *(E10)* ist, ähnlich der Situation am Nordrand des Brocken-Massivs, sehr steil und wird beeinflusst von der zum System der Harznordrand-Störungen gehörenden Rambergstörung. Die übrigen Kontakte tauchen flacher nach SW bis SE ein. Die Schweredaten zeigen ein SSW-NNE-streichendes, bis an den S-Rand des Harzes reichendes deutliches Minimum. Es ist hieraus auf eine sich quer durch den Unterharz erstreckende Fugenintrusion mit steilen Flanken zu schließen, deren nördlicher, flach einfallender Dachbereich durch die starke Hebung des N-Harzbereichs seit der Oberkreide an der heutigen Oberfläche angeschnitten ist. Dieser in SSW-NNE-Richtung gestreckten Intrusion sitzen die Granitausstülpung der Ehrigsburg bei Siptenfelde und die altersgleichen effusiven Auerberg-Rhyolithe bei Stolberg auf. Nach den Schweredaten zu schließen, setzt sich der Ramberggranit nach N nicht unter die Subherzyn-Senke fort.

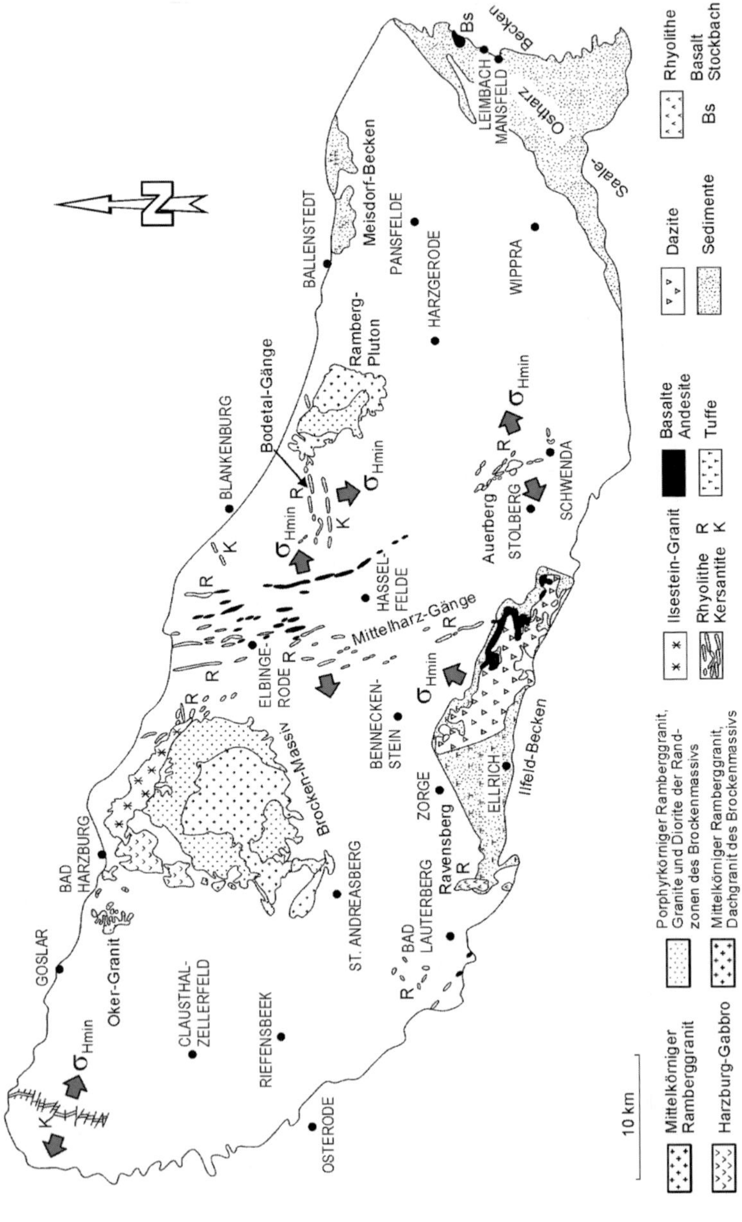

Abb. V4: Spät- und postvariszische Magmatite und Vulkanite im Harz (R. Benek et al. 1973). Pfeile: Öffnungsrichtung der Gangspalten.

Die Vorkommen von unterpermischen, sauren und intermediären Vulkaniten im Ilfeld-Becken, der Mittelharz-Gänge und des Bodegangs *(E6)* zeigen, dass für die Herkunft der Magmen zwei Krustenbereiche anzunehmen sind („Bimodalität“, Tietz 1996). Die **Vulkanite des Ilfeld-Beckens** *(E5)* sind nach ihrem Mineralbestand Andesite („Melaphyre“) bis Latit-Andesite („Glimmer-Melaphyr“) und Rhyodazite („Porphyrit“). Die Andesite bilden deckenartige Ergüsse. Zu den Rhyodaziten gehören subvulkanische Lavadome, die in eine rhyodazitische Ignimbritdecke (> 200 m) mit eingelagerten Tuffen eingedrungen sind. Ihre schlotartigen Aufstiegswege durchschlagen die ältere Andesitdecke und das basale Rotliegend (Büthe & Wachendorf 1997).

Die **Rhyolithe des Auerbergs** *(E8)* bildeten aufgrund der hohen Viskosität ihrer rhyolithischen Schmelzen auf der unterpermischen Landoberfläche den am Auerberg teilweise erhaltenen, zweiphasig entstandenen Lavadom, jedoch keine deckenförmigen Ergüsse. Daneben gibt es N-S bis NNW-SSE streichende felsitische Rhyolith-Gänge SSE und NNW vom Auerberg, welche nach Kontaktbeobachtungen und Kluftgefügen flach bis mittelsteil nach E einfallende Spalten füllten. Da sie örtlich in die Gesteine des Lavadoms eindrangen, sind sie jünger als die Rhyolithe des Lavadoms. Alle drei Varietäten sind Alkalifeldspat-Rhyolithe. Orientierte Zirkon-Xenothim-Verwachsungen sind mit denen des Ramberggranits identisch, so dass es sich bei den Rhyolithen um Ergussäquivalente der Rambergintrusion handeln sollte (Hoppe et al. 1965). Die liegenden Partien sind petrologisch mit den Rhyolithen von Bad Sachsa (Ravensberg-Quellkuppe) und Bad Lauterberg (Großer Knollen) identisch.

Eine Besonderheit stellt der **Bodegang** dar, der auf 12 km Länge mit nahezu E-W-Streichen streckenweise in Schichtfugen der paläozoischen Sedimente verläuft, aber auch in die Querklüfte und Störungen des Schiefergebirges übersetzt. Der rhyolithische Hauptgang (bis ca. 15 m mächtig) wird stets von einem geringmächtigen (um 1 m), im S davon parallel verlaufenden Kersantitgang begleitet *(E6)*. An den Gewitterklippen im Bodetal zwischen Thale und Treseburg drangen ein heller und ein jüngerer dunkler magmatischer Nachschub in der Spalte des Bodegangs auf. Beide führen (nur dort) massenhaft Xenolithe des kristallinen Unterbaus. Für den Bode-Kersantit (Mantelherkunft) und die Rhyolithe (anatektische Schmelzen) werden getrennte Magmenreservoire angenommen (Tietz 1996). Der Bodegang (ca. 305 Ma) wird vom Ramberggranit (295 Ma) durchschmolzen. Durch Schürfe im Kontaktbereich (Hirschgrund bei Thale) konnte das jüngere Alter des Granits bestätigt werden (Schust 1959).

Im Mittelharz wird das Harzpaläozoikum in einer Zone von 8 km Breite von einer NNW-SSE streichenden Gangschar von Rhyolithen, Andesiten und von wenigen gemischten Gängen durchsetzt. Diese **Mittelharz-Gänge** können bis zu 100 m mächtig werden. Es sind relativ grobkörnige Rhyolithe (Granitporphyre) und feinkörnige, dunkle Andesite (Enstatitporphyrite bzw. Augitdioritporphyrite, Obst et al. 2001). Die Gänge sitzen auf Zugspalten, die in der Regel keinen oder nur geringen Versatz der Nebengesteine zeigen. Sie repräsentieren eine Zone mit kräftiger Krustendehnung im Unterperm (Extension in ENE-WSW).

6. Die variszische Tektonik im östlichen Harz

Das Endstadium der variszischen strukturellen Entwicklung im Harz ist in einem vereinfachten Blockdiagramm (Abb. V5) dargestellt. In tabellarischer Form sind die in den einzelnen Struktureinheiten des Harzes ausgehaltenen Entwicklungsetappen und deren Strukturformen zusammengefasst (Tab. V6).

Für die Wippra-Zone haben Ahrendt et al. (1996) darauf verwiesen, dass es Sprünge in den Altersdaten der Regionalmetamorphose zwischen den Serien 2 bis 5 (Tournai IIIγ bis Visé IIIα, 350 bis 335 Ma) und der südlichsten Serie 7 (Visé IIIß/γ, 335 bis 330 Ma) gibt, so dass mit der Verschweißung von zwei zeitlich unterschiedlich metamorphisierten Einheiten im Kollisionsbereich zu rechnen ist (Theye 1995). Die gesamte Serienfolge der Wippra-Zone hat dann ihre letzten Verformungen, entsprechend der fortschreitenden Kollision von SE nach NW, etwa zwischen dem Visé IIIγ und dem Namur A durchlaufen (330–320 Ma).

Die jüngsten variszischen Altersdaten (320–317 Ma, Namur B/C) wurden in metamorph entstandenen Hellglimmern nachgewiesen, welche nicht mehr durch heute anstehende Gesteine des gefalteten Variszikums repräsentiert sind, sondern als Umlagerungen im Detritus der kontinentalen postorogenen Molasse-Sedimenten gefunden wurden (Stefan). Diese Glimmer wurden als Fragmente des variszischen Unterbaus nach dessen Hebung/Erosion („Exhumierung“) in den Saale-Trog umgelagert. Auf dem heute im Südostharz anstehenden gefalteten Paläozoikum muss sich ehemals ein Stapel von 6–8 km, in der Wippra-Zone sogar von 8–12 km Sedimenten bzw. von allochthonen Deckeneinheiten befunden haben, um die Temperaturen des Metamorphosestatus von ca. 250 °C im mittleren Ostharz und von 300 °C–350 °C (mit Überlagerungsdrucken von 2–3 kbar) in der Wippra-Zone zu erreichen.

Die jüngsten, im Ostharz verfalteten Sedimente (Visé IIIγ) wurden vor 327–326 Ma sedimentiert und haben ihren Metamorphose-Peak nach den jüngsten, nur in Molassesedimenten erhaltenen metamorphen Glimmern, vor ca. 320–317 Ma erlebt. Für die Versenkung und Metamorphose stand also nur eine kurze Zeitspanne (6–10 Ma) zu Verfügung. Die Sedimentation des diskordant dem gefalteten Paläozoikum auflagernden Westfal/Stefan begann vor 307–303 Ma. Damit besteht zwischen dem Abklingen der Metamorphose (Friedel et al. 1995) und der initialen Schüttung der dem Variszikum flach auflagernden Molassen eine Zeitlücke von 10–15 Ma. In dieser Zeitspanne klang im Bereich des heutigen Unterharzes die variszische Kollisionstektonik/Metamorphose aus, worauf das Gebiet intensiv gehoben und bis auf etwa das heutige Anschnittsniveau des Variszikums abgetragen wurde.

Ein NW-Wandern der variszischen Verformungen mit geringen zeitlichen und räumlichen Abständen zur Flyschsedimentation wird seit langem diskutiert (Reichstein 1965). Marheine (1997) gibt als Metamorphosealter (K-Ar-Datierungen an metamorph gebildeten Hellglimmern) für den NW-Bereich der Wippra-Zone (Harzgerode-Zone) 335–320 Ma, für die Blankenburg-Zone 320–310 Ma und für den W-Harz 315–303 Ma an. Dies legt eine NW-Wanderung des metamorphen Peaks quer zum Orogen nahe. Die heute in der Wippra-Zone *(E9)* zutage tretende Nördliche Phyllitzone der MKZ nahm bei den Kollisionsereignissen die höchsten Verformungen auf. Die zu ca. 80 % aus phyllitischen Tonschiefern bestehende Wippra-Zone war dem Andruck des sich hebenden und nach NW migrierenden kristallinen Kerns der MKZ direkt ausgesetzt. Trotz der tangentialen Verkürzung auf bis zu ca. 50 % ihrer Urbreite beträgt der heutige Ausstrich der steil aufgerichteten Phyllitzone aber immer noch über 10 km. Durch die Kollision wurde die Wippra-Zone zu einer steil-kuppelförmigen, zweiseitig-vergenten Sattelstruktur mit ordovizischen Gesteinen im Kern und silurischen bis unterkarbonischen Gesteinen an den Flanken verformt. Grünschieferfazielle Mineralneubildungen, der Fächerbau der Schicht- und Schiefergefüge, die zweiseitige Vergenz der Falten und aufschiebende, nach beiden Flanken ausgerichtete Verwerfungen belegen die hohe Intensität mehrphasiger Verformungen im Bereich eines möglichen variszischen Akkretionskeils (Abb. V5).

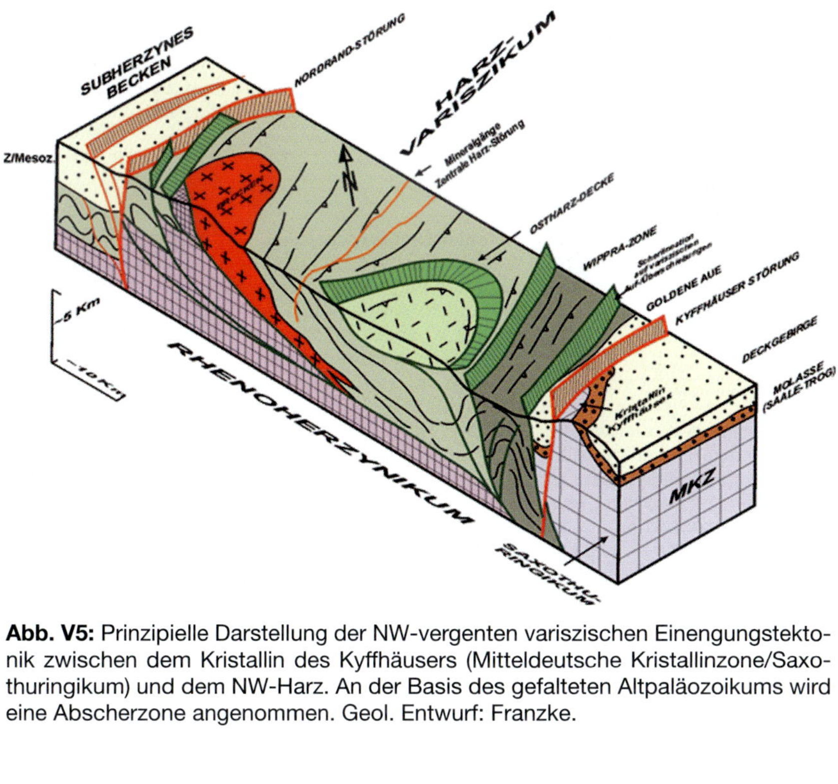

Abb. V5: Prinzipielle Darstellung der NW-vergenten variszischen Einengungstektonik zwischen dem Kristallin des Kyffhäusers (Mitteldeutsche Kristallinzone/Saxothuringikum) und dem NW-Harz. An der Basis des gefalteten Altpaläozoikums wird eine Abscherzone angenommen. Geol. Entwurf: Franzke.

Das Ausmaß der orogenen Verkürzung in NW-SE-Richtung ist im Harz bisher nur punktuell erfasst worden. Die auf unterschiedlichen Grundlagen ermittelten Verkürzungen der Gesteinskörper von 20 bis 55 % zur Urbreite beruhen auf der mechanischen Abwicklung des Faltenbaues ohne genauere Berücksichtigung der inneren (duktilen) Deformationen und von kompensatorischen Ausgleichsbewegungen im Streichen des Orogens. Im höchsten tektonischen Stockwerk des Unterharzes, in der heute an der Oberfläche anstehenden Südharz- und Selke-Decke, wurden nur anchimetamorphe Bedingungen um 200 °C–250 °C erreicht (Abb. V6). Bei einem angenommenen Gradienten von 30 °C/km (Friedel et al. 1993) entspricht dies einer ursprünglichen Versenkungstiefe von 6–8 km. Der ehemals darüber lagernde Sedimentstapel bestand vor allem aus weiteren variszischen Deckeneinheiten, da an abtauchenden Plattengrenzen (Rhenoherzynikum/Ostavalonia) häufiger Decken generiert werden können als in gehobenen Platten (Saxothuringikum/Armorica). Der den heute ausstreichenden Gesteinen noch auflagernde Sedimentstapel wurde bis zum Beginn der Schüttung der oberkarbonischen kontinentalen Sedimente, in der kurzen Zeitspanne von 10–15 Ma, wieder abgetragen. An den Rändern der Molassetröge von Ilfeld und Meisdorf und an der NW-Flanke des Saale-Beckens entspricht die permische Landoberfläche etwa der heutigen Oberfläche, so dass die jungmesozoisch/känozoische Erosion auf der Harzscholle den permischen Zustand in weiten Teilen des Harzes, mit Ausnahme des stark gehobenen Harznordrand-Streifens und des zentralen Berglands, wieder erreicht hat.
Einzelne Bereiche scheinen hinsichtlich der Deformation und der variszischen Einengungsbeträge jedoch herauszuragen. Es sind dies im Ostharz streifenförmige Bereiche innerhalb der Wippra-Zone und die NW-Flanke des Elbingerode-Riffs, bei Letzterem verursacht durch die hohen Kompetenzkontraste zwischen dem Riffkörper nebst unterlagerndem vulkanischen Sockel und der Schieferhülle.

Die Gefüge des Eckergneises

Im Eckertal streichen aus Sedimenten hervorgegangene Paragneise (Cordierit-Gneise, Quarzit-Gneise) mit amphibolitischen Einlagerungen aus. Sie sind charakterisiert durch die Dominanz duktiler Verformungen, welche in einem PT-Bereich von ca. 5 kbar/ 550–650 °C stattfanden (Amphibolitfazies) und durch retromorphe, duktil-kataklastische Überprägungen abgeschlossen wurden. Das strukturelle Hauptmerkmal ist eine durchgreifende metamorphe Foliation, welche zwischen daraus entstandenen Scherdomänen Intrafolialfalten hervorbrachte. Quarz-Feldspat-Mobilisate werden hierbei ebenfalls verfaltet. Scherlineare auf Foliationsflächen sind dominierend in ESE-WNW bis E-W ausgerichtet und markieren den tektonischen Transport nach WNW bis W. Foliationsparallele duktil-kataklastische Scherzonen mit retromorphen (grünschieferfaziellen) Mineralparagenesen beendeten die variszische Entwicklung. Hierbei wurden von der Gabbro-Intrusion im Gneis gebildete Kontaktminerale (Andalusit) zerschert (Franzke 2001, Friedel & Luppold 2009). Das synorogen-variszische Alter des Gabbros wird so bestätigt. NW-SE-Abschiebungen (Jungmesozoikum) entstanden im Zusammenhang mit den Bewegungen am Nordrand der Harzscholle. Sie zerlegten den Gneis in schollenartige Segmente.

Stockwerksgliederung *Systemalter (Beginn/Ma)	**Stratigr. Einheiten, Sedim. Becken (B.)Magmatisch-metamorphe Prozesse**	**Alter** (Ma)	**Megaskopisch sichtbare Gesteinsgefüge** (in den Fächern zeitlich aufsteigend gegliedert)
Deckgebirgs-Stockwerk * Paläogen ~65 * Oberkreide (Coniac) ~87 * Jura ~200 * Trias ~251 Oberperm (Zechstein) ~258	-Durchriss der Flexur zur Randstörung der Harzscholle. -Randtrogbildung vor der Harzscholle ab Coniac mit Bildung der Randflexur (Aufrichtungszone)	~80 ~87-73	-Transformation von Abschiebungen zu Auf- bzw. Überschiebungen am Harznordrand. Sekundäre Streckung parallel zum Harznordrand, -Schicht-Aufrichtung/Flexurbildung mit Abschiebungen, lokale Zementation in Fluidzonen (Teufelsmauer). -Orthogonales Kluftsystem, spätdiagenetisch entstanden.
Übergangs-Stockwerk **Variszische Molasse** *Unterperm (Rotliegend) ~301 *Oberkarbon (Stefan) ~305 (Westfal) ~316	Hornburg- u. Meisdorf-B. Ilfeld-Becken: Rhyodazite Andesite Mittelharz-Gänge Auerberg-Rhyolith Ramberg- Pluton Brocken-Pluton Harzburg-Gabbromassiv Bodegang-Rhyolith-Bodetal-Kersantit Saale-Senke Saale-Senke (Glimmer-Detritus)	>295 #290 #290 #291 #295 #295 #295 #295 #305 #305 >307 #320-317	-Beckenbildung (flache Lagerung, ohne Faltung und Schieferung). -Quellkuppen (Quader- und Säulenbildung). -Vulkanitgänge (Abkühlungs- u. Entspannungs-Klüfte). -Orthogonale Klüfte, Säulenbildung. -Orthogonale Klüfte. -Kluftquader aus drei orthogonalen Kluftgruppen. -SW-NE-Textur, orthogonale Kluftgruppen. -Fluidalgefüge, abkühlungsbedingte Klüfte. -Beckenbildung (flache Lagerung, keine Faltung und Schieferung). Eintrag metamorpher Hellglimmer aus Variszikum in Molasse (Stefan).
Varisz. Diskordanz im SE-Harz nach dem Obernamur (jüngste metamorphe Hellglimmer 320-317 Ma)	Schichtlücke nach überlieferten Sedimenten des Vise' (325) und diskonform auflagerndem Stefan, 305) ca. 20 Ma	>305- >325-	-Exhumierung/Abtragung: Beginn ab ca. 317 Ma (Glimmerdetritus in Molasse des Stefan) -Kollision – Faltung/Schieferung (325-317 Ma).
Oberes Schiefergebirgs-Stockwerk *Oberdevon ~365 *Mitteldevon ~385	Südharz- und Selke-Decke (Gravitative Gleitdecke)	>325- >320	-s_1-Bruchschieferung u. Schuppengefüge, kaum Faltung. -(„Phyllonite" an Deckenbasis); Transportlineare nach WNW bis NW. -Deckenschub, tektonische Mélangen und Kataklasite an Basis. Sekundäre Streckungsphänomene.
*Unterkarbon (Visé) ~325 *Oberdevon (Famenne)~375	**Kulmfazies (Flysch)** Tanne-Zone Sieber-Mulde Acker-Bruchberg-Zone	>310- >325	-Kataklasezonen mit Schuppengefüge an lithologisch kontrollierten Kompetenzkontrasten. -B_1 Biege-Scherfaltung, s_1 als transversale Bruchschieferung, lokal jüngere Knickfaltung.
Unteres Schiefergebirgs-Stockwerk *Unterkarbon (Visé) ~325 *Mitteldevon (Eifel) ~392	Harzgerode-Zone Wildflysch Blankenburg-Zone	>310 >325-	-NW-vergente, aufschiebende Scherzonen. -Biege-Scherfaltung. In Peliten Scherfaltung mit intensiver transversaler, teils paralleler s_1-Schieferung. s_2 als Bruchschieferung, zonar Kinkzonen.
Phyllit-Stockwerk *Karbon (Visé) ~325 *Karbon (Tournai) ~360 *Mitteldevon (Eifel) ~392 *Unterdevon (Prag) ~410 *Silur (Llandovery) ~443 *Ordoviz. (Tremadoc) ~495	**Metamorphose/Faltung** -In der **Wippra-Zone** -im Untergrund der **Blankenburg-Zone** (Tiefbohrung Todtenrode).	 >320 +340-	-NW- und SE-vergente Scherzonen (Fächerbau). -s_3 – Schieferung, Knickfaltung (Kinkung), -s_2 – Transversalschieferung mit Fächerbau -B_2 – Biegescherfaltung, s_1 – parallele Quarzsegregationen werden durch B_2 verfaltet -B_1- Biegescherfaltung mit s_1 – Parallelschieferung.
Kristallin-Stockwerk **(Kristallines Grundgebirge)** **Eduktalter:** Xenolithe Bodegang ≥378 Ma *Unterdevon (Prag) ~410 Ma *Neoproterozoikum 0,9-1,2 Ga	**Ecker-Gneis/Magmatite Harz** Brocken-Granit–Intrusion Harzburg-Gabbro-Intrusion **Metamorphose Eckergneis:** Thermisches Ereignis Jüngste detritische Zirkone im Eckergneis verweisen auf variszisches Alter der Metamorphose/Verformung des Eckergneises.	 295 295 +340(?) #392 Ma. ~410	-Kontaktmetamorphose durch Intrusion des Harzburger Gabbronorits und der Brockengranite. -NW-SE bis E-W polare Auf- und Überschiebungen (retrograde foliationsparallele Mylonite in Grünschiefer Fazies). Transportlinear nach WNW bis W. -Bildung der metamorphen Foliation und von intrafolialen Falten zwischen Foliationsdomänen.
Eduktalter: Ordovizium 443 bis 495 *Proterozoikum 0.9-1.2 Ga (Zirkonalter)	**Kyffhäuser-Kristallin** Finale Exhumierung Borntal- u. Bärenkopf- Intr. Diorit-Intrusion Hornblende-Gabbro, Gneis **Metamorphose**: variszisch jüngste detritische Zirkone (Biotit-Plagioklas-Gneis-Zone)	 333-305 #337- 340# 340- 345 ca.475	-NW-polare grünschieferfazielle Auf- und Überschiebungen. -Sinistral und dextral bewegte duktile Scherzonen auf Foliationsflächen. -Kuppelbau mit umlaufender Foliation in Magmatiten. -Durchgreifende Foliation der Gneise, bogenförmig verschwenkend aus E-W- in SW-NE-Richtung.

Abb. V6: Geologisch-strukturelle Entwicklung des Harzvariszikums, zusammengestellt nach Untersuchungen von Schwab 1976, Jacob & Franzke 1992, Wachendorf et al.1995, Franzke 2001 und Zeh 2003. (*~ Gesteins-, # Abkühlungs/Intrusions-, Deformations- und + Metamorphosealter). Zusammenstellung: Schwab & Franzke 2009, unveröff.

Die Gefüge des Phyllit-Stockwerks (Wippra-Zone, Unterharz; Blankenburg-Zone, Bohrung Todtenrode K1/1966, Mittelharz)

Das Phyllit-Stockwerk steht in der Wippra-Zone großflächig an und wurde in der Bohrung Todtenrode bei Altenbrak in ca. 800 m Tiefe erbohrt. Außerdem gibt es aus der Geophysik deutliche Belege für eine Hochlage metamorpher Gesteine im Mittelharz (Benneckenstein-Hoch). Die Epizonalmetamorphose und die daran gekoppelte Phyllittektonik fanden in einem PT-Feld von 300–350 °C und 2–3 kbar, am Südrand der Wippra-Zone möglicherweise bei 6–8 kbar statt. Das Phyllitstockwerk wird durch einen großen Flächenreichtum (drei oder mehr Schieferungen) und einen intensiven B_2-Falten- und Schuppenbau charakterisiert (Jacob & Franzke 1992).

Gefüge des unteren Schiefergebirgs-Stockwerks

Hierzu gehören im Mittel- und Unterharz anchimetamorphe Einheiten (bis 250 °C, ca. 1 kbar). Es dominieren Schuppenbau in den Olisthostromen der Harzgerode-Zone und intensiver Scherfaltenbau mit teilweise starker Vergenz in den pelitischen Gesteinen der Blankenburg-Zone. In der zeitlichen Folge des tektonischen Ablaufs der variszischen Tektonik sind Faltungen in verschiedenen Größenordnungen und Schieferungen als durchgreifende Zerscherungen frühe Bildungen. Abscherungen setzen an Achsenebenen von Falten, an Rampenstrukturen, an aufgestauten transversalen Schieferungsflächen und an ausgedünnten Faltenschenkeln an. Gelangen sie durch Rotation in den Bereich der maximalen Schubspannungen, so wird die fortschreitende Einengung mit gleicher Vergenz bzw. Polarität in den entstehenden Scherzonen fortgesetzt. In geomechanisch anisotropen Gesteinseinheiten, z. B. den Olisthostromen, wird die Verformung fast ausschließlich durch die Ausprägung von subparallelen, mechanisch der Schieferung entsprechenden Scherflächen übernommen (Schwab et al. 1970).

Gefüge des oberen Schiefergebirgs-Stockwerks

Die Tanne-Zone sowie die Sieber-Mulde und der Acker-Bruchberg-Zug sowie die Deckenreste der Südharz- und Selke-Decken repräsentieren das obere Niveau des geschieferten und verfalteten Schiefergebirgs. Charakteristisch ist die Verfaltung des Schichtstapels durch Biegescherfaltung (B_1-Faltung) mit zugehöriger Bruchschieferung (s_1), die in der Regel als transversale Schieferung die Schichtflächen zerschneidet. Hinzu kommt eine lokal anzutreffende jüngere Knickfaltung (B_2). Störungen entwickeln sich aus Schicht- oder Schieferflächen und setzen die NW-vergente Faltung als NW-vergente Aufschiebungen fort. Streckungsflächen an Schichtfugen und schichtparallelen Scherflächen sind häufig. Sie können als Hinweise für die durch Scherung erzeugte Ausdünnung des Schichtstapels unter der maximal erreichten Sedimentlast sowie als Folge der Streckung beim gravitativen Transport von Decken angesehen werden. Südharz- und Selkedecke werden als Gleitdecken über flachen Abscherzonen gedeutet, die nach ihrer Platznahme noch weiter verformt wurden, so dass sie heute Deckenmulden bilden und so vor der Erosion verschont blieben (Südharz- und Selke-Mulde). An der Deckenbasis sind bis mehrere Dekameter mächtige tektonische Melangen mit phyllonitischen Gefügen entwickelt. Die darin enthaltenen Scherkörper rekrutieren sich vor allem aus den liegenden Rahmengesteinen. Lanzett- und pflaumenkernförmige Scherkörper

(Phacoide, Reichstein 1965), vor allem von Quarziten, Kalksteinen und Diabasen sind in die pelitisch-psammitische Matrix der Melangen eingebettet, welche eine intensive interne Verschieferung aufweist. In höheren Bereichen der Decken (Südharz-Selke-Grauwacken) liegt nur eine seichte Schiefergebirgstektonik mit offener Faltung (B_1) und sehr schwacher Bruchschieferung (s_1) vor.

7. Nachvariszische Molasseentwicklung (Stefan-Perm)

Mit dem Ausklingen der variszischen Kollisionstektonik begann die gestapelte und verdickte Kruste, die gestörten Dichteverhältnisse durch isostatische Bewegungen wieder auszugleichen. Die vormalige Hebungszone der MKZ wurde nun zu einer Senkungszone (**Saalebecken**) umgewandelt (Inversion), die vom oberen Westfal bis zum Perm bestand. In Längströgen zum variszischen Orogen wurden ungefaltete, als Molasse bezeichnete, kontinentale Sedimente abgelagert, die den im Namur/Westfal tief erodierten variszischen Unterbau der MKZ wieder überdeckten. In den Profilen der Molassebecken treten an der Basis Grausedimente mit Steinkohlen auf. Zum Hangenden hin, bei zunehmender Aridität des Klimas, dominierten dann Rotsedimente. Sie wurden als Schuttfächer in die Sedimenttröge eingetragen und in sich verzweigenden Flusssystemen weiter verfrachtet. Bei Reliefausgleich traten auch feinkörnige Sedimentserien größerer Binnenseen auf, die pedogene palustrische und limnische Kalksteine enthalten können. Beispiele für diese Entwicklung sind im Harz das **Ilfeld-** und das **Meisdorfbecken**. Die vermutlich im Stefan beginnende Sedimentation des Ilfeldbeckens wird in 7 sedimentäre Formationen mit etwa 400 m Sedimentmächtigkeit gegliedert (Paul et al. 1997). Die beiden Vulkanit-Komplexe erreichen nochmals die gleiche Mächtigkeit.

Das Unterrotliegend im **Ilfeldbecken** (*E5*) beginnt mit einem Basisfanglomerat (**Fuchsberg-Formation**) gefolgt von Steinkohle führenden Grausedimenten (**Netzkater-Formation)** und roten Fanglomeraten (**Neustadt-Formation)**. Letztere wird von deckenförmigen latitischen bis andesitischen Laven überlagert. Mächtige Ton- bis Siltsteine mit Kalksteinlagen gehören zu ruhiger Playa-Sedimentation der **Baumgarten-Formation**. Eine rhyodazitische Ignimbrit-Eruption mit darin eingedrungenen Quellkuppen und Aschentuffen leitet zu den Konglomeraten und Sandsteinen der **Sülzhayn-Formation** über. Die nur im W-Teil ausgebildete **Werna-Formation** besteht erneut aus groben Klastika. Das Profil endet mit dem oberrotliegenden äolischen Walkenrieder-Sand (**Ellrich-Formation**). Das **Meisdorf-Becken** hat ein ähnliches, aber von Vulkaniten freies (nur Tuffe), ca. 300 m mächtiges Sedimentprofil, gegliedert in die fünfstufige **Meisdorf-Formation** und das Porphyrkonglomerat der **Eisleben-Formation**.

8. Mineralische Lagerstätten im östlichen Harz

8.1 Stratiforme oder diffus verteilte Mineralisationen (variszisch)

Im gefalteten Paläozoikum des Ostharzes treten stratiforme synsedimentär-exhalative (Sedex)-Lagerstätten in mitteldevonischen und unterkarbonischen Gesteinsassoziationen auf:

Stratiforme Fe-Mn-Lagerstätten (Lahn-Dill-Typ): gebunden an den submarin-exhalativen mitteldevonischen Metabasalt-Keratophyr-Vulkanismus im Elbingerode-Komplex und in kleineren Metabasaltvorkommen im Umfeld von Zirkulationszellen der Magmatite und deren Zufuhrspalten. Diese Vererzungen entstanden in der Blankenburg- und Harzgerode-Zone (Wissenbach-Formation, Eifel-Givet und Deckdiabas, Unterkarbon II).

Stratiforme Mn-Vorkommen: im Zusammenhang mit dem unterkarbonischen Deckdiabas am Schävenholz bei Drei Annen Hohne und im mitteldevonischen Metabasalt-Keratophyr-Magmatismus der Bunten Wormke an der Mandelholz-Vorsperre.

Synmagmatische Pyritimprägnationen: in den Keratophyren des Elbingerode-Komplexes, Grube Drei Kronen und Ehrt bei Elbingerode (Mitteldevon).

8.2 Strukturgebundene Mineralisationen (Gänge, Kluftzonen)

Spätvariszisch:

Antimon-Sulfidgänge: bei Wolfsberg/Dietersdorf (Siemroth 1991). Diese sind noch von der variszischen Verformung erfasst worden und wahrscheinlich noch unterkarbonischen Alters.

Selenidvererzungen: bei Tilkerode. Spuren von Gold und Palladium. Die Erzfällung erfolgte zunächst oxidisch (Selenide), dann als Sulfide an Reduktionsbarrieren von hemipelagischen Tonschiefern.

Fe-Mn-Oxidgänge: Diskordant die Molasse von Ilfeld durchsetzende Kluft- und Gangzonen (Perm).

Postvariszisch:

Quarzbrekzien, Pyrit-Arsenopyritgänge mit Quarz und Karbonaten als Gangarten: Sie treten im Harz als diskordant das gefaltete Schiefergebirge durchsetzende Mineralgänge auf (Unterperm bis Trias).

Polysulfidische Hydrothermalgänge:

Brocken-Gebiet bei Hasserode: sulfidische, vor allem Co-Erze. Gangarten: Quarz, Karbonate, Baryt und Fluorit.

Ramberggebiet bei Bad Suderode-Stecklenberg: sulfidische Pb-, Zn-, Cu-Vererzung. Gangarten: Baryt, Fluorit.

Stolberg-Gebiet: Ag-haltige Pb-, Zn-Vererzung (Stolberg) und Baryt-Fluorit-Abfolge (Rottleberode).
Selke-Gebiet bei Harzgerode – Mägdesprung: Ag-haltige Pb-, Zn-Vererzung.
Unterharz-Gebiet bei Neudorf und Strassberg: Ag-haltige Pb-, Zn-Vererzung und Baryt-Fluorit-Abfolge).

Es treten eine Vielzahl von Paragenesen mit Ag-haltigen Pb-Zn-Sulfiden, Gangarten Quarz und Karbonate auf. Die Mineralisation endet mit mächtigen Baryt-Fluorit-Bildungen. Die Gangstrukturen streichen E-W bis NW-SE. Es sind Störungszonen, die nach der kompressiven Phase der variszischen Orogenese reaktiviert oder neu gebildet und im Mesozoikum (205–90 Ma, Jura bis tiefe Oberkreide) mehrfach aktiviert wurden (Abb. V7). Bildung der Hauptsulfid-Paragenesen zwischen 205–180 Ma, Karbonate, Baryt und Fluorit zwischen Jura und Oberkreide (ca. 100 Ma). Die Vererzungen entstanden durch hydrothermale Laugung der Nebengesteine infolge von Tiefenzirkulation in

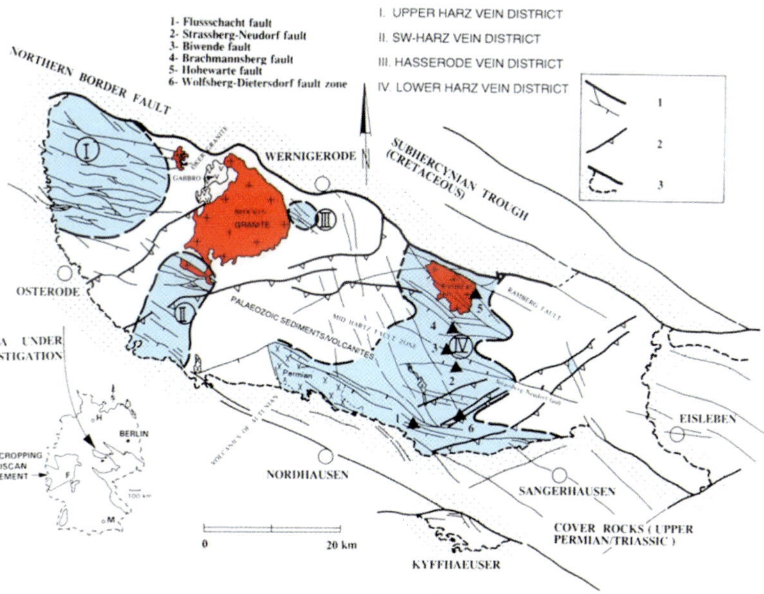

Abb. V7: Übersicht zu den hydrothermalen Mineralgängen im Harz. **1** – ruptile Störungen, z. T. mineralisiert (Gänge), **2** – prämineralische variszische Scherzonen, **3** – Umgrenzung der Harzscholle (Ausbiss der Zechstein-Basis). **I** – Westharz-Gangrevier (polysulfidische Gänge), **II** – SW-Harz-Revier (Baryt), **III** – Hasserode-Gangrevier (Ni-Co-Gänge), **IV** – Ostharz-Gangrevier (Ramberg-Revier, Polysulfidgänge, Baryt-Fluorit). Ziffern **1–6** in der Karte: wichtige Gangstrukturen im Ostharz.

Störungszonen. Mit Ausnahme der Vorläufermineralisationen Quarz-Turmalin, Wolframit und Fe-Mn-Oxide existiert keine genetische Bindung an die jungvariszischen Magmatite/Vulkanite des Harzes (Kuschka & Franzke 1974, Lüders & Möller 1995, Franzke & Zerjadtke 1999).

Baryt-Fluorit-Abfolge

Sie ist die jüngste der saxonischen Mineralparagenesen. Dieser Mineralisationstyp wird in Mitteleuropa als „Saxonische Vererzung" bezeichnet. Zu ihrer Bildung kam es durch Fluidmischungen von aufsteigenden Ba-F-führenden heißen hydrothermalen Lösungen mit aus dem Deckgebirge eindringenden kühleren Sulfatwässern. Da der dem Paläozoikum auflagernde Zechstein wegen seiner Salinar- und Pelithorizonte (Salztone) eine effektiv abdichtende Barriere für Fluidmischungen darstellte, war diese Sperre immer nur bei stärkeren Aktivierungen des Schollenfeldes kurzzeitig durchlässig. So ergaben sich optimale Ausscheidungs- und hydraulisch-strukturelle Bedingungen unmittelbar im Liegenden der Deckgebirgsbarriere, so dass sich die produktivsten Bereiche der saxonischen Baryt-Fluorit-Gänge des Harzes und weiterer analoger Gebiete unmittelbar unter dem Zechsteinauflager konzentrierten. Dieser Bereich ist am Südharz noch weitgehend erhalten (südlicher Teil des Ostharzreviers mit Rottleberode, Morungen in der Wippra-Zone und Kyffhäuser). Diese Paragenese fehlt aber im Gebiet zwischen der Zentralen Harzstörung (Strassberg-Neudorf-Gangzug) bis zum Harznordrand, weil dort die starke jungmesozoische Hebung/Erosion den oberen Bereich des Präzechsteins und damit auch das darin gebildete obere Barytstockwerk (Bildungstemperaturen < 100 °C) entfernt hat (Franzke & Zerjadtke 1999).

II. Einführung in das kristalline Grundgebirge des Kyffhäuser

(Armin Zeh, Würzburg, Hans Joachim Franzke, Clausthal)

Amphibolitfaziell metamorph überprägte Magmatite und Metamorphite der Mitteldeutschen Kristallinzone (MKZ) treten am Nordrand des Kyffhäusers auf einer Fläche von nur ca. 1,5 km² unter flach auflagerndem Stefan zutage (Zeh & Katzung 1994). Der Kyffhäuser ist der ihrer N-Flanke am nächsten liegende Aufschluss-Bereich der MKZ. Das Kristallin wird an der mesozoischen N-Randstörung des Kyffhäusers in die Tiefe versenkt (Abb. V8). Dort wird es von der Nördlichen Phyllitzone gefolgt, die in der Wippra-Zone des Harzes aufgeschlossen ist.

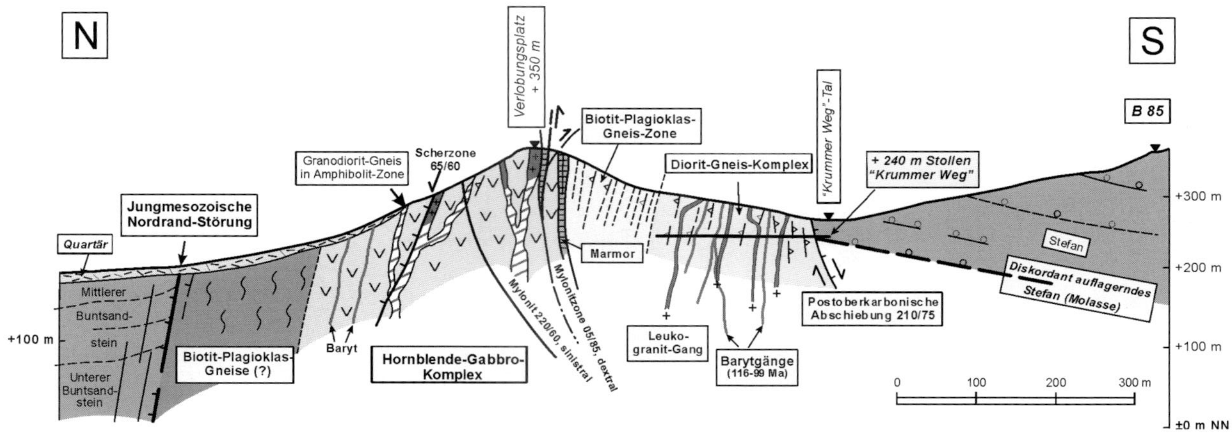

Abb. V8: Querschnitt durch den Westlichen Metamorphen Komplex (WMK) des Kristallinaufbruchs des Kyffhäusers. Im S Bedeckung durch variszische Molasse (Stefan), im N Absenkung an der mesozoischen N-Randstörung. Franzke et al. (2007).

Der Übergang vom amphibolitfaziellen Kristallin des Kyffhäusers (KK) zum epimetamorphen Altpaläozoikum des Südostharzes (Wippra-Zone) liegt unter den spätvariszischen Molassen des Saale-Beckens und dem mesozoisch-känozoischem Deckgebirge der Goldenen Aue verborgen. In der Bohrung Heringen in der Goldenen Aue wurden, nur 3 km N des Kristallins, unter Zechstein in 800 m Teufe bereits die Gesteine der Wippra-Zone angetroffen. Daraus folgt, dass die variszische Terrane-Grenze zwischen der MKZ und der Rhenoherzynischen Zone direkt vor dem Nordrand des Kyffhäusers verlaufen muss. Kristallin und Nördliche Phyllitzone gehören zur unmittelbaren Kollisionszone, an der zwischen dem Rhenoherzynikum im NW und dem Saxothuringikum im SE durch Subduktion das vormalige Ozeanbecken des „Rheischen Ozeans“ im Oberdevon/Unterkarbon geschlossen wurde.

Die morphostrukturelle Situation des Kyffhäusers entspricht der des Harzblocks. Durch die Kyffhäuser-Störung im N und die Finne-Störung im S wird die Hermundurische Scholle als NW-SE gestrecktes jungmesozoisches Hebungssegment begrenzt. An ihrer NE-Schollenkante wurde durch ein Wechselspiel von starker Hebung und tief greifender Erosion der kleine Ausschnitt der MKZ freigelegt. Die jungmesozoisch-känozoische Hebung an der Kyffhäuser-Nordrand-Störung erreichte bis 1,5 km gegenüber der eingesunkenen Goldenen Aue (Referenzfläche Zechsteinbasis).

Geochronologische, petrologische, strukturgeologische und sedimentologisch-geochemische Untersuchungen der letzten 15 Jahre zeigen, dass die MKZ keinen homogenen Kristallingürtel darstellt, sondern aus mindestens zwei grundlegend verschiedenen Einheiten besteht, die im Variszikum miteinander verschweißt wurden

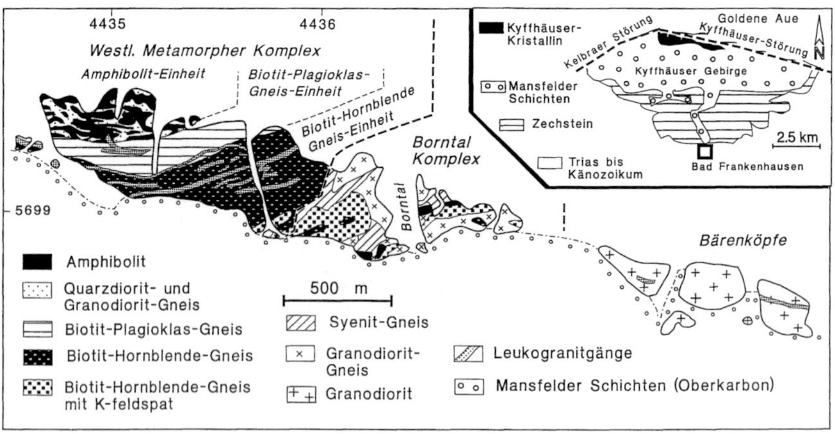

Abb. V9: Geologische Übersicht des ca. 1,5 km² großen Kristallinausstrichs am Nordrand des Kyffhäusers. Zeh (1999).

(Wunderlich & Zeh, 2003, Zeh et al. 2005). Einheit I umfasst die Relikte eines variszischen Inselbogens, der zwischen 360–330 Ma aktiv war, während Einheit II paläozoische Sedimente und silurisch-devonische Orthogneise enthält, die vormals N und NW des variszischen Inselbogens lagen und im Zuge der variszischen Kollision unter diesen subduziert wurden. Relikte von Einheit I sind heute am Kyffhäuser aufgeschlossen. Relikte von Einheit II sind in weiten Teilen des Ruhlaer Kristallins zu finden.

Das Kristallin des Kyffhäuser besitzt eine große lithologische Vielfalt. Von W nach E werden drei Haupteinheiten und mehrere Zonen und Komplexe unterschieden (Abb. V9):

1. (Westlicher) Magmatisch-Metamorpher Komplex (WMK)
2. Borntal-Intrusivkomplex (BIK) im Zentrum
3. Bärenkopf-Granit (BG) im E.

1. Westlicher Magmatisch-Metamorpher Komplex (WMK)

Der WMK (Abb. V8) lässt sich von N nach S in einen **Hornblende-Gabbro-Komplex (HGK)**, eine paragene Biotit-Plagioklas-Gneis-Zone und einen Diorit-Gneis-Komplex aufgliedern. Der HGK besteht vorwiegend aus fein- bis riesenkörnigen Gabbros mit stark variierender Textur, wobei eine gleichkörnige Varietät mit 0,5 mm großen Plagioklas-Kristallen dominiert. Die Gabbros bestehen vorwiegend aus Hornblende (Cummingtonit), etwas Biotit, Plagioklas, Titanit, Erz und Apatit.

Die Mikrostrukturen in Kombination mit mineralchemischen und petrologischen Daten zeigen, dass in den Gabbros drei Entwicklungsstadien konserviert sind: 1. ein magmatisches Stadium (850–900 °C/5–8 kbar), 2. das Solidus Stadium (720–780 °C/4–7 kbar), und 3. eine metamorphe Überprägung bei 600 °C/2,5 kbar, U-Pb Datierungen an Zirkonen erbrachten für die Gabbros ein Kristallisationsalter von 340,7 ± 1,1 Ma (Zeh et al. 2005). Den Gabbros sind geringmächtige Gänge und Körper granodioritischer bis granitischer Zusammensetzung zwischengeschaltet. Diese Gesteine werden von jüngeren Leukogranitgängen durchschnitten.

Die **Biotit-Plagioklas-Gneis-Zone** schließt sich im S dem **HGK** an. Sie besteht vorwiegend aus Biotit-Plagioklas-Gneisen, die auf ein grauwackenartiges Edukt zurückgeführt werden. Im mylonitisch überprägten Grenzbereich zwischen dem Gabbro-Komplex und der Biotit-Plagioklas-Gneis-Zone treten stark deformierte Marmore und Kalksilikatlinsen auf (Seim 1967). Weiterhin kommen in dieser Einheit Linsen, Körper und Lagen von Amphiboliten, Hornblende-Gneisen und vereinzelt auch von Metapeliten vor.

Anhand metapelitischer Paragenesen wurden P-T-Bedingungen von 5–7 kbar/690–750 °C für den Höhepunkt der Metamorphose abgeleitet. Die hohen Temperaturen gehen auf den kontaktmetamorphen Einfluss der eng benachbarten Gabbro/Dioritkörper zurück. Ein U-Pb-Monazit-Alter von 340,3 ± 1,4 Ma datiert den Zeitpunkt der Kontaktmetamorphose. Petrologische und geospeedometrische Untersuchungen belegen zudem, dass es nach dem Metamorphose-Höhepunkt zunächst zu einer raschen Druckentlastung um ca. 3 kbar und anschließend zu einer raschen Abkühlung unter 500 °C bei ca. 2–3 kbar kam (Zeh et al. 2005). Detritische Zirkone aus den Metasedimenten belegen, dass die sedimentären Edukte der Biotit-Plagioklas-Gneis-Zone erst nach ca. 475 Ma (Unteres Ordovizium) sedimentiert wurden, wahrscheinlich im Zuge des Abbrechens der Armorikanischen Terranes vom Gondwana-Nordrand.

Die Biotit-Plagioklas-Gneis-Zone geht im S mit einem Übergangsbereich in den **Diorit-Gneis-Komplex** über. Dieser Übergang ist ebenfalls stark zerschert und durch mylonitische Gefüge in den Gneisen charakterisiert. Die Gesteine des Diorit-Gneis-Komplexes sind intensiv foliiert und werden von zahllosen mylonitischen Scherzonen durchzogen, in denen Plagioklase und Kalifeldspäte nach der Verformung wieder dynamisch rekristallisiert sind. Lokal kommen auch dichte Gabbrolinsen vor, die ihr ophitisches Gefüge bewahrt haben. P-T-Abschätzungen an den Dioritgneisen erbrachten 750–810°C bei 4–7 kbar, die wahrscheinlich während der Auskristallisation des Dioritmagmas vorherrschten (Solidusstadium). U-Pb Datierungen an Zirkonen zeigen, dass das dioritische Magma um 345,1 ± 3,4 Ma intrudierte und erstarrte.

2. Borntal-Intrusiv-Komplex (BIK)

Der SW-NE orientierte **Borntal-Intrusiv-Komplex (BIK)** schneidet spitzdiagonal den Westlichen Magmatisch Metamorphen Komplex (WMK) ab. Er wird vorwiegend aus Granit- und Syenit-Gneisen, untergeordnet aus einem grobkörnigen, schlierigen Diorit, aufgebaut. Der Hangendbereich (S-Flanke) des BIK besteht aus einem Kalifeldspat-porphyrischen Granit-(Gneis), in den vereinzelt dichte Dioritgneis-Körper eingeschaltet sind. Geländebeobachtungen und mikrotexturelle Beziehungen weisen darauf hin, dass diese Körper während der Intrusion des Granits aufgenommen und teilweise assimiliert wurden. Im Anschluss an die Intrusion wurde der Kalifeldspat-porphyrische Granit dann von einem gleichkörnigen, grauen Granit sowie von einem Syenit intrudiert. Im oberen und unteren Borntal treten zudem schlierig texturierte, großkristalline Diorite auf. Diese zeigen z. T. eine „migmatitische“ Textur, bestehend aus dunklen Hornblende-reichen und hellen Quarz-Feldspat-reichen Schlieren.

Petrologische und geochronologische Daten weisen darauf hin, dass es sich hierbei um hybride Gesteine handelt, welche um 336,6 ± 0,5 Ma bei P-T-Bedingungen von 700–750°C / 2–3 kbar kristallisierten. U-Pb-Zirkon-Datierungen des benachbarten Granit-Gneises erbrachten ein identisches Intrusionsalter von 337,1 ± 1,0 Ma.

3. Bärenkopf-Granit (BG)

Nördlich des Kyffhäuser-Denkmals, im Bereich der Bärenköpfe, ist der **Bärenkopf-Granit (BG)** aufgeschlossen, der bis zu 3 cm große Kalifeldspat-Kristalle führt. Dieser Granit wird von Leukogranitgängen, die z. T. pegmatitisch ausgebildet sind, zumeist in E-W-Richtung, durchschnitten.

U-Pb-Zirkon-Datierungen dieses Granits erbrachten ein Alter von 337,0 ± 2,7 Ma, welches mit zwei K-Ar-Abkühlungsaltern (400 °C) von 333 ± 8 und 332 ± 7 Ma, die an Muscoviten aus den eingelagerten Leukogranitgängen bestimmt wurden, nahezu identisch ist (Neuroth 1997).

4. Druck-Temperatur-Zeit-Entwicklung des Kyffhäuser Kristallins

Auf der Basis von petrologischen und geochronologischen Daten wurde für das Kristallin des Kyffhäusers eine detaillierte Druck-Temperatur-Zeit-Entwicklung erarbeitet (Zeh et al. 2005). Die geochronologischen Daten weisen darauf hin, dass die sedimentären Ausgangsprodukte der Biotit-Plagioklas-Gneis-Zone Detritus aus dem Avalonisch-Cadomischen Gebirgsgürtel (Nord-Rand Gondwanas, um 550 Ma) enthalten und erst nach 475 Ma (Unteres Ordovizium) in den Protolithen des KK abgelagert wurden. Erst später, während der Variszischen Orogenese, wurden diese dann von magmatischen Gesteinen (Gabbros, Diorite, Granite, Syenite) intrudiert. Dies geschah im Bereich eines kontinentalen Inselbogens, der sich im Zuge der Subduktion des Rhenoherzynikums (NW) unter das Saxothuringikum (SE) bildete. Die Entwicklung des Kristallinaufbruchs am Kyffhäuser ist in Abb. V10 zusammengefasst.

Die Magmatite intrudierten in zwei Stadien, einem ersten um 345 ± 4 - 340 ± 1 Ma, wobei Gabbros und Diorite gefördert wurden, welche die bereits durch die tiefe Versenkung metamorphisierten sedimentären Rahmengesteine (Biotit-Plagioklas-Gneise) kontakt-metamorph überprägten. Die Intrusionen erfolgten dabei in Krustentiefen zwischen 19–25 km, was durch entsprechende P-T-t Daten belegt ist. Um 337 ± 1 Ma erfolgte das zweite Stadium, wobei Granite, Syenite und ein schlierig texturierter Diorit intrudierten. Die Platznahme dieser Magmatite erfolgte in ein seichteres Krustenniveau von ca. 7–11 km Tiefe, was darauf hindeutet, dass der heutige Aufschlussbereich des KK zwischen 345 und 337 Ma sehr schnell gehoben und dabei ca. 10 km der oberen Hüllgesteine erodiert wurden. Die Abkühlung der Gesteine des KK auf unter 400 °C erfolgte um 333 ± 8 Ma. Im nachfolgenden Zeitraum von ca. 25 Ma wurde das Grundgebirge nochmals um mindestens 7–11 km gehoben und synchron erodiert, was zur Freilegung des heutigen Anschnittsniveaus vor der Sedimentation des Stefans (305 Ma) führte.

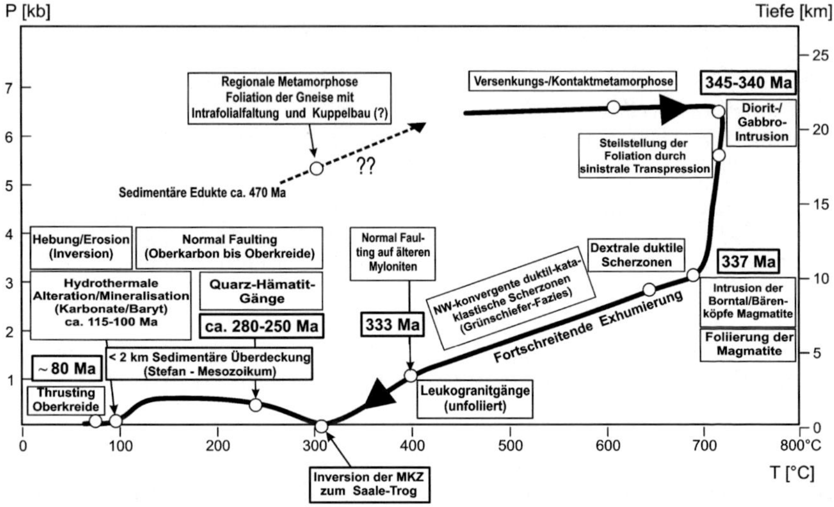

Abb. V10: Metamorph-magmatische und strukturelle Entwicklung des Kristallins am Kyffhäuser (Franzke, Zeh & Meier 2006, aktualisiert).

5. Metamorpher Lagenbau (Foliation), Faltung und foliationsparallele Scherzonen

Im KK verfügen sowohl die Para- als auch die Orthogesteine über eine Foliation, die sehr steil mit 70–90° nach N und S, nur an wenigen Punkten auch flacher einfällt (Franzke et al. 2006). Die metamorphe Foliation beschreibt im aufgeschlossenen Bereich des KK einen 3 km langen, sanft geschwungenen, nach S konkaven Bogen.

Für einen großräumigen Faltenbau, wie ihn Neumann (1968) postulierte, ergeben sich keine Belege. In beiden Randbereichen der paragenen Biotit-Plagioklas-Gneise, besonders in den Marmoren/Kalksilikatfelsen, bildeten sich steile mylonitische Scherzonen. Schleppfalten mit Wellenlängen von einigen Metern gruppieren sich girlandenförmig um die Flanken dieser Scherzonen. Die Schleppfaltenachsen haben verbogene Achsenflächen und zeigen steile Eintauchwinkel bis zu 80°, was auf eine mehrphasig-disharmonische, subhorizontale, dominierend dextrale Scherung hindeutet.

Die petrologischen Daten belegen, dass sich die Paragesteine des KK vor 340–345 Ma noch in einer Krustentiefe von 19–25 km befanden, wo sie im Zuge der Platznahme von Dioriten und Gabbros kontaktmetamorph aufgeheizt wurden. Im Zuge der beginnenden variszischen Kollision zwischen dem Rhenoherzynikum und

Saxothuringikum wurde die Gneisfoliation auf breiter Front aufgestellt, was zur Etablierung der durchgehend steilen Lagerung des KK führte, welche bis heute erhalten ist. Der Beginn dieser Verstellung erfolgte während oder unmittelbar nach der Intrusion des Diorit-Gneis-Protoliths (ca. 345 ± 4 Ma), da nur dieser mit gleicher Intensität wie die paragenen Biotit-Plagioklas-Gneise duktil verformt (foliiert) wurde. Die magmatische Temperatur des Diorits (ca. 800°) sowie die kontaktmetamorphe Aufheizung der Biotit-Plagioklas-Gneise auf ca. 690–750 °C verminderten ihre Scherresistenz beträchtlich, so dass beide Gesteins-Einheiten am intensivsten foliiert wurden. Der Hornblende-Gabbro des WMK, der im gleichen Zeitraum intrudierte (341 ±1 Ma), wurde von dieser durchgreifenden Foliation weniger betroffen, da seine Scherfestigkeit wesentlich höher liegt und zudem die Scherspannungen von den umgebenden Quarz-reicheren Lithologien aufgenommen werden konnten. Nachfolgend, zwischen 340 und 337 Ma intrudierten die Magmatite des BIK, der BG sowie die Granodiorite des HGK im Westeil des KK. Die Foliierung dieser Magmatite erfolgte nach dem Abschluss der isothermalen Dekompression (von 7 auf 3 kbar) im Zuge der weiteren Heraushebung des KK.

6. Retrometamorphe, duktil-kataklastische Scherzonen

Die weitere strukturelle Prägung des KK liegt auf dem retrometamorphen Zweig der PT-Entwicklung und erfolgte im Zuge der fortschreitenden Hebung und Abkühlung seit dem späten Visé (ca. 337 Ma) bis einschließlich der Abkühlung der Gesteine deutlich unter die 400 °C-Isotherme um ca. 333 Ma. In diesem Umfeld kam es zu duktil-kataklastischen Verformungen der Magmatite des BIK und an den Bärenköpfen, und zur Bildung von grünschieferfaziellen Mineralparagenesen in allen Gesteinseinheiten, besonders im reaktionsfreudigen Milieu der Scherzonen.

Leukogranitgänge

Das KK wird von zahlreichen fein- bis mittelkörnigen Leukogranitgängen durchzogen, deren Mächtigkeiten zwischen einigen Zentimetern und 8–10 m variieren können. Diese Gänge treten vor allem W des Borntals auf und sind im BIK und weiter nach E an den Bärenköpfen seltener. Die Kontakte mit den Rahmengesteinen sind im Allgemeinen thermisch verschweißt. An mehreren Punkten ist aber eine Überscherung der Gangkontakte in Form kleiner grünschieferfaziell geprägter N- bis NW-Überschiebungen nachweisbar.

Die Leukogranitgänge (± 333 Ma) durchtrennen alle sonstigen Gefügeelemente der Kristallintektonik und postdatieren damit die metamorphe Foliation, die duktilen Zerscherungen, die Quarz-Feldspatmobilisate und Kleinfalten.
Baryt- und Karbonatgänge durchdringen am Kyffhäuser Quarz-Hämatit-Kluft-Vererzungen permischen Alters und bilden im Unterschied zu diesen kompakte, E-W bis WNW-ESE streichende Mineralgänge. Sie setzen aus dem Kristallin in die auflie-

genden Molassesedimente hinein und bilden dort Gänge und auch stratiforme Baryt-Lager. Letztere entstanden an Schichtfugen infolge von Staueffekten an impermeablen Barrieren (Schluff- und Toneinlagerungen). Die Bildung der Barytabscheidung am Kyffhäuser ist durch radiometrische Alter einzugrenzen. K-Ar-Datierungen an hydrothermal gebildeten Illiten aus alterierten Störungsbrekzien an den Kontakten von Barytgängen der Gangstruktur „Krummer Weg“ ergaben eine Altersspanne zwischen 116 ± 2,9 und 99 ± 2,2 Ma (Analytik: Dr. K. Wemmer, Göttingen).

Literatur

Ackermann, St. (1987): Zur litho- und biostratigraphischen Gliederung der Gesteine der Wippraer Zone im Harz. – Hall. Jb. f. Geowiss. **12:** 122–123, Halle.

Ahrendt, H., Franzke, H.J., Marheine, D., Schwab, M. & Wemmer, K.(1996): Zum Alter der Metamorphose in der Wippraer Zone/Harz – Ergebnisse von K-Ar- Datierungen an schwachmetamorphen Sedimenten. – Z. dt. geol. Ges. **147:** 39–56, Stuttgart.

Alberti, G.K.B. (1994): Zu Fauna (planktonische Tentaculiten, Trilobiten), Alter und Paläobiogeographie des älteren Unter-Devon im Unterharz. – Cour. Forsch.-Inst. Senckenberg (Willi-Ziegler-Festschrift II) **169:** 143–153, Frankfurt/Main.

Alberti, G.K.B. (1995): Zu Kenntnis und Problemen der Biostratigraphie und der faziellen Entwicklung des Silurs und Devons im Harz. – Nova Acta Leopoldina N.F. **71/291:** 23–39, Halle.

Alberti, G.K.B. & Alberti, L. (1996): Zur Lithologie, Fauna und Stratigraphie des unterdevonischen Anteils der „Harzgerode-Tongallen- und Kieselgallenschiefer-Formation“ (herzynische Beckenfazies, Unterharz). – Senckenbergiana Lethea **76** (2): 113–119, Frankfurt/Main.

Alberti, G.K.B. & Alberti, L. (2008): 4.3.1 Unterdevon in der Harzgeröder Zone des Unterharzes. – Schr .-R. dt. geol. Ges., **52:** 495–506, Hannover.

Basse, M. (2009): Proetoidea Hawle & Corda 1847 und andere Trilobita aus unterdevonischen Herzynkalken (Zlichovium, Dalejum) der westlichen Harzgeröder Faltenzone (südwestlicher Harz, Rhenoherzynikum). – Freib. Forsch-H. **C 532:** 1–55, Freiberg.

Bankwitz, P.& Bankwitz, E. (1992): Bemerkungen zur Art und Intensität der Faltung im Östlichen Rhenoherzynikum (Harz, Flechtinger Scholle). – Z. geol. Wiss. **20:** 193–208, Berlin.

Benek, R. (1967): Der Bau des Ramberg-Plutons im Harz. – Abh. dt. Akad. Wiss., Kl. Bergbau, Hüttenwesen u. Montangeologie **1:** 1–78, Berlin.

Blumenstengel, H. (1974): Ostracoden aus dem Mitteldevon des Harzes (Blankenburger Zone). – Freib. Forsch.-H. **C 298:** 19–43, Leipzig.

Borsdorf, K.-H. & Freyer, G. (1973): Zur Altersstellung der Sedimentserien in der östlichen Blankenburger Zone (Harz). – Z. geol. Wiss. Themenh. **1:** 81–90, Berlin.

Borsdorf, K.-H. (1975): Beitrag zur Lithologie der quarzitführenden Schieferserie („Hauptquarzit“) von Wienrode-Altenbrak (Harz). – Z. geol. Wiss. **3:** 301–306, Berlin.

Borsdorf, K.-H. (1978): Formationsanalyse der Geosynklinalablagerungen (Pelit-Formation) des östlichen Elbingeröder Raumes/Harz. – Jb. Geol. **9/10:** 57–139, Berlin.

Borsdorf, K.-H., Burchardt, I., Gross, A., Mucke, D., Rentzsch, J., Särchinger, H. & Scheffler, H. (1973): Metallogenetische Probleme der Geosynklinalablagerungen im

Harz. – In: Schwab, M. (ed.): Lithologie, Paläogeographie und Tektonik des Devons und Karbons im Bereich des Harzes und der Flechtinger Scholle. – Exk.-Führer Vortrags- u. Exk.-Tagung v. 28.–30. Sept. 1973 in Halle. – Exk. **D:** 94–102, Berlin.

Borsdorf, K.-H., Estrada, S., Schust, F. & Schwandtke, E. (1992): Ergebnisse neuer Forschungsbohrungen im östlichen Rhenoherzynikum (Harz und Flechtingen-Rosslauer Scholle). – Zbl. Geol. Paläont. **I/1992:** 5–16, Stuttgart.

Buchholz, P., Wachendorf, H. & Zellmer, H. (1991): Die Flinzfazies im Harz – eine Charakteristik mitteldevonisch – unterkarbonischer Hungerbeckensedimente. – Geol. Jb. Hessen **119:** 5–44, Wiesbaden.

Buchholz, P., Büthe, F., Franzke, H.-J., Ganßloser, M., Palmowski, D., Wachendorf, H. & Zellmer, H. (1996): Harz-Traverse: Brocken-Komplex – Ilfelder Becken. Exkursion B. – In: Feldmann, L. & Quade, H. (Hrsg.): Der Untergrund der Norddeutschen Tiefebene – Materialien zur 5. Jahrestagung, Clausthal-Zellerfeld, 8.–12.05 1996. – Exk.-Führer u. Veröff. Ges. f. Geowiss. e.V. **197:** 91–148, Clausthal-Zellerfeld.

Buchholz, P., Luppold, F.W., Wachendorf, H. & Zellmer, H. (2008): 4.3.2 Westliche Harzgeröder und Blankenburger Zone sowie die Südharz-„Mulde“. – Schr.-R. dt. geol. Ges. **52:** 507–517, Hannover.

Buggisch, W. (1991): The global Frasnian-Famennian „Kellwasser Event“. – Geol. Rdsch. **80:** 49–72, Stuttgart.

Burmann, G. (1973): Das Ordovizium der nördlichen Phyllitzone, Teil II: Wippraer Zone. – Z. geol. Wiss. Themenh. **1:** 9–43, Berlin.

Burmann, G. & Franzke, H.J. (2001): 4.27.2.1. Ordovizium und Kambro(-ordovizium) der Wippraer Zone (Metamorpher Höhenzug des Unterharzes), Gebiet Breitungen-Wippra-Braunrode/Hettstedt. – In: Steininger, F.F.: Stratigraphische Kommission Deutschlands – Stratigraphie von Deutschland II. Ordovizium, Kambrium, Vendium, Riphäikum. – Courier Forschungsinst. Senckenberg **235:** 16–30, Frankfurt/Main.

Büthe, F. & Wachendorf, H. (1997): Die Rotliegendentwicklung des Ilfelder Beckens und des Kyffhäusers: Pull-Apart-Becken und Rhomb-Horst. – Z. geol. Wiss. **25:** 291–306, Berlin.

Chrobok, S. (1965): Untersuchungen zur Geologie des Brockenmassivs. – Geologie, Beih. **48:** 1–82, Berlin.

Cloos, H. (1917): Tektonische Probleme am Nordrand des Harzes. – Geol. Rdsch. **7:** 314–329, Leipzig.

Dahlgrün, F. (1923): Über graptolithenführende Schichten im Unterharz. – Jb. preuß. geol. Landesanst. f. 1922, **43:** 169–182, Berlin.

Dahlgrün, F. (1939): Über die Grundlagen einer tektonischen Gliederung des Harzes. – Z. dt. geol. Ges. **91:** 537–550, Berlin.

Duphorn, K. (1968): Ist der Oberharz im Pleistozän vergletschert gewesen? – Eiszeitalter und Gegenwart **19:** 164–174, Öhringen.

Eidam, J. & Seim, R. (1971): Zur Geochemie und Genese des Rambergmassivs (Harz).– Chem. Erde **29:** 277–333, Jena.

Erben, H.K. (1953): Stratigraphie, Tektonik und Faziesverhältnisse des böhmisch entwickelten Unterdevons im Harz. – Geol. Jb. Beih. **9:** 1–98, Hannover.

Erdmannsdoerffer, O.H. (1926): Erläuterungen z. Geologischen Karte von Preußen u. benachbarten Ländern, Blatt Elbingerode, Berlin.

Erdmannsdörffer, O.H. & Schröder, H. (1927): Erläuterungen zur geologischen Karte von Preußen, Blatt Harzburg, Berlin, 3. Aufl.

von Eynatten H., Voigt, T., Meier A., Franzke, H.J. & Gaupp, R. (2008): Provenance of the clastic Cretaceous Subhercynian Basin fill: constraints to exhumation of the Harz Mountains and the timing of inversion tectonics in the Central European Basin. – Int. J. Earth Sci. **97:** 1315–1330.

Fischer, G. (1929): Die Gesteine der metamorphen Zone von Wippra mit besonderer Berücksichtigung der Grünschiefer. – Abh. Preuß. Geol. L-Anst. N.F. **121:** 1–64, Berlin.

Flick, H. (1986): The Hercynian Mountains – a Postorogenic Overthrusted Massif? – Naturwissensch. **73:** 670–671, Berlin (Springer).

Franz, L., Schuster, A.K. & Strauß, K.W. (1997): Basement Evolution of the Rhenohercynian Segment: Discontinous Exhumation History of the Eckergneis Complex (Harz Mountains, Germany). – Chem. Erde **57:** 105–136, Jena.

Franzke, H.J. (1969): Ergebnisse der geologischen Neuaufnahme der Grünschiefer von Wippra (Harz). – Hercynia NF **6:** 187–206, Leipzig.

Franzke, H.J. & Schmidt, D. (1993): Die mesozoische Entwicklung der Harznordrandstörung – Makrogefügeuntersuchungen in der Aufrichtungszone. – Zbl. Geol. Paläont. **I/1993:** 1443–1457, Stuttgart.

Franzke, H.J. & Osswald, U. (1997): Ein Neuaufschluß der Harznordrandstörung am Teufelbad II bei Michaelstein am Harz. – Z. geol. Wiss. **25:** 263–275, Berlin.

Franzke, H.J. & Zerjadtke, W. (1999): Übersicht über die Bildung der hydrothermalen Gänge des östlichen Harzes – ein Fortschrittsbericht. – Aufschluss, Sonderband VFMG – Sommertagung 1999, Halle: 39–63, Heidelberg.

Franzke, H.J. (2001): Die strukturelle Einbindung des Eckergneises zu seinem variszisch geprägten Umfeld. – Braunschw. geowiss. Arb. **24:** 1–26, Braunschweig.

Franzke, H.J., Voigt, Th., v. Eynatten, H., Brix, M.R. & Burmester, G. (2004): Geometrie und Kinematik der Harznordrandstörung, erläutert an Profilen aus dem Gebiet von Blankenburg. – Geol. Mitt. Thür. **11:** 39–63, Jena.

Franzke, H.J., Zeh, A. & Meier, S. (2006): Die metamorph-magmatische und strukturelle Entwicklung des Kyffhäuser Kristallins/Mitteldeutsche Kristallinzone – Vergleich mit der Wippra-Zone und dem Eckergneis/Harz. – Z. geol. Wiss. **35** (1/2): 27–61, Berlin.

Franzke, H.J., Müller, R., Voigt, Th. & v. Eynatten, H. (2007): Paleo-Stress Paths in the Harz Mountains and surrounding areas (Germany) between the Triassic and the Upper Cretaceous. – Z. geol. Wiss. **35** (3): 141–156, Berlin.

Friedel, C.H., Hoth, P., Franz, G. & Stedingk, K. (1995): Niedriggradige Regionalmetamorphose im Harz. – Zbl. Geol. Paläont. **I/1993:** 1213–1235, Stuttgart.

Friedel, C.-H. & Luppold, F.W. (2009): Exkursionspunkt 3: Struktur und Metamorphose im Eckergneis – Bilanz und Ausblick. – 3. Workshop Harzgeologie. – Exk.-Führer u. Veröff. **239** (2009): 43–48, Hannover.

Frühauf, M., Bartmuß, H.-J. & Schellbach, A. (1993): Der Ost-Harz. Geographie und Geschichte einer mitteldeutschen Landschaft. – Mitt. Geograph. Ges. Lübeck **58:** 9–92, Lübeck.

Gaitzsch, B.G. (2001): Das Oberkarbonprofil der Saale-Senke am Kyffhäuser – eine Diskussion. – Beitr. Geol. Thüringen, N.F. **8:** 43–66, Jena.

Gallwitz, H. (1956): Über tektonische Selektion. – Geotekt. Symp. z. Ehren von Hans Stille: 20–37, Stuttgart (Enke).

Ganssloser, S., Vibrans, E. & Wachendorf, H. (1995): Die Metabasalte des Harzes. – Zbl. Geol. Paläont. **I/1993:** 1103–1115, Stuttgart.

Ganssloser, M. (1996): Stoffbestand, Fazies und geodynamische Interpretation der Stieger Schichten (Ostharz-Decke). – Braunschweiger Geol.-Paläont. Diss. **18:** 1–162, Braunschweig.

Ganssloser, M. (2001): Stratigraphie und Stoffbestand der Ostharz-Decke – Ergebnisse der Neuaufnahme der Stieger Schichten. – Braunschw. geowiss. Arb. **24:** 151–167, Braunschweig.

Ganssloser, M., Vibrans, E. & Wachendorf, H. (1995): Die Metabasalte des Harzes. – Zbl. Geol. Paläont. **I/1993:** 1103–1115, Stuttgart.
Geisler, T., Vinx, R., Martin-Gombojav, N. & Pidgeon, R.T. (2005a): Ion microprobe (SHRIMP) dating of detrital zircons from quartzites of the Eckergneis-Complex (Harz Mountains, Germany): Implications for the provenance and geological history. – Vortrags- und Exkursionstagung „Harzgeologie 2005". – Exk.-Führer u. Veröff. DGG **227:** 11–12, Berlin, Hannover.
Geisler,T., Vinx, R., Martin-Gombojav, N. & Pidgeon, R.T. (2005b): Ion microprobe (SHRIMP) dating of detrital zircon grains from quartzites of the Eckergneis-Complex (Harz Mountains, Germany): Implications for the provenance and geological history. – Geol. Rdsch. **94:** 369–384, Stuttgart.
Gischler, E., Weller, H. & Weyer, D. (eds.) (1991): Devonian Reefs of the Harz Mountains, Germany. – VI. Intern. Symp. Fossil Cnidaria, Excursion-Guidebook: 1–104, Münster.
Gläßer, W. (1971): Stockwerkstektonische Untersuchungen im Südostharzkomplex (östliche Südharzmulde und westliche Harzgeröder Schuppenzone. – Hercynia N.F. **8:** 212–223, Leipzig.
Günther, A. & Schmidt, R. (1995): Der Überschiebungsbereich der Ostharzdecke auf die Harzgeröder Zone im klassischen Straßenprofil Stiege-Hasselfelde. – Zbl. Geol. Paläont. **I/1993:** 1117–1127, Stuttgart.
Haage, R. (1964): Beitrag zur Genese des Kieselschiefer-Mangankieselvorkommens im Schävenholz bei Elbingerode (Harz). – Ber. Geol. Ges. DDR **9:** 567–580, Berlin.
Helmuth, H.J. (1963): Zur Unterkarbon-Stratigraphie der Tanner Grauwacke des Harzes. – Geologie **12:** 1138–1151, Berlin.
Hesemann, J. (1930): Die Erzbezirke des Ramberges und von Tilkerode im Harz. – Arch. Lagerstättenforsch. **61:** 92 S., Berlin.
Hoppe, G., Kunert, R. & Schwab, M. (1965): Zirkone aus Gesteinen des mitteldeutschen Permokarbons. II. Die Alterstellung der Auerbergporphyre. – Geologie **14:** 777–813, Berlin.
Hövermann, J. (1950): Die Oberflächenformen des Harzes. – Geograph. Rdsch. **2:** 208–212, Braunschweig.
Hövermann, J. (1987): Neues zur pleistozänen Harzvergletscherung. – Eiszeitalter und Gegenwart **37:** 99–107, Hannover.
Huckenholz, H.-G. (1958): Über Cyclostigma-führende Schichten bei Lindenberg/ Straßberg im Selketal des Unterharzes und ihre Beziehungen zum Hauptzug der Tanner Grauwacke. – Hall. Jb. mitteldt. Erdgesch. **3:** 20–53, Halle.
Huckriede, H., Wemmer, K. & Ahrendt, H. (2004): Palaeogeography and tectonic structure of allchthonous units in the German part of the Rheno-Hercynian Belt (Central European Variscides). – Geol. Rdsch. **93:** 414–431, Stuttgart.
Hühne, C. & Wachendorf, H. (2005): Aufgelassener Steinbruch „Öhrenfeld": Olisthostrom im Sieber-Kulm. – In : Friedel, C.-H. & Lorenz, A. (Hrsg.): Vortrags- und Exkursionstagung „Harzgeologie 2005". – Exk.-Führer u. Veröff. DGG **227:** 57–60, Berlin/Hannover.
Hüneke, H. (1991): Lithologie der Herzynkalke der Ems-Stufe im mittleren Selketal (Harz). – Zbl. Geol. Paläont. **I/1990:** 1521–1532, Stuttgart.
Hüneke, H. (1995): Early Devonian (Emsian) to late Devonian (Famennian) – stratigraphy and conodonts of the Antoinettenweg section in the Lower Harz Mountains (Germany). – Courier Forsch.-Inst. Senckenberg **188:** 99–131, Frankfurt/Main.

Hüneke, H. (1997): Die Herzynkalke im Randgebiet der Selke-Einheit (Harz) – schrittweiser Übergang von neritischer Akkumulation zu pelagischer Kondensation während des Devons. – N. Jb. Geol. Paläont. Abh. **205:** 209–264, Stuttgart.
Hüneke, H. (1998): Die Herzynkalkentwicklung im Randgebiet der Selke-Einheit (Harz) – Abbild der Subsidenz im östlichen Rhenischen Trog während des Devons. – Z. dt. geol. Ges. **149:** 381–430, Hannover.
Hüneke, H. (2008a): 4.3.3 Herzynkalke der östlichen Harzgeroder und Blankenburger Zone. – Schr.-R. dt. geol. Ges. **52:** 518–524, Hannover.
Jacob, G. & Franzke, H.J. (1992): Die Entwicklung der Wippraer Zone im Unterharz. – Zbl. Geol. Paläont. **I/1992:** 51–61, Stuttgart.
Jacob, G. (1995): Ergebnisse mikrogefügeanalytischer Untersuchungen an schwachmetamorphen Gesteinen der Zone von Wippra (Harz). – Zbl. Geol. Paläont. **I/1993:** 1201–1211, Stuttgart.
Jäger, H. & Gursky, H.-J. (2000): Alter, Genese und Paläogeographie der Kammquarzit-Formation (Visé) im Rhenoherzynikum – neue Daten und neue Deutungen. – Z. dt. geol. Ges. **151:** 415–439, Stuttgart.
Jäger, H. (1991): Die Graptolithenzonen des Harzes. – Zbl. Geol. Paläont. **I/1991:** 1322–1323, Stuttgart.
Jentzsch, G. & Jahr, T. (1995): Der Tiefenbau des Harzes aus Untersuchungen des Schwerefeldes. – Nova Acta Leopoldina N.F. **71:** 169–190, Halle.
Joachimski, M.M. & Buggisch W. (1993): Anoxic events in the late Frasnian – causes of the Frasnian-Famennian faunal crisis. – Geology **21:** 675–678, Boulder.
Junge, P. (1992): Sedimentologische Untersuchungen in der Wernigeröder Flinzfazies – ein Beitrag zur Kenntnisgewinnung über allodapische Kalke im östlichen Rhenoherzynikum (Harz). – Z. geol. Wiss. **20:** 245–250, Berlin.
Kater, R., Koch, Th., Mai, Chr. & Fischer, I. (2003): Sachsen-Anhalts Bäder und Quellen. Eine Übersicht über historische und aktuelle Nutzungen der Heil- und Mineralwässer des Landes. – Mitt. Geol. Sachsen-Anhalt Bh. **6:** 72 S., Halle.
Klaus, D. (1984): Die Antimonitlagerstätte Wolfsberg/Harz. – Fundgrube **20:** 35–45, Berlin.
Klaus, D. (1985): Die Hämatitlagerstätte Tilkerode/Harz und ihre Selenidparagenese. – Fundgrube **21:** 66–80, Berlin.
Klaus, D. (1987): Zur Geschichte des Silberbergbaus im Revier Harzgerode – Alexisbad. – Fundgrube **23:** 2–7, Berlin.
Klaus, D. (1989): Mineralien und Bergbaugeschichte von Neudorf, Harz. – Emser Hefte **10:** 2–43.
Kochmann, G. (1958): Die Tanner Grauwacke und ihre Umrandung zwischen Hassel und Rappbode. – Unveröff. Dipl.-Arb. Geol. Paläont. Inst. Univ. Halle.
Kockel, F. & Franzke, H.J. (1998): The Subhercynian region. The northern boundary (Excursion Guide). – Leipz. Geowiss. **7:** 46–71, Leipzig.
Kockel, F. (2003): Inversion structures in Central Europe – Expressions and reasons, an open discussion. – Geologie en Mijnbouw **82:** 367–382, Amsterdam.
König, U. & Schwab, M. (2001): Der tektonische Bau des NW-Teils der Selke-Decke am nördlichen Harzrand. – Hercynia N.F. **34:** 129–159, Halle.
König, W. & Blumenstengel, H. (2005a). Neue Tertiäraufschlüsse im Mittelharz bei Elbingerode. – In: Friedel, C.-H. & Lorenz, A. (Hrsg.): Vortrags- und und Exkursionstagung „Harzgeologie 2005“. – Exk.-Führer u. Veröff. DGG **227:** 18–23, Berlin-Hannover.
König, W., Schmidt, K.-H. & Frühauf, M. (2008): Tertiary relief development of the central Harz Mountains and the information given by the analysis of karst sediments. – Z. Geomorph. N.F. **52:** 95–112, Berlin-Stuttgart.

Kossmat, F. (1927): Ein Problem der Harztektonik: Der Überschiebungsbau des Unterharzes. – Cbl. Mineral. **B 1927:** 33–49, Stuttgart.

Kramm, U. (1978): Die Metamorphose Mn-reicher Pelite der Wippraer Zone/Unterharz. – Fortschr. Miner. **56** (1): 67–78, Stuttgart.

Kriebel, U., Lüders, V., Rappsilber, I., Schönberg, G. & Stedingk, K. (1997): Die Harznordrandstörung am Ostwende des Benzingeröder Vorsprungs bei Blankenburg- ein jungvariszisches Strukturelement. – Mitt. Geol. v. Sachsen-Anhalt **3:** 59–77, Halle.

Krzywicki, E (1954): Der Elbingeröder Komplex. – In: Schriel, W.(1954): Die Geologie des Harzes: 221–240, Hannover.

Kuschka, E. & Franzke, H.J (1974): Zur Kenntnis der Hydrothermalite des Harzes. – Z. geol. Wiss. **2:** 1417–1436, Berlin.

Liessmann, Wilfried (2009): Historischer Bergbau im Harz. – Kurzführer, 3. vollst. neubearb. Aufl.: 550 S., Sven von Loga, Köln.

Lippolt, H.J. & Hess, J.C. (1996): Numerische Stratigraphie permokarbonischer Vulkanite Zentraleuropas. Teil II: Westharz. – Z. dt. geol. Ges. **147:** 1–9, Stuttgart.

Löffler, H.K. & Schwab, M. (1981a): Die Karpholithe der Wippraer Einheit des Unterharzes. – Z. geol. Wiss. **9:** 519–539, Berlin.

Löffler, H.K. & Schwab, M. (1981b): Über das Auftreten von Karpholith im Harz und seine Bedeutung für die mineralfazielle Entwicklung der Wippraer Einheit. – Z. geol. Wiss. **9:** 1309–1313, Berlin.

Lossen, K.A. (1869): Metamorphische Schichten aus der paläozoischen Schichtenfolge des Ostharzes, mit einem Nachwort über den Sericit. – Z. dt. geol. Ges. **21:** 281–340, Berlin.

Lüders, V. & Möller, P. (1995): Geochemie hydrothermaler Gangmineralisationen des Harzes. – Zbl. Geol. Paläont. **I/1993:** 1329–1349, Stuttgart.

Lusznat, H. (1958): Die tektonische Prägung der Metamorphen Zone des Südostharzes und das Problem ihrer Altersstellung. – Abh. Akad. Wiss. Berlin Kl. Chem. Geol. u. Biol. **8:** 1–72, Berlin.

Lutzens, H. (1959): Die stratigraphische und tektonische Stellung der Wernigeröder Schichten nach Conodonten. – Geologie **8:** 71–92, Berlin.

Lutzens, H. (1965): Die erste tiefe Kartierungsbohrung im Harz. – Z. angew. Geol. **11:** 622, Berlin.

Lutzens, H. (1967a): Zur Stratigraphie des Paläozoikums bei Neuplatendorf (Ostharz). – Geologie **16:** 909–915, Berlin.

Lutzens, H. (1967b): Über Stratigraphie, Lagerungsverhältnisse und Lagerstättenführung im Westteil des Elbingeröder Komplexes (Harz). – Geologie **16:** 977–990, Berlin.

Lutzens, H. (1972): Stratigraphie, Faziesbildung und Baustil im Paläozoikum des Unter- und Mittelharzes. – Geologie Beih.**74:** 1–105, Berlin.

Lutzens, H. (1973): Zur Altersstellung der Olisthostrome und Gleitdecken im Harz unter besonderer Berücksichtigung der Initialmagmatite. – Z. geol. Wiss. Themenh. **1:** 137–144, Berlin.

Lutzens, H. & Burchardt, I. (1972): Metallogenetische Untersuchungen an mitteldevonischen oxidischen Eisenerzen des Elbingeröder Komplexes (Harz). – Z. angew. Geologie **18:** 481–490, Berlin.

Lutzens, H. (1979): Zur geotektonischen Entwicklung des Harzvariszikums mit besonderer Berücksichtigung synparoxysmaler Resedimentationsprozesse im Mittelharz. – Schr.-R. geol. Wiss. **15:** 37–103, Berlin.

Lutzens, H. & Schwab, M. (1972): Die tektonische Stellung des Harzes im variszischen Orogen. – Geologie **21:** 627–640, Berlin.

Lutzens, H., Blumenstengel, H., Patzelt, G., Reichstein, M. & Weyer, D. (1973): Stratigraphische und lithologische Probleme im Paläozoikum des Harzes. – In: Schwab, M. (ed.): Lithologie, Paläogeographie und Tektonik des Devons und Karbons im Bereich des Harzes und der Flechtinger Scholle. – Exk.-Führer Vortrags- u. Exk.-Tagung v. 28.–30. Sept. 1973 in Halle. – Exkursion **B:** 28–39, Berlin.

Marheine, D. (1997): Zeitmarken im variszischen Kollisionsbereich des Rhenoherzynikums-Saxothuringikums zwischen Harz und Sächsischem Granulitmassiv – Ergebnisse von K/Ar-Altersbestimmungen. – Gött. Arb. Z. Geol. u. Paläont. **75:** 97 S., Göttingen.

Meier, R. (1977): Turbidite und Olisthostrome – Sedimentationsphänomene des Werra-Sulfats am Osthang der Eichsfeldschwelle im Gebiet des Südharzes. – Veröff. Zentralinst. Phys. Erde **50:** 1–45, Potsdam.

Meier, R. & Thomas, U. (1969): Zur Unterscheidung des synsedimentär und tektonisch bedingten Formenschatzes der Tanner Grauwacke (Raum Güntersberge-Alexisbad-Gernrode (Harz). – Geologie **18:** 334–343, Berlin.

Möbus, G. (1966): Abriß der Geologie des Harzes. – 219 S., Berlin (Teubner).

Mohr, K. (1998): Geologie und Minerallagerstätten des Harzes. – 2. Aufl.: 497 S., Stuttgart (Schweitzerbart).

Mohr, K. (1998):Harz. Westlicher Teil, 5. erg. Aufl.. – Slg. Geol. F. **58:** 216 S., Berlin-Stuttgart (Borntraeger).

Mucke, D. (1973): Initialer Magmatismus im Elbingeröder Komplex des Harzes. – Freib. Forsch.-H. **C 279:** 1–221, Leipzig.

Mucke, D. Böhnert, D. & Scheffler, H. (1973): Petrographische Probleme der initialen Magmatite im Harz. – In: Schwab, M. (ed.): Lithologie, Paläogeographie und Tektonik des Devons und Karbons im Bereich des Harzes und der Flechtinger Scholle. – Exk.-Führer Vortrags- u. Exk.-Tagung v. 28.–30. Sept. 1973 in Halle. – Exkursion **E:** 82–93, Berlin.

Neumann, W. (1968): Das Grundgebirge am Kyffhäuser (Nordthüringen) – Lithostratigraphie, Tektonik, Regionalmetamorphose und Migmatisation. – Geologie **17** (63): 1–79, Berlin.

Neuroth, H. (1997): K/Ar-Datierung an detritischen Muscoviten – Sicherungskopien orogener Prozessse am Beispiel der Varisziden. – Dr. rer. nat. Thesis, Univ. Göttingen: 134 S., Göttingen.

Obst, K., Katzung, G. & Haupt, U. (2001): Gangmagmatismus im Mittelharz als Indikator für spätvariszische Dehnungstektonik. – N. Jb. Geol. Paläont. **219:** 393–432, Stuttgart.

Oelke, E. (1973): Der Bergbau im ehemals anhaltischen Harz. – Hercynia N.F.**10:** 77–95, Halle.

Oelke, E. (2002): Bergbau und Bergbauregionen in Sachsen-Anhalt. Exkursionführer. – 240 S., Halle (mdv).

Oelsner, O., Kraft, M. & Schützel, H. (1958): Die Erzlagerstätten des Neudorfer Gangzuges. – Freib. Forschh. **C 52:** 144 S., Berlin.

Patzelt, G. (2003): Nördliches Harzvorland (Subherzyn), östlicher Teil. – Slg. Geol. F. **96:** 182 S., Berlin-Stuttgart (Borntraeger).

Paul, J., Wagner, K. & Wesling, C. (1997): Lithostratigraphie und Fazies des Ilfelder Beckens (Permokarbon, Harz). – Freib. Forsch.-H. **C 466:** 109–153, Freiberg.

Paul, J. (1993): Geologie des Ilfelder Beckens (Permokarbon. S-Harz). – Göttinger Arb. Geol. Paläont. **58:** 75–86, Göttingen.

Paul, J. (1999): Evolution of a Permo-Carboniferous Basin: The Ilfeld Basin and its relationships to adjoining Permo-Carboniferous structures in Central Germany. – N. Jb. Geol. Paläont. Abh. **214:** 211–236, Stuttgart.

Paul, J. (2005): Das Rotliegend des Harzes: Sedimentation, Vulkanismus und Tektonik. – Exk.-Führer u. Veröff. DGG **227:** 24–25, Berlin/Hannover.

Pilger, A. (1991): Die nordischen Gletscher am nordwestlichen Harzrand und ihre Stauseen. – Clausthaler geol. Abh. **48:** 1–49, Clausthal-Zellerfeld.

Plaumann, S. (1978): Die Schwerekarte des Westharzes. – Geol Jb. **E 12:** 23–29, Hannover.

Prell, M. (1971): Auf alten Wegen zu neuen Erkenntnissen. – Veröff. Städt. Mus. Halberstadt 10, Nordharzer Jb. **4:** 7–27; Halberstadt.

Rabitzsch, K. (1973): Zur Geologie der unterkarbonischen Schieferserien im Gebiet südlich Rübeland (Harz). – Z. geol. Wiss. Themenh. **1:** 91–110, Berlin.

Reichstein, M. (1958): Neue stratigraphische Ergebnisse aus der Schichtenfolge vom Unterdevon bis zum Unterkarbon in der Umrandung des Elbingeröder Komplexes. – N. Jb. Geol. Paläont. Mh. **1958:** 551–558, Stuttgart.

Reichstein, M. (1959a): Die fazielle Sonderentwicklung im Elbingeröder Raum des Harzes. – Geologie **8:** 13–46, Berlin.

Reichstein, M. (1961): Die Tanner Grauwacke – eine unterkarbonische Fazies des Harzes. – Geologie **10:** 763–777, Berlin.

Reichstein, M. (1962): Die Stratigraphie der Herzynkalke bei Güntersberge im Unterharz und das Problem der Herzynkalkentstehung. – Geologie Beih. **34:** 1–73, Berlin.

Reichstein, M. (1955): Die bunten Schiefer bei Michaelstein im Harz. – Hall. Jb. mitteldt. Erdgesch. **2:** 59–85, Halle.

Reichstein, M. (1964a): Stratigraphische Konzeptionen zur metamorphen Zone des Harzes. – Geologie **13:** 5–25, Berlin.

Reichstein, M. (1965): Motive und Probleme erneuter Deckenbauvorstellungen für den Harz. – Geologie **14:** 1039–1079, Berlin.

Reichstein, M. (1970): Deckenbaufragen im Harz und spätvaristische Strukturentwicklung. – Wiss. Z. Univ. Halle **XIX 70 M:** 9–23, Halle.

Reichstein, M. (1991): Harztektonik, Lobostrome und Gleitvorgänge an der Krimküste. – Z. geol. Wiss. **19:** 601–610, Berlin.

Rösler, H.J., Baumann, L., Fandrich, K. & Scheffler, H. (1968): Geosynklinalmagmatismus und submarin-hydrothermale Erzlagerstätten. – Int. Geol. Congress, Rep 23th session, Proc. Sect. **7:** 185–196, Praha, Zechoslovakia.

Rösler , H.J.,& Werner, C.-D. (1979): Petrologie und Geochemie der variszischen Geosynklinalmagmatite Mitteleuropas, Teil I und II.– Freib. Forsch.-H. **C 336:** 1–65 u. **C 344:** 1–295, Leipzig.

Roth, W. (1976): Stratigraphische, lithofazielle und paläotektonische Untersuchungen im Buntsandstein (Nordhausen-Solling-Folgen) des Subherzynen Beckens. – Freib. Forsch.-H. **C 316:** 9–40, Leipzig.

Ruchholz, K. (1958): Graptolithenfunde am Schweng bei Wernigerode (Harz). – Geologie **7:** 184–195, Berlin.

Ruchholz, K. (1963): IV. Fazies und Stratigraphie des Silur und Devon im Wassertal und am Schweng westlich Wernigerode. – Exk.-Führer 10. Jahrestagung Geol. Ges. DDR: 143–150, Berlin.

Ruchholz, K. (1964): Stratigraphie und Fazies des Devons der mittleren Harzgeröder Faltenzone im Unterharz und westlich von Wernigerode. – Geologie Beih. **41:** 1–119, Berlin.

Ruchholz, K. (1972): Zur Lithologie und Faziesentwicklung der Herzynkalke – ein Beitrag zu ihrer Redefinition. – Wiss. Z. Univ. Greifswald math. nat. R. **21:** 197–204, Greifswald.

Ruchholz, K. & Weller, H. (1991): Der Elbingeröder Komplex: Räumliche Gliederung und stoffliche Entwicklung. – Z. geol. Wiss. **19:** 655–662, Berlin.
Scheffler, H. (1965): Die geologischen Verhältnisse in der Schwefelkies-Grube Einheit. – Freib. Forsch.-H. **C 186:** 223–227, Leipzig.
Scheffler, H. (1975): Schwefelisotopenverhältnisse und Spurenelementgehalte von Sulfiden aus der Schwefelkieslagerstätte „Einheit" bei Elbingerode im Harz. – Z. geol. Wiss. **3:** 313–326, Berlin.
Scheffler, H. (2002): Das Elbingeröder Besucherbergwerk „Drei Kronen und Ehrt" – Wissenswertes um ein Bergwerk. – 96 S., Wernigerode (Förderverein).
Schimanski, W. (1969): Ergebnisse stratigraphisch-fazieller Untersuchungen im Oberdevon und Unterkarbon an der SE-Flanke des Elbingeröder Kompexes. – Hercynia N.F. **6:** 47–56, Leipzig.
Schindler, E. (1990): Die Kellwasser-Krise (hohe Frasne-Stufe, Ober-Devon). – Göttinger Abh. Geol. Paläont. **46:** 1–115, Göttingen.
Schmincke, H.U. (2000): Vulkanismus. – 2. Auf.: 264 S., Darmstadt (Wiss. Buchgesellschaft).
Schriel, W. (1954): Die Geologie des Harzes. – Wirtsch.wiss. Ges. Studium Niedersachs. N.F. **49:** 1–308, Hannover.
Schröder, H. & Fiedler, H.J. (1977):Beitrag zur Kenntnis der periglazialen Deckschichten des östlichen Harzes. Teil 1: Gliederung, Lithologie und Verbreitung periglazialer Deckschichten. Teil 2: Genese, stratigraphische Deutung und Parallelisierung der periglazialen Deckschichten. – Z. geol. Wiss. **5:** 51–81, 1083–1104, Berlin.
Schulze, W. (1968): Zur Stratigraphie des „Unterdevons" der Harzgeröder Faltenzone zwischen Stolberg und dem Südrand des Harzes – Hercynia N.F. **5:** 18–28, Leipzig.
Schust, F. (1959): Über das Altersverhältnis des Bodeganges zum Ramberggranit. – Ber. geol. Ges. DDR **3:** 75–79, Berlin.
Schust, F. (1995): Über die Altersfolge der Gesteinstypen des Brockenplutons, Harz. – Zbl. Geol. Paläont. **I/1993:** 1385–1399, Stuttgart.
Schützenmeister, W. (1968): Beitrag zur Stratigraphie der Harzgeröder Faltenzone bei Stolberg (Harz). – Hercynia N.F. **5:** 7–17, Leipzig.
Schwab, M. (1976): Beiträge zur Tektonik der Rhenoherzynischen Zone im Unterharz. – Jb. Geol. **5/6** (1969/70): 9–117, Berlin.
Schwab, M. (1979): Zum Deckenbau der Variszíden (Harz, Rheniden, Südwestural). – Z. geol. Wiss. **7:** 1131–1155, Berlin.
Schwab, M. (1980): Der Aufschluß der Harzaufrichtungszone im Tal des Teufelsbaches bei Kloster Michaelstein, Harzvorland. – Hall. Jb. Geowiss. **1:** 69–84, Gotha/Leipzig.
Schwab, M., Bremer, B., Franzke, H.J.,Glaesser, W. & Mahrla, W.(1973): Tektonische Probleme des Paläozoikums im Harz. – In: Schwab, M. (ed.): Lithologie, Paläogeographie und Tektonik des Devons und Karbons im Bereich des Harzes und der Flechtinger Scholle. – Exk.-Führer Vortrags- u. Exk.-Tagung v. 28.–30. Sept. 1973 in Halle. – Exkursion **C:** 40–63, Berlin.
Schwab, M., Bremer, B., Glaesser, W. & Hilgenberg, J. (1970): Der tektonische Bau der Harzgeröder Zone im Harz. – Wiss. Z. Martin-Luther-Univ. Halle-Wittenberg, math.-nat. R. **19:** 7–18, Halle.
Schwab, M. (1988): Stratigraphie, Lithologie und Tektonik der Harzgeröder Zone und der Selke-Mulde. – Exk.-Führer u. Veröff. GGW **162:** 19–25, Berlin.
Schwab, M. & Jacob, G. (1996): Wippraer Zone-Taunus-Hunsrück. Ein struktureller Vergleich. – Z. geol. Wiss. **24:** 305–316, Berlin.

Schwab, M. (1995): Zum cadomischen Untergrund der östlichen Mitteldeutschen Kristallinzone und des östlichen Rhenohercynikums. – Nova Acta Leopoldina NF **71** (291): 151–168, Leipzig.

Schwab, M. (1999): Geologie des Ostharzes. – Aufschluss, Sonderband VFMG-Sommertagung 1999 in Halle: 1–28, Heidelberg.

Schwab, M. (2008): 5.6 Harz. – In: Bachmann, G.H., Ehling, B.-C., Eichner, R. & Schwab, M. (eds.) (2008): Geologie von Sachsen-Anhalt: 408–457, Stuttgart.

Schwab, M. & Hüneke, H. (2008): 4.6 Devon. – In: Bachmann, G.H., Ehling, B.-C., Eichner, R. & Schwab, M. (eds.) (2008): Geologie von Sachsen-Anhalt: 87–109, Stuttgart.

Schwandtke, E., Borsdorf, K.H. & Mucke, D. (1991): Zur devonischen Schieferformation und zu den unterkarbonischen Olisthostromen in der südlichen und südöstlichen Blankenburger Zone/Harz.– Z. geol. Wiss. **19:** 637–643, Berlin.

Seidel, G (1992): Thüringer Becken. – Slg. Geol. F. **85:** 204 S., Stuttgart (Bornträger).

Sehnert, M. (1991a): Beiträge zur Biostratigraphie epizonaler Metamorphite in der Wippraer Einheit (Harz). – Unveröff. Diss. Univ. Halle-Wittenberg: 119 S..

Sehnert, M. (1991b): Zur Biostratigraphie epizonaler Metamorphite der Wippraer Einheit / Unterharz. – Zbl. Geol. Paläont. **I/1991:** 1366, Stuttgart.

Seidel, G. (1965): Zur geologischen Entwicklungsgeschichte des Thüringer Beckens. – Geologie Beih. **50:** 1–115, Berlin.

Seim, R. (1960): Über Marmor-Kalksilikatfelse im Kyffhäuserkristallin. – Geologie **9:** 151–155, Leipzig.

Seim, R. (1967): Der Para-Biotit-Plagioklasgneis des Kyffhäuserkristallins, seine metatektischen Derivate und seine Einlagerungen. – Geologie Beih. **56:** 1–185, Berlin.

Siedel, H. (1989): Beiträge zur Petrographie und Geochemie epizonal metamorpher Pelite in der Wippraer Zone (Harz). – Unveröff. Diss. Univ. Halle, 142 S..

Siedel, H. & Theye, T. (1993): Very low-grade metamorphism of pelites in the Wippra Metamorphic Zone, Harz Mountains, Germany. – N. Jb. Miner. Mh. **1993:** 115–132, Stuttgart.

Siemroth, J. (1991). Die klassische Antimon-Lagerstätte Wolfsberg im Harz und ihre Mineralien. – Lapis **16:** 17–41, München (Weise).

Siemroth, J., Schnorrer, G., Wittern, A., Blass, G. & Witzke, Th. (1997): Die Minerale der ehemaligen Grube das „Das Aufgeklärte Glück“ bei Wernigerode im Ostharz. – Aufschluss **48:** 21–39, Heidelberg.

Stedingk, K., Rentzsch, J., Knitschke, G., Schenke, G., Heinrich, K. & Scheffler, H. (2002).- Potenziale der Erze und Spate in Sachsen-Anhalt. – Mitt. Geol. Sachsen-Anhalt Beih. **5:** 75–131, Halle (LA Geologie & Bergwesen SA).

Steiner, W. (1966): Das Rotliegende des Meisdorfer Beckens (Harz). – Freib. Forsch.-H. **C 198:** 1–162, Leipzig.

Steiner, W. (1968): Die Harzer Granite (Brocken-Granite) und ihre Verwendung als Werk- und Dekorationssteine. – Wiss. Z. Hochschule Architekt. u. Bauwesen Weimar **5:** 551–576, Weimar.

Steiner, U. & Steiner, W. (1969a): Ergebnisse der Grabungen 1962 in den quartären Sedimenten und Bemerkungen zur Genese der Rübeländer Höhlen (Harz). – J. Schr. mitteldt. Vorgeschichte **53:** 103–140, Halle.

Steiner, U. & Steiner, W. (1969b): Zur Genese der Rübeländer Höhlen. – Geologie **18:** 198–203, Berlin.

Steiner, W. & Brosin, P.G. (1974): Permosiles-Komplexe nördlich des Thüringer Waldes – Ilfelder Becken. – In: Hoppe, W. & Seidel, G. (Hrsg.) (1974): Geologie von Thüringen: 453–467, Gotha/Leipzig (H. Haack).

Stütze, B. (1980): Leukokrate Gesteine im Harzburger Gabbromassiv. Ein Beitrag zum Verständnis der genetischen Beziehungen zwischen Brockengranit (Westrand), Okerintrusion und Ganggesteinen des Harzburger Gabbromassiv. – Unveröff. Diss. Fachbereich Geowiss. Univ. Hamburg: 166 S., Hamburg.

Szurlies, M. (1999): Zyklenstratigraphie und Gamma-Ray-Log-Korrelation im Unteren Buntsandstein (Untere Trias) des nördlichen Harzvorlandes. – Hall. Jb. Geowiss. **B 21:** 35–53, Halle.

Theye, Th. (1995): Metamorphosesprünge in der Wippraer Zone (Unterharz). – Zbl. Geol. Paläont. **I/1993:** 1187–1190, Stuttgart.

Theye, Th. & Siedel, H. (1993): Chloritoid, carpholite and sudoite in very low-grade metamorphic rocks of the Wippra Metamorphic Zone (Harz, Germany). – N. Jb. Miner. Mh. **1993:** 73–96, Stuttgart.

Thomae, M., Heibert, I., Ehling, B.-C., Göhle, R., Herold, U., Lincke, Chr., Kainz, W., Kater, R., Mai, Chr., Schönberg, G. & Rappsilber, I. (2007): Fenster in die Erdgeschichte – Geotopverzeichnis Sachsen-Anhalt. – Mitt. z. Geol. u. Bergwesen in Sachsen-Anhalt **12:** 168 S., Halle (LA. Geologie u. Bergwesen SA).

Thomson, S.N., Brix, M.R. & Carter, A. (1997): Late Cretaceous denudation of the Harz Massif assessed by apatite fission track analysis. – 149. Hauptversammlung der DGG v. 27.–29. September 1997 in Jena, Kurzfassungen der Vorträge und Poster, Schriftenreihe Dt. geol. Ges. **2:** 115, Hannover.

Tietz, O. (1996): Zur Geologie, Geochemie, Zirkon- und Xenolithführung des Bodeganges an den Gewitterklippen bei Thale (Harz) sowie vergleichende Untersuchungen zur Zirkontypologie benachbarter permosilesischer Magmatite. – Abh. u. Ber. Naturkunde-Mus. Görlitz **69:** 1–100, Görlitz.

Tietz, O., Ehling, B.-C & Tichomirowa, M. (2005): Erste radiometrische Altersbestimmung eines Granitoid-Xenoliths vom Bodegang im Harz. – Vortrags- u. Exkursionstagung „Harzgeologie 2005“, Exk.-Führer. u. Veröff. DGG **227:** 33–35, Berlin, Hannover.

Tischendorf, G. (1959): Zur Genesis einiger Selenidvorkommen, insbesondere von Tilkerode im Harz. – Freib. Forsch.-H. **C 69:** 1–168, Berlin.

Tröger, K.-A. (1994): Zur Geologie des postvaricischen Deckgebirges im nördlichen Harzvorland. – Exk.-Führer z. Leopoldina-Meeting vom 14.–17.4. 1994: 137–148, Halle.

Tröger, K.-A. (1996): Die Oberkreide im Subherzynischen Becken. – In: Feldmann, L. & Quade, H. (Hrsg.) (1996): Der Untergrund der Norddeutschen Tiefebene. – Exk.-Führer u. Veröffentl. GGW **197:** 215–228, Clausthal-Zellerfeld.

Tschapek, B. (1989): Zur Biostratigraphie der Selke-Mulde im Harz. – Hercynia N.F. **26:** 295–306, Leipzig.

Tschapek, B. (1990 a): Zur paläotektonischen Position der Unterharz-Gleitdecke unter besonderer Berücksichtigung der Selke-Mulde. – Hercynia N.F. **27:** 176–187, Leipzig.

Tschapek, B. (1990 b): Zum tektonischen Inventar der Selke-Gleitdecke im Harz. – Teil I: Zur variszischen Deformation der Selke-Decke. – Hercynia N.F. **27:** 334–341, Leipzig.

Ulbrich, G. & Strutz, R. (2007): Kalksteinbergbau der Fels-Werke GmbH Elbingerode. – Z. Rohstoffgewinnung, Energie und Umwelt **57:** 302–306, Bochum.

Vinx, R. (1982): Das Harzburger Gabbromassiv, eine orogenetisch geprägte layered intrusion. – N. Jb. Miner. Abh. **144:** 1–28, Stuttgart.

Voigt, E. (1963): Über Randtröge vor Schollenrändern und ihre Bedeutung im Gebiet der Mitteleuropäischen Senke und angrenzender Gebiete. – Z. dt. geol. Ges. **114:** 378–418, Hannover.

Voigt, T., von Eynatten, H. & Franzke, H.J. (2004): Late cretaceous unconformities in the Subhercynian Cretaceous Basin (Germany). – Acta Geol. Polonica **54:** 673–694, Warszawa.
Voigt, T., Wiese, F., v. Eynatten, H., Franzke, H.J. & Gaupp, R. (2006): Facies evolution of syntectonic Upper Cretaceous Deposits in the Subhercynian Cretaceous Basin and adjoining areas (Germany). – Z. dt. Ges. Geowiss. **157:** 203–244, Stuttgart.
Voigt, Th., v Eynatten, H. & Kley, J. (2009): Kommentar zu „Nördliche Harzrandstörung: Diskussionsbeiträge zu Tiefenstruktur, Zeitlichkeit und Kinematik" von Volker Wrede (ZDGG 159/2: 293–316). – Z. dt. Ges. Geowiss. **160/1:** 93–99, Stuttgart.
Völker, Chr. & R. (1996): Karstwanderweg im Landkreis Sangerhausen. – Kreisverwaltung Sangerhausen (edit.): 1–64, Sangerhausen (karstwanderweg.de).
Wachendorf, H. (1966): Conodonten aus dem Oberdevon der Südharz-Mulde. – N. Jb. Geol. Paläont. Mh. **1966:** 563–576, Stuttgart.
Wachendorf, H. (1986): Der Harz – variszischer Bau und geodynamische Entwicklung. – Geol. Jb. **A 91:** 3–67, Hannover.
Wachendorf, H., Buchholz, P. & Zellmer, H. (1995): Fakten zum Harz-Paläozoikum und ihre geodynamische Interpretation. – Nova Acta Leopoldina N.F. **71:** 119–150, Halle.
Wagenbreth, O. (1969): Zur Feinstratigraphie, Paläogeographie und Tektonik der Steinkohlenführenden Schichten im Unterrotliegenden von Ilfeld (Harz). – Geologie **18:** 1045–1061, Berlin.
Walker, R.G. & Mutti, E. (1973): Turbidite facies and facies associations. – In: Middleton, G.V. & Bouma, A.H. (eds.): Turbidites and deep water sedimentation. – Soc. Econ. Paleont. Mineral., Pacific Section, Short Course: 119–158, Anaheim.
Walker, R.G.(1975): Generalized facies model for resedimented conglomerates of turbidite association. – Geol. Soc. Amer. Bull. **86:** 737.
Walliser, O.H. (1995): Eventstratigraphie im variscischen Paläozoikum. – Nova Acta Leopoldina N.F. **71/291:** 13–21, Halle.
Weller, H. (1968): Zur Stratigraphie des Devon im Raum Altenbrak (Harz). – Wiss. Z. Univ. Greifswald math. nat. R. **XVII:** 155–160, Greifswald.
Weller, H. (1989a): Fazies, Bau und Genese der Karbonate des Elbingeröder Komplexes im Harz. – Habil. Schr.: 148 S., Univ. Greifswald.
Weller, H. (1989b): Das Rübeländer Mud Mound im Riffkomplex von Elbingerode (Harz) und seine sedimentologischen Eigenschaften. – Hercynia N.F. **26:** 227–243, Leipzig.
Weller, H. (1991a): Fazies und Stratigraphie des Atollstadiums im Elbingeröder Komplex/Harz. – Z. geol. Wiss. **19:** 663–671, Berlin.
Weller, H. (1991b): Faziesentwicklung und Bioevents in den Kalken des Elbingeröder Komplexes im Harz. – Zbl. Geol. Paläont. **I/1991:** 1385–1389, Stuttgart.
Weller, H. (1991c): Fazies und Entwicklung des Devons (Givet/Frasne) im Elbingeröder Riff-Komplex (Harz, Deutschland). – Facies **25:** 1–50, Erlangen.
Weller, H. (1995): The Devonian mud mound of Rüberland in the Harz Mountains/Germany. – Facies **32:** 43–49, Erlangen.
Weller, H. (2008): 4.3.4 Elbingeröder Komplex. – Schr.-R. dt. geol. Ges. **52:** 525–531, Hannover.
Weller, H. & Weyer, D. (1991): Elbingerode Complex. – In: Gischler, E., Weller, H. & Weyer, D. (eds.): VI. Int. Symp. Fossil Cnidaria, Excursion-Guidebook – Devonian Reefs of the Harz Mountains, Germany: 36–43, Münster.
Werner, C.-D. (1995): Basische Magmatite im Unter- und Mittelharz. – Zbl. Geol. Paläont. **I/1993:** 1257–1283, Stuttgart.

Wrede, V. (1988): Der nördliche Harzrand – flache Abscherbahn oder wrench-fault-system? – Geol. Rdsch. **77:** 101–114, Stuttgart.
Wrede, V. (2008): Nördliche Harzrandstörung. Diskussionsbeiträge zur Tiefenstruktur, Zeitlichkeit und Kinematik. – Z. dt. Ges. Geowiss. **159/2:** 293–316, Stuttgart.
Wunderlich, J. & Zeh, A. (2003): Mitteldeutsche Kristallinzone. – In: Seidel, G. (Hrsg.): Geologie von Thüringen, 2. Aufl.: 24–51, Stuttgart (Schweitzerbart).
Zeh, A. & Katzung, G. (1994): Zur Geologie des Kyffhäuser Kristallins. – N. Jb. Geol. Paläont. Mh **1994:** 368–384, Stuttgart.
Zeh, A. (1999): Zur Metamorphose-Entwicklung der Mitteldeutschen Kristallinzone im Bereich Thüringens: Kenntnisstand aus dem Ruhlaer und Kyffhäuser Kristallin. – Beitr. Geol. V. Thüringen N.F. **6:** 249–268, Jena.
Zeh, A., Gerdes, A., Will, T.M. & Millar, I.L. (2005): Provenance and Magmatic-Metamorphic Evolution of a Variscan Island-arc Complex: Constraints from U-Pb dating, Petrology, and Geospeedometry of the Kyffhäuser Crystalline Complex, Central Germany. – J. Petrology **46:** 1393–1420, Oxford (Oxford Univ. Press).
Zellmer, H. (1995): Stratigraphie und Paläogeographie der Kieselschiefer-Fazies im Harz (Mitteldevon–Unterkarbon). – Zbl. Geol. Paläont. **I/1993:** 1173–1185, Stuttgart.
Zellmer, H. (1997): Über den Zusammenhang zwischen Vulkanismus und Kieselschieferbildung im Harz. – Z. dt. geol .Ges. **148:** 457–477, Stuttgart.
Zöllich, M.S. (1939): Zur Deckenfrage im Mittelharz. – Die tektonische Stellung der Schalsteinsättel bei Elbingerode. – Abh. preuß. geol. L-Anst. N.F. **191:** 1–46, Berlin.

NN (1997): Der Karstwanderweg im Landkreis Nordhausen mit kulturhistorischen und touristischen Informationen: 1–72, Nordhausen (Landratsamt Nordhausen).
NN (1998): Geologische Karte Harz 1 : 100 000 mit Erläuterungen auf der Rückseite. – Hrsg. Geol. Landesamt Sachsen-Anhalt in Zusammenarbeit mit dem Niedersächsischen Landesamt f. Bodenforschung, Halle, Hannover.
NN (2000): 800 Jahre Mansfelder Kupferschieferbergbau und Hüttenwesen. – Geologisch-montanhistorische Karte der Reviere Mansfeld und Sangerhausen 1. 50 000. – Hrsg. Geol. Landesamt Sachsen-Anhalt in Zusammenarbeit mit dem Bergamt Halle, dem Landkreis Mansfelder Land und dem Mansfeld Museum, Halle, Eisleben, Hettstedt.
NN (2002): Regionalkarte Sachsen-Anhalt Harz – Topographische Karte 1 : 100 000, 9. Aufl. – Hrsg. Landesamt f. Vermessungswesen Sachsen-Anhalt, Magdeburg.
NN (2006): Geotourismus im Harz – Geologisch-montanhistorische Karte des Harzes 1 : 100 000. – Hrsg. Landesamt Geol. u. Bergwesen Sachsen-Anhalt, Halle.
NN (2007): Geotourismus in den Kupferschieferrevieren – Geologisch-montanhistorische Karte Mansfeld-Sangerhausen 1: 50 000.– Hrsg. Landesamt Geol. u. Bergwesen Sachsen-Anhalt in Zusammenarbeit mit dem Verein Mansfelder Hütten- und Bergleute e.V., dem Förderverein Mansfeld-Museum e.V., dem Bergbaumuseum Röhrigschacht und der Technologie und Gründerzentrum „Mansfelder Land" GmbH, Halle, Eisleben, Hettstedt, Sangerhausen.

Exkursionen

Exkursion 1: Fußexkursion durch das Brocken-Massiv und den Eckergneis

Die Fußexkursion beginnt und endet in Ilsenburg. Sie ist mit ca. 25 km Länge als Ganztagsexkursion ausgelegt. Hierbei müssen 900 Höhenmeter zwischen Ortsmitte Ilsenburg (+ 250 m) und dem Brockengipfel (+ 1.141,4 m) bewältigt werden. Die Route folgt dem Harzklub-Wanderweg 9E (HCW 9E) und führt im Ilsetal aufwärts über den Zanthier Platz zu den Ilsefällen, weiter auf dem Bremer Weg (Heinrich Heine-Denkmal) zum Hermannstein, Bismarckklippe und zum Gipfel des Brockens. Der Rückweg erfolgt zunächst über die gleiche Route bis zum Hermannstein, von da auf dem Hirtenstieg nach links zur Scharfensteinklippe abbiegend zum dortigen Besucherzentrum des Nationalparks. Von hier weiter auf dem Wanderweg des

Abb. 1.01: Blick über den Gipfel des Brockens (+ 1.141,4 m) zum N-Harzvorland Foto: Franzke (1994).

HCW 11 C am Ostufer des Eckerstausees entlang bis zur Sperrmauer (ehemalige innerdeutsche Grenze auf der Mitte der Sperrmauer). Von hier als abgekürzte Variante nach Osten über den Dielenweg (**H**arz**C**lub **W**eg = **HCW** 25 F) zur Höhe 563 m („Kruzifix“), von da ständig talabwärts nach Osten über das Sand-Tal zurück in das Ilse Tal nach Ilsenburg (7,5 km). Bei der zweiten Variante überquert man die Sperrmauer zum niedersächsischen W-Ufer der Ecker und wandert auf dem westlichen Talweg bis nach Eckertal (8 km).
Beachte: Die für die einzelnen Exkursionen vorgeschlagenen **A**ufschlüsse sind mit dem Kürzel **A** versehen, führen als Zweites die Nummer der Exkursion und sind innerhalb der jeweiligen Exkursion dann durchlaufend nummeriert. **A10/5** bedeutet also Exkursion 10, Aufschluss Nr. 5.
Hinweis: Im Nationalpark Geologenhammer nicht benutzen!

Thematische Schwerpunkte der Exkursion

Die Exkursion beginnt in der kontaktmetamorph überprägten nördlichen Schieferhülle des Brocken-Massivs, die aus unterkarbonischen Sedimenten des Acker-Bruchbergzugs und des Nordrand-Kulms besteht. In diese Gesteine ist die mehrphasige Intrusion der Magmatite des spät- bis postkinematischen Brocken-Massivs und des Ilsesteins (295 Ma) erfolgt. Deshalb werden neben der Lithologie und Tektonik der Schieferhülle auch stoffliche Zusammensetzung, Geometrie und Intrusionsmechanismus der lakkolithischen und spaltenförmigen Teilintrusionen des Brocken-Massivs und ihre Bezüge zum Unterbau (Eckergneis) behandelt.

Altersstellung und tektonische Position des Eckergneises werden bis heute kontrovers diskutiert (Zusammenstellung bei Schwab 2008, S. 434 ff.). Die Verschweißung mit den auflagernden Brockengraniten im SE und dem Harzburger Gabbronorit zeigen, dass der Gneis zum Zeitpunkt dieser Intrusionen, d. h. vor ca. 295 Ma, bereits seine heutige tektonische Position eingenommen hatte. Der 8 mal 2 km große, SW-NE gestreckte Gneiskomplex wird entweder als tektonischer Scherling der variszischen Kollisionstektonik, als Aufragung des prävariszischen Unterbaus oder, wenig wahrscheinlich, als Großxenolith, transportiert von den umgebenden Schmelzen, gedeutet. Radiometrische Datierungen an Zirkonen (Baumann et al. 1991) erbrachten cadomische Alter (ca. 480–560 Ma) für die amphibolitfazielle Hauptmetamorphose der Eckergneise. Geisler et al. (2005) datierten detritische Zirkone im Gneis mit 410 Ma (Silur), so dass die Metamorphose mindestens teilweise postsilurisch sein muss. Auffällig ist die Konformität des SW-NE gestreckten Ausstrichs der Gneiskontur mit seinem inneren Gefüge (Foliation, Faltenbau), welche sich in die Lagerungsgefüge des Harzvariszikums gut einpassen (Franzke 2001).

Die Phase der variszischen einengenden Tektonik begann im frühen Oberkarbon und erzeugte einen in SW-NE-Richtung aufgespannten Falten- und Schuppenbau. Dieser wurde am heutigen Harzrand durch variszische dextral-transpressive Scherung eine NW-SE-Ausrichtung umgelenkt. Die Intrusion des Brocken-Magmatitkomplexes war zeitlich spät- bis postkinematisch angesiedelt. Sie hatte die variszi-

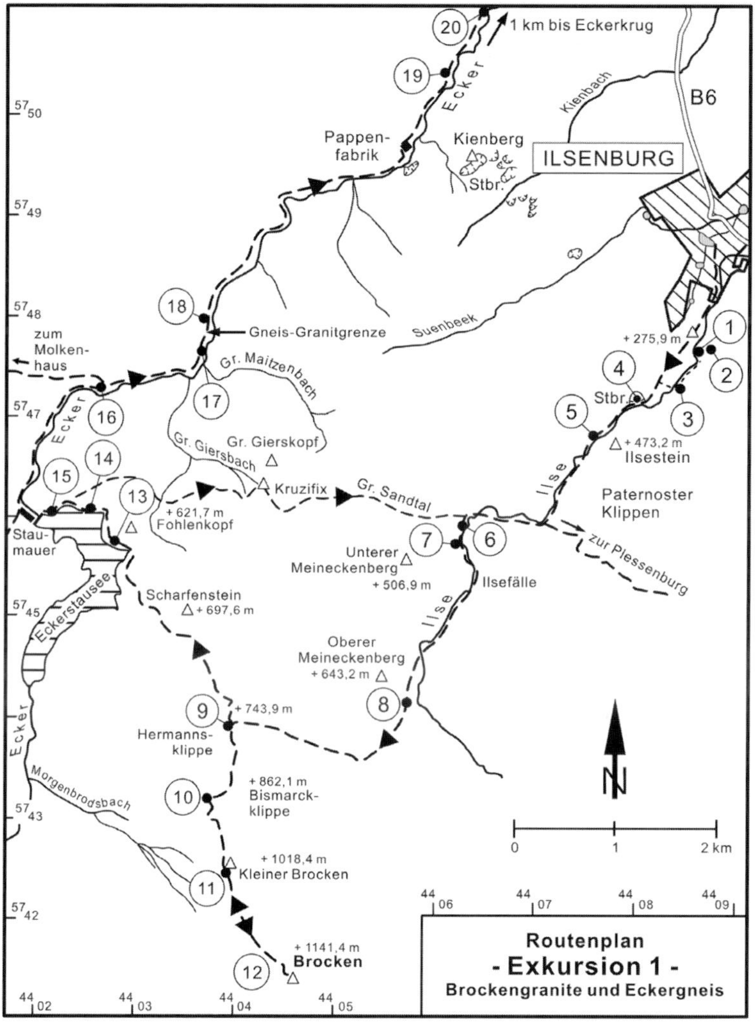

Abb. 1.02: Routenplan der Exkursion 1 (Brocken-Massiv und Eckergneis).

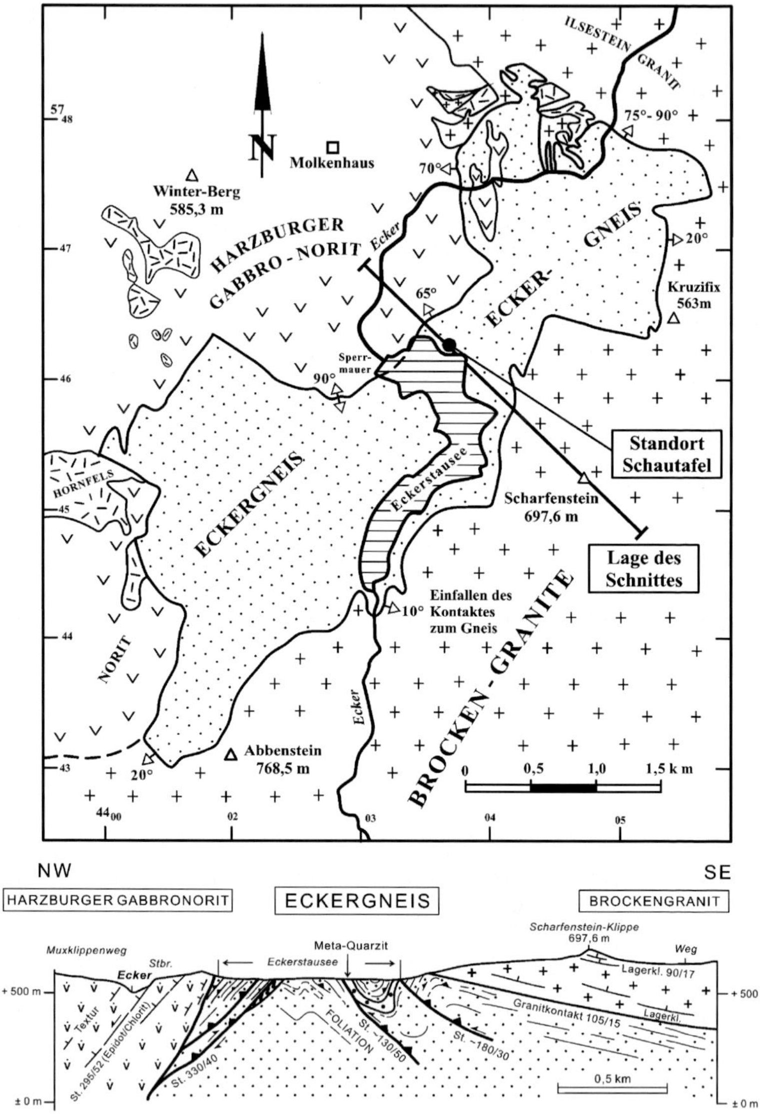

Abb. 1.03: Karte des Eckergneises und seiner Umgebung (Franzke 2001) mit einem Querprofil im Bereich der NE-Flanke des Eckerstausees (Aufschlüsse A1/13 bis A1/15 und Schautafel des Nationalparks).

sche Krustenstapelung und dadurch ausgelöste Aufschmelzungsprozesse in der Mittel- bis Unterkruste zur Voraussetzung. An einigen Stellen aufgeschlossene, sehr flache Liegendkontakte des Brockenmassivs (**A2/6**) und die Interpretation der Schweredaten des Westharzes zeigen (Plaumann 1978), dass das Brockenmassiv einen flach nach Süd bis SSE eintauchenden lakkolithischen Körper von 2,5–3 km Mächtigkeit darstellt. Über dem Plutondach als Erosionsreste erhaltene Hornfelsschollen (u. a. Achtermann und Königskopf im W, Erdbeer- und Hohnekopf im E des Massivs) belegen, dass die Granitoberfläche nahezu der heutigen Landoberfläche entspricht. So kann die oben angegebene ursprüngliche Mächtigkeit des Lakkolithen relativ genau abgeschätzt werden. Nur am Nordrand des Massivs sind durch die Spaltenintrusion des Ilsestein-Granits steile Kontaktflächen entwickelt. Der Aufstieg der Magmen erfolgte dort in einer steil einfallenden, NW-SE verlaufenden spätvariszischen Frakturzone.
Im Exkursionsführer von K. Mohr (1998) „Westlicher Harz" werden ebenfalls Aufschlüsse im Harzburger Gabbronorit-Massiv, in den Granitvarietäten des niedersächsischen Teils des Brocken-Massivs sowie im Eckergneis beschrieben.

Die Aufschlüsse

Die Exkursion beginnt im Stadtgebiet von Ilsenburg. Lage und geologische Position der ersten Aufschlüsse sind in einem Querprofil zum Harzrand entlang dem Ilsetal zusammengestellt (Abb. 1.04).

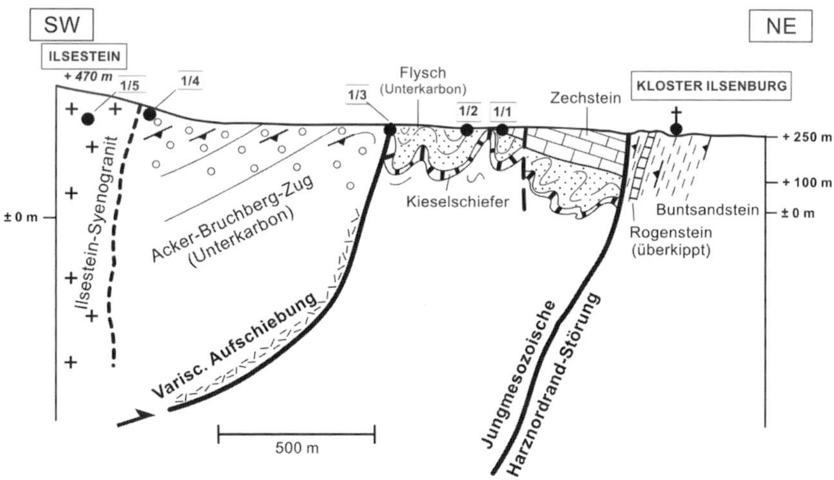

Abb. 1.04: Schnitt durch das untere Ilsetal vom N-Harzrand bis zum Ilsestein. Die Aufschlüsse dieses Bereichs sind ihrer geologisch-strukturellen und geographischen Lage eingetragen. Entw.: Franzke.

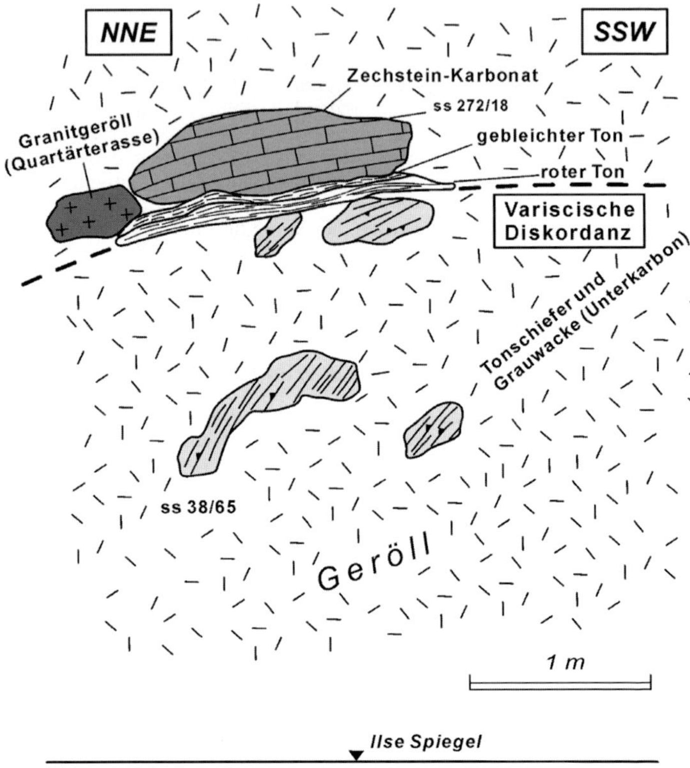

Abb. 1.1: Ilsenburg, Bachanriss am E-Ufer der Ilse, Blickrichtung nach ESE. Steil aufgerichtete Grauwacken und Tonschiefer (Unterkarbon) werden flach-diskordant von Karbonatgesteinen des Zechsteins überlagert. K.: R 44 08 745, H 57 48 235. Geol. Entwurf: Franzke.

A1/1

Lage: Ausfahrt von Ilsenburg-Zentrum ins Ilsetal bis zur ersten Ilsebrücke mit Parkmöglichkeit am Blochhauer Platz. Hier beginnt der Heinrich Heine Wanderweg zum Brocken (ca. 11,5 km). Die Ilsebrücke überqueren und am Ostufer

der Ilse 150 m nach SSW bis zu einer Felsklippe (unmittelbar dahinter eine Quellfassung mit Wasserrohr). **K**oordinaten (**K.**): R 44 08 745, H 57 48 235.
Aufschluss: Steilstehendes Unterkarbon wird von flach lagerndem Zechstein diskordant überlagert.
Beschreibung: In kleinen Anrissen in der östlichen Steilböschung der Ilse (Abb.1.1) sind steil nach NE einfallende Tonschiefer und Grauwacken (Nordrand-Kulm) aufgeschlossen, die von einer flach-diskordant auflagernden roten und darauf einer weiteren gelblichen Tonlage überlagert werden (fossile Bodenbildungen).

Diese Sedimente werden als Relikte der Verwitterungskruste der präoberpermischen Landoberfläche gedeutet. Darauf lagert mit flach nach WNW einfallender **S**chichtung **(ss)** graues Karbonatgestein, wahrscheinlich Zechsteinkalk (Werra-Karbonat). Der Zechstein hat von hier bis zum Kloster Ilsenburg eine große Ausstrichbreite von 330 m, da er, ungewöhnlich für den Bereich der jungmesozoischen Harznordrand-Störung, flach dem steil lagernden Paläozoikum aufliegt. Er ist also nicht in die steile Aufrichtung am Harzrand einbezogen. Die Hauptstörung des Harznordrands verläuft hier an der N-Grenze des Zechsteins zum Buntsandstein. Hier ist der Untere Buntsandstein steil aufgerichtet bis überkippt und nach einer steilen Störung grenzt flach lagernder Zechstein nach S an. Im W der Ilse ist die Grenze zwischen Zechstein und dem älterem Paläozoikum eine NW-SE streichende Störung, die am Punkt A1/3 bereits in den Harz eingetreten ist und nach SE die Grenzstörung zwischen dem Harznordrand-Kulm und dem Acker-Bruchberg-Zug bildet.

A1/2

Lage: Zurück zum Ausgangspunkt am W-Ufer der Ilse und weiter bis zur Johann Brehmken Brücke (S-Ende des Stauteichs der ehemaligen Nagelhütte). Von da zum E-Ufer der Ilse über die Otto Eschershausen Brücke. 30 m nach S beginnt ein steiler Felsanriss am Wanderweg. K.: R 44 08 740, H 57 47 580.
Aufschluss: Steil stehende Grauwacken und Tonschiefer.
Beschreibung: Dieser Bereich gehört zum „Harznordrand-Kulm“, der sich als NE-Fortsetzung der Sieber-Mulde, vom jüngeren Brocken-Massiv unterbrochen, vom Raum Ilsenburg aus am Harznordrand entlang nach ESE zieht. Neben turbiditischem Flysch (Grauwacken, Schiefer) sind auch Olisthostrome eingelagert („Harznordrand-Olisthostrome“), die sich besonders durch ihre großen Olistholithe von Herzynkalken zu erkennen geben (siehe Tänntal, A10/2). Die tektonische Position des Nordrand-Kulms entlang der Harznordrandstörung und seine Gefügeausrichtung parallel zur Randstörung sind Hinweise auf eine Anlage von schmalen Flyschtrögen entlang einer dextral gescherten variszischen Proto-N-Randstörung. Dafür sprechen auch WNW-ESE streichende und teilweise steil eintauchende Faltenachsen, welche durch dextral-blattverschiebende Scherung entstanden sind. Da der Bereich mit anomalem WNW-ESE- Streichen im Paläozoikum des Nordrandes über 1 km breit

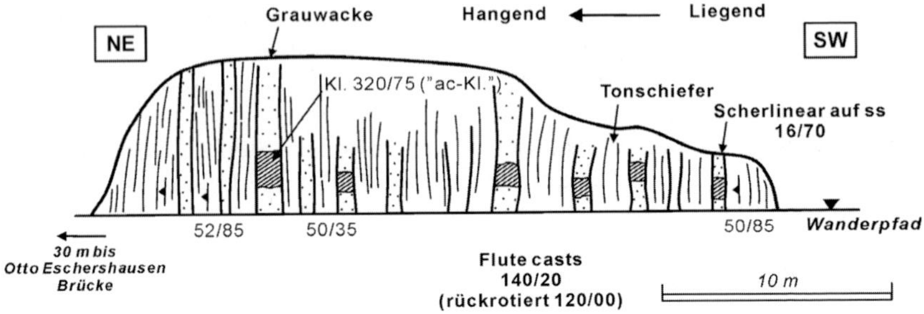

Abb. 1.2: Ostufer der Ilse. Steilstehende Flysch-Folge des Unterkarbons. K.: R 44 08 740, H 57 47 580. Geol. Entwurf: Franzke.

werden kann, ist seine Bildung durch die im Mesozoikum dominierende Sprödtektonik geomechanisch nicht möglich. Die Sedimente der paläozoischen N-Randzone sind außerdem durch die variszische Tektonik verschiefert, was bei den mesozoischen Gesteinen der Aufrichtungszone, die nur bis maximal 3 km Tiefe versenkt waren, nicht der Fall ist.

Die Flyschserie des Harznordrand-Kulms ist mit den typischen Flyschmerkmalen ausgestattet. Fließmarken (flute casts) haben, rückrotiert auf die horizontale Ausgangslage der Schichtung, Längsachsen um 120/00 (NW-SE). Dies zeigt eine NW-SE-Paläoströmung an. Ferner sind vor allem noch Belastungsmarken (load casts) und Fraßspuren zu finden. Die Schichtfolge fällt steil nach NE ein (Abb. 1.2), das stratigraphisch Hangende befindet sich im N (Schichtung 50°/85-90°). Dextrale Scherung ist auf Schichtflächen markiert (Scherlinear 325/20). Die Lagerung des Kulms verläuft damit etwa parallel zur 300 m entfernten jungmesozoischen Harznordrandstörung. Durch die Kontaktwirkung des Granits (Ilsesteingranit) ist die Schieferung (70/40) in Granitnähe ausgelöscht.

A1/3

Lage: Dem Wanderweg am E-Ufer der Ilse weiter aufwärts folgen. Nach 300 m erreicht man eine NW-SE streichende und steil NE einfallende Störungszone. Der S-Rand der ca. 25 m breiten Störungszone liegt in einer Talkerbe mit Wasseraustritten. K.: R 44 08 500, H 57 47 230.
Aufschluss: Störungszone.
Beschreibung: Diese Störung wird von einer mehrere Meter mächtigen Störungsbrekzie gebildet, welche durch die Erosion stark ausgeräumt wird. Sie ist Teil des Störungsbündels der N-Randstörung. Der hier aufgeschlossene Ast übernimmt W von Ilsenburg die Funktion der Hauptrand-Störung (NW-SE)

und tritt hier in bogenförmigem Verlauf in das Paläozoikum des Harzes ein. An der N-Flanke der Störung finden sich stark verfaltete und zerscherte Kulm-Kieselschiefer (Faltenachsen um 110/15). Auf der S-Flanke grenzt steil aufgerichteter Acker-Bruchberg-Quarzit an die Kulmserie (ss = 20/85). Weiter nach SW (talaufwärts) verflacht sich das Einfallen der Quarzit-Serie, sichtbar im Ilsebett und in kleinen Anschnitten. Es nimmt in bogenförmigem Verlauf wieder das SW-NE-„Normalstreichen" des Harzvariszikums außerhalb der N-Randzone ein (ss = 110/25).

A1/4

Lage: Auflässiger Steinbruch an der W-Seite des Tals am S-Ortsausgang von Ilsenburg, gegenüber dem Pavillon der Prinzess Ilse Quelle („Blankschmiede-Brücke", Buswendeplatz). K.: R 44 08 120, H 57 47 140.
Aufschluss: Quarzit- und Schieferhornfelse und Ilsesteingranit.
Beschreibung: In dem gesperrten Steinbruch sind N-S streichende Quarzit- und Schieferhornfelse (ss = 275°/70°, Scherlineation auf Schichtflächen – 346/40) in der NE-Fortsetzung des Acker-Bruchberg-Zugs aufgeschlossen, welche NW-vergente kleine Aufschiebungen führen (160°/35°). Diese werden von jüngeren NW-SE-Störungen (dextrale Schrägabschiebung mit Hämatit, Flächenlagen um 220°/40°) versetzt. Diese gehören zur spätvariszisch-mesozoischen Bruchtektonik am Nordrand des Harzblocks.

Vom Steinbruch weiter dem Weg am W-Ufer der Ilse folgen. Kleine Aufschlüsse mit graurot geflammten Quarziten werden nach ca. 200 m (S-Ende eines Fachwerkhauses) von Klippen mit rötlichem Ilsesteingranit abgelöst. Sie ragen bis in den Bachlauf der Ilse hinein (Kontaktbereich). Aus dem Kluftgefüge und der Textur des Granits zu schließen, fällt der Granit mit ca. 45° nach NNE ein.

Von hier zurück zum Buswendeplatz und auf der Fahrstraße weiter im Ilsetal aufwärts zum „Waldhotel am Ilsestein" (Brücke) und auf dem Wanderpfad an der W-Seite weiter bis zum Zanthier Platz (Denkmal für Oberforst- u. Jägermeister Hans Dietrich von Zanthier, 1717 bis 1778, Gründer der 1. deutschen Forstakademie in Ilsenburg).

A1/5

Lage: Ilsetal, Weganrisse 100 m unterhalb des Zanthier Platzes (W-Seite) und am Fuß des Ilsesteins (Brücke). K.: R 44 07 665, H 57 46 810.
Aufschluss: Ilsestein-Syenogranit („Drusiger Mikropegmatitischer Granit", ‚Gid' der geologischen Blätter Harzburg und Wernigerode).
Beschreibung: Der Ilsestein-Syenogranit („Ilsesteingranit") ist die jüngste Teilintrusion des Brocken-Massivs. Es ist eine NW-SE gestreckte steile post-

kinematisch-variszische Spaltenintrusion in der N-Randzone des Harzes. Von Erdmannsdörffer & Schröder (1927) und von Chrobok (1965) wurden auf Messtischblatt Harzburg fünf Granitvarietäten auskartiert (Abb. 1.5). Die Rou-

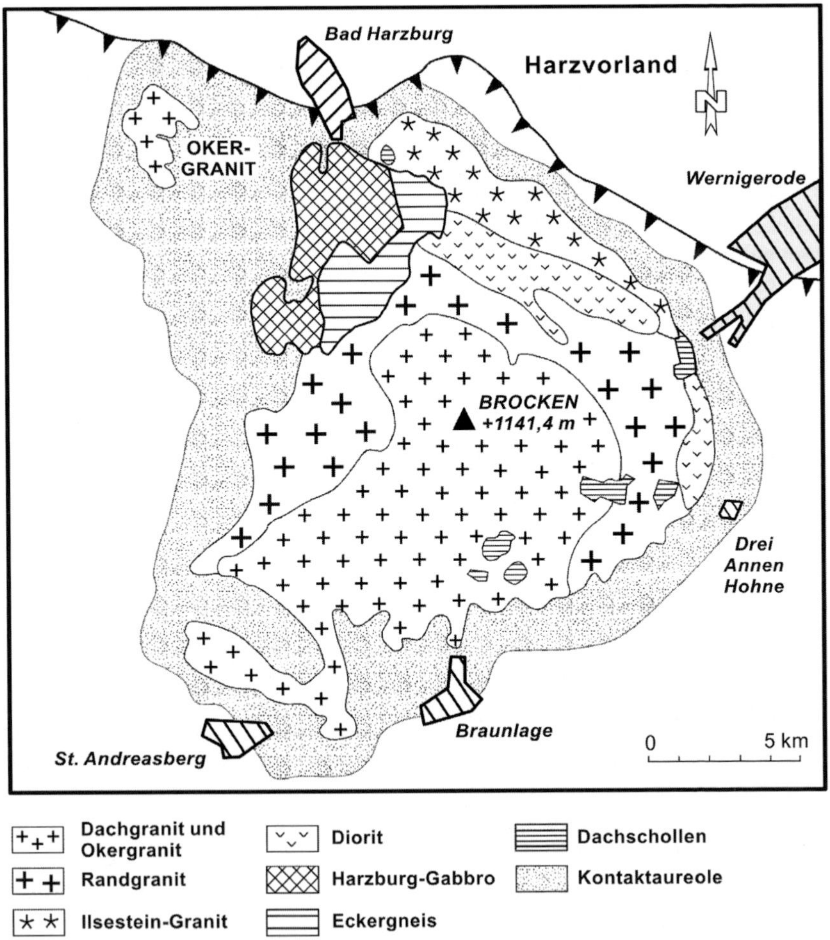

Abb. 1.5: Die Granit-Varietäten des Brockenmassivs mit Harzburg-Gabbro und Eckergneis (Chrobok 1965). Die Exkursion bewegt sich vom Harzrand in Ilsenburg, 5 km W von Wernigerode, nach SS zum Brocken und von dort nach NNW in Richtung Bad Harzburg-E.

te berührt im Ilsetal zunächst den „Drusigen Ilsesteingranit“ (Gid), der vom N-Kontakt bis zum Rohntal/Ilsestein reicht (600 m Ausstrichbreite). Er wird nach S vom „Körnigen Ilsesteingranit“ (Gi) mit 1 km Ausstrichbreite gefolgt. Seine S-Grenze verläuft an der N-Flanke des Großen Sandtals. Petrochemisch sind beide Varietäten Syenogranite. Wegen ihres hohen Quarzgehalts besitzen sie eine geringe Dichte um 2,6 g/cm^3.

Der drusenreiche (schwarzer Turmalin und Quarz), teilweise porphyrische Granit ist durch seine roten Kalifeldspäte (Orthoklase) auffällig. Weitere Hauptgemengteile sind Quarz und Biotit, einige Prozente Oligoklas sowie akzessorisch Turmalin, Apatit und Zirkon. Schriftgranitische Verwachsungen von Quarz und Orthoklas sind mit der Lupe erkennbar. Die bis mehrere cm großen Drusen sind eckig bis oval geformt und führen fast stets pfeilspitzenartige Ausstülpungen, die auf ihre Genese als Abkühlungsrisse infolge hoher Fluiddrucke im bereits weitgehend kristallisierten Magmenkörper hindeuten (Geotop 4129/4).
Die flächige Textur des Syenogranits (Orientierung der Feldspäte) ist im Bereich des Ilsesteins NNW-SSE ausgerichtet (70/80), etwas weiter im S an der Paternosterklippe im „Körnigen Ilsesteingranit“ bei 205/80. Im Detail können auch starke lokale Variationen der Textur beobachtet werden, die als Verwirbelungen im Magmastrom zu deuten wären. Sie zeichnen eine steile Spaltenintrusion nach. Eine flach nach N einfallende Hauptkluftschar (30/12) weist auf interne flache Kuppelbildungen in der Nähe der Plutonoberfläche hin.
Am Ilsestein und an den Paternosterklippen sind dextrale Zerscherungen im Granit auf Flächenlagen um 200-220/75 erkennbar, die im duktil-kataklastischen Übergangsbereich verliefen (dünne Tapeten von Mikrokataklasiten). Sie sind in der Spätphase der Intrusion (295 Ma) anzusiedeln.
Weitere Anrisse des Ilsestein-Syenogranits (Variante „Körniger Ilsesteingranit, Gi) passiert man an den Talflanken am Fuße der Paternosterklippe (Geotop 4129/3). Ein größerer Anriss findet sich am W-Ufer, unmittelbar neben dem Wasserpegel (350 m NNE des Straßenabganges zur Plessenburg). Der „Körnige Ilsesteingranit“ führt wenige Drusenräume und ist auch geringer porphyrisch strukturiert als der „Drusige Ilsesteingranit“. Nach N erfolgt jedoch eine stoffliche und texturelle Angleichung an den „Drusigen Ilsesteingranit“.
Am Wassermesspegel ist eine starke Scherflächenbildung in WNW-ESE- und in N-S-Richtung auffällig. Ihr ist die Entstehung des Talknicks in N-S-Richtung zuzuschreiben.
Danach geht es weiter talaufwärts über die Rote Brücke. Den folgenden Abgang zur Plessenburg links liegen lassen. An der Gabelung zwischen Ilsetal und Sandtal nun dem scharf nach SE einschwenkenden Ilsetal folgen (Bremer Weg), nachdem man die Ilse und den Forstweg, welcher weiter in das obere Sandtal führt, an einer kleinen Brücke überquert hat.

A1/6

Lage: Vom Rundum-Wegweiser (m-Angaben ab hier) nun den Weg entlang am W-Steilufer der Ilse nach S (Bremer Weg/Heinrich Heine Wanderweg) nehmen. Man bewegt sich zunächst ca. 150 m in verdriftetem quartären Granit-Blockschutt. Erst dann beginnen S von den Ilsesteingraniten mit einer deut-

lichen Hangversteilung die Anschnitte der anstehenden Magmatite des Brocken-Massivs. K.: R 44 06 320, H 57 45 890.
Aufschluss: Feinkörnige Biotit-Augit- und Quarz-Biotit-Augit-Diorite (Dba nach Erdmannsdörffer & Schröder 1927) der Granit-Dioritzone.
Beschreibung: Diese Gesteine gehören bereits zum dioritischen Außenrand des zwiebelschalig gebauten Granitmassivs S der Spaltenintrusion des Ilsesteingranits. Die dunklen feinkörnigen Gesteine (Korngröße der Feldspäte und Quarze bis ca. 2 mm, Pyroxene bis 4 mm) streichen WNW-ESE und haben eine sehr variable dioritische Zusammensetzung. Als Lesesteine sind auch grobkörnige Varietäten zu finden. Die Diorite sind auf ca. 60 m Breite punktuell aufgeschlossen. Nach Erdmannsdörffer soll es allmähliche Übergänge zu den Ilsesteingraniten geben. Dies ist fraglich, da die Ilsesteingranite eine jüngere Intrusionsphase repräsentieren (Schust 1995).

A1/7

Lage: Unmittelbar nach SE anschließend, folgen im Bereich der Wegsicherung (Haltezaun) erneut Weganrisse (210–270 m ab Wegweiser). K.: 44 06 300, H 57 45 800.
Aufschluss: Mikropegmatitischer Syenogranit („Mikropegmatitischer Granit“, Gp).
Beschreibung: Diese körnige Varietät bildet einen hufeisenförmigen Kranz um den Nordrand des Granitmassivs.

Das Gefüge ist porphyrisch, neben den Hauptgemengteilen Quarz, Orthoklas und Biotit sind Plagioklas und Augit akzessorisch zu beobachten. Quarz und Kalifeldspat sind schriftgranitisch verwachsen. Am Hang (SE-Hang des Kleinen Meineckenberges) sind Klippen mit gleichmäßiger Quaderbildung anzutreffen. Texturmerkmale und Einschlüsse im Granit sind in diesem Bereich nicht augenfällig, so dass über die lokale Struktur des Magmatitkörpers nichts ausgesagt werden kann. Bei 270 m streichen in einer Klippe am Wanderweg (direkt dahinter kommt ein Wasserriss den Hang herunter) auf wenige m Breite nochmals Diorite aus. Vom Wasserriss bis zur kleinen Brücke folgen nun Hangblockmassen. Man überquert an den Unteren Ilsefällen die Ilse und bewegt sich dann auf der SE-Seite der Ilse weiter nach SW im Mikropegmatitischen Syenogranit und erreicht den Gedenkstein zur Harzwanderung von Heinrich Heine („Die Harzreise“ 1825) sowie die Stromschnellen der „Ilsefälle“. Das Bachbett der Ilse liegt größtenteils in Blockmassen. An einigen Stellen bilden die flache Lagerklüftung und die steil aufsitzenden Längs- und Querklüfte den gestuften Wasserlauf.
Am Wegkreuz des Bremer Wegs (Schutzhütte) dem Wanderweg am E-Hang des Oberen Meineckenberges weiter in Richtung Brocken folgen. Die linke (östliche) Abbiegung vom Bremer Weg zur Plessenburg (Gasthaus) links liegen lassen. In diesem Bereich steht porphyrischer Syenogranit an, der bei der Kartierung von Erdmannsdörffer (1927) als „Grobkörniger Granit“ (Gg) bezeichnet wurde. In ihm verlaufen schlierige Züge von „Hornblende-Granitporphyr“, die wahrscheinlich jüngere NW-SE-Spaltenintrusionen darstellen.

Der „Grobkörnige Granit“ ist ein helles Gestein mit deutlichem Plagioklasgehalt, das sich 2 km nach W, am Kruzifix, dem „Körnigen Ilsesteingranit“ angleicht. Die „Hornblende-Granitporphyre“ von Erdmannsdörffer sind auf den NW-SE streichenden Bereich der nördlichen Granit-Dioritzone beschränkt und bilden hier mehrere „Züge“. Es sind in frischem Zustand grünlichgraue Gesteine (dunkle Hornblende, Plagioklas), die teilweise frei von Biotit sind, jedoch sehr viel Quarz führen (Quarz-Feldspatverwachsungen). Am Oberen Meineckenberg wird das Gefüge porphyrisch.

A1/8

Lage: Weiter dem Bremer Weg zum SE-Hang des Oberen Meineckenberges folgen. K.: R 44 05 865, H 57 43 960.
Aufschluss: In einem Blockfeld finden sich Reste von zerfallenden Klippen, bestehend aus Mikropegmatitischem Syenogranit („Mikropegmatitischer Granit“ Gp).
Beschreibung: Diese Varietät des Brocken-Massivs umgürtet hufeisenförmig den nördlichen Ausstrichbereich des Massivs. Es sind helle, mittelkörnige Gesteine, deren größere Orthoklase ein porphyrisches („mikropegmatitisches“) Gefüge erzeugen (Quarz-Feldspatverwachsungen). An dunklen Gemengteilen dominiert Biotit, Augit ist nur akzessorisch vertreten.

A1/9

Lage: Auf dem Brockenwanderweg weiter zur Großen Hermannsklippe (+748,9 m NN). K.: R 44 04 010, H 57 43 950.
Aufschluss: Übersicht über den nördlichen Bereich des Brocken-Massivs, den Bereich des Eckerstausees (Eckergneis) und den S-Rand des Subherzynen Beckens.
Beschreibung: Die Klippe steht ebenfalls im Mikropegmatitischen Syenogranit. Dieser ist in gleichmäßige Kluftquader zerlegt, die durch die Verschneidung der Längs-, der Quer- und der Lagerklüftung entstanden sind. Durch die bevorzugte mechanische Verwitterung der Kluftkanten und Ecken entstanden die abgerundeten Formen der Wollsackverwitterung.

Die Klüfte sind durch thermisch induzierte Zugspannungen bei der Kristallisation und Erstarrung der ehemaligen Silikatschmelze entstanden. Die flach nach Nord eintauchende Lagerklüftung des Granits weist darauf hin, dass die Plutonoberfläche flach nach N eintaucht. Am Fuße der Klippen bildeten sich die für unsere Mittelgebirge typischen Blockmeere. Sie sind durch den mechanischen Zerfall ehemals größerer Felsklippen in den quartären Kaltzeiten (Frostsprengung) entstanden, die weite Verdriftung wird durch Solifluktion (Bodenfließen) während des sommerlichen Auftauens des Dauerfrostbodens erklärt.

A1/10

Lage: Weiter auf dem Wanderweg bis zur Bismarckklippe. K.: R 44 03 760, H 57 43 250.
Aufschluss: Klippen mit Syenogranit („Dachgranit", ältere Bezeichnung auch „Kerngranit", G).
Beschreibung: Der mittelkörnigere hellgraue Dachgranit ist ein Biotitgranit von einfacher Zusammensetzung (Quarz, Kalifeldspat, Biotit, Oligoklas, Zirkon, Apatit, Magnetit, Pyrit und Turmalin). Er ist durch seinen Xenolithreichtum charakteristisch. Es sind größtenteils eingesunkene Schollen der sedimentären altpaläozoischen Dachgesteine (Hornfelse), seltener abgerundete und bereits weitgehend assimilierte Schlieren aus dem Unterbau zu beobachten.

A1/11

Lage: Dem Weg folgend, erreicht man nach 1 km die Schutzhütte N vom Kleinen Brocken. K.: R 44 03 920, H 57 42 600.
Aufschlüsse: von hier bis zum Gipfel Blöcke und kleine Klippen von Dachgranit.
Beschreibung: Freier Blick nach Norden zum Eckerstausee und zur Scharfensteinklippe im Vordergrund sowie zum Steilabfall des Harz-Nordrands. Dahinter ist das Subherzyne Becken mit den aufgesetzten Salinarsätteln des Salzgitterer Sattels, des Harli und des Breitsattels des großen Fallsteins (von W nach E) einzusehen.

A1/12

Lage: Weitermarsch über den Kleinen Brocken (+ 1.018,4 m) zum Gipfel des Brockens (+ 1.141,4 m). K.: R 44 04 585, H 57 41 470. (Geopark Harz, Landmarke 4, Brocken, Geopunkt 4/1, Geotop 4129/2).
Aufschluss: Dachgranit.
Beschreibung: Auf dem Gipfelplateau Rundwanderweg (ca. 1,2 km) mit Erläuterung der subalpinen Flora des Brockens (Botanischer Garten, Tafeln). Im Brockenhaus Präsentationen zur Geologie und zur Klimaentwicklung. Gedenkstein zur Erinnerung an die erste Brockenbesteigung durch Goethe im Winter 1777, und an seine Inspiration für die Walpurgisnacht im „Faust". Daneben erinnert eine Gedenktafel an die Harzreise von Heinrich Heine im Jahre 1824. Die Teufelskanzel und der Hexenaltar am SW-Bogen des Rundwegs bilden einen flachen Klippenzug von mittelkörnigem Dachgranit. Die flach nach S einfallende Lagerklüftung deutet an, dass der Brockengipfel bereits auf der S-Flanke des Lakkolithgewölbes des Brocken-Massivs liegt.

Das aus mehreren Teilintrusionen zusammengesetzte, zwiebelschalig strukturierte Brocken-Massiv bildet einen nur ca. 2,5–3 km mächtigen, zungenförmig aus SSE in die Oberkruste aufgestiegenen Lakkolithen (Chrobok 1965). Erdmannsdörffer (1927) und Schust (1995) konnten drei Altersgruppen von Teilintrusionen im Gelände aushalten, welche durch die radiometrischen Datierungen (um 295 Ma) nicht zu untergliedern sind. Es wird eine ältere, mittlere und jüngere Gruppe von Intrusionsschüben unterschieden. Der Dach- oder Kerngranit gehört zur jüngeren Intrusionsgruppe (Zusammenstellung bei Schwab, in Bachmann et al. 2008, S. 445). Der Ilsesteingranit ist eine noch etwas jüngere eigene Spaltenintrusion.
Auf dem Gipfel des Brockens ist die Endstation der Brockenbahn von Wernigerode über Drei Annen Hohne nach Schierke/Brocken.
Vom Brockengipfel den gleichen Weg zurück bis zur Großen Hermannsklippe. Von da weiter den Plattenweg nehmen zum Nationalparkgebäude (Info-Zentrum) an der Scharfensteinklippe (Mikropegmatitischer Syenogranit) und weiter zur E-Seite des Eckerstausees. Der Hangweg am E-Ufer des Sees in Richtung zur Staumauer verläuft zunächst noch im Granit (Mikropegmatitischer Syenogranit), dessen liegender Kontakt zum unterlagernden Eckergneis im Taleinschnitt der Ecker ca. 150 m S der Einmündung in den See an einer kleinen Klippe (E-Seite) aufgeschlossen ist (liegt abseits des Wanderwegs und ist schwer zugänglich). Die liegende Kontaktfläche des Granits und die Foliation des unterlagernden Gneises verlaufen hier konform und fallen gemeinsam mit 5–20° nach E ein.

A1/13

Lage: Am E-Ufer des Eckerstausees den Wanderweg entlang in Richtung Sperrmauer (SW-Hang Fohlenkopf), kleiner Steinbruchversuch. K.: R 44 02 870, H 57 45 910.
Aufschluss: Eckergneis, quarzitisch.
Beschreibung: Der Aufschluss des Eckergneises liegt ca. 10 m im Liegenden des Kontakts zum Syenogranit (Abb. 1.13). Trotz der Granitnähe ist eine Kontaktwirkung auf den Gneis megaskopisch wie mikroskopisch kaum erkennbar, wohl weil die magmatische Wärme vor allem in das Hangende abgestrahlt wurde. Es stehen hier die für den Gneiskomplex typischen feinkörnigen, teilweise quarzitischen Cordieritgneise an (Franz et al. 1997), die einen deutlichen metamorphen Lagenbau (Foliation, 228/15) zeigen. Es sind sedimentogene feinkörnige Paragneise, denen gelegentlich lagenweise Amphibolite (Tuffe oder Lagergänge von basaltischer Herkunft) eingelagert sein können.

Die Foliation wird von einer zweiten transversalen Schieferung (130/40), welche die Foliationsflächen krenuliert, überprägt. Die Gneise sind von foliationsparallelen, stark gekrümmten Scherzonen durchzogen, deren Scherlineare in WNW-ESE ausgerichtet sind. Zwischen den einrahmenden Scherflächen (Abb. 1.13) haben sich steil eintauchende Schleppfalten (B' = 50/50), im Liegenden der größeren Scherzone außerdem eine SW-vergente Faltenstruktur (B' = 244/30) mit transversaler 2. Schieferung ausgebildet. Die duktile Verformung zeigt hier keine eindeutige Bewegungspolarität, es sind Top-SW-Einengung und Top-NW-Streckung erkennbar.

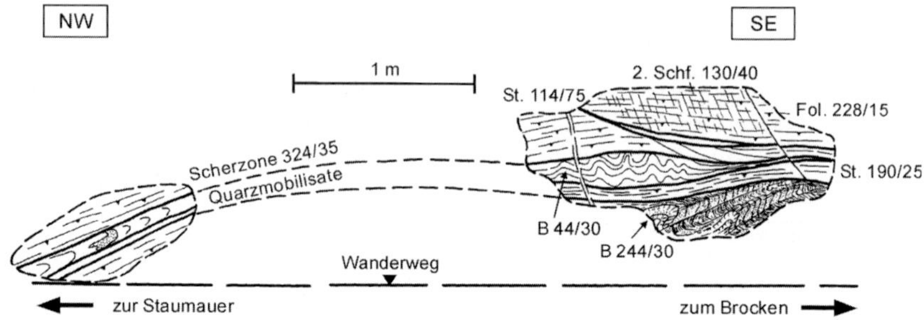

Abb. 1.13: E-Ufer des Eckerstausees. Kleiner Steinbruchversuch am Wanderweg. Feinkörniger Eckergneis, verfaltet und von einer foliationsparallelen Scherzone durchzogen. K.: R 44 02 870, H 57 45 910. Geol. Aufnahme: Franzke.

A1/14

Lage: Nach weiteren 500 m, damit verbleiben noch 500 m bis zum Ostrand der Staumauer, erreicht man eine kleine Anhöhe (Trigonometrischer Punkt) mit zahlreichen kleinen Gneisklippen, die bis zum Wasserspiegel des Stausees hinunter reichen. K.: R 44 02 680, H 57 46 270.
Aufschlüsse: Feinkörnige Gneise (Schautafel).
Beschreibung: Die fein foliierten Gneise (Foliation 290-330/45) führen zahlreiche kleine Intrafolialfalten (B 220-265/15-30, Abb. 1.14).

In den Foliationsebenen liegende Trümer von Segregationsquarzen sind zerrissen und zu Sigmaklasten verformt sowie durch ECC-Flächen (**e**xtensional **c**renulation **c**leavage) weiter zerlegt. Streckungslineare (290/30) auf den Foliationsflächen signalisieren eine WNW-Streckung bei gleichzeitiger Plättung der Gesteine. In anderen Laminen sind konvergente Bewegungen nach E gegen die Foliation erkennbar, die ebenfalls den Plättungsvorgang unterstützen. Fein gefältelte Foliationsflächen sowie entsprechende Schliffbefunde weisen auf die Existenz einer zweiten (transversalen) Schieferung hin, deren Achsenlage mit der Ausrichtung des Streckungslinears zusammenfällt. Knitterungsflächen (Kinkflächen) geben Hinweise auf eine jüngere Kompression nach SSW am Ende der duktilen Verformungsperiode.

A1/15

Lage: 100 m vor der Dammkrone der Sperrmauer erreicht man den Harzburger Gabbronorit. K.: R 44 02 285, H 57 46 270.
Aufschluss: Anschnitte von Harzburger Gabbronorit.
Beschreibung: Das Harzburger Gabbronorit-Massiv besteht in seinem N-Bereich aus Gabbros, im Süden aus Noriten, denen ultramafische Schlieren

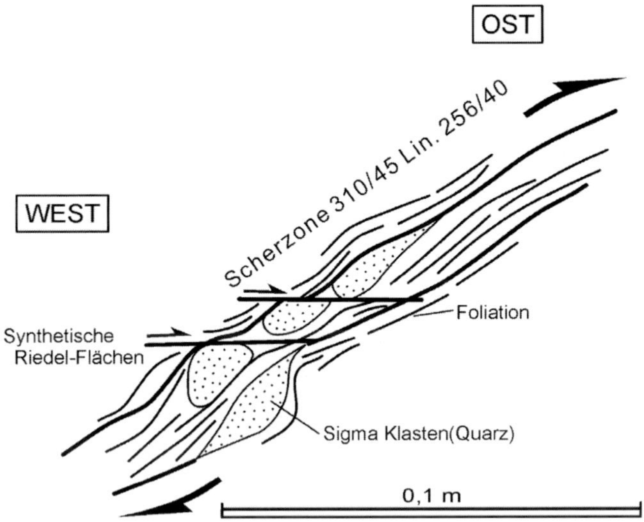

Abb. 1.14: Klippen am E-Ufer des Eckerstausees im Eckergneis. K.: R 44 02 680, H 57 46 270. Quarzmobilisate werden durch zwei Scharen von Scherflächen zu Sigma-Klasten verformt (Bewegungstrend: Top-E). Geol. Aufnahme: Franzke.

(Harzburgite) eingelagert sind. Die Aufschlüsse E der Staumauer zeigen mittelkörnige Norite. Die Grenze zum Eckergneis ist nicht aufgeschlossen. Der Norit (radiometrisches Alter 295 Ma) führt als Hauptminerale Plagioklas, rhombische Pyroxene, Biotit und Erz. Das Gestein hat eine fast senkrecht stehende SSW-NNE streichende flächige Textur, welche sich aus der Kornregelung und der Andeutung einer Verschieferung / Scherung ergibt und dem Verlauf des benachbarten Gneiskontaktes folgt. Am E-Rand der Staumauer (Wasserseite) sind in die Textur des Norits eingeregelte Xenolithe von Eckergneis im Norit erhalten.

Auf der Dammkrone des Eckerstausees und am Westufer sind Schautafeln angebracht, die zur Geologie des Staumauerbereichs und zur Baugeschichte des Staudamms Auskunft geben. Es handelt sich um eine während des Zweiten Weltkriegs errichtete Schwergewichtsmauer, die an beiden Talflanken in den Gabbronorit eingebunden ist. Auf der Mittellinie des Stausees und der Staumauer verlief die ehemalige innerdeutsche Grenze, heutige Grenze der Bundesländer Niedersachsen und Sachsen-Anhalt. Sowohl von der Sperrmauer als auch vom E-Ufer des Stausees hat man einen freien Blick zum Brockengipfel.

Von der Staumauer aus kann zwischen zwei Varianten der weiteren Fußexkursion gewählt werden.

Variante 1: Rückweg vom Eckerstausee über das Kruzifix, Großes Sandtal nach Ilsenburg (7,5 km Laufstrecke, kaum Aufschlüsse). Von der Staumauer weiter nach E zum Punkt + 569,1 m und auf dem Forstweg nach E zum Kruzifix. Unterwegs findet man Lesesteine von Eckergneis. 140 m westlich vom Kruzifix (Wegkreuz) verlässt man den Gneis und kommt in „Grobkörnigen, Nichtpegmatitischen Granit" (Gg), der dem Gneis flach auflagert. Eine postgranitische Störung, die im Großen Gierstal (NW-SE) verläuft, senkt den Granit zusätzlich in das Niveau des Gneises ab. Im Großen Sandtal (N-Seite) erreicht man wieder die Spaltenintrusion des Ilsesteingranits, auf der S-Seite des Sandtals steht „Biotitdiorit (Dba) an (Geotop 4129/3). Von hier durch das Ilsetal zurück nach Ilsenburg.
Variante 2: Von der Dammkrone Eckerstaumauer führt auf der niedersächsischen NW-Seite des Eckertals ein Wanderweg talabwärts 8 km mit zahlreichen Aufschlüssen entlang der Ecker bis zur Ortschaft Eckertal an der B 6 (A1/16–A1/20).

A1/16

Lage: Mehrere Felsklippen zwischen der Sperrmauer und dem Abgang zum Molkenhaus (Hasselbach) am westlichen Wanderweg im Eckertal. K.: R 44 02 830, H 57 47 520.
Aufschlüsse: Leukokrate Magmatitgänge im Gabbronorit.
Beschreibung: Bis zum Abgang des Wanderweges im Eckertal zum Molkenhaus bewegt man sich im Harzburger Gabbronorit, der in zahlreichen Klippen ansteht und von Mikrogranitgängen durchtrümert wird. Die Textur des Gabbros pendelt um 270-295/45-60 (SSW-NNE) und folgt, wie am E-Ufer der Talsperre, generell dem Gneiskontakt.

In den Gabbroklippen treten Schwärme von hellen Ganggesteinen auf, die mit dem Gabbro verschweißt sind, in einigen Fällen aber auch zerscherte Liegend- und Hangendkontakte aufweisen. Sie haben unterschiedliche Streichrichtungen von N-S bis NW-SE, es dominieren NW-SE Gänge. Sie sind meist unter 1 m, werden stellenweise aber bis einige m mächtig und verzweigen sich teilweise. Sie führen Schollen der Nebengesteine (Gabbro, Eckergneis), in welche sie eingedrungen sind. Die Ganggesteine sind hauptsächlich granitischer, W der Ecker auch teilweise von syenitischer Zusammensetzung. Sie sind feinkörnig bis pegmatitisch und haben in der Regel ein porphyrisches Gefüge sowie eine undeutliche Fluidaltextur. Sie enthalten Quarz, Kalifeldspat, Plagioklas und Biotit und außerdem Granat (Almandin) und pinitisierten Cordierit, der weder im Brocken-Massiv noch im Okergranit, jedoch im Eckergneis, auftritt. Chemisch sind es Alkaligranite bis Quarzdiorite (Stütze 1980). Granat- und Cordieritkristalle sind stärker zerbrochen als die granitischen Komponenten und gelten als Restitmaterial aus dem Liegenden der Gabbrointrusion, das bei kontaktanatektischen Prozessen von den entstandenen Schmelzen der Granit- und Syenitgänge aus deren Umfeld aufgenommen wurde (kristallines Basement). Diese Gänge sind nach Stütze Kontaktanatexite, gehören also nicht zur Ganggefolgschaft des Brocken-Massivs. Sie sind aus dem Liegenden des Gabbros

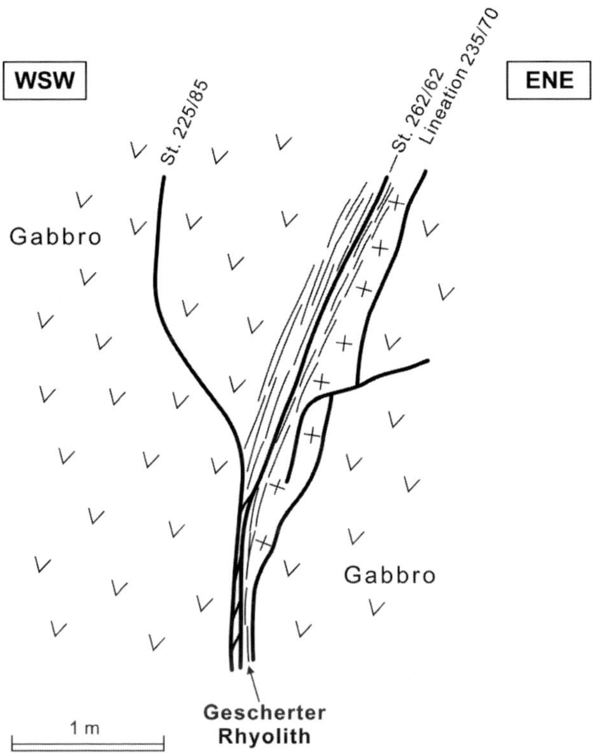

Abb. 1.16: Felsklippen ca. 50 m südlich vom Abgang des Wanderweges an der Westseite des Eckertals zum Molkenhaus. Gescherter Gangrhyolith im Harzburger Gabbronorit. K.: R 44 02 830, H 57 47 520. Geol. Aufnahme: Franzke.

durch wahrscheinlich thermisch induzierte Spaltenbildung in den Gabbro und den Eckergneis eingedrungen und geologisch jünger als die Gabbrointrusion und der Eckergneis.

30 m SW des Abganges des Eckertalweges zum Molkenhaus (Großer Hasselbach) befindet sich ein Aufschluss mit einem spätmagmatisch noch weiter zerscherten, gering mächtigen Ganggranit dieses Typs. Er sitzt im Harzburger Gabbro auf (Abb.1.16). Die liegende Kontaktfläche des Ganges ist zerschert, so dass sich das Korngefüge zunächst parallel zur Gangebene ausgerichtet hat, später aber noch kataklastisch überprägt wurde.

A1/17

Lage: ca. 130 m NE der Käsewieter Brücke, Felsanschnitte am Eckertalweg. K.: R 44 03 810, H 57 47 810.
Aufschluss: Quarzitische Gneise und auflagernde Cordieritgneise (Abb. 1.17). Hier sind die beiden Haupttypen der Eckergneise aufgeschlossen. Amphibolitlagen sind selten und in den besuchten Aufschlüssen nicht enthalten.
Beschreibung: Massige quarzitische Paragneise werden im Aufschluss von enger foliierten Cordieritgneisen überlagert. Die in ca. 15 m Mächtigkeit aufgeschlossenen Gneise streichen ENE-WSW und fallen um 45° nach NNW ein.

Im Abstand von 0,1 bis 0,5 m sind Foliationsflächen zu Kleinscherzonen durchgearbeitet (Scherlineation 330/45), die als Streckungsflächen wirksam waren (Abschiebungen nach NW). Dazwischen sind örtlich kleine Intrafolialfalten mit NE eintauchenden und stark fluktuierenden Achsenlagen aufgespannt. Die N-Grenze des Eckergneises gegen den Ilsesteingranit ist von diesem Aufschluss nur 160 m entfernt. Granitapophysen des Ilsesteingranits sind am Wanderweg innerhalb des Gneisareals zu finden (Klippen am Weg). Dennoch sind im Gneis mit bloßem Auge keinerlei Thermokontaktwirkungen sichtbar.

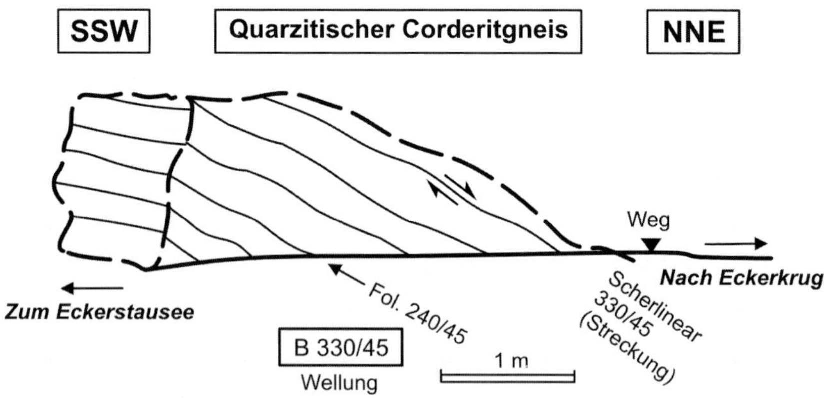

Abb. 1.17: Felsklippen am Wanderweg an der W-Seite des Eckertals, 130 m NE der Käsewieter Brücke. K.: R 44 03 810, H 57 47 810. Massige Quarzit-Gneise (Metaquarzite) werden von feinkörnigen Cordieritgneisen über- und unterlagert. Geol. Aufnahme: Franzke.

A1/18

Lage: Aufschlüsse am S-Kontakt des Ilsesteingranits gegen den Eckergneis an der W-Seite des Eckertals. Sie liegen in Höhe des nach E aus dem Eckertal abzweigenden Kleinen Franken-Tals.
Aufschlüsse: Grenze Gneis/Granit und Aufschluss im Ilsesteingranit.
Beschreibung: Der S-Kontakt des porphyrischen Ilsestein-Syenogranits (Variante „Mittelkörniger mikropegmatitischer Granit") gegen Gneis ist am Talhang punktuell aufgeschlossen (erschürfte Kontaktfläche etwa 192/75) und in ihrem Verlauf am Hang aufwärts kartierbar (Abb. 1.18). Im Granit sind Xenolithe von Eckergneis und von Hornfelsen aus paläozoischen Sedimenten des Granitdaches enthalten. Granit und Gneis waren nach dem Ergebnis eines kleinen Schurfs miteinander verschweißt.

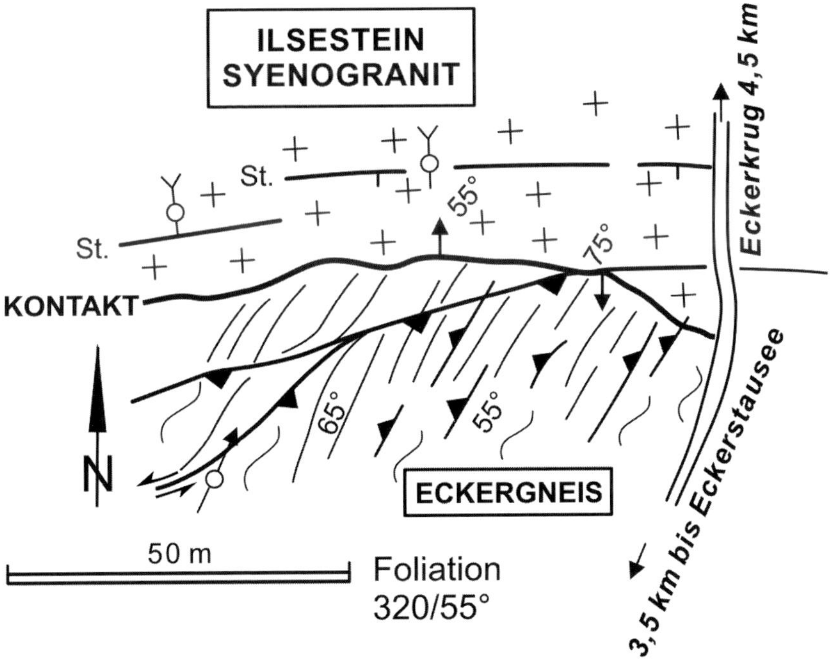

Abb. 1.18: W-Hang des Eckertals. Kartierung des Grenzbereichs zwischen dem Eckergneis und Ilsesteingranit. K.: R 44 03 885, H 57 48 110. Geol. Aufnahme: Franzke.

Die Intrusion des Granits (290–295 Ma) fand den Gneis in seiner endgültigen Lage vor. Am Hang stehen fein gebänderte Gneise an, deren Foliationsflächen (320/55) durch den S-Kontakt des Syenogranits diagonal abgeschnitten werden. Es liegt also ein diskordanter Intrusionskontakt des Granits zum Gneis vor. Im Gneis treten NE-vergente Aufschiebungen auf, die auch in den Granitanschnitten am Wanderweg zu finden sind und damit jünger als die Granitintrusion sein müssen.

Weiter im Eckertal nach NE.

Vom Granit/Gneiskontakt an der W-Seite des Eckertals sind bis zu den Hausmannsklippen 1,8 km auf dem Wanderweg zurückzulegen. 1,2 km davon läuft man im mittelkörnigen „Mikropegmatitischen Granit“ (Gi auf Blatt Harzburg) und erreicht dann in der Talkurve südlich der Hausmannsklippen (K.: R 44 04 475, H 57 49 030) den „Aplit ähnlichen Granit“ (Gia auf Blatt Harzburg) und an den Hausmannsklippen (K.: R 44 04 630, H 57 49 280) den „Drusigen, mikropegmatitischen Granit“ (Gid auf Blatt Harzburg). Am N-Hang der Hausmannsklippen folgen kleine Vorkommen des „Kleinkörnigen, drusigen Randgranits“ (Gir). Diese Granittypen gehören zur Intrusion des Ilsesteingranits. Die Granite senden NW-SE streichende Apophysen in das gefaltete Altpaläozoikum des Acker-Bruchberg-Zugs und in die Fortsetzung des Sieber-Kulms.

Der N-Kontakt des Ilsesteinmassivs ist durch Lesesteine am NE-Abhang der Hausmannsklippen und am Flößgraben festzulegen, welcher am Abgang des Fahrweges in das Große Stotter-Tal beginnt. Dort stehen kontaktmetamorph veränderte Quarzite und Schiefer des Acker-Bruchberg-Zugs an (Aufschlüsse am Flößgraben). Quarzit-Schiefer-Wechsellagerungen des Acker-Bruchberg-Zugs, die SW-NE streichen und flach bis mittelsteil nach SE einfallen, befinden sich S der Pappenfabrik, unmittelbar an der E-Böschung der Ecker sowie 500 m weiter auch am Kienberg in verlassenen Brüchen.

A1/19

Lage: 800 m NNE der Pappenfabrik, auflässiger Steinbruch an der NW-Seite des Tals neben der Zufahrstraße zur Fabrik. K.: R 44 06 290, H 57 50 430.
Aufschluss: Karbonatgesteine und Rauhwacken (Zechstein).
Beschreibung: An der S-Wand des Bruches sind 45° und steiler nach NE einfallende, dickbankige Karbonatgesteine (graue Dolomite) angeschnitten, die dem Zechstein zuzuordnen sind (wahrscheinlich Werra-Karbonat/Zechsteinkalk). Am N-Stoß des Bruches folgen grobe Kollapsbrekzien (Rauchwacken), die eckige Fragmente von Karbonatgesteinen in einer tonig-mergeligen Grundmasse führen. Sie weisen auf die (oberkretazisch-tertiäre) Subrosion des ehemals vorhandenen Zechsteinsalinars hin. Nach N, ins stratigraphisch Hangende, folgen rötliche und grünliche Tonsteine des oberen Zechsteins, vielleicht schon der Untertrias (Lesesteinmaterial im Straßenniveau). Sie werden von einem groben Terrassenschotter des Quartärs, bestehend aus paläozoischen Geröllkomponenten, flach überlagert. Der bis 500 m

breite Ausstrich des Zechsteins ist durch Subrosion bedingte Erdfälle gekennzeichnet, denen ein Schleier von Quartärschottern auflagert. Der breite Ausstrich zeigt, dass die verkippt nach N einfallenden Sedimente des Zechsteins den paläozoischen Gesteinen des Schimmerwald-Vorsprungs auflagern (Aufrichtungszone am Harznordrand (siehe auch A1/1).

A1/20

Lage: Felsanschnitte am W-Prallhang der Ecker, 50 m S der alten Eckerbrücke (Weggabelungen), 800 m S vom Ortsteil Eckertal. K.: R 44 06 790, H 57 51 120.
Aufschluss: Ilsenburg-Formation (Ilsenburg-Schichten/Untercampan).
Beschreibung: Das ca. 3 m hohe Uferprofil erschließt auf ca. 50 m Länge fossilreiche Ilsenburg-Schichten. Die undeutlich flaserschichtigen, flachmarin gebildeten mergeligen Kalksteine fallen flach nach SW, also auf den seit dem Jungmesozoikum angehobenen Harzblock ein. Sie werden von einigen nach SW absenkenden Kleinabschiebungen durchschnitten. Diese jüngste am Harz-Nordrand erhaltene kretazische Schichtfolge wurde nach diesen Befunden von den Hebungs- und Überschiebungsimpulsen des unmittelbar nach S angrenzenden Harzblocks (Schimmerwaldvorsprung) nicht mehr erfasst (Abb. 1.20, S. 70).

Von hier noch 1,5 km Fußweg bis zur Bundesstraße B6 (alt) in Eckerkrug. Von dort weiterer Transfer in Richtung Bad Harzburg oder nach Ilsenburg/Wernigerode und zur B6 (neu).

Exkursion 2: Die Umgebung von Wernigerode mit einer Fußexkursion um das Lossen-Denkmal

Wir erinnern mit dieser Exkursion an den für die Geologie des Harzes verdienten Kollegen und verehrten Lehrer, Herrn Prof. Dr. Günter Möbus (1923–2009).

Schwerpunkte der Exkursion

Das Exkursionsgebiet befindet sich am E-Rand des spät- bis postkinematischen variszischen (ca. 295 Ma) Brockenmassivs und schließt räumlich und thematisch an die Exkursion E1 an. Für die Umgebung des Lossen-Denkmals SW von Hasserode wurde eine halbtägige Fußexkursion (E2/2) ausgearbeitet.

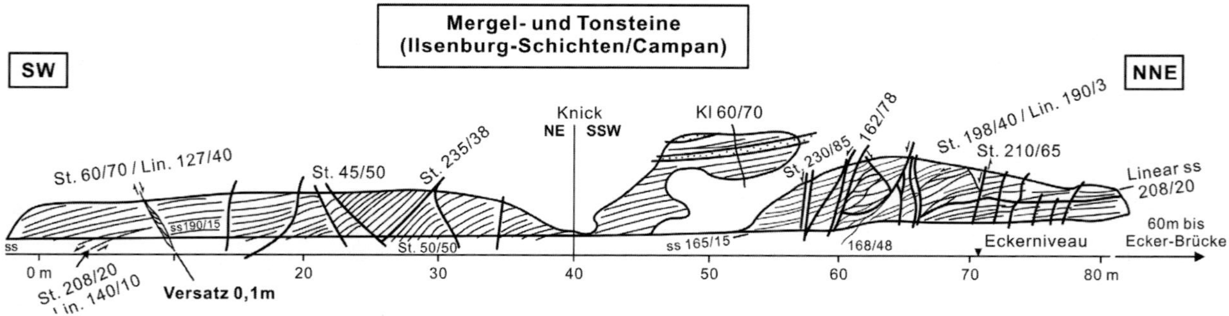

Abb. 1.20: Felsanschnitte mit flachmarinen Mergelsteinen der Ilsenburg-Formation/Campan am W-Prallhang der Ecker, 50 m S der alten Eckerbrücke (Weggabelungen), 800 m S von Ecker Tal. K.: R 44 06 790, H 57 51 120. Geol. Aufnahme: Franzke.

Neben den Magmatiten werden Gesteine der Blankenburg-Zone (Mittel- bis Oberdevon), der im Wernigeröder Raum wichtigen mittel- bis oberdevonischen Flinzfolge und Randbereiche des Acker-Bruchberg-Zugs besucht (Oberdevon bis Unterkarbon). Unmittelbar S der jungmesozoischen Harznordrandstörung streicht unterkarbonischer Flysch aus. Er wird als Fortsetzung der Sieber-Mulde angesehen. Die Phase der variszischen einengenden Tektonik begann im frühen Oberkarbon und erzeugte einen in SW-NE-Richtung aufgespannten Falten- und Schuppenbau, der am heutigen Harzrand durch variszische dextral-transpressive Scherung eine NW-SE-Ausrichtung erfuhr.

Teil 1: Exkursionen um Wernigerode

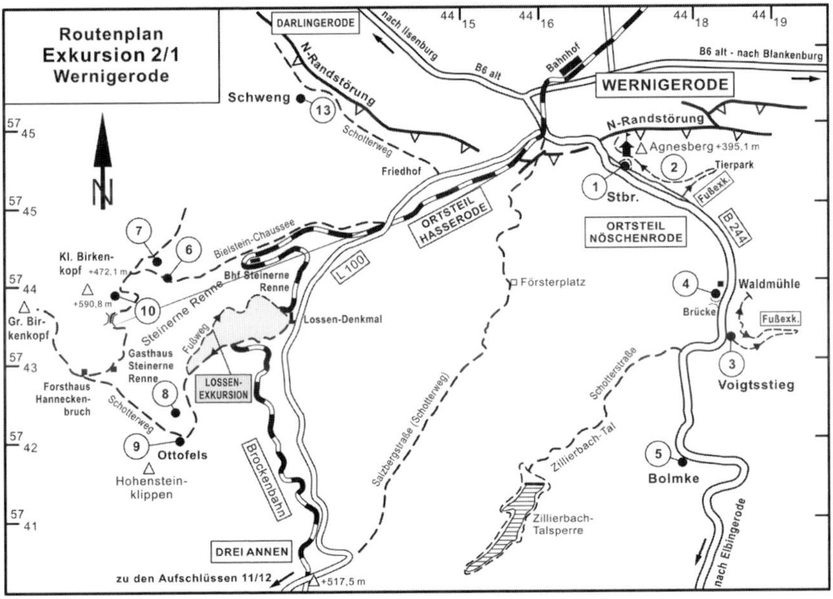

Abb. 2.0: Routenplan der Exkursionen um Wernigerode (Exkursion 2/1)

Fußexkursion zwischen Schlossberg, Christianenweg und Annaweg in Wernigerode

A2/1

Lage: Wernigerode-Nöschenrode, am Südhang des Agnes-Berges (Schlossberg), unterhalb des Großen Christianentalwegs. K.: R 44 17 150, H 57 44 600.

Aufschluss: Auflässiger Steinbruch in Mittelharz-Rhyolithgang (Unterperm).

Der Bruch ist vom Mühltal über die Nöschenroder Straße/Bohlweg (Friedhof St. Theobald) zu erreichen.

Beschreibung: Der Christianentalweg folgt im Norden dem Übergang zwischen den liegenden Kulmtonschiefern und der Kulmgrauwacke im Hangenden (Agnesberg).

Der Theobalds-Friedhof wurde im Kulmtonschiefer angelegt. Die Kulmgesteine (Visé) wurden im Rotliegend spitzwinklig vom 40 m mächtigen Mittelharz-Rhyolithgang durchschlagen. Im Steinbruch ist der Gangquerschnitt komplett erschlossen. Die Gangspalte steht nahezu senkrecht und streicht um 160° (NNW-SSE). Eine 0,1 m mächtige Kataklasezone am Ostkontakt belegt die Existenz einer Störung als Vorprägung für die Intrusionsfuge. Die feinkörnige Grundmasse des Rhyoliths enthält Einsprenglinge von Quarzen und Kalifeldspäten. Nach der Platznahme des Rhyoliths hat es noch dextrale Scherungen gegeben (siehe A2/9L), angezeigt durch 20° nach Süd eintauchende Scherlineare auf den Kontaktflächen.

Der N-S-streichende Gang ist auf ca. 6 km Länge von der Harznordrand-Störung nahe des Wernigeröder Schlosses bis nach Elbingerode im S zu verfolgen. Verwürfe im Verlauf des Ganges entstanden durch querende NW-SE-Störungen. Teilweise sind Verwürfe durch das natürliche Auskeilen und das seitliche Neuansetzen der Gangspalten auch vorgetäuscht.

A2/2

Lage: Wanderweg aus dem Mühlental über den Annaweg zum Christianental (Tierpark) nach N.
Aufschlüsse: Zahlreiche Weganschnitte im „Harznordrandkulm“ (Unterkarbon) und in den Unteren- und Oberen-Wernigerode-Schichten (Flinz-Serie des Oberen Mitteldevons bis Oberdevon).
Beschreibung: Als Beispiel für die zahlreichen Aufschlüsse sei der SW-Hang des Triangel genannt (K.: R 44 18 350, H 57 43 830). Dort ist NW-vergent verfalteter Oberer Flinz (Faltenachsen: B = 40/05) aufgeschlossen, welcher von NW-Überschiebungen (140/60) überprägt wurde.

Weiter aus dem Mühlental über den Voigtsstieg Aufstieg von den Köhlerhütten in den Pfaffenstieg und von dort zum Hangweg um den Süd- und Westhang des Henkersbergs. Diese Wanderung kann mit der Fußexkursion am nördlichen Annaweg (A2/2) verbunden werden.

A2/3

Lage: S-Abschnitt des Annawegs: (K.: R 44 18 290, H 57 42 250).
Aufschlüsse: Weg- und Hanganschnitte im Wissenbachschiefer (Eifel) und in den Wernigerode-Formation (Eifel-Famenne).
Beschreibung: Der hangparallele Wanderweg am Nordhang des Henkersberges schließt im S-Teil Wissenbachschiefer mit zahlreichen Metabasalten („Diabas“) und Quarzitlagen auf. Es sind beidseitige thermische Kontakte zu beobachten. Fehlende Pillow-(= Kissen-)Laven (siehe A2/4) und die Kontakte erinnern an basaltische Gangbildungen, die vergleichbar mit geschichteten Gängen, den sog. sheeted dikes der unteren Ozeanbodenschicht (Schicht 2) sind. Weiter nördlich gibt das Wegprofil den Übergangsbereich der Schicht 2 zur sedimentären oberen Ozeanbodenschicht 1 mit den Flinzserien der Unteren Wernigerode-Schichten bis zum Oberen Flinz (Abb. 2.0-1) frei. Die Schichtfolge am Henkersberg besitzt Merkmale der submarinen basaltischen Ozeankruste. Geochemische Daten liegen nicht vor.

Nach einer mit Lesesteinen (Kataklasite) kartierbaren Abscherzone im Friederikental (K.: R 44 18 830, H 57 43 590) sind in kleinen Felsklippen Grauwacken des Nordrandkulms aufgeschlossen. Das Devon wurde hier auf die Kulmgesteine nach N überschoben.

Fußexkursion an der W-Seite des Mühlentals (B 244 nach Elbingerode) im Ortsteil Wernigerode/Nöschenrode

A2/4

Lage: Westseite des Mühlentals in Wernigerode: Felsanrisse am Wanderweg, 300 m S der Waldmühle. K.: R 44 18 250, H 57 42 700. Zu erreichen vom benachbarten Parkplatz über eine Brücke, ca. 50 m S des Profilbeginns.
Aufschluss: Metabasalte mit Pillowstrukturen: Fünf submarine effusive Lavafolgen von jeweils 1 bis 3 m Mächtigkeit sind konform in überkippte Wissenbachschiefer (ss 175/80) eingelagert. Die Kissenbasaltlaven gehören zum Oberteil der Ozeanbodenschicht 2 (vgl. A2/3).

A2/5

Lage: Bushaltestelle Bolmke (an der B 244), 2,5 km südlich von Wernigerode/Nöschenrode. K.: R 44 17 750, H 57 40 760.
Aufschluss: Aufgelassener Steinbruch in Enstatit-Andesit (Porphyrit) eines Mittelharz-Gangs (Unterrotliegend), Geotop 4230/18.

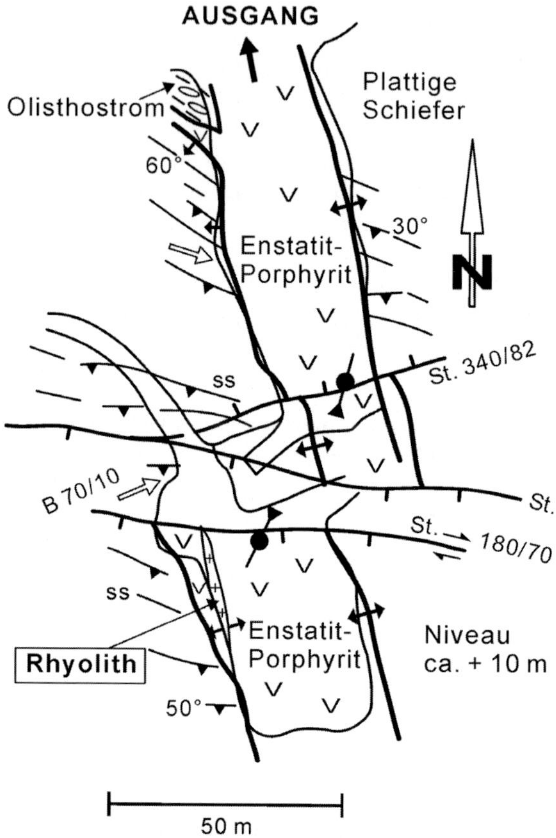

Abb. 2.5: Auflässiger Steinbruch an der Bushaltestelle Bolmke an der B 244, 2,5 km S von Wernigerode, Grundriss der geologischen Situation. Geotop 4230/18 (Thomae et al. 2007). Geol. Aufnahme: Franzke.

Beschreibung: Der bis zu 35 m mächtige Andesitgang streicht NNW-SSE (155°). Er steht teils nahezu senkrecht oder fällt steil nach WSW ein (Abb. 2.5). Im ca. 10 m höher gelegenen Südbruch ist am Westkontakt eine Rhyolith-Apophyse in den Andesit eingedrungen. Die Rhyolithe sind damit jünger als die andesitischen Gesteine.

Exkursion SW von Hasserode

Ausgangspunkt für die Wanderung zu einigen Aufschlüssen im Nordosten des Brocken-Granitmassivs ist der Bahnhof Steinerne Renne im Holtemme-Tal SW von Hasserode. Von hier aus folgt man der Bielstein-Chaussee am N-Hang des Tals der Holtemme. In der näheren Umgebung gibt es zahlreiche Aufschlüsse, von denen einige als Naturdenkmale und Geotope ausgewiesen sind, so Naturdenkmal (ND) Wasserfall Steinerne Renne, grobkörniger und mikropegmatitischer Brockengranit, K.: 44 10 399, H 57 41 911 (Thomae 2007).

A2/6

Lage: Bielstein-Chaussee aufwärts, erste Wegkehre westlich der aufgelassenen Grube „Silberner Mann". K.: R 4411 180, H 5742 995 Geotop 4130/4.
Aufschluss: An der rechten Wegböschung ist der liegende Kontakt des grobkörnigen Brocken-Randgranits zu Hornfelsen angeschniten (etwas schürfen!).
Beschreibung: Am Weganriss wird die liegende, flache Kontaktfläche (206/35) des Granits gegen unterlagernde Tonschiefer-Hornfelse sichtbar. Dieser Befund stützt die Annahme, dass die Brockengranite einen flach nach SE eintauchenden lakkolithischen Körper bilden, der einen Tiefgang von nur ca. 2,5–3 km hat. Geotop 4130/7 (Thomae et al. 2007).

A2/7

Lage: SW-Hang des Bielsteins, 30 m südlich des Forstweges. K.: R 44 11 095, H 57 43 310, Geotop 4130/7.
Aufschluss: Große Quarzklippen im Grubenbereich „Silberner Mann". Auf 100 m Länge WNW-ESE streichender Quarzgang (sog. „Quarzriff").
Beschreibung: Der Klippenzug markiert den Ausstrich eines WNW-ESE streichenden und 55–75° nach SW einfallenden, 5–10 m mächtigen Quarzgangs. Die Salbänder (Kontakte) des Gangs sind nicht aufgeschlossen. Er setzt sich im Streichen nach SE und NW fort. Der Quarzgang ist auch am Hangweg der Hippeln (A2/9L) zugänglich. Geotop 4130/7 (Thomae et al. 2007).

Weiter auf der Bielstein-Chaussee nach SW zum Forsthaus Hanneckenbruch (Parkplatz) und von dort nach SE zum „Gebohrten Stein" („Lochstein", 0,8 km) und zum Ottofels (1,5 km).

A2/08

Lage: ca. 750 m SE vom Forsthaus Hanneckenbruch. K.: R 44 10 856, H 57 41 593).
Aufschluss: Granitklippe, Naturdenkmal („Gebohrter Stein" oder „Lochstein"). Geotop Nr. 4130/5 (Thomae et al. 2007).
Beschreibung: Freistehende, turmförmige Klippe im „Grobkörnigen Granit" des Brockenpluton-Ostrands mit fortgeschrittener Wollsackverwitterung. Infolge der auf Frostsprengung zurückzuführenden Abschalung an den Kluftflächen ursprünglicher Granitquader entstanden abgerundete Kluftkörper (sog. „Wollsäcke"). In den Zwickeln zwischen ihnen bildeten sich im Laufe der Zeit die für den „Gebohrten Stein" Namen gebenden lochförmigen Hohlräume.

A2/9

Lage: ca. 800 m SW der Granitklippe „Gebohrter Stein" erreicht man den „Ottofels". K.: R 44 11 250, H 57 41 020.
Aufschluss: Granitklippe, Naturdenkmal (ND), Geotop 4230/11 (Thomae et al. 2007).
Beschreibung: Mächtige, plateauförmige Klippe im „Grobkörnigen Granit" des Brockenpluton-Ostrands. Durch eingebaute Metalltreppen begehbarer Fels mit ausgezeichneter Fernsicht auf das Dach des Brocken-Plutons mit dem Brocken-Gipfel (+ 1.141,4 m NN). Blick nach S zu den Hohneklippen mit dem Hohnekopf und der Bärenklippe (850 m NN) mit Hornfelsen des Plutonkontakts über den Brocken-Randgraniten (Geotop Bärenklippe, Nr. 4230/15, K.: R 44 10 025; H 57 39 054).

Auf der Bielstein-Chaussee zurück über das Forsthaus Hanneckenbruch zum Kleinen Birkenkopf.

A2/10

Lage: Bielstein-Chaussee, Abzweigung S des Wolfswegs nach W, Zufahrt zum Steinbruch „Kleiner Birkenkopf". K.: R 44 09 900, H 57 43 150.
Aufschluss: Zeitweise betriebener Steinbruch am „Kl. Birkenkopf" im Mikropegmatitischen Granit (Gp).

Zutritt auf eigene Gefahr, Genehmigung durch Johann Braun, Baustoffe- u. Natursteinwerke OHG, Industriegebiet West in 95709 Tröstau (Bayern), Niederlassung Wernigerode, Ilsenburger Straße, Natursteinwerk Wernigerode GmbH, 38855 Wernigerode, Am Park 1, Telefon (03943) 22884, Fax (03943) 22020.

Beschreibung: Gleichmäßig ausgebildeter, eher normalkörniger Granit von bläulichgrauer Farbe mit hohem Biotitgehalt sowie auffälligen Schlieren und mit großem Xenolithreichtum an Hornfelsen. Die steilen Hauptkluftrichtungen verlaufen N-S und E-W sowie SW-NE und NW-SE. Die für die Quaderbildung wichtigen Teilbarkeiten sind NNE bis NNW und SSW bis SSE orientiert. Einsatzgebiete des gebrochenen Granits sind im Straßenbau (Mauerquader, Leistensteine und Pflaster) und für Gattersäge-Blöcke. Das frostbeständige und schnittfeste Gestein fand im Außen- und Innenbau, aber auch für Denkmale und Grabsteine Verwendung (Steiner 1968).

Vom Steinbruch „Kleiner Birkenkopf“ ca. 300 m nach SW bis zur Forststraße zur Plessenburg (NW). Daneben befindet sich die Zufahrt zum Steinbruch „Großer Birkenkopf, in welchem ebenfalls der Mikropegmatitische Granit aufgeschlossen ist. K: R 44 09 350, H 57 42 740.

A2/11

Lage: Steinbruch im Knaupsholz. K.: R 44 10 200, H 57 38 150.
Zu erreichen über eine Forstraße, welche 500 m SW vom Bahnhof Drei Annen Hohne, unmittelbar vor dem Bahnübergang, von der L100 abzweigt (ca. 1,8 km Waldweg).
Aufschluss: 1898 angelegter, heute nur noch zeitweilig betriebener Steinbruch. Zutritt auf eigene Gefahr. Genehmigung durch Johann Braun, Baustoffe- u. Natursteinwerke OHG, Niederlassung Wernigerode, Ilsenburger Straße oder Natursteinwerk Wernigerode GmbH, 38855 Wernigerode, Am Park 1, Telefon 03943-22884, Fax 03943-22020.
Beschreibung: Unregelmäßig texturierter, mittelkörniger Granit der Brockenpluton-Randzone von rötlich-bräunlicher und grauer Farbe. Auffällig sind Großkristalle von Alkalifeldspat (bis zu 18 mm). Die ehemals schwarzen Biotite sind teilweise zu dunkelgrünem bis grauem Chlorit zersetzt. Drusen mit Rauchquarz, Turmalin, Orthoklas, Fluorit, Epidot u. a. sind verbreitet.

Aufgrund seiner technischen Eigenschaften und Frostbeständigkeit ist das Gestein für den Außenbau geeignet (10–20 % Sägeblöcke mit 1–6 m² Flächen). Es wird aber aufgrund seiner optischen Erscheinung auch für den Innenausbau eingesetzt. Verwendung: Fensterbänke, Stufen, Fassadenplatten, Fußbodenplatten, Tischplatten, Verblendmauersteine, Grabmale, Grabeinfassungen. Beispiele: Kirche in Schierke, Rathaustreppe und Deutsche Bank in Wernigerode, Ehrenmale in Berlin-Tiergarten und Berlin-Treptow. Die Rohsteine werden seit 1938 vom Steinbruch Knaupsholz mittels Schmalspurgüterwagen nach Wernigerode befördert und dort verarbeitet (Steiner 1968, 1969).

A2/12

Lage: 250 m N Bahnhof Schierke. K.: R 44 08 875, H 57 37 821. Der Aufschluss liegt außerhalb des Routenplans!
Aufschluss: Schierker „Feuerstein-Klippe“, Naturdenkmal und Geotop 4230/13 (Thomae et al. 2007), Geopark Landmarke Brocken 4/3.
Beschreibung: Die Schierker Feuersteinklippe ist nicht begehbar. Zur Genese der Wollsäcke, welche der Klippe die markante Struktur verleihen, siehe A2/8.

Exkursion zum Schweng NW von Hasserode

Der Schweng ist ein lang gestreckter, SW-NE Bergzug, ca. 1,5 km W von Hasserode. Er steigt steil aus der SE-Flanke des Wassertals und senkt sich nach SE allmählich zum Heudeberberg ab. Der kuppelförmig aufgesetzte NE-Bereich (Schwengskopf) war für die geologische Erforschung der Harzes in der 2. Hälfte des 20. Jh. von großer Bedeutung.

A2/13

Lage: Den Schweng erreicht man am besten über den vom Friedhof Hasserode zum Klostergelände der „Himmelpforte“ am Harzrand nach WNW führenden Fahrweg im Wassertal. Ab dem Lutherstein am Weinberg biegt der Weg nach SW zum Schweng hin ein. K.: R 44 12 900, H 57 44 950.
Aufschluss: Klippen und Wasserriss am „Schweng“ mit Harzrand-Olisthostrom (Visé) und darin eingeschalteten Olistholithen silurischen bis oberdevonischen Alters.
Beschreibung: Die ältesten, als Olistholithe zu deutenden Gesteine sind die von der S-Böschung des Wasserrisses bis zur N-Kuppe des Schweng anstehenden dunklen, verwittert graugrünen Tonschiefer. Sie enthalten eine silurische Graptolithenfauna des Unter-Ludlows (Ruchholz 1958). Über diesen Schichten finden sich in der nördlichen Wasserriss-Böschung Kalksteine des älteren Herzyns mit einer unterdevonischen Fauna (Unter-Ems).

Das Kammprofil des Schweng erschließt Herzynkalke des Oberems und Eifels. Flaserige Tonschiefer mit eingelagerten Kalklinsen und -bänken bilden das tektonisch Liegende. Sie gehören zur unterkarbonischen Olisthostrommatrix. Der Herzynkalk-Komplex auf dem Kamm des Schweng beginnt mit körnigen Kalken des Oberems. Sie werden von geringmächtigen Styliolinenkalken unter- und überlagert, d. h. die faziell nicht zusammen gehörigen Karbonatgesteine sind miteinander verschuppt. Die hangende Folge gehört zur an Conodonten reichen Fazies der mitteldevonischen Cephalopodenkalke (Unteres Eifel). Nach flaserigen Matrixschiefern folgen styliolinenreiche Kalke des Obereifels. Bemerkenswert ist der Neufund des Trilobiten *Orbito proetus schwengensis* n. sp. (Eifel, Basse 2009). Die Folge wird von Kulmgrauwacken (Flyschfazies, Visé) überlagert (Ruchholz 1963, 1964).

Teil 2 (L): Fußexkursion um das Lossen-Denkmal

A2/1L

Das Lossen-Denkmal (Parkmöglichkeiten) ist der Ausgangspunkt zur Fußexkursion und zum „Bergbaupfad um das Lossen-Denkmal" (vgl. Geopark Harz, Landmarke 4 – Brocken, Geopunkt 9).
Lage: Landstraße 100, 2 km SW vom Ortsausgang Wernigerode-Hasserode. K.: R 44 12 620, H 57 42 660.

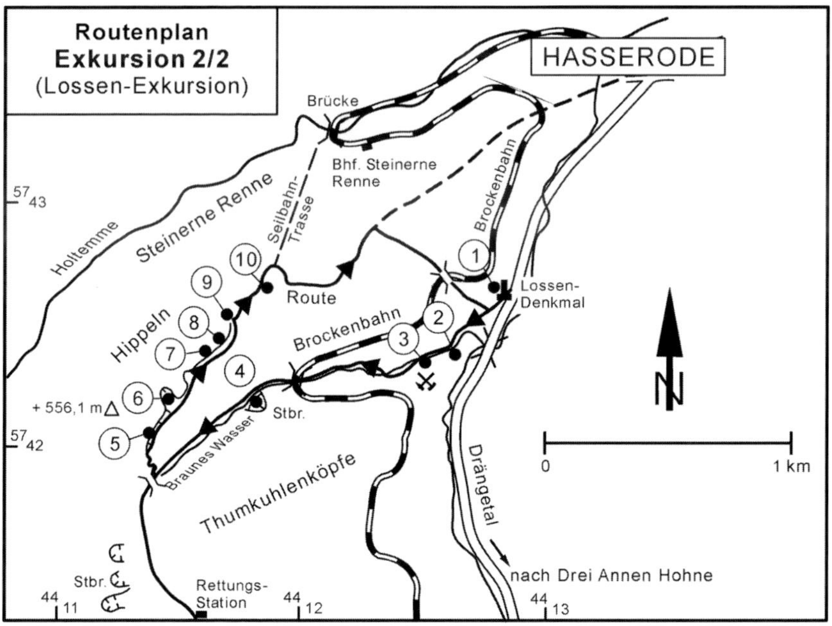

Abb. 2.01L: Routenplan der Lossen-Exkursion um das Lossen-Denkmal SW von Hasserode.

Abb. 2.1L: Ansicht des Lossen-Denkmals SW von Wernigerode/Hasserode. Errichtet 1893, restauriert 1993. Foto: Franzke, 2005.

Aufschluss: Granit-Gedenkstele (Abb: 2.1L) mit schmiedeeiserner Umzäunung und typischen Gesteinen des Harzes, errichtet zu Ehren von Karl August Lossen (1841–1893).

Beschreibung: Karl August Lossen war als Petrograph und kartierender Geologe an der Preußischen Geologischen Landesanstalt tätig und der Koordinator der geologischen Erstaufnahme der geologischen Messtischblätter des Harzes im Maßstab 1:25 000, deren Ergebnisse von ihm in der „Geognostischen Übersichtskarte des Harzgebirges“ (1882) im Maßstab 1: 100 000 zusammengefasst wurden (Schwab 1995). Ihm zu Ehren wurde die Gedenkstele mit der kunstvollen gusseisernen Umzäunung geschaffen (1893). Sie wurde auf Initiative der Niedersächsischen Akademie der Geowissenschaften und unter Mithilfe zahlreicher Sponsoren aus Sachsen-Anhalt und Niedersachsen liebevoll restauriert und 1993 feierlich der Öffentlichkeit übergeben. Die zentrale Stele besteht aus Brockengranit. Sie wird von Gesteinsproben der wichtigsten Harzgesteine umgeben. Die Gesteine und ihre Herkunft sind in einer beistehenden Tafel aufgeführt.

A2/2L

Lage: Fahrweg talaufwärts in Richtung zum Ottofels im Tal des Braunen Wassers, ca. 500 m SW vom Lossen-Denkmal und 100 m SW von der Einmündung des Braunen Wassers in das Drängetal. K.: R 44 12 650, H 57 42 450.
Aufschluss: Unterer Flinz der Wernigerode-Formation (Givet), Bachanschnitt.
Beschreibung: Der Anschnitt besteht aus einem Wechsel von schräggeschichteten Detrituskalksteinen mit Schieferzwischenmitteln und an der NE-Seite des Anrisses auflagernden Kieselschieferlagen (Lützens 1959). Dies sind die liegenden Partien der Kieselschiefer des Unteren Oberdevons (Frasne). Im Hangenden der Kieselschiefer, hier nicht aufgeschlossen, folgt nochmals ein Flinzhorizont (Oberer Flinz, Frasne). Die Flinzgesteine werden zu den Wernigeröder Schichten gestellt. Die Genese dieser Flinzgesteine („allodapische Kalksteine") wird in E7 erläutert. Die Schichtfolge streicht 160/35 (WSW-ENE). Ebenso streichen die Faltenachsen und die transversal zur Schichtung verlaufende Schieferung (Abb. 2.2L).

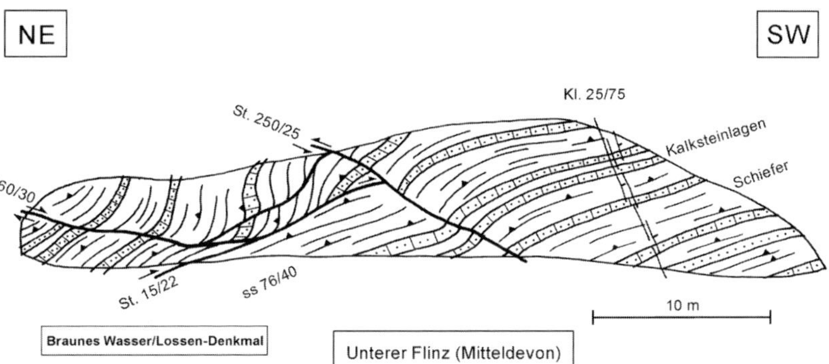

Abb. 2.2L: Anschnitt im Unteren Flinz (Oberes Mitteldevon) der Wernigerode-Schichten am Braunen Wasser SW des Lossen-Denkmals. Geol. Aufnahme: Franzke.

A2/3L

Lage: SE-Hang im Tal des Braunen Wassers, ca. 150 m SW von A2L. K.:R 44 12 270, H 57 42 330.
Aufschluss: Verbrochenes Stollenmundloch der Grube „Das Aufgeklärte Glück", hydrothermaler Quarzgang. Naturdenkmal (ND), Geotop 4130/6.
Beschreibung: Im Einschnitt zum verschütteten Stollen ist ein ca. 1 m mächtiger, im Unteren Flinz aufsitzender Quarz-Calcitgang mit girlandenartig abscharenden Fiedertrümern aufgeschlossen (Abb. 2.3L). Die WNW-ESE streichende und mit 50–65° nach SW einfallende Gangstruktur schneidet scharf die nach NE einfallenden Nebengesteine (ss 68/45). Der Gang gehört zum Gangre-

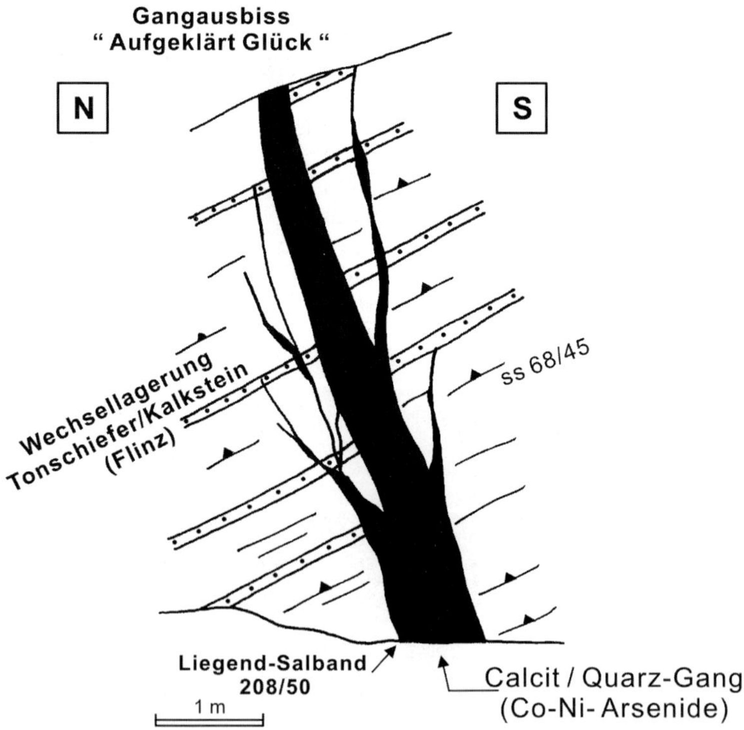

Abb. 2.3L: Rekonstruiertes Gangprofil am Mundloch des Stollens „Das Aufgeklärte Glück". Geol. Aufnahme: Franzke.

vier von Hasserode, das vor allem durch seine Wismut- und Kobalt-Vererzungen gekennzeichnet ist. Siemroth et al. (1997) beschrieben 68 Minerale, die in der Grube „Das Aufgeklärte Glück" bekannt wurden (Klaus 1983). Verlässliche Altersdatierungen für die Vererzung liegen nicht vor.

Ni-Co-Erze sind im Harz eine Seltenheit und ihre Mobilisation wird aus weitläufiger und lang wirkender Alteration der metallspezialisierten Nebengesteine des Mittel- und Oberdevons der Umgebung angenommen. Die Ni-Co-Bi-Arsenide sind an geringmächtige Gangtrümer innerhalb einer breiten Gangzone gebunden. Sie waren Gegenstand des Bergbaus. Seine Anfänge gehen bis in das frühe 16. Jahrhundert zurück, die Blütezeit lag um 1750 (Förderung: 200–300 Zentner Kobalterze pro Jahr). Diese Erze wurden in einer Blaufarbenfabrik in Hasserode verarbeitet. 1949–1950 hat die damalige Wismut AG die Stollen und die beiden Schächte beiderseits der Thumkuhlen-Straße für eine offenbar erfolglose Uranexploration z. T. wieder aufgewältigt.
Im Bereich zwischen dem verbrochenen Stollenmundloch und den Schächten ist ein Bergbaulehrpfad (mit Wasserrad) eingerichtet. Am Rastplatz des Lehrpfades befindet sich im SE-Anriss des „Braunen Wassers" ein weiterer Aufschluss mit schichtparallel zerschertem und flach nach NE einfallendem Unterem Flinz. K.: R 44 12 266, H 57 42 303.
Die weitere Route führt auf der Thumkuhlenstraße bergan zur Unterführung der Eisenbahnbrücke. An der rechten Abbiegung der Straße liegen Quarzitbrocken aus dem sedimentären Dach des Brocken-Plutons (Acker-Bruchberg-Quarzit). Nach weiteren 150 m auf der Thumkuhlenstraße erreicht man auf der SE-Seite des Tales **A2/4L**.

A2/4L

Lage: Verlassener Steinbruch an der Thumkuhlenstraße. K.: R 44 11 830, H 57 42 195.
Aufschluss: Diorit am Ostrand des Brocken-Massivs.
Beschreibung: In diesem Aufschluss wird der Ostrand des Brocken-Lakkoliths erreicht. Im Steinbruch stehen Magmatite der 0,5–1 km breiten Ostrandzone des Massivs an, die von intermediären bis mafischen Teilintrusionen aufgebaut wird. Diese sind von den Bearbeitern unterschiedlich bezeichnet worden, werden aber allgemein als Ostranddiorite zusammengefasst (Biotit-Augitdiorit). Gemeinsam mit dem größeren Harzburger Gabbronorit am Westrand des Brocken-Massivs stellen sie die ältesten Teilintrusionen des Intrusionskomplexes dar. Die radiometrischen Alter (295 Ma) unterscheiden sich jedoch nicht von denen der übrigen Teilintrusionen. Der Ostranddiorit im Steinbruch setzt sich aus Plagioklas, chloritisiertem Biotit, Kalifeldspat und Quarz zusammen. Akzessorisch treten Apatit und Magnetit auf. Eine an der Südwand in einer kataklastisch überprägten Zone angeschnittene zungenförmige Apophyse (Flächenlage 130/75) eines grobkörnigen Biotitgranits belegt, dass er jünger als die Diorite ist (Abb. 2.4L). Die Biotite des Granits sind eben-

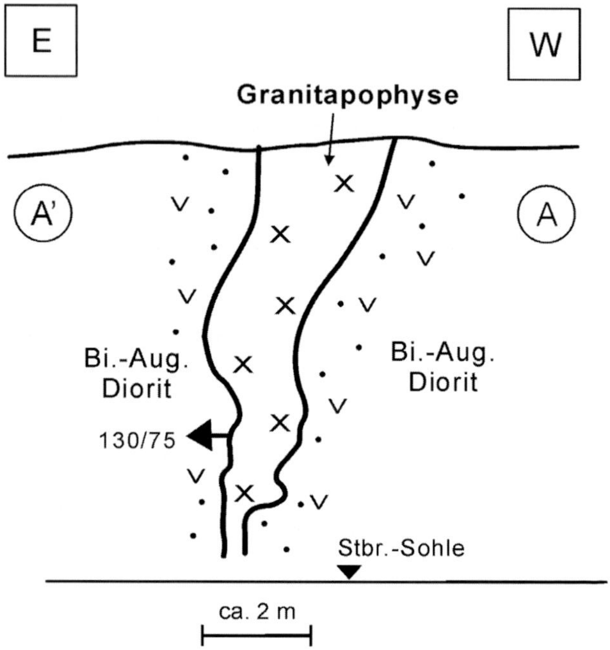

Abb. 2.4L: Verlassener Steinbruch an der Thumkulenstraße, Südwand. Eine Granitapophyse dringt in Biotit-Augit-Diorit ein. Geol. Aufnahme: Franzke.

falls chloritisiert. Dabei ist Titanit entstanden. Die Orthoklase sind mikroklinisiert und führen antiperthitische Entmischungen. Die Plagioklase sind nach dem Albitgesetz verzwillingt. Jüngere Kataklasezonen (190/55) repräsentieren postvariszische ruptile Überprägungen an der nördlichen Schollenkante des Harzes.

Nach weiteren 500 m talaufwärts auf der Thumkuhlenstraße erreicht man die nächste Brücke über das Braune Wasser. Unmittelbar vor der Brücke nach rechts dem steilen Pfad Hang aufwärts folgen. Nach ca. 200 m wird der dem Hang parallel verlaufende Forstweg erreicht, welcher der ehemaligen Kleinbahntrasse entspricht, auf der die Granite der benachbarten Steinbrüche zur Seilbahn am Hippeln transportiert wurden. An dieser Trasse sind mehrere Felsklippen angeschnitten, an denen entlang wir uns nach NE bewegen.

A2/5L

Lage: Hangweg an den Hippeln (SE-Hang des Kontorkopfs). K.: R 44 11 370, H 57 42 070.
Aufschlüsse: Granitapophysen in Cordierit-Hornfelsen.
Beschreibung: Das Wegprofil am SE-Hang des Kontorkopfes schließt von SW nach NE streichende, flach lagernde Cordierit-Hornfelse auf, in die Ostranddiorite (Quarz-Biotit-Augit-Diorit) eingedrungen sind. Zungenartige jüngere Granitapophysen (Raumdaten: 115/15) sind ebenfalls entwickelt (Abb. 2.5L).

Nach weiteren 150 m erreicht man einen auflässigen Steinbruch (A2/6L).

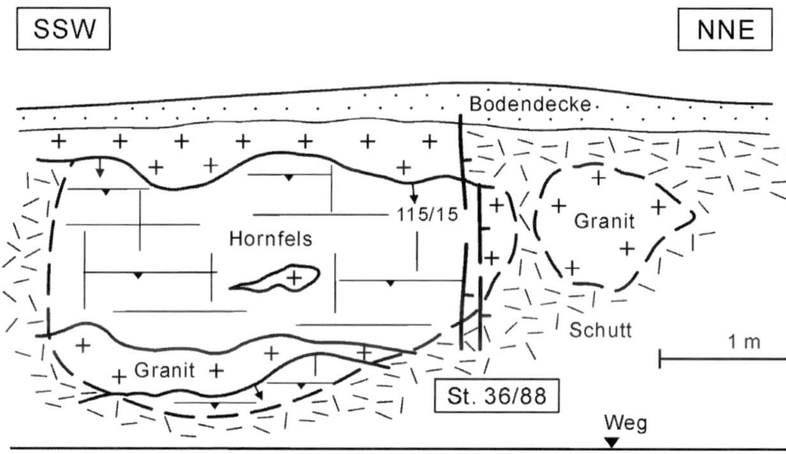

Abb.2.5L: Anschnitt am Hangweg an den Hippeln. K.: R 44 11 370, H 57 42 070. Schollen von Hornfelsen schwimmen in Granit. Geol. Aufnahme: Franzke.

A2/6L

Lage und Aufschlüsse: Hippelhangweg, Steinbruch am SE-Hang des Kontorkopfes. K.: R 44 11 540, H 57 42 200, Geotop 4130/9.
Aufschluss: Granitapophysen in Quarzit-Hornfelsen (Naturdenkmal, ND); Diorit.
Beschreibung: Der Steinbruch wurde im Ostranddiorit angesetzt und nach Erreichen eines NS-streichenden Ganges des jüngeren Porphyrischen Randgranits eingestellt (Abb. 2.6L). Der Granit drang an kluftgebundenen Apophysen in den Diorit ein oder löste ihn ballenförmig auf (Chrobok 1965).

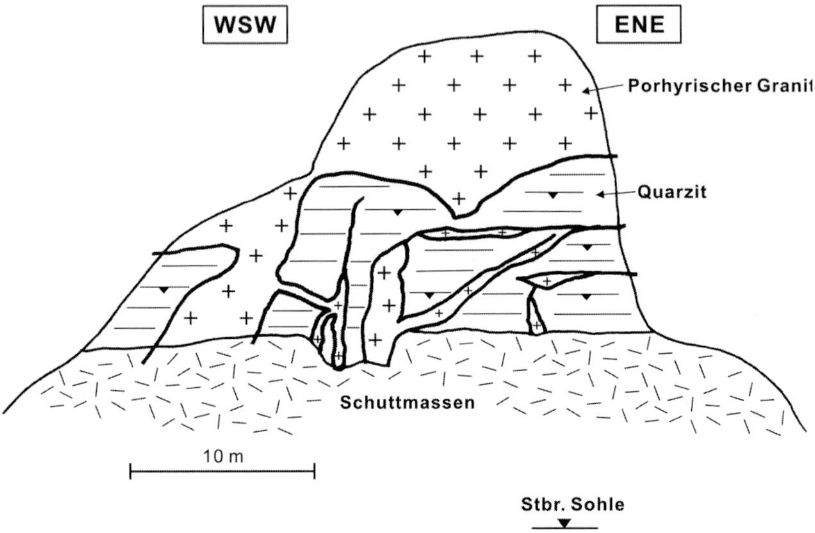

Abb. 2.6L: NW-Wand des Steinbruchs am SE-Hang des Kontorkopfes. Porphyrischer Granit durchschwärmt Quarzit-Hornfelse. K.: R 44 11 340, H 57 42 300. Geotop 4130/9 (Thomae 2007). Geol. Aufnahme: Franzke, Vereinfachte Darstellung.

Im Nordteil des Bruchs ist der liegende, fast söhlig verlaufende Kontakt des „Mikropegmatitischen Granits" zu unterlagernden Quarzit-Hornfelsen aufgeschlossen. Flach lagernde Quarzitbänke wurden von der eindringenden Schmelze aufgeblättert (Buchholz et al. 1996) oder es greifen, ebenfalls den Bankfugen und Klüften folgend, gangförmige Apophysen des jüngeren Porphyrischen Randgranits in die quarzitischen Hornfelse ein. So durchstößt dort ein 10 bis 20 m mächtiger Gang eine von Quarzit und Quarzitschiefern gebildete Gesteinsgrenze, ohne die Lagerung der Sedimentgesteine zu beeinflussen (Chrobok 1965). An der rechten Böschung des südlichen Steinbruchs steht ein bis zu 1,5 m mächtiger, etwas Hämatit führender Quarzgang (Raumdaten: 60/80) an. Flach nach NNW eintauchende Scherlineationen kennzeichnen dextrale Blattverschiebungen, die nach Abschluss der Mineralisation die Gangstörung überprägten.

Das Alter der Quarzite ist stratigraphisch nicht belegt. Ihre Zuordnung sowohl zum Unterdevon (Hauptquarzit, Ems) als auch zum Unterkarbon (Acker-Bruchberg-Quarzit, Visé) wird erwogen. Der Gang gehört zum System der Hasserode-Mineralgänge. Die massige Quarzmineralisation deutet auf eine hydrothermale Phase hin, die mit der Abkühlung des benachbarten Brockenmassivs im Unterperm verknüpft war (analog zu A2/7, Bielstein).

Weiter auf dem Hippel-Hangweg nach NE. Nach Passieren von zwei verfallenen Steinbrüchen, in denen der Ostranddiorit abgebaut wurde, erreicht man eine Felsklippe direkt vom Weg.

A2/7L

Lage: Felsklippen am Weg. K.: R 44 11 620, H 57 42 400.
Aufschlüsse: Quarzit-Hornfelse mit Quarz-Nebengesteins-Brekzien.
Beschreibung: Die Felsen bestehen aus massiven Quarzit-Hornfelsen (ss 225/55), die schaufelförmige variszische Streckungsstörungen enthalten. 20 m SW der Schutzhütte steht eine Hydrothermalbrekzie an, in der Scherflächen von 225/45 dominieren. Eckige Quarzitfragmente sind durch Quarz zementiert, was auf ein hydraulisches Zerreißen des Muttergesteins in der Frakturzone durch hohe Fluiddrücke hinweist.

A2/8L

Lage: Hippel-Hangweg: massiger Fels am Weg. Koordinaten: R 44 11 700, H 57 42 400.
Aufschluss: Acker-Bruchberg Quarzit.
Beschreibung: Massiver Acker-Bruchberg-Quarzit wird von gekrümmten Streckungsflächen (Abschiebungen) (Flächenlagen um 155/30) durchzogen.

A2/9L

Lage: Hippelnhangweg: Klippen aufwärts und abwärts vom Weg, anschließend an A2/8L. K.: R 44 11 665, H 57 42 515, Forts. Geotop 4130/7.
Aufschluss: Störungszone mit Quarzmineralisation.
Beschreibung: In einer synmineralischen Abschiebungszone mit mehreren aktivierten Scherflächen sind Quarz-Nebengesteinsbrekzien entwickelt. Diese Zerscherung wurde dem Gang wahrscheinlich postvariszisch, d. h. im Mesozoikum aufgeprägt (siehe auch A2/1). Die Gangstruktur setzt sich nach NW bis zum 1 km entfernten Bielstein (A2/7) fort. Dort ist ein 5–10 m mächtiger Quarzgang, ein sog. „Quarzriff", entwickelt. Er gehört zur SW-Flanke der 500 m im ESE ansetzenden Ni-Co-Gänge der Grube „Aufgeklärtes Glück".

Der Gang führt milchigen Quarz und etwas Hämatit, sonst aber keine weiteren Erzmineralisationen. Die Quarze sind sehr reich an Flüssigkeitseinschlüssen (milchige Trübung). Es treten massige und auch Palisadenquarzlagen auf, wobei die Palisadenachsen quer zum Gangstreichen ausgerichtet sind. Dies zeigt etwa die Richtung des Aufreißens der Spalte an.
Im weiteren Verlauf nach NE gabelt sich der Waldweg. Die rechte Abzweigung führt über ein Pingenfeld (Altbergbau), dann ca. 40 m rechts des Weges zu einem Aussichtspunkt mit freiem Blick auf Wernigerode.

A2/10L

Lage: Weiter auf dem Hippelhangweg: nach ca.100 m in NE-Richtung Klippen oberhalb des Weges am Bremsberg der ehemaligen Steinbruchbahn. K.: R 44 11 740, R 57 42 690.
Aufschluss: Flinzkalke mit Kieselschiefer-Einlagerungen (Unteres Oberdevon I, Frasne).
Beschreibung: Im Bereich der Fundamente des ehemaligen Bremsberges findet man die liegenden Kieselschiefer der oberen Flinzfolge (kleine Anrisse) und Lesesteine eines geringmächtigen, E-W streichenden Rhyolithgangs (Unterperm).

Von hier aus führt der Wanderweg zum Beerberg (+ 439,4 m, Kieselschiefer) und weiter auf dem Kamm nach NE zur Drängetalstraße nach Hasserode. Vom Beerberg aus ist auch der Abstieg durch die Talkerbe nach SE, unter einer Eisenbahnbrücke hindurch, zum Lossen-Denkmal möglich.

Exkursion 3: Im Mittelharz entlang der Harzhochstraße (B 242) zwischen Sorge und Güntersberge mit Fußexkursionen im Hasseltal

Wir erinnern mit dieser Exkursion an den für die Geologie des Ostharzes sehr verdienten und von seinen im Harz tätigen Schülern hoch verehrten Lehrer, Prof. Dr. Kurt Ruchholz (1925–2008).

Schwerpunkte der Exkursion

Exkursion 3 ist in ihrem Hauptteil als Fahrexkursion entlang der B 242 des Harzes zwischen Sorge im NW nach Güntersberge im SE angelegt. Die B 242 wird auch „Klausstraße“ genannt, da an dieser Hochstraße sich zahlreiche spätmittelalterliche Eremitenklausen befanden. Auf der Exkursion werden fast senkrecht zum Streichen die Harzeinheiten der Tanne- und Harzgerode-Zone durchquert. Bei Stiege wird außerdem der Nordrand der Südharz-Decke erreicht. Am Zielpunkt Güntersberge trifft man wieder auf die Harzgerode-Zone und auf die wie ein liegendes „S“ den Harz durchziehende Tanne-Zone. Mit der Exkursion 3 sollen Lithologie und Tektonik dieser Harzeinheiten präsentiert werden. An die Fahrroute kann eine halbtägige Fußexkursion zur Hasselvorsperre bei Hasselfelde angeschlossen werden, in der ein Querprofil der Harzgerode-, Tanne- und von Teilen der Blankenburg-Zone durchwandert wird.

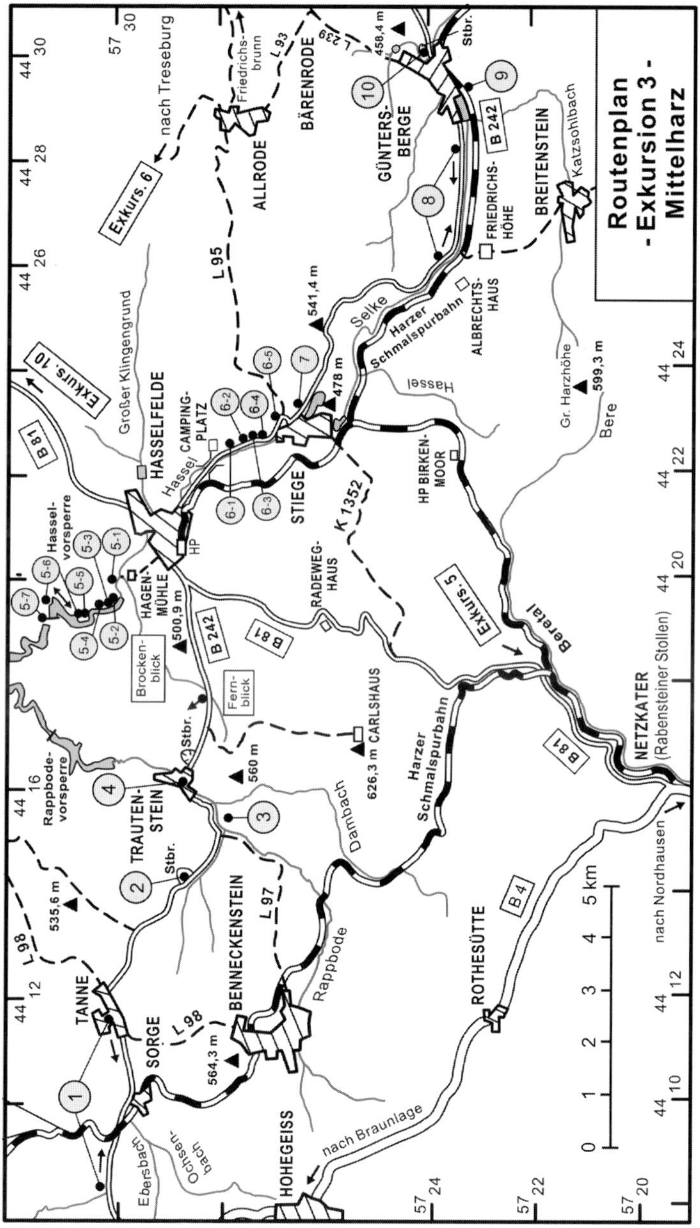

Abb. 3.0: Routenplan der Exkursion 3.

A3/1

Lage: Strassenprofil, beginnend 1 km W von Sorge an der Abbiegung der Harzquerbahn aus dem Tal der Warmen Bode in Richtung Tanne, N-Seite der B 242: Geotop 4330/6. K.: R 44 08 330. H 57 30 240.
Aufschluss: Tanne-Zone (Grauwacken und Plattenschiefer).
Beschreibung: Bis in die Ortslage von Tanne im E ist entlang der B 242 auf 3 km Länge eine Aufschlusskette der Tanne-Zone angeschnitten. Es dominieren Gesteine vom Typ des Plattenschiefers (Abb. 3.1).

Am Profilbeginn (Abzweig nach Elend) stehen auch bankige Grauwacken in vertikaler Lagerung an. Hier beginnt die steile NW-Flanke einer NW-vergenten Sattelstruktur. Weiter in Richtung E wird das Einfallen flach bis mittelsteil nach SE, so dass bis in die Ortslage Tanne ein langgestreckter flacher Schenkel einer Faltenstruktur von großer Spannweite anzunehmen ist (Abb. 3.1).

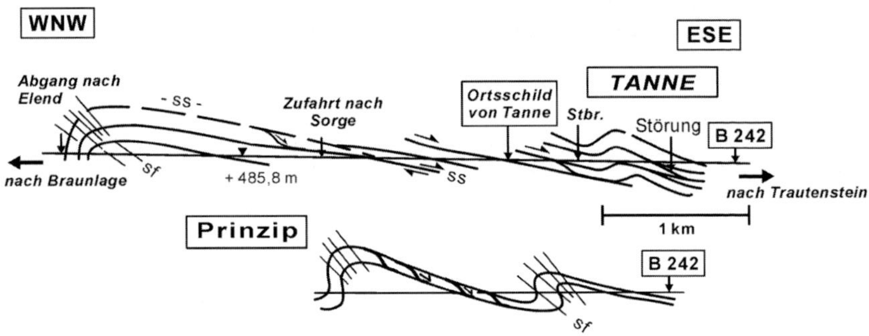

Abb. 3.1: Lagerungsverhältnisse entlang der B 242 innerhalb der Tanne-Zone zwischen den Ortschaften Sorge und Tanne. Die Schichten fallen an der SE-Flanke mit 30–35° nach SE ein, die schwach entwickelte Schieferung liegt winklig zur Schichtung. Geol. Aufnahme: Franzke.

A3/2

Lage: Parkplatz und Info-Punkt an der Einmündung des Forstwegs „Die Lange“ in die B 242 am SW-Hang des Giepenbachskopfs zwischen Tanne und Trautenstein. Geotop 4330/2. K.: R 44 13 300, H 57 29 640.
Aufschluss: Aufgelassener Steinbruch an der N-Seite der B 242.
Beschreibung: Der Steinbruch schließt mittelsteil nach SE einfallende Tanne-Grauwacken auf (ss 145/40). SE davon stehen an der B 242 flach lagernde,

moderat verfaltete Plattenschiefer (B 70/25) an, welche von etwa der Schichtung folgenden, NW-vergenten Aufschiebungen (130/60) durchtrennt werden. Dies ist der Grenzbereich zwischen der Tanne-Zone und der im tektonisch Hangenden (SE) folgenden Harzgerode-Zone. Letztere ist mittelsteil auf die Tanne-Zone nach NW aufgeschoben.

A3/3

Lage: 0,5 km SW von Trautenstein, S der Straßengabelung nach Benneckenstein. K.: R 44 15 280, H 57 27 900.
Aufschluss: „Kahleberger Viehhöfe", freistehende ca. 2,50 m hohe, kegelförmige Felsklippe. Als bedeutendes Vorkommen für die Stratigraphie und Lithologie der jüngeren Herzynkalke besonders schutzwürdiges Geotop 4330/1 (Keine Proben!). K.: R 44 15 345; H 57 27 995.

Abb. 3.3: Felsklippe aus Herzynkalk an den Kahleberger Viehhöfen, 0,5 km SW von Trautenstein (Ruchholz 1964). Legende: **1** – Oberer Zorgensis-Kalk, **2** – Styliolinen-Kalk, **3** – Cephalopoden-Kalk, **4** – endostratische Brekzien. Nicht berücksichtigt wurden in dieser Zeichnung die oberdevonischen Kalke, Geotop 4330/1.

Beschreibung: Bankiger Oberer Zorgensis-Kalk (2,60 m) mit unregelmäßig gewellten, d. h. geflaserten Schichtflächen im unteren, liegenden Teil der Klippe. Aufarbeitungshorizonte mit scharfkantigen Geröllen (max. Durchmesser 5 cm). Fossillisten bei Erben (1953) und Ruchholz (1964). Im Mittelteil der Klippe folgen feinkörnige bis körnige, graue bis rötlichbraune Styliolinen und Tentaculiten führende Styliolinen-Kalke (1,50 m). Sie enthalten Linsen und Lagen mit Crinoiden. Die hangenden Cephalopoden-Kalke (1,50 m) sind feinkörnig bis dicht und deutlich geflasert. In der Mikrofauna sind Conodonten, Ostracoden und Foraminiferen vertreten.

Die Klippe (Abb. 3.3) weist mit kräftigen Abscherbahnen Merkmale eines zu einer Quetschlinse deformierten Olistholithen auf. Kleine NW-vergente Aufschiebungen sind an fast söhlig liegenden Calcit-Fiederklüften und an Bewegungsinkrementen auf Tonbestegen der Störungsflächen zu erkennen. Tonige Rückstände weisen auf die bei der Scherung eingetretene Drucklösung von Karbonatsubstanz hin.

A3/4

Lage: Trautenstein, Druidenstein. Geotop 4330/5; K.: R 44 16 100, H. 57 28 6 65.
Aufschluss: Härtling im Mittelharz-Gang-Rhyolith (Quarzporphyr, Unterperm).
Beschreibung: Die Dorfkirche steht auf einem zur Gangschar der Mittelharz-Gänge gehörenden, NNW-SSE streichenden (75°/40–50°) Rhyolith-Gang. Längs, quer und diagonal zur Gangspalte streichende, während der Abkühlung und dem dabei eingetretenden Volumenschwund der erstarrenden Schmelze gebildeten Klüfte schließen säulenförmige Kluftkörper ein (Säulenachsen: 255–260°/50–55°). Die von SSE her betrachtet nach links (WSW) eintauchenden Achsen der Säulen stehen senkrecht auf der mit ca. 40° nach ENE einfallenden Gangspalte. Die aufgeschlossene Gangmächtigkeit beträgt 10 m. Weniger deutlich im Handstück, jedoch unter der Lupe sind Einsprenglinge von Quarz (selten), kaolinisierten Feldspäten (0,5 cm) und von dunklen Hornblenden in einer feinkörnigen Grundmasse zu erkennen. Das Gestein gehört zu den „Grauen Porphyren“, deren Chemismus rhyolithisch bis syenitisch ist.

Von hier erreicht man auf der B 242 in Richtung Hasselfelde die im Tertiär entstandene Hochfläche des mittleren Harzes (+ 500 m NN). Dort hat man eine gute Übersicht auf die der Verebnungsfläche aufgesetzten Härtlinge des Brockengebiets und des Wurmbergs bei Braunlage. Von Hasselfelde aus kann eine halbtägige Fußexkursion zur Hasselvorsperre angeschlossen werden.

A3/5-1 bis A3/5-7
Fußexkursion zur Hasselvorsperre

Beginn der Exkursion an der Hagenmühle, 1 km NW Hasselfelde am Fahrweg zur Hasselvorsperre. Fußwanderung hin und zurück ca. 5 km. Die Talsperre wurde 1957–1959 im Zusammenhang mit der Errichtung der Rappbodesperre für den Hochwasserschutz und als zusätzlicher Trinkwasserspeicher angelegt. Um 1965 entstand dann die neue Anlage zur Aufbereitung der Abwässer von Hasselfelde. Als Trinkwasserschutzgebiet ist der Fahrweg für den Autoverkehr gesperrt. Baden und Bootfahren auf dem Stausee sind verboten.

Man durchquert von SE nach NW die Harzgerode-, Tanne- und Blankenburg-Zone (Abb. 3.5). Die Lage der beschriebenen Aufschlüsse (A3/5-1 bis A3/5-7) ist im Schnitt vermerkt. Die von Hasselfelde eingenommene Senke ist das zweitgrößte Verbreitungsgebiet silurischer Gesteine im Harz. Es wurde früher als „Hasselfelder Silursattel" bezeichnet. Später erkannte man, dass diese Gesteine als Großolistholithe zum Harzgerode-Olisthostrom gehören.

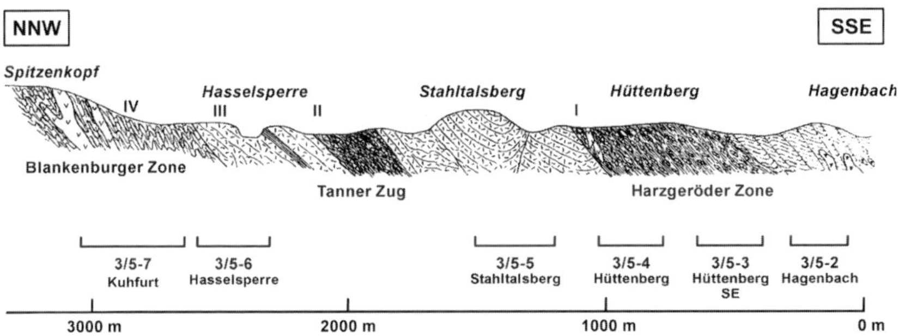

Abb. 3.5: Aufschlüsse an der Hassel-Vorsperre, eingetragen in einem Schnitt durch das Hasseltal NW von Hasselfelde (Schwab 1976, nach Kochmann 1958). Verschuppung von Harzgerode-Zone, Tanne-Zug und Blankenburg-Zone.

A3/5-1

Lage: E-W-Abschnitt des Hasseltal-Fahrwegs zwischen 350 und 500 m NW der Hagenmühle. K.: R 44 19 970, H 57 30 030.
Aufschlüsse: Schürfe und Hanganschnitte in der Hagenbach-Gleitschuppe.
Beschreibung: Milde, im frischen Zustand schwarze, dünn- und ebenspaltende, 30–50° nach SE einfallende Tonschiefer (Graptolithenschiefer). Ihr plattiges Gefüge steht im Gegensatz zu dem der stofflich heterogeneren flaserigen Tonschiefer der sie umgebenden Olisthostrommatrix.

A3/5-2

Lage: Fahrwegs-Abschnitt zwischen ca. 500 und 800 m in der Umbiegung aus der EW in die SN-Richtung. K.: R 44 19 620, H 57 30 040.
Aufschlüsse: Hanganschnitte mit Quarzit-Klippen in der Hüttenberg-Schuppe der Harzgerode-Zone.
Beschreibung: Wechsel von ebenplattigen silurischen Tonschiefern mit ruschelig-flaserigen unterkarbonischen Tonschiefern der Olisthostrommatrix. In der Matrix schwimmen bis zu 3 m mächtige, tonnen- bis linsenförmig verformte Quarzite (Oberes Unterdevon, ?Ems). Die Olistholithe sind unregelmäßig und schwarmartig verteilt und in die mittelsteil nach SE einfallende Schieferungsebene eingeschlichtet.

A3/5-3

Lage: E-W Fahrweg-Abschnitt zwischen ca. 800 und 1000 m. K.: R 44 19 530, H 57 30 060.
Aufschluss: Hanganschnitt bei 930 m mit Diabas-Olistholith (Hüttenberg-Schuppe, vgl. Abb. 3.5, I).
Beschreibung: Der körnige Diabas führt noch Reste von Kontaktschiefern (Adinol). Der intrusive Metabasalt wurde in einen Schlammstrom aufgenommen, ebenso wie kleinere phacoidförmige Kalk- und Quarzitkörper.

A3/5-4

Lage: S-N Fahrweg-Abschnitt zwischen ca. 1.000 und 1.200 m. K.: R 44 19 430, H 57 30 300.
Aufschlüsse: Anschnitte am W-Hang von Hüttenberg und Stahltalsberg (Tanne-Zone).
Beschreibung: Flyschoide Gesteine der Tanne-Zone in typischer Wechsellagerung von Grauwacken und Grauwackenschiefern (Unterkarbon, Visé) sind in einem 200 m langen Abschnitt zugänglich. An Schicht- und Bankfugen sigmoidal verbogene, weitständige Schieferflächen weisen auf NW-Schicht-Verschiebungen in Richtung auf die Sattelscheitel hin. Faltenmulden werden an schichtparallelen Überschiebungen unterdrückt und die Sattelschenkel gestapelt. In Abständen von ca. 50 bis 70 m begrenzen 110–130° streichende, annähernd saiger einfallende ruptile Weitungsstrukturen (Abschiebungen) mit geringem Versatz einzelne Gesteinssegmente, ohne deren Faltengefüge zu zerstören. Sie werden zwischen ca.1.130 und 1.160 m von Bleiglanz führenden kleinen hydrothermalen Quarzgängen markiert. Lokal wurde auf diese Gänge Erzbergbau betrieben, z. B. in der Grube „Gertrud“ bei Trautenstein.

A3/5-5

Lage: SE-NW Fahrwegabschnitt zwischen ca. 1.700 und 2.600 m. Beginn bei K.: R 44 19 290, H 57 30 580.
Aufschlüsse: NW-Bereich der Stahltalsberg-Schuppe.
Beschreibung: Auf Klippen von Grauwackenschiefern folgen intensiv zerklüftete, dickbankige Grauwacken. Bei ca. 1900 m, inmitten der Spitzkehre am SW-Hang des Spitzenkopfs, wird die Tanne-Zone an einer NE-vergenten Überschiebung (220/30) von einer ca. 125 m mächtigen Schuppe des Harzgerode-Olisthostroms begrenzt (Abb. 3.5, II). Grünlichgraue flaserig-schuppige Schiefermatrix mit Einschaltungen von Kalksteinen und Kieselschiefern (Olistholithe) begleiten den weiteren Weg. Nach Verlassen der 2. Spitzkehre bei ca. 2.600 m erreicht man wieder Anstehendes. Hier wird das Harzgerode-Olisthostrom an einer WNW-vergenten (100/50) Störung auf die hier N-S streichende (ss 90/30) Tanne-Grauwacke- und Grauwackenschiefer-Wechselfolge überschoben.

A3/5-6

Lage: Bogenförmig verlaufender Fahrwegabschnitt im S des Gitzhügels zwischen 2.600 und 3.000 m (Staumauer). Beginn bei K.: R 44 19 280, H 57 30 715.
Aufschluss: Felsanschnitte in Grauwacken- und Grauwackenschiefer-Wechsellagerung der Hasselsperre-Schuppe (Tanne-Zone).
Beschreibung: Bis zur Staumauer der Hasselvorsperre (vgl. Abb. 3.5, III) verläuft der Fahrweg in der Tanne-Zone. Im Gründungsbereich der Mauer stehen flach nach SE einfallende Bänke (130/30–50) einer ungeschichteten, fein bis mittelkörnigen Tanne-Grauwacke im Wechsel mit Grauwackenschiefern an (Unterkarbon, Visé). Die 146 m lange Sperre hat eine Höhe von 21 m über der Gründungssohle.

A3/5-7

Lage: Wegabschnitt von der Staumauer zum Talboden der Hassel (sog. Kuhfurt).
Aufschlüsse: Anschnitte im Wissenbachschiefer (Eifel) und in Metabasalten der Blankenburg-Zone (NW-Bereich in Abb. 3.5, IV).
Beschreibung: Wenige m N der Talsperren-Krone wird flach lagernde (ss 125/30) massige Tanne-Grauwacke auf mittelsteil SE einfallende Wissenbachschiefer (ss 165/60) überschoben. In den dunklen, großflächig eben brechenden siltigen Tonschiefern lassen sich mm-große, tütenförmige Gehäuse von Tentakuliten, den Leitfossilien für das Mitteldevon (Eifel-Stufe) entdecken.

Von der Krone der Staumauer Überblick über das Hasseltal (Kuhfurt). Ein Besuch des Bruches, der zur Gewinnung von Zuschlagstoff für den Beton der Hasselvorsperre angelegt wurde, ist nur bei niedrigem Wasserstand möglich. Gewonnen wurde ein intrusiver Metabasalt (Diabas), der als Zuschlagstoff für den Beton der nahen Rappbodesperre diente.
Zurück nach Hasselfelde und Fortsetzung als Fahrexkursion auf der B 242 vom Campingplatz Stiege. Von dort 1,5 km zu Fuß auf der stark befahrenen B 242 nach Stiege.

A3/6-1 bis A3/6-5
Fußwanderung entlang der B 242 vom Campingplatz Stiege zum Ortseingang Stiege im Hasseltal

Lage: Campingplatz Stiege mit Parkplatz, 1,5 km SE von Hasselfelde.
Aufschlüsse: Anschnitte im Harzgerode-Olisthostrom und an der Basis der Südharz-Decke. **Achtung:** Starken Verkehr beachten auf der B 242. Links halten!
Von mehreren Autoren bearbeitete Straßenanschnitte (Schwab 1973, Günther & Schmidt 1995). Geotop: 4331/3: K.: R 4422 688, H 5726 604.

A3/6-1

Lage: 0–200 m (Metrierung ab Campingplatz), SW-Flanke des Hüttenbergs.
Aufschlüsse: Aufbrüche in flach lagernden Graptolithenschiefern. Lesesteine!
Beschreibung: Ebenspaltende, schwarze bis schwarzgraue, silurische Ton- und Kieselschiefer, häufig gebleicht, dann hellbraun bis gelb. Die Graptolithenschiefer sind eingeschaltet in siltig-tonige, flaserig-ruschelige Matrixschiefer des Harzgerode-Olisthostroms.

A3/6-2

Lage: B 242, zwischen 200–600 m, SW-Flanke Hüttenberg und Galgenberg.
Aufschlüsse: Straßenanschnitte mit einzelnen Felsklippen, Geotop 4331/3.
Beschreibung: Kleine Klippen von hellen fein- bis mittelkörnigen quarzitischen Sandsteinen und splittrigen Quarziten. Es folgen Klippen mit größeren ellipsoidförmigen Quarziten (phacoidisierte Olistholithe) und Abschnitte mit kleineren Kalkstein- und Metabasalt-Olistholithen (Abb. 3.6-2). Die rigiden Olistholithe wurden infolge der variszischen Innendeformation (Plättung mit Streckung) in den Matrixschiefern gestreckt. NW-Überschiebungen sind relativzeitlich jüngere Ereignisse und mit dem Deckenschub zu parallelisieren.

Zwischen den Aufschlüssen 3/6-2 und 3/6-3 befindet sich die unter einer tiefgründigen Verwitterungsschicht verdeckte Überschiebung der Südharz-Decke auf die Harzgerode-Zone. Die von der Überschiebung betroffenen Gesteine wurden unter

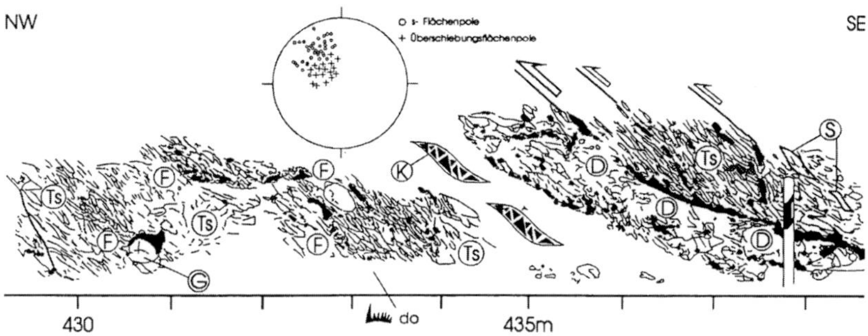

Abb. 3.6-2: Straßenanschnitt an der B 242, NW-Flanke des Galgenbergs, 430–440 m SE vom Campingplatz Stiege (= 2,5 km SE von Hasselfelde). Intern abschiebend zerschertes Harzgerode-Olisthostrom, überprägt von NW-Aufschiebungen. Aufnahme: Günther & Schmidt (1995). Ts-Tonschiefer, K-Kieselschiefer-Brekzie, D-Metabasalt, G-Grauwacke, F-Flinzkalk, S-Quarzit. Lagediagramm der Schicht- und Überschiebungsflächen, Geotop 4331/3).

niedrigem Auflastdruck (kataklastische Gefüge) und bei anchimetamorphen Temperaturen (ca. 200 °C) verformt. Der Deckentransport kann auch durch gravitative Kräfte unterstützt worden sein, da es im Endstadium des Deckentransports zum gravitativ bedingten Freigleiten vor allem von höheren Teilen von Deckeneinheiten kommen kann. Das ist auch die wesentliche Ursache dafür, dass Dehnungsstrukturen (Abschiebungen) häufig die jüngsten variszischen Verformungsinkremente in der Deckeneinheit bilden.

A3/6-3

Lage: Bei ca. 700–800 m, W-Flanke Hüttenberg.
Aufschluss: Großer Felsanschnitt.
Beschreibung: 50–60° SE einfallende Metabasalt-Spilittuff-Wechsellagerung im basisnahen, d. h. der Überschiebungszone benachbarten Bereich der Ostharz-Decke (30–40° SE Einfallen). Die mitteldevonischen Metabasalte der Stiege-Schichten (Givet) sind an schaufelförmig gekrümmten Schubbahnen intensiv zerschert (Abb. 3.6-3).

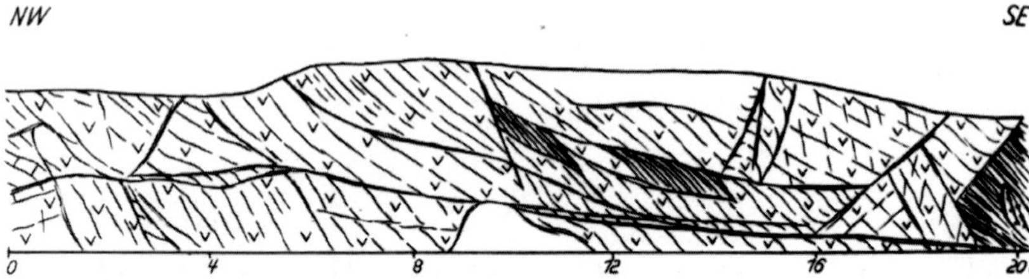

Abb. 3.6-3: Straßenanschnitt, ca. 700–800 m. Basaler Bereich der Südharz-Decke mit zerscherten Metabasalten der Stiege-Schichten. Störungen fallen mit 30–40° nach SE ein. Geol. Aufnahme: M. Schwab.

A3/6-4

Lage: B 242, Wegeinmündung an der SW-Flanke des Galgenbergs, kurz vor Einbiegung in eine gefährliche Straßenkurve nach links. Keine Parkmöglichkeit!
Aufschluss: ca. 3–5 m hoher geschlossener Felsanschnitt.
Beschreibung: Zur Südharz-Decke gehörender intakter Bereich eines flach SE einfallenden, wahrscheinlich intrusiven Diabaslagergangs, in Wechsellagerung mit feinkörnigen Metabasalt-Spilittuffen (Mitteldevon, Givet).

A3/6-5

Lage: B 242, ca. 400–300 m W der Abzweigung der L 95 am Ortseingang Stiege, K.: R 44 23 015, H 57 26 870.
Aufschluss: Straßenanrisse.
Beschreibung: Im weiteren Verlauf der B 242 folgen nach E bis zum Abgang der L 95 in Richtung Friedrichsbrunn stark zerscherte Tonschiefer und Diabase der Stiege-Schichten (Oberes Mittelvon, Givet), überlagert von plattigen, mittelsteil SE einfallenden (ss 148/50), gelblichgrünen Buntschiefern (Frasne).

Ortslage Stiege

A3/7

Lage: Ortslage Stiege, gegenüber dem Unterteich. S-Hang Schenckenberg, Beginn des Hangwegs (Abb. 3.7) zur Kreuzwegbaude und Kirche. K.: R 44 23 200, H 57 26 410, Geotop 4331/2.
Aufschluss: Unterer Teil der hohen Felsanschnitte unterhalb des Jagdschlosses Stiege.

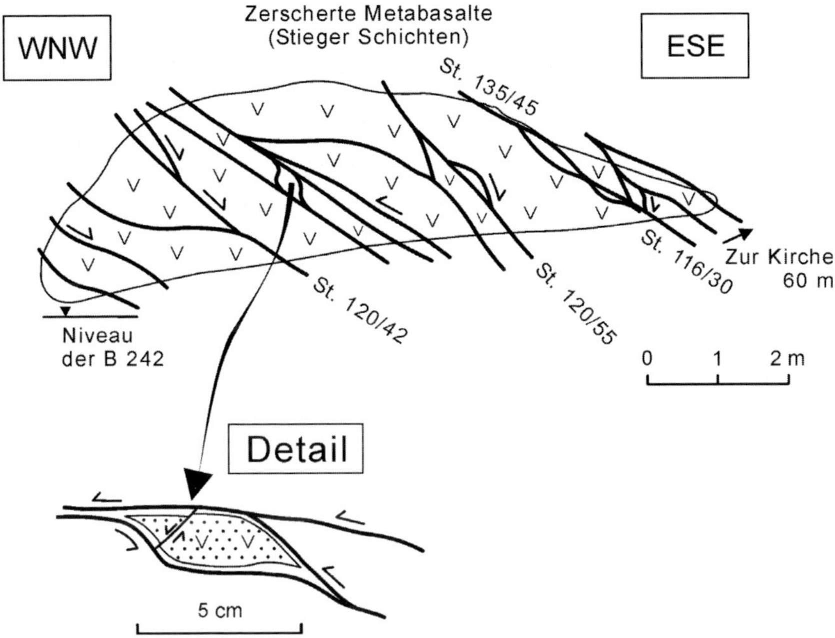

Abb. 3.7: Weganriss an der B 242, Ortslage Stiege, unterhalb der Kirche. NW-Überschiebungen in Metabasalten der Stiege-Schichten, Geol. Aufnahme: Franzke.

Beschreibung: An SE einfallenden Scherflächen intensiv zerscherte effusive Metabasalte (Spilite mit Resten von Pillow-Lava) (Oberes Mitteldevon, Givet). Auf den Scherflächen Neubildungen von Chlorit/Epidot (Abb. 3.7).

Weiter auf B 242 in Richtung Güntersberge. Nach gefährlicher scharfer Linkskurve erreicht man die Hochfläche und hat nach W einen Ausblick auf die weite Quellmulde der Selke (Wiesengelände). Im Hintergrund ist der Härtlingskranz der Kieselschiefer (Frasne) mit Bärenhöhe und Carlshaus-Turm zu sehen.

A3/8 und A3/9
Auf der B 242 vom Albrechtshaus nach E bis Güntersberge

A3/8

An der B 242 reihen sich vom Albrechtshaus nach E auf 5 km Länge bis Güntersberge zahlreiche Aufschlüsse, welche das bunte Bild des Harzgerode-Olisthostroms vermitteln (A3/8). Parkmöglichkeit gibt es am Bahnübergang nach Friedrichshöhe oder an der Einfahrt zum Albrechtshaus. Von hier können die Straßenanschnitte begangen werden. Die Ablagerungen haben, wenn man den Mühlenteich in Güntersberge als SE-Fixpunkt rechnet (A3/9), eine Ausstrichbreite von ca. 1,5 km. Bei einem durchschnittlichen Einfallen von 25–30° nach SSE ergibt sich eine Mächtigkeit von mindestens 700 m. Die nur wenige km im S entfernte Bohrung Stiege 1/84 erbrachte ähnliche Mächtigkeiten des verschuppten Olisthostroms, In der Bohrung wurden von 468 m Teufe bis zur Endteufe bei 2.050 m zwei Schuppen von je ca. 750 m Mächtigkeit ausgehalten (Borsdorf et al. 1992).

Durch den Ausbau der B 242 wurden an der N-Straßenseite zahlreiche Anschnitte geschaffen, die jedoch sofort verbaut oder mit Netzen gesichert wurden. Ausgehend von der Zufahrt zum Albrechtshaus soll von W nach E eine skizzenhafte Beschreibung der spitzwinklig angeschnittenen Schichtenfolge gegeben werden:

1. In Matrixschiefer eingebettete Gleitschuppen von unterkarbonischen Grauwacken (Pflanzenhäcksel!) und von Graptolithenschiefern (Silur).
2. Nach E zunehmend auftretende lanzett- bzw. phacoidförmige Olistholithe von devonischen Quarziten und von Kieselschiefern.
3. In kleinen Brüchen wurden große Olistholithe von Metabasalten (Diabasen) für den Forststraßenbau gewonnen.

Die Olisthostrome dieses Bereichs (A3/8) weisen typische Gefügemerkmale auf. Listrisch gekrümmte Scherflächen (140–160°/20–50°) verlaufen innerhalb der Matrixschiefer und umfließen die Olistholithe. Die Scherflächen sind Streckungsflächen, an denen die Gesteine beim sedimentären und dem späteren tektonischen Transport zerglitten/zerschert und dabei ausgedünnt (geplättet) wurden. Die Olistholithe erfuhren in Richtung des sedimentären Transports (nach NW) und der etwa gleich gerichteten tektonischen Zerscherung, kenntlich an Scherlineationen, ihre größte Streckung. Spröd verformte Olistholithe enthalten Dehnungsklüfte, welche mit Quarzfibern ausgekleidet, und deren Achsen ebenfalls NW-SE ausgerichtet sind (Streckungsrichtung). Die Gefüge sind bereits beim Zergleiten des Olisthostroms während des gravitativ beeinflussten sedimentären Transports in den Flyschfächern entstanden. Sie wurden weiter ausgeprägt durch die Auflast bedingte Plättung der Gesteinsserie durch den auflagernden Deckenstapel, und speziell durch das nach NW gerichtete Gleiten der unmittelbar überlagernden Südharz-Decke. Konvergente (variszische) Störungen sind nur vereinzelt zu finden.

In Diskussion ist weiterhin, ob die Gefüge der Olisthostrome allein als unterkarbonische Umlagerungsgefüge in den Schlammströmen der Wildflyschfazies zu deuten sind oder ob sie durch die Auflast der Gesteinssäule (Plättung) und die Scherprozesse mit verursacht wurden. In den Bereichen gesteigerter Verformung (Deckengrenzen, Kompetenzkontraste) kam es zur Bildung von Gleitbrekzien, der sog. tektonischen Melange.

A3/9

Lage: Güntersberge, NW-Hang des Martinsbergs. SE der Dammkrone des Mühlteichs befinden sich Felsklippen zwischen Hangweg, Bahngleis und dem Auslauf des Mühlteichs (Selke). Zu erreichen per Fuß von der Kirche in Güntersberge (200 m). K. R 44 29 295, H 57 23 380.
Aufschlüsse: Kleine aufgelassene Kalkbrüche (Reichstein 1962). Naturdenkmal (ND), Geotop 4331/1.
Beschreibung: Die Aufschlüsse wurden von Reichstein (1962) detailliert untersucht (Abb. 3.9). Das Alter dieser im Harzgerode Olisthostrom eingeschuppten Kalksteine (Älteres und Jüngeres Herzyn) reicht vom höheren Unterdevon bis zum höheren Oberdevon. Sie sind eingeschaltet in Tonschiefer und Grauwacken des Unterkarbons (Visé). Sie gehören zum Harzgerode Olisthostrom, welches sich nach NW bis zum Albrechtshaus fortsetzt und dort von der Südharz-Decke überlagert wird. Die Aufschlüsse zwischen der Dammkrone und dem Hang des Martinsbergs zeigen eine intensive interne Verschuppung des

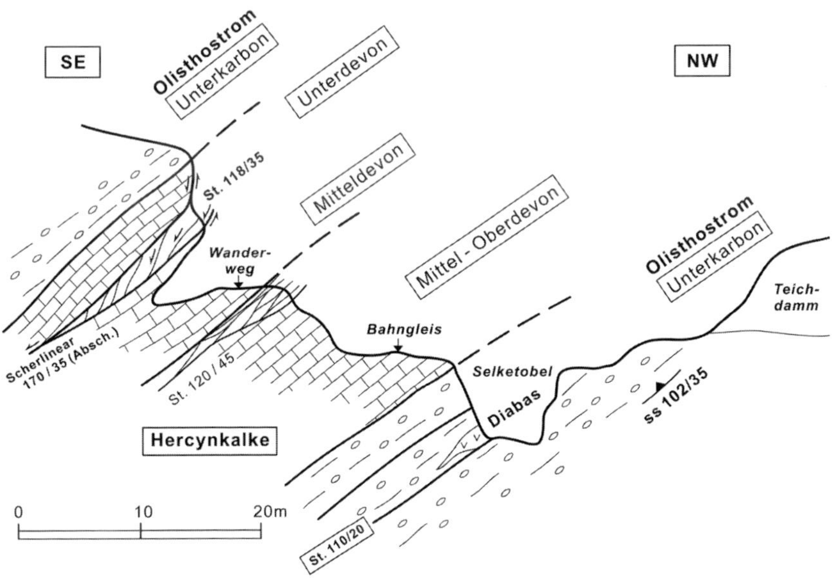

Abb. 3.9: Klippen am Teichdamm des Mühlteichs von Güntersberge. Die Herzynkalke sind verschuppte Scherkörper, wahrscheinlich verformte Olistholithe, die im tektonisch Liegenden und Hangenden in eine feinkörnige Olisthostrom-Matrix eingebettet sind. Nach Reichstein (1962), angepasst an die heutige Aufschlusslage (Geotop 4331). Geol. Aufnahme: Franzke.

Olisthostroms und weisen biostratigraphisch belegte Schichtwiederholungen auf. Im unteren Abschnitt liegen körnige Zorgensis-Kalke (höheres Unterdevon, Ems) und an Styliolinen reiche Flaserkalke vor (tieferes Mitteldevon, Eifel). Das infolge stratigraphischer Kondensation äußerst geringmächtige Oberdevon liegt, gekennzeichnet durch an Conodonten reiche Lagen, in der Fazies dunkelgrauer, plattiger Kalksteine vor. Im oberen Abschnitt ist ein Lager mit groben Kalkgeröllen von insgesamt 4 m Mächtigkeit entwickelt. Die Kalkbrocken weisen relativ geringe Kantenrundungen auf, so dass dieser Horizont einem submarinen Schlammstrom entstammen sollte. Die Aufschlüsse gehören zu den Lokalitäten, in denen Reichstein (1965) die Bedeutung von Olisthostromen für die Erklärung der chaotischen Lagerungsverhältnisse in der Harzgerode-Zone des Ostharzes erkannte.

A3/10

Lage: Steinbruch Güntersberge, E Ortsausgang an der B 242, Talabgang nach N zur Heimberg-Siedlung. Koordinaten des Bruchs: R 44 29 920, H 57 24 090.
Aufschluss: Klippen N der B 242 (Grillplatz) und ehemaliger Steinbruch 200 m talaufwärts.
Beschreibung: Tanne-Grauwacken in Fazies der Plattenschiefer (Unterkarbon II, Visé). Sedimentstrukturen des Flyschs (Slumping, gradierte Schichtung, flute- und load casts.

Im N des Steinbruchs tektonisch entstandene Faltenstruktur (Mulde) mit transversaler Schieferung (sf_1) in Meilerstellung (Rundfalte, B 242/05). Mit Gangquarz mineralisierte NW-SE-Störungen weisen auf die Nähe des benachbarten Biwender Ganges hin. 600 m nach ENE befindet sich am Heimberg die ehemalige Grube Anna (ca. 30 m Teufe). Bis 1990 betrieben die Harzer Spatgruben. Die Grube „Anna“ war mit dem Fluorschacht in Strassberg durch eine 5 km lange Auffahrung verbunden, Fluoritabbau bis in ca. 200 m Teufe (5. Sohle).

Hinweis: Empfehlung zum Besuch des Besucherbergwerks Grube Glasebach in Strassberg (siehe E7).

Exkursion 4: Der Elbingerode-Komplex

Einführung

Die Exkursion führt in den zentralen und S-Teil des Elbingerode-Komplexes mit der Hüttenrode-Mulde, dem Neuwerk-Sattel und der Rübeland-Mulde mit dem Horst des Großen Grabens. Dann geht es zu Fuß weiter zur Königshütte-Mulde und dem Königshütte-Sattel (Abb. 4.01). Detaillierte Beschreibungen des Riffs und seiner Gesteine erarbeiteten Krzywicki (1954), Reichstein (1959) und Weller (1989a, 1991a–c). Einige Exkursionspunkte werden im Geopark-Flyer, Landmarke 13, Rübeländer Tropfsteinhöhlen, beschrieben. An diesen Punkten sind z. T. erläuternde Schautafeln aufgestellt.

Geologie des Elbingerode-Riffs

Erst mit der Anwendung der auf Conodonten beruhenden Stratigraphie konnten M. Reichstein, K. Ruchholz, H. Weller und ihre Schüler die zeitlichen und faziellen Beziehungen, die zwischen dem Riff und seinen Rahmengesteinen bestehen, konkret belegen. Hieraus konnten genetische Bezüge zwischen den Keratophyrlaven und Pyroklastika („Schalstein-Formation") der submarinen,

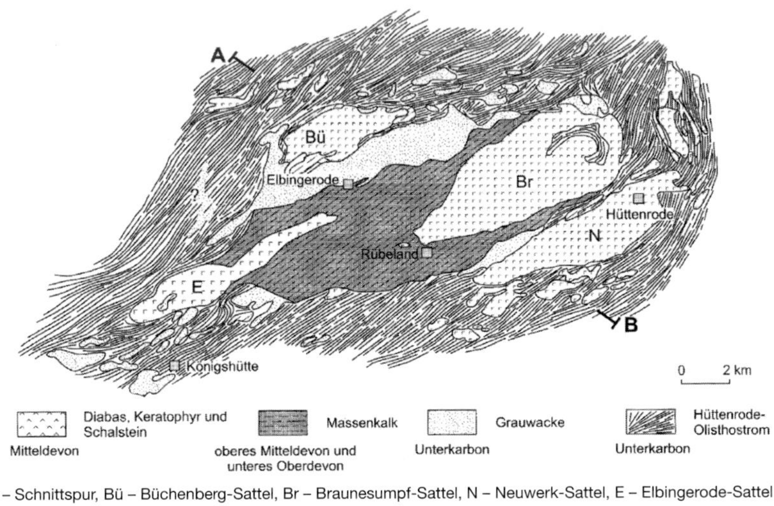

Abb. 4.0-1: Geologische Übersichtskarte des Elbingerode-Komplexes (Gallwitz 1956).

teilweise über den Meeresspiegel aufragende Vulkanschwellen des Givet mit der in drei Stadien ablaufenden Riffentwicklung hergestellt werden (Atoll-, Kappen- und Demergenz-Stadien, Weller 1989a, 1991 a–c). Zeitgleich mit der Riffentwicklung wurden in den umgebenden tieferen Meeresteilen Pelite und detritische Flinzkalke abgelagert, welche die Vulkanschwellen flankieren (Buchholz et al. 1991, Lutzens 1979, Junge 1992).

Der sedimentäre Unterbau sowohl im Bereich des späteren Riffs als auch des weiteren Rahmens (Blankenburg-Zone) wird durch Pelitgesteine der hemipelagischen Wissenbach-Formation geprägt (Unteres Mitteldevon, Eifel). Diese mit basaltischen Vulkanitergüssen (Pillowlaven und Lagergänge) verbundene, durch dünne Flinzkalk- und Quarzitlagen untergliederte Sedimentfolge (Borsdorf 1978) bildet durchgehend das Liegende der Schalstein-Formation (Abb. 4.0-2), so dass eine paläogeographische Vorzeichnung des späteren Riffkomplexes in diesem Zeitraum noch nicht erkennbar ist.
Im Bereich des Elbingerode-Riffs klingt die pelitische Fazies der Wissenbach-Formation im Mitteldevon aus, während sie sich an den Außenrändern auch im Oberdevon fortsetzt. Aus dunklen Tonschiefern des höheren Mitteldevons entwickelten sich dort kontinuierlich die oberdevonischen „Bunt- und Bandschiefer“ (Reichstein 1955, Schimanski 1969, Blumenstengel 1974). Das Oberdevon beginnt mit dunklen gebänderten Tonschiefern (Frasne), gefolgt von „bunten“ Ton- und Rotschiefern (Buntschiefern), mit Einschaltungen von tuffitisch-kalkigen grüngrau gefärbten Tonschiefern und kieseligen Wetzschiefern (Frasne und Famenne). Gegen die im Hangenden einsetzende Flysch-Formation (Unterkarbon III) ist eine beträchtliche Schichtlücke vorhanden.

A4/1-1 bis A4/4-2
Von der Hüttenrode-Mulde und dem Neuwerk-Sattel zur Rübeland-Mulde

Von Hüttenrode führt der Weg auf der Straße nach Rübeland an der Südflanke des Braunesumpf-Sattels durch ein von Eisenerz- und Kalksteingewinnung geprägtes Gelände (Stollen, Pingen, Steinbrüche). In den Pingen anzutreffende rote und graue Schuttkalke gehören zur 150 bis 200 m mächtigen obermitteldevonischen (Givet) Kalkstein-Serie, die zumeist dem Atollstadium der Riffentwicklung zugeordnet wird.

A4/1-1

Lage: B 27 – Parkplatz am Garkenholz SW von Hüttenrode.
Aufschluss: „Blauer See“ (K.: R 44 21 940, H 57 37 155), aufgelassenes, teils unter Wasser stehendes Steinbruchsgelände. Wertvolles Geotop 4231/2 (Thomae et al. 2007, Geopark 13/2, Informationstafel).
Beschreibung: Die intensive, witterungsabhängig sich ändernde blaue bis türkisfarbene Färbung der Wasseroberfläche ist ein in kalkreichen Wässern häufig anzutreffender physikalischer Effekt. Er wird durch die völlige Reflektion des blauen Anteils des Lichtspektrums, bei gleichzeitiger Absorption der langwelligeren Bereiche des sichtbaren Lichts, hervorgerufen. Vom Herbst bis zum Frühjahr wird das stehende Gewässer durch Algenwuchs außerdem grün gefärbt.

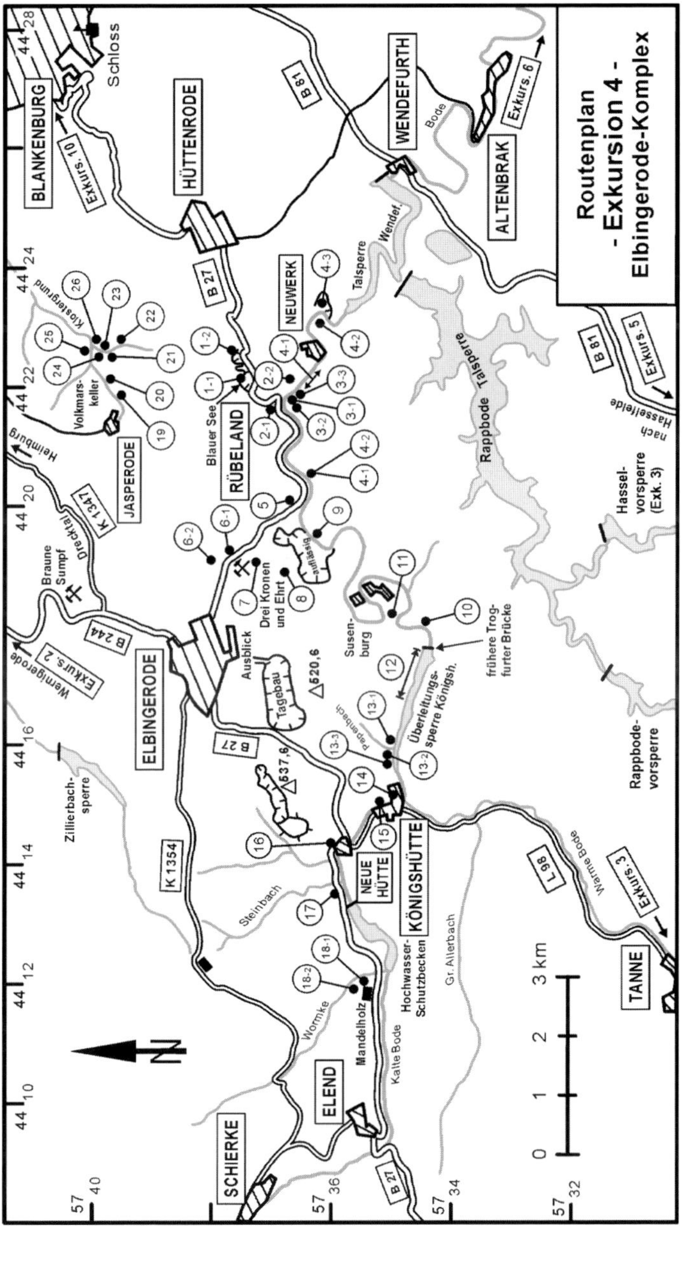

Abb. 4.0-2: Routenplan der Exkursion 4 (Elbingerode-Komplex)

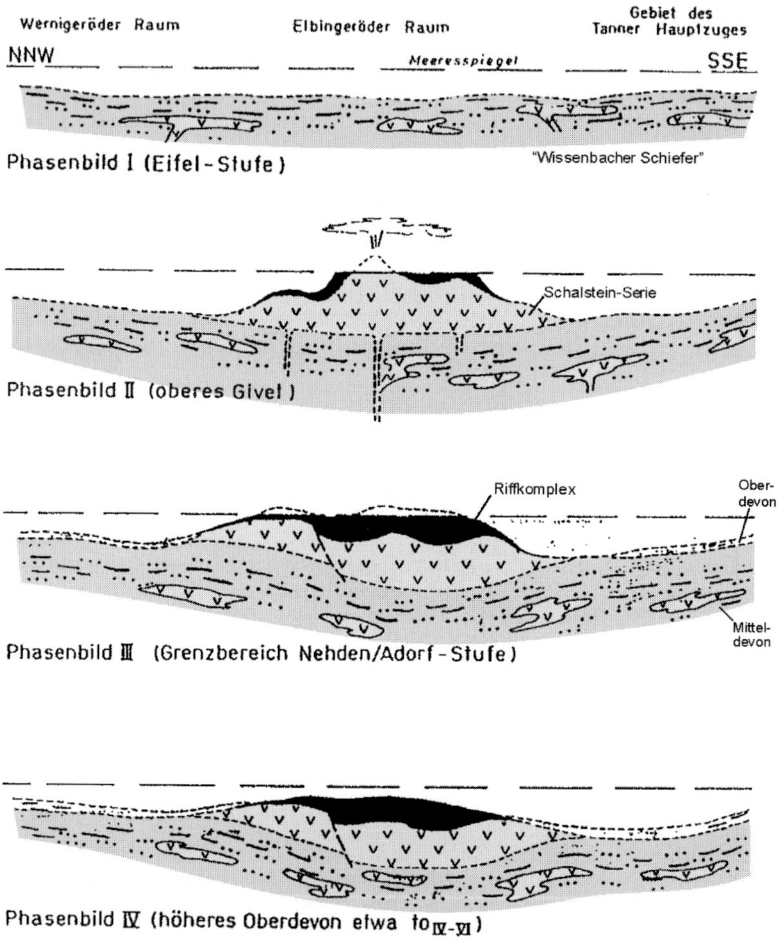

Abb. 4.0-3: Die Entwicklung des Elbingerode-Komplexes in vier Phasenbildern/Stadien (Reichstein 1964).

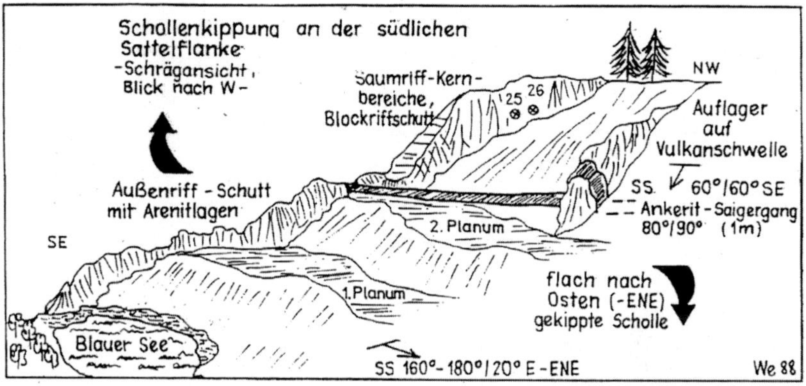

Abb.4.1-1: Klippenzug am NW-Hang des Blauen Sees (Weller 1989a)

Das Alter der früher als „Massenkalke" bezeichneten Riffschuttkalksteine wurde durch Funde von Mitteldevon anzeigenden Leitfossilien wie *Stringocephalus burtini* (Brachiopode) und *Calceola sandalina* (Einzelkoralle) bestimmt. Auf angewitterten Schichtflächen sind knollige, ästige und tafelige riffbauende Stromatoporen, tabulate Einzelkorallen, Crinoidenstielglieder und seltener auch Brachiopoden zu beobachten. Fazies bedingt fehlen in den Riffschuttkalken Conodonten, weshalb eine exaktere Altersdatierung schwierig ist. Weller bezeichnete diese Kalksteine als Vorriffschutt des Außenriffs, welche durch eingeregelte Bioklasten (Fossilreste) charakterisiert sind.
Lagerungsverhältnisse sind im ungeschichteten Riffschutt stets schwierig zu entschlüsseln. Einlagerungen von Kalksandlagen (Kalk-Arenite) gestatteten es Weller, eine flach nach E einfallende Schichtung in einem Felsvorsprung am Nordrand des Blauen Sees nachzuweisen. An der N-Wand des Bruches macht sich die Auflagerung der Riffkalke auf die Vulkanschwelle des Braunesumpfsattels durch SE-Einfallen des blockigen Riffschutts bemerkbar (Abb. 4.1-1). Im Niveau des 2. Planums ist ein E-W streichender, etwa 1 m mächtiger, senkrecht stehender Mineralgang mit grobkristallinem, hydrothermal gebildetem Ankerit, aufgeschlossen.

A4/1-2

Lage: B 27, Parkplatz wie für A4/1-1, NE-Wand Steinbruch am Garkenholz (R. 44 22 490, H 57 37 370).
Aufschluss: aufgelassener, leicht zugänglicher großer Kalksteinbruch.
Beschreibung: An der Ostwand des Steinbruchs sind die durch Verwerfungen gestörten Lagerungsverhältnisse in einem Querprofil zu erkennen (Abb. 4.1-2). Eine steil mit 70° nach ENE einfallende, 110° streichende Aufschiebung bewirkte die Aufrichtung der Riffschuttkalke auf max. 50° SE. Diese Schicht-

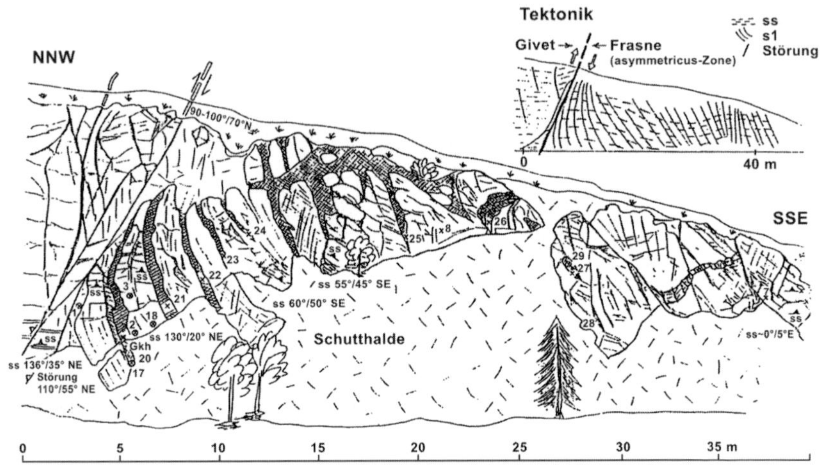

Abb. 4.1-2: Kalkstein-Bruch Garkenholz, NE-Wand. Aufnahme: Weller (1989a). Neptunische Gänge: Kreuzschraffur. Rücküberschiebung nach SE am linken Bildrand.

verstellung ist auch an der Verbiegung von ehemals senkrechten, nahezu schieferungsparallel angelegten, durch die variszische Verkippung heute steil nach SE einfallenden Spalten zu erkennen. Deren Füllung von grünlich-gelblichem, pelitisch-tuffitischem Silt weist auf ihre submarine Bildung nach Art der Neptunischen Gänge hin.

Im Unterschied zum obermitteldevonischen Alter (Givet) der Rahmengesteine (Außenriffschutt) führen die Spaltenfüllungen eingespülte Conodonten oberdevonischen (tieferes Famenne) Alters. Sie sind zahlreich und mit der Lupe oder auch mit bloßem Auge zu erkennen. Die Gänge entstanden als Folge submariner Verkarstungsprozesse während der Anhebung des Riffs im Demergenzstadium des Oberdevons.

Für die jüngere Harzentwicklung sind alttertiäre Verkarstungserscheinungen von Interesse. Sie sind an der Steinbruchsoberkante zu beobachten. Mit rostfarbigen bis gelben, alttertiären Sanden gefüllte Einbruchstrichter (Dolinen) und Schlotten sind Belege für die großflächige Verkarstung der Hochfläche des Elbingerode-Komplexes im oberen Paläogen (Rupel; König & Blumenstengel 2005). An den Steinbruchswänden sind die Anschnitte der Dolinen sichtbar.

A4/2
Aufschlüsse in der Umgebung von Kreuztal (Neuwerk)

Die Bode verlässt im Bereich von Kreuztal in einem nach SE gerichteten Bogen die Hüttenrode-Mulde und tritt in den Neuwerk-Sattel ein. Die Straße nach Rübeland verläuft in der Kulm-Füllung (Unterkarbon) der Hüttenrode-Mulde, welche im NW von der SE-Flanke des Braunesumpf-Sattels und im SE von der überkippten NW-Flanke des Neuwerk-Sattels flankiert wird. Das Felspanorama baut sich demzufolge aus unterschiedlichen Gesteinsfolgen auf. Am Bus-Stopp Kreuztal (A4/2-1) steht eine Wechsellagerung von Kulm-Grauwacken und Grauwackenschiefern an. Hoch über der Bode ragt das Krockstein-Massiv (A4/2-2) mit einer an die N-Flanke des Neuwerker Sattels gebundenen, überkippten Folge von mitteldevonischem Massenkalk, dem Eisenerzlager und Schalsteinen auf. Gegenüber vom Krockstein setzen sich diese Schichten in den Aufschlüssen A4/3 am Nordhang des Weißen Stahlbergs fort. Hier ist ein steil einfallender Mittelharzer Gangandesit des Rotliegends (NNW-SSE) in zwei Steinbrüchen aufgeschlossen (A4/3-3).

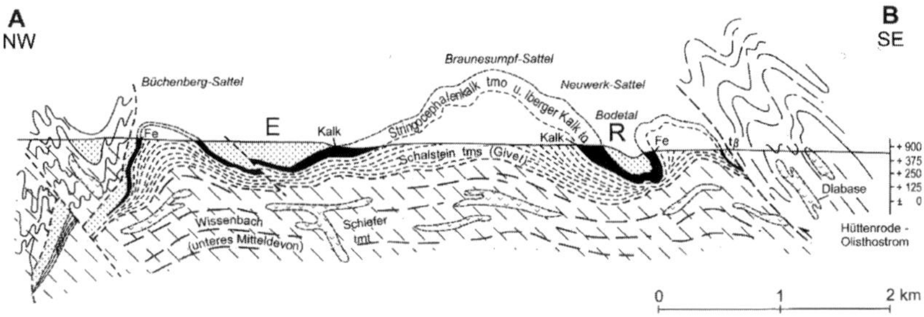

Abb. 4.2-0: Geologischer Schnitt durch den E-Bereich des Elbingerode-Komplexes im Bereich Rübeland/Neuwerk (R). Entwurf Reichstein (1964). R und E = Kulmmulden. Schnittlage siehe Abb. 4.0-1.

A4/2-1

Lage: Bus-Stopp in Kreuztal an der Bodebrücke und Abzweigung der Straße nach Neuwerk.
Aufschluss: Felspartien am NW-Straßenhang. Geotop 4231/5, K.: R 44 21 600, H. 57 37 650).
Beschreibung: Die Wechsellagerung von Kulm-Grauwacken und Grauwackenschiefern gehört ins höhere Visé. Das Alter wird belegt durch Funde von *Asterocalamites scrobiculatus* (= *A. radiatus*) am Hang gegenüber dem Gasthaus Krockstein. Das stark eingeengte Muldentiefste der Hüttenrode-Mulde ist spezial gefaltet. Die NW-Vergenz der Kleinfalten ist im Bereich der Bushaltestelle zu beobachten. Es herrscht normale Lagerung eines relativ flach nach SE einfallenden Sattelschenkels mit steiler, ebenfalls nach SE einfallender Trans-

versalschieferung. Die Schnittkanten zwischen Schichtung und Schieferung (Runzelung) verlaufen parallel zu den SW-NE streichenden Faltenachsen. Im Inneren der scharf nach N umbiegenden Straßenkurve ist ein aufrechter Sattel aufgeschlossen, der aufgrund der Kompetenz der beteiligten Grauwackenbänke weniger zerschert ist.

A4/2-2

Lage: Gipfel des Krocksteins (K.: R 44 21 920, H. 57 36 540). Geopark 13/3.

Bequemer Aufstieg über einen am Gasthaus Krockstein beginnenden Pfad.

Aufschluss: aufgelassener Marmor-Bruch. Geotop 4231/4.

Anmerkung: Das Betreten der randlichen Gipfelpartien mit sehr schmalen Fußpfaden ist gefährlich und sollte vermieden werden.

Beschreibung: Erschlossen ist am Krockstein ein lokaler, ca. 100 m mächtiger Riffkern, dessen Wachstum bald nach Beendigung des Schalstein- und Keratophyr-Vulkanismus, aber noch während der Roteisensteinbildung einsetzte. Die Schalsteine sind wegen der überkippten Lagerung oberhalb der Kalksteine aufgeschlossen, der Grenzbereich zu Kalksteinen/Fe-Erz ist zerschert.

Flach liegende Calcit-Fiederklüfte in der gescherten Zone bestätigen die variszische SE-NW-Einengung. Die Abfolge ist nach NW überkippt (Abb. 4.2-2) und an schichtinternen Scherbahnen, besonders intensiv aber im Grenzbereich Devon/Unterkarbon (Kulm), abgeschert. Die überkippte Lagerung wird auch durch die stratiforme Vererzung angezeigt, welche parallel zur 40° nach SE fallenden Grenzfläche vom Kalk zum Tuff reicht und durch die Regelung gering deformierter Biogene sowie durch stromatolithische Gefüge und fossile „Wasserwaagen" gekennzeichnet wird. Die Kalke reagierten auf Einengung und Überkippung mit schichtparalleler Scherbrettbildung. Außerdem überlagern, tektonisch überkippt, tuffogene grüne Schalsteine die jüngeren Kalksteine.

Die Kalksteine des Atollstadiums gingen aus dem Erzhorizont hervor und setzten sich über den Rübeland-„Marmor" (Riffkern) mit Blockriff-Schuttlagen in Überguss-Schichtung zu den verschiedenen grauen Schuttkalken fort. Es werden hier nur die tiefen Abschnitte des Kappenstadiums erreicht. Die Karbonatausscheidung klang nach E schnell, nach W allmählich aus. Die Ablagerung der Kalksteine begann in der mittleren *varcus*-Zone (Givet) und führte über die Riffentwicklung des Atoll-Stadiums mit dem Stringocephalen-Kalkstein und mit großen Bioklasten, über das Kappenstadium in der *gigas*-Zone (Frasne, Übergangsfazies mit Iberg-Kalk) bis zur Beckenfazies in der *marginifera*-Zone (Famenne). Neben den Halden- und Bergbauresten eines alten „Marmor"-Bruches und den Stollen eines Eisenerzabbaus bestimmen am Krockstein Klippen von Kalksteinen die Aufschlüsse. Anlass

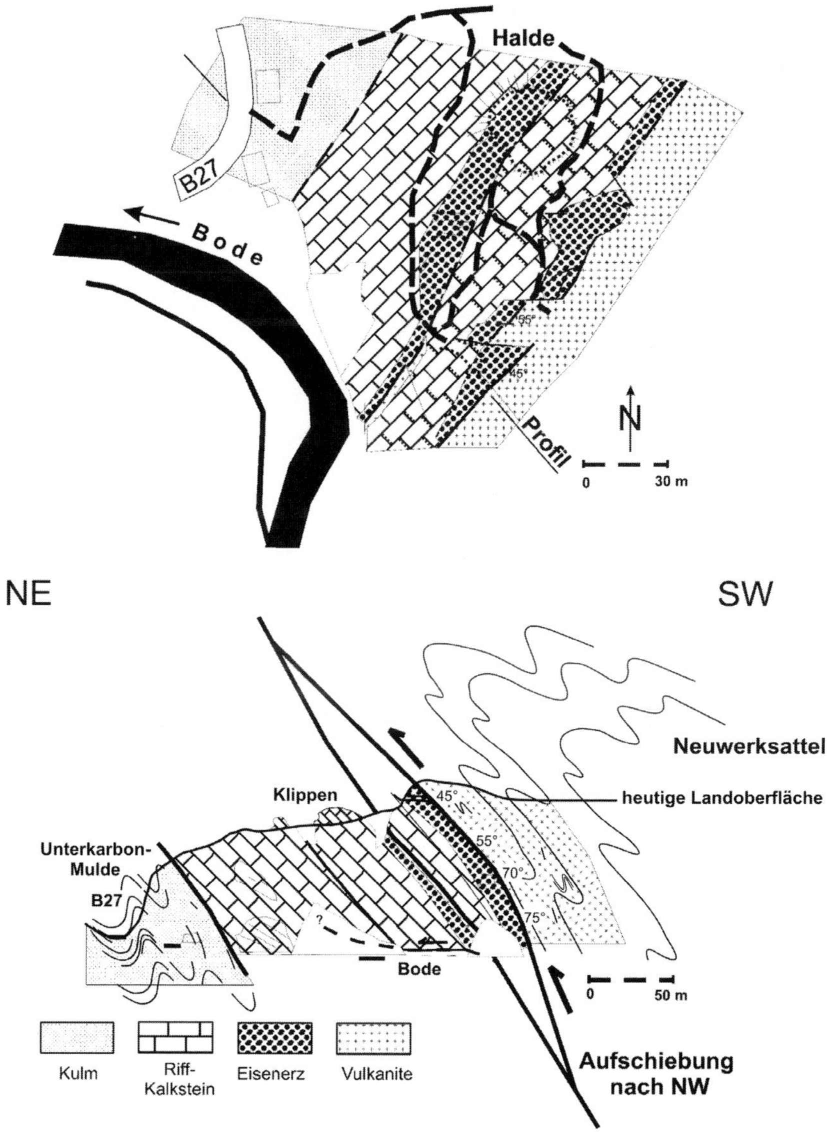

Abb. 4.2-2: Querprofil durch die NW-Flanke des Neuwerk-Sattels am Krockstein in Kreuztal/Neuwerk, Geotop 4231/4. Die regionale Einordnung ergibt sich aus Abb. 4.2-0. Friedel (2009).

zur Marmor-Gewinnung – die Blütezeit des Abbaus datiert zwischen 1715 und 1889 – gaben die durch Hämatit rotgefärbten, polierfähigen Kalksteine. Auf der Halde sind noch angeschliffene und polierte Bruchstücke zu finden. Die Schichten bilden die tektonisch zerscherte, überkippte Nordflanke des Neuwerk-Sattels.

A4/3
Aufschlüsse am Nordhang des Weißen Stahlbergs

A4/3-1

Lage: SE-Portal des aufgelassenen Bahntunnels der ehemaligen Eisenbahn nach Neuwerk. K.: R 44 21 680 H 57 36 500.
Aufschluss: Rösche vor dem Tunneleinschnitt.

Anmerkung: Das Betreten des Tunnels ist lebensgefährlich und zu unterlassen!

Beschreibung: Am Nordhang des dem Krockstein gegenüberliegenden Weißen Stahlbergs setzt sich die tektonisch zerscherte, überkippte Nordflanke des Neuwerk-Sattels fort. Aufgeschlossen ist die hier 65 m mächtige Riffkernfolge (Atollstadium). Unter den Schalsteinen folgen dunkle, im Grenzbereich stark zerscherte Kalksteine (Arenite) mit lagig angeordneten, tektonisch verformten Stromatopora und Blockriffschutt mit der Koralle *Heliolites*. Der zugängliche Teil des Riffkerns gehört zur mittleren *varcus*-Zone (Givet).

A4/3-2

Lage: direkt oberhalb des Tunnelausgangs in Kreuztal.
Aufschluss: Offene Pinge der ehemaligen Grube „Weißer Stahlberg“.

Anmerkung: Der inzwischen gesicherte Aufschluss ist nur über einen steil aufsteigenden Pfad zu erreichen, der aber für Kinder lebensgefährlich ist! Das Betreten der Pinge ist nach Bergrecht untersagt. **Achtung:** Es besteht besonders bei Nässe Absturzgefahr in den benachbarten Steinbruch (A4/3-3).

Beschreibung: Ein Blick in die offene Pinge des Eisenerzabbaus zeigt überkippte Lagerungsverhältnisse. Der linke Zugangsbereich und der Pingenstoß werden von Schalsteinen gebildet. Die kuppelförmige Abbauweitung wird vom 4–5 m mächtigen, hämatitisch/magnetitischen Eisenerzen eingenommen. Am rechten Stoß und im Zugangsbereich steht die Übergangsfazies vom Erzlager zur Riffkalkbasis (Rübeland-„Marmor“) mit gewachsenen Stromatoporen und Bioklasten von Stromatolithen an. Die Vererzung geschah in unmittelbarem Zusammenhang mit dem ausklingenden Schalsteinvulkanismus. An Fe- und Mn-Ionen reiche Hydrothermen lieferten die für die Bildung karbonatischer Eisenerze erforderlichen Fe-Mn-Ionen, die sich aus dem karbonatreichen Meereswasser während der Riffbildung niederschlugen.

A4/3-3

Lage: S-Ausgang von Kreuztal, Tallage W-Seite (ehemalige Bahntrasse). (R 44 21 740, H 57 36 400).
Aufschluss: aufgelassener Steinbruch im Mittelharz-Gangandesit. Geotop: 4231/6.
Beschreibung: In dem um 1950 aufgelassenen Steinbruch am Nordhang des Weißen Stahlbergs wurde sog. „Melaphyr", d. h. ein „dunkler" Mittelharz-Gang (Andesit) gewonnen. Das Gangstreichen liegt bei 165° (NNW-SSE). Es handelt sich um den östlichsten Gang des Mittelharzer Gangzugs, der aus dem Raum nördlich von Rübeland bis in den Raum von Stolberg im Südharz als an- und absetzender Spaltenzug zu verfolgen ist. Das schwarzgrüne bis schwarzgraue Gestein ist im direkten Kontakt mit dem Nebengestein dicht, in 3–4 m Entfernung vom Kontakt aber fein- bis mittelkörnig und im Zentrum des ca. 30 m mächtigen Gangs grob auskristallisiert. Vulkanit und Nebengestein sind fest verschweißt, woraus zu folgern ist, dass es sich bei der Platznahme der Vulkanitgänge weniger um die Aktivierung von Störungen, als vielmehr um das Aufreißen von Zugspalten handelte. Er durchtrennt die gesamte devonisch-unterkarbonische Schichtfolge. Der Gang wird im zugänglichen N-Teil des Steinbruchs vom Eisenerzlager und von Kalksteinen (W-Kontakt) und von Schalsteinen (E-Kontakt) flankiert.

Der Mineralbestand umfasst idiomorphe, häufig sericitisierte und zonierte Plagioklase, partiell zu Eisenchlorit umgewandelte, dann büschelige bis radialstrahlige Klinopyroxene und seltener chloritisierte Hornblenden und Biotite. Sekundärer Leukoxen ist diffus im Gestein verteilt. Magmenchemisch zeigt das Ganggestein einen tholeiitischen Trend. Es weist die geringsten SiO_2- und niedrigsten Al_2O_3-Gehalte der Mittelharzer Ganggesteine auf. Weitere Details zum Mineralbestand und Chemismus finden sich bei Obst et al. (2001). Das abriebfeste Gestein wurde zu Schotter und Splitt für den Straßen- und Wegebau verarbeitet.

A4/4
Bodetalhänge zwischen Kreuztal und Neuwerk

A4/4-1

Lage: 0,8 km Fußweg nach SE von Kreuztal nach Neuwerk (auf ehemaliger Bahntrasse).
Aufschluss: Weganschnitte und Klippen.
Beschreibung: Die mitteldevonische Keratophyr-Schalstein-Formation des sich im SE an die Hüttenrode-Mulde anschließenden Neuwerk-Sattels ist in zahlreichen Klippen angeschnitten. Die Gesteinsfolge wurde wegen ihrer plattig-schieferigen Absonderung von den Bergleuten als Schalstein bezeichnet. Unmit-

telbar im Kontakt mit dem jüngeren Gangandesit sind in Kreuztal gut geschichtete und transversal geschieferte Aschentuffe in dieser Folge aufgeschlossen. Die Schichtbänke fallen mittelsteil nach SE ein, wobei die Schieferflächen flacher als die Schichtflächen geneigt sind. Dies bestätigt die Überkippung des NW-Schenkels des Neuwerk-Sattels, wie sie auch am gegenüberliegenden Krockstein (A4/2-2) zu beobachten ist.

Keratophyre sind Erguß- und Ganggesteine, die aus Alkalifeldspat, Chlorit, sowie geringen Anteilen an Calcit, Leukoxen, Quarz und Erzmineralen bestehen. Sie sind nach Mucke (1973) harte, splittrig brechende, engklüftige hellgrüne Lavagesteine, die aufgrund ihrer submarinen Platznahme zur Aufnahme älterer Vulkanitklasten, Nebengesteinsbrocken und zur autoklastischen Brekzienbildung neigen. Eine Absonderung in Kissenlaven ist selten. Sie werden häufig von Feldspat-Kristalltuffen begleitet. Diese Tuffe bilden cm- bis dm-mächtige Bänke, die eine ausgeprägte gradierte Schichtung zeigen. Die Feldspäte sind karbonatisiert. Die Keratophyr-Tuffe gehen zum Hangenden oft in Vulkanochemite über. Für die Platznahme der submarinen Schalsteinserie stand im Givet nur ein Zeitraum von ca. 3 Millionen Jahren zur Verfügung.

A4/4-2 und 4/4-3

Lage: Bodetal SE der Ortslage Neuwerk.
Aufschlüsse: Zwei aufgelassene Steinbrüche beidseitig der Bode. Geotop 4231/21.

A4/4-2

Lage: Rechts (W) der Bode gelegener Bruch: K.: R 44 22 950, H 57 35 885.

A4/4-3

Lage: Links (E) der Bode gelegener Bruch: K.: R 44 23 180, H 57 35 850.
Beschreibung: In der SE von Neuwerk gelegenen großen Bodeschleife sind mächtige grobkörnige Diabase (links der Bode) und dichte Spilite (rechts der Bode) verbreitet. Sie wurden auch beidseitig der Bode gewonnen und waren auch Anlass zum Bau der inzwischen demontierten Eisenbahn. In A4/4-3 handelt es sich um intrusive, lagergang- bis stockförmige Gesteinskörper, die aus dem oberen Erdmantel aufsteigend, in Gesteine der oberen Kruste eindrangen (Werner 1995). Diese auch vom Bärenrücken im Braunesumpf-Sattel bekannten gabbroartigen Intrusivdiabase und Mikrosyenite sind grobkörnige, gleichkörnig bis porphyrisch struierte Gesteine. Mit der Lupe sichtbar ist die charakteristische ophitische Textur (ophis, gr. Schlange), die sich aus der Matrix mit filzartig verschränkten Plagioklasleisten und den Einsprenglingskristallen aus tafelförmigen Plagioklasen und prismatischen Pyroxenen zusammensetzt.

Im Mitteldevon (Eifel) drangen von den Gabbroschmelzen ausgehend, Schichtfugen und Spalten folgend, Schmelzapophysen in tonig-sandige Nebengesteine (Wissenbachschiefer) ein oder flossen am Meeresboden als Laven aus (A4/4-2). Diese Laven erstarrten oft als isolierte kissen- bis schlauchförmige Gebilde („pillows"), die sich dann zu geschlossenen Verbänden stapelten und an Hanglagen teilweise wieder zu Agglomerat-Brekzien zerglitten. In den Zwickeln zwischen den Pillows erhielten sich, so auch in den Brüchen von Neuwerk, fossilführende karbonatische Meeresbodensedimente. Diese zu Basalten erstarrten Laven werden im Gegensatz zu den intrusiven „Diabasen" als „Metabasalte" oder als „Spilite" bezeichnet, weil ihr primärer Mineralbestand (Ca-reiche Plagioklase, Pyroxen) durch den Kontakt mit Meerwasser zu Na-führendem Albit und die mafischen Gemengteile zu Chlorit umgewandelt wurden (Spilitisierung, Gansslоser et al. 1995). Spilite treten neben den Pillowlaven auch als kompakte subaquatische Lavadecken auf. Sie sind im Gelände an ihrem blasigen Gefüge zu erkennen. Mandelförmige Hohlräume wurden mit einem Gemisch aus Calcit, Chlorit, Chalcedon, Epidot u. a. gefüllt, so dass „Spilit-Mandelsteine" entstanden. Die Mandelverteilung ist in der Regel an die kontaktnahen Bereiche an der Unterseite, vor allem aber an die Oberflächen der Lavadecken gebunden, wo sich die freien Gase unter einer dichten, glasartigen Erstarrungshaut stauten und Mineralfluide die Gasblasen füllten. Modellartig ist dies in den konzentrisch aufgebauten Kissenquerschnitten zu beobachten, in denen ein dichter basaltischer Kern von mandelführender Lava und einer äußeren Haut aus Gesteinsglas umgeben ist.

A4/4 und A4/5
Das Zentrum des Elbingerode-Riffs in der Umgebung von Rübeland

Die Umgebung von Rübeland ist durch ein dichtes Wegenetz gut erschlossen. An den Hängen des tief eingeschnittenen Bodetals und dem im Ort einmündenden Mühlental gibt es zahlreiche Felsklippen in den Massenkalksteinen des Elbingerode-Riffs (Weller 1989a). Es sollen hiervon einige Aufschlüsse besucht werden, welche für das Verständnis der geologischen Situation im Raum von Rübeland wichtig sind. Die Besichtigung einer der Kalkkarsthöhlen, der „Hermanns- oder der Baumanns-Höhle" (Geopark 13/1) sowie der Besucherbergwerke „Drei Kronen und Ehrt" (Geopark 13/4) und „Büchenberg" wird unbedingt empfohlen. Führung und Ausstellungen vermitteln das Verständnis für weitere geowissenschaftliche und bergmännische Fragen. Die Besichtigung der im Abbau befindlichen Steintagebaue und der zugehörigen Aufbereitungsanlagen bedarf der Zustimmung der Betriebsleitung der „Fels-Werke GmbH Goslar" in Elbingerode. Gegenüber den Kalkwerken in Rübeland befindet sich eine Informationstafel zur Kalksteingewinnung im Raum Rübeland/Elbingerode (siehe auch „Zur Rübeländer Kalksteinindustrie", S. 121).
Die nachstehenden Beschreibungen folgen Weller (1989a). Die im Rübeländer Bodetal vorkommenden Kalke werden dem Kappenstadium der Riffentwicklung zugeordnet. Das tiefoberdevonische Alter der Massenkalksteine (*Manticoceras*-Stufe, Frasne) wird durch Funde von Brachiopoden (*Hypothyridina cuboides*) und Korallen (*Phillipsastreidae*), von Ammonoidea und Tentakuliten sowie durch reiche Conodontenfaunen (untere *asymmetricus*- bis *Ancyrodella triangularis*-Zone) belegt. Mitteldevonische Kalksteine (Givet) treten nur in einem schmalen, die Schalsteinserie unmittelbar begrenzenden Streifen auf. Die Kalkmächtigkeiten betragen im östlichen Abschnitt 300 m, im westlichen Abschnitt 460 m. Die Kalksteine wur-

den an der S-Flanke der Braunesumpf-Vulkanschwelle (Braunesumpf-Sattel) abgelagert. Sie wurden faltungs- vor allem aber bruchtektonisch stark verformt. Als Ursache für die starken Verformungen werden Bewegungen am variszisch aktiven „Bodelineament“ angenommen, dessen nordöstlicher Ast den Rübeländer Raum quert (Ruchholz & Weller 1991).

A4/4-1

Lage: Bahnhof Rübeland, Bahnübergang Hasselfelder Straße in Richtung NE.
Aufschlüsse: Riffkalkanschnitte zwischen der Höhlen-Gaststätte und dem Zugang zur Hermannshöhle, Geotop 4231/17-1.
Beschreibung: Diese Riffkalksteine entstanden im Kappenstadium der Riffentwicklung im unteren Oberdevon (Frasnes). Infolge tektonischer Beanspruchungen sind die einzelnen Klippen intern zerschert, gegeneinander rotiert und verstellt, so dass sie sich trotz heute gleichem Anschnittsniveau in verschiedenen Riffniveaus befinden.

Ohne die von Weller angwendete karbonatfazielle Detailanalyse und mikropaläontologische Datierung auf Grundlage der Conodonten-Biostratigraphie wäre eine Einordnung nicht möglich. Die Lösungswege der känozoischen Verkarstungserscheinungen folgen Störungen und Klüften, was zur Bildung von breiten und später wieder verfüllten Spalten und Hohlräumen führte. Die vielfältigen Formen der Verkarstungsprozesse und die sich in den Tropfsteinen manifestierenden Sinterbildungen sind in den Schauhöhlen vorzüglich zu studieren.

A4/4-2

Lage: Bahnhof Rübeland, K.: R 44 20 440, H 57 36 240, Höhlenrestaurant und Bärenfelsen. K.: R 44 20 405, H 57 36 142.
Aufschluss: Kalkschlamm-Hügel (Geotope 4231/3 und 20).
Beschreibung: Weller (1989a, b, 1995) gelang hier erstmals im Elbingeröder Riff der Nachweis eines Schlammhügels („mud mound“) genannten, sich 500 m in NW-SE-Richtung und 230 m in NE-SW erstreckenden Schlammhügelriffs oder Schlammbioherms. Dies sind Sedimente, welche in vor dem Wellengang am Außenriff geschützten ruhigen Buchten entstehen. Das Rübeländer Schlammbioherm besteht aus einem schichtigen Wechsel von hellen, mikrobiell (durch schleimabsondernde Cyanobakterien?) entstandenen Schlammsteinen (mudstones) und dunklen feinkörnigen Schlammkalken sowie planktonischen Fossildetritus. Eingeschaltet sind gebänderte „Zebrakalke“, aufgebaut aus einem Wechsel von Mikrobenmatten, mikrobiellen Spatrasen und stromatolithischen Bildungen. Gerüstbildende Korallen fehlen in diesem Milieu. Un-

ter- und überlagert wird das Schlammbioherm von an Conodonten reichen Riffschuttkalken (Wackestones), durch die das Alter des Schlammhügels als zur *Ancyrodella triangularis*-Zone gehörig bestimmt wurde. In der Umgebung und in der Weitung des Höhlenrestaurants sind Bereiche der Hügelkernfazies mit einem Dach aus Stromatolith-Lagen aufgeschlossen. Zahlreiche Details sind zu beobachten, besonders eindrucksvoll an der die Höhlenbär-Statue tragenden Klippe des Bärenfels (Geotop 4231/20). Sie schließt Teile eines agglomeratischen Schuttfächers auf, der aus von der Hügelflanke abgeglittenen Stromatolithen und Kalkschlamm (Mikrit) besteht. Die primäre Hangneigung des Hügels betrug 26–28° NE. Die Stromatolithe sind linsenförmige, bikonvexe Körper, die sich aus mm- bis cm-dicken, feinkörnigen mikritischen Lagen aufbauen. Sie werden als sich zungenförmig überlagernde Mikrobenmatten gedeutet. Jede Lage zeigt einen gravitativ beeinflussten Farbwechsel, eine geopetale Textur. Über einem dunklen basalen Abschnitt folgt ein heller, häufig durch Ferrobakterien rot gefärbter Abschnitt.

Über den Höhlenbären *Ursus spelaeus*, der in den quartären Kaltzeiten die Karsthöhlen bewohnte (Steiner & Steiner 1968a, 1969b), und über die Entstehung der Höhlen und ihre Bewohner erhält man nähere Informationen in den beiden Höhlen Rübelands. Sie sind durch die erhaltenen Erosionsformen und die reichen Fossilfunde besonders wertvolle Naturdenkmale (Geotop 4231/17-1,2).

A4/5

Lage: Rübeland, N der Bode. Nach S gerichteter Hang der Bode-Schleife mit der Baumannshöhle (Geotop 4231/17-2), ca. 450 m W der Brücke am Bahnhof Rübeland. K.: R 44 20 140, H 57 36 580, Geotop 4231/9.
Aufschluss: Klippen oberhalb der Baumannshöhle mit sog. „Brachiopodenhügel".
Beschreibung: Auf dem von Weller (1989a) als „Brachiopodenhügel" bezeichneten Gebiet finden sich die jüngsten erhaltenen Bereiche des Elbingeröder Riffs. Bedingt durch die Lage im synsedimentär aktiven Bodetallineament sind die Lagerungsverhältnisse stark gestört. Aufgeschlossen sind Ablagerungen des Endstadiums der Riffentwicklung (= Demergenzstadium) und die ersten Postriffsedimente. Bemerkenswert ist die reiche Makrofauna mit Brachiopoden, Trilobiten, Gastropoden, Conulariden und Korallen, aber auch von Conodonten, die ein Alter von der oberen *gigas*-Zone (ob. Frasne) bis zur oberen crepida-Zone (unt. Famenne) belegen. Am Top des Hügels und an seiner S-Flanke findet sich Riffschutt der oberen *gigas*-Zone, an der W-Ecke faunenreiche Brachiopodenkalke der mittleren *Ancyrodella triangularis*-Zone mit Cyrtospiriferiden, Productelliniden, Athyriden sowie Gastropoden (*Porcellia primordialis*), Muscheln, Conulariden (*Conularia bodana*), Crinoiden, Holothurien und leitende Conodonten. Am WNW-Hang sind grünliche Wa-

ckestones mit dendroiden Korallen und Conodonten der *linguiformis*-Zone verbreitet. Am N-Hang sind Gerölle von grünen Mikriten mit Brachiopodenresten und reicher Conodontenfauna sowie grüne *Cladochonus*-Wackestones mit Tiefwasser-Trilobiten (*Ductina ductifrons, Dienstina diensti*), Zebrakalklagen, Einzelkorallen, tabulaten Korallen (*Cladochonus* sp.), Crinoiden, Muscheln (*Buchiola, Guerichia*), Ammonoideen (*Cheiloceras*) und Conodonten der *crepida*-Zone vertreten (Weller & Weyer 1991).

Die nach Elbingerode durch das Mühlental führende Strasse berührt am Nordausgang von Rübeland den aufgelassenen, aber von der Fels-Werke GmbH als Produktionsstandort genutzten Tagebau Rübeland, auch Goethebruch genannt. Sie quert dann die mitteldevonischen Schalsteine und Keratophyre des am Bodetallineament abtauchenden Braunesumpf-Sattels. SW der Straße liegt das Grubengebäude des ehemaligen Pyrit-Bergwerks „Drei Kronen und Ehrt". Das hier von N einmündende Schwefeltal, an dessen Osthang Keratophyr und am W-Hang Massenkalk ausstreichen, hat durch den ausgedehnten Steinbruchsbetrieb seit langem sein ursprüngliches Aussehen verloren. Das erfasste Gebiet befindet sich teilweise in der dem Rückriff zuzuordnenden Lagune des Elbingeröder Riffs (Atollstadium).

4/6 bis 4/8
Umgebung des Besucherbergwerks „Drei Kronen und Ehrt"

A4/6-1

Lage: Parkplatz an der Einmündung des von N kommenden Schwefeltals in das Mühlental (K.: R 44 19 260, H 57 37 435) gegenüber vom Besucherbergwerk „Drei Kronen und Ehrt".
Aufschluss: Zufahrt zum Kalkwerk „Kaltes Tal" der Felswerke GmbH (K.: R 44 19 260, H 57 37 360). Schwefeltal E-Hang: Keratophyr und Keratophyrtuff-Klippen. Schwefeltal W-Hang: Riff-Kalke, lagunäre Fazies.
Beschreibung: Oberhalb der zum Kalkwerk Schwefeltal führenden Werksstraße befinden sich Anschnitte aus der Unterlage des Riffs: Unter den massigen, grobgebankten Massenkalksteinen der Riffbasis folgt ein intensiv zerscherter, Hämatit schüssiger, lapillireicher, einzelne Keratophyrblöcke und hämatitische Kalksteinbrocken führender Keratophyrtuff. Weiter im SE finden sich im Liegenden (Feldspat-) kristalloklastische Lapilli-Bomben-Tuffe. Örtlich verbreitet ist hier eine mandelführende keratophyrische Klastolava. Im Liegenden zu erwartende metabasitische Spilite, früher Diabasporphyrite genannt, streichen im Mühlental aus (Mucke 1973). Sie wurden auch in der Grube „Drei Kronen und Ehrt" und in einem Steinbruch in der Nähe des Gr. Grabens angetroffen (A4/8).

A4/6-2

Lage: Oberhalb Parkplatz (A4/6-1) nach W. K.: R 44 19 200, H 57 37 435.
Aufschluss: Kleine, stark bewachsene Kalkstein-Klippen.
Beschreibung: In den bankig-schichtigen lagunären Kalksteinen tritt ein kompliziertes System Neptunischer Gänge zutage (siehe auch A4/1-2, Garkenholz). Die Füllung der 100 bis 120° streichenden und nach SSW einfallenden Spalten besteht teils aus brekziösem, teils aus laminiertem arenitischen Material. Die Fragmente der Brekzien setzen sich aus den Lithoklasten der die Lagune umgebenden Riffkalke zusammen. Die sie bindende Matrix ist chloritreich und dadurch dunkelgrün gefärbt. An den mit Areniten gefüllten Spalten lässt sich der Mechanismus der Spaltenfüllung studieren. Gradiert geschichtete Bereiche deutet Weller (1989a) als endoturbiditisch. Eingefüllte ungeschichtete Partien seien durch submarine Rutschungen entstanden. Er vermutet, dass ein von den submarinen Vulkanen kommendes, noch unverfestigtes chloritreiches Sediment in die offenen Spalten von tektonisch vorgezeichneten subaquatischen Karstspalten eingeschwemmt wurde.

A4/7

Lage: Besucherbergwerk Schwefelkiesgrube „Drei Kronen und Ehrt" an der B 27, ca.1,5 km SE von Elbingerode in Richtung Rübeland (Hinweisschilder).
Aufschluss: Anlagen der ehemaligen Schwefelkiesgrube „Einheit", auf der bis 1990 Pyrit (FeS_2) abgebaut wurde (Scheffler 2002, Geopark 13/4).
Beschreibung: Die monomineralische Schwefelkieslagerstätte befindet sich am SW-Ende des Braunesumpf-Sattels, der hier am Bodetallineament abtaucht. Die obermitteldevonische Sulfidvererzung ist an den jüngsten Quarzkeratophyr-Erguss einer submarinen vulkanischen Schwelle gebunden (Scheffler 1965, 1975). Als Erzmineral tritt allein Pyrit (FeS_2) auf.

Es werden drei Erztypen unterschieden: (1) Das in Senken der Vulkanoberfläche als linsenförmige Körper vor dem Einsetzen der Riffbildung ausgefällte sulfidische Lagererz. (2) Der etwas jüngere, im Quarzkeratophyr fixierte imprägnative Hangenderztyp, welcher sich zeitlich und räumlich an der Grenze der Vulkanitserie zum Kalkstein bildete. Es wurden Trümer, Spalten, Klüfte, Haarrisse in der Lava und auf Zwickeln in der Abschreckungsbrekzie der jüngsten Keratophyrdecke mit Sulfid ausgekleidet. (3) Die auf SW-NE-streichenden Störungszonen gebildeten imprägnativen Erzkörper. Die Sulfidgehalte wurden von Scheffler mit 10 % für die Lagererze, 75 % für die Hangenderze und 15 % für den Störungstyp angegeben. Rösler et al. (1968) ordneten die Lagerstätte „Einheit" als hydrothermal-imprägnative Lagerstätte dem Rio-Tinto-Lagerstättentyp zu. Nach geochemischen Untersuchungen leitet sich der Schwefel aus an organischem Kohlenstoff (C_{org})- angereicherten Tonschiefern, das Eisen aus den devonischen Vulkaniten, ab (Scheffler 1975).
Durch die Auffahrung des zur Wasserlösung des Großen Grabens (A4/8-2) im Jahre 1870 angesetzten „Fürstlichen Stollen" wurde entdeckt, dass Brauneisenerze den

„Eisernen Hut" des Schwefelkieslagers darstellen. Im Jahre 1889 nahm die Grube „Drei Kronen und Ehrt" die Produktion von Schwefelkies zur Erzeugung von Schwefelsäure auf. Die Grube wurde 1946 in „Einheit" umbenannt. 1964 wurde der 472 m tiefe Zentralschacht abgeteuft und 1966 eine Flotationsaufbereitung eingerichtet. Die Erzförderung erreichte 1973 mit 380.000 t ihr Maximum, 1990 wurde die Förderung eingestellt. Die Lagerstätte enthielt insgesamt 15 Mio t Roherz mit einem Durchschnittsgehalt von 15-20 % Schwefel, davon wurden etwa 7 Mio t gefördert (Ließmann 2009, Stedingk 2002 et al.).

A4/8

Lage: Ehemaliger Tagebau „Großer Graben", ca. 0,5 km SSW vom Bergwerk „Drei Kronen &. Ehrt", K. R 44 18 880, H 57 36 800. Hinweisschilder!
Aufschluss: Tagebau und Pingen-Gelände (Geopark 13/5, Informationstafel). Schutzwürdiges historisches Geotop 4230/3.
Beschreibung: Der Bergbau begann in der Umgebung der späteren Schwefelkiesgrube im 12. Jahrhundert mit der Gewinnung von limonitischem Eisen der Oxidationszone in den Pingen des „Großen Grabens". Der bis zum Ende des 19. Jahrhunderts umgehende Bergbau schuf einen 15 x 100 m weiten und 15 m tiefen Tagebau. Weitere, jedoch kleinere Brauneisenvorkommen wurden im S-Teil des Elbingeröder Kalkplateaus gewonnen (Pingen im Susenburger Revier).

Im Großen Graben wurde der ringförmige Hut eines zentralen Keratophyrkegels, der vom Elbingeröder Riff überlagert wird, abgebaut. Es handelt sich um lockere, teils mulmige, teils zellig zerfressene Brauneisensteine. Traubige und stalaktitische Aggregate waren neben derbem Brauneisen häufig. Manganmulme fanden sich besonders an der Grenze zum hangenden Stringocephalenkalk und an den Wänden der Kalkschlotten (Erdmannsdörffer 1926). Das Bildungsalter des „Eisernen Hutes" ist nicht bekannt. Es wird wahrscheinlich paläogenen Alters sein (Alttertiär), da es im Kontext mit der in diesem Zeitraum erfolgten Verkarstung steht (König & Blumenstengel 2005). Das Fördergut enthielt durchschnittlich 40 % Fe, 5 % Mn und 0,3 % P (maximal 59 % Fe und 10 % Mn).

In der Umgebung der Grube „Drei Kronen und Ehrt" sind Vulkanite der Schalsteinserie aufgeschlossen. So geben die Talanschnitte des Mühlentals einen Einblick in die Typenvielfalt dieser Vulkanitserie. Sie besteht vor allem aus kristalloklastischen Tuffen, Bomben und Lapilli führenden Tuffen, dichten (aphyrischen) und gröberen feldspatophyrischen Keratophyren und Keratophyrklastolaven. Auf der Hochfläche 300 m östlich des Großen Grabens steht in einem kleinen Steinbruch ein feldspatophyrischer Spilit mit bis zu 2 cm großen Feldspateinsprenglingen an, der früher als „Diabasporphyrit", heute als Mikrosyenit, bezeichnet wird. Dieser wird von Lapilli führenden hämatitreichen Keratophyrtuffen und an der N-Wand des Bruchs von einem „Schalsteinkonglomerat" überlagert, das Reichstein (1964) als mitteldevonisches marines Brandungskonglomerat deutete.

A4/9 bis A4/15
Der S-Rand des Elbingeröder Riffs zwischen dem Kalkwerk Rübeland/ Susenburg und Königshütte

Die Rübeländer Kalksteinindustrie:
In der DDR war neben der Kalksteingewinnung für die Hartbranderzeugung der Bau eines Zementwerks geplant. Mit der Wende unterlag die Kalksteingewinnung dem Wandel vom Hartbranderzeuger für die Karbidindustrie in Schkopau (Buna) und Wittenberg (Piesteritz) zu einem Kalkstein- und Kalkproduzenten. Anstehende Kalksteine und Haldenmaterial wurden nun in März-Kleinsteinöfen gebrannt und bei der Herstellung von Kalksteinmehlen, -grießen und -splitten für die Rauchgasentschwefelung, sowie bei der Produktion von Kalksteinsanden für die Erzsinterung in der Stahlindustrie verwendet. Zusätzlich wurden Schotter für die Zuckerindustrie und den Beton- und Straßenbau gebrochen. Der jährliche Gesamtkalksteinbedarf des Werkes Rübeland beträgt 1,8 Mio. t. Während 1989 noch 10242 t Staubpartikel im Jahr emittiert wurden, lag 1997 der Staubauswurf nur noch bei 11 t (Ulbrich & Strutz 2007).

A4/9

Lage: Bodetal zwischen dem Kalkwerk Rübeland (ehem. Goethebruch) und dem Ortsteil Rübeland-Susenburg (Bodebrücke) von K.: R 44 19 470, H 57 37 750 bis K. R 44 18 635, H 57 35 365.
Aufschlüsse: Das Profil beginnt direkt gegenüber der Werkseinfahrt des Kalkwerks und erstreckt sich am Hang entlang in Richtung Susenburg (Hahnenkopfstraße). Geotop 4231/9.
Beschreibung: Es stehen graue Kulmtonschiefer an, an welche sich ein typisches Buntschieferpaket anschließt. Es besteht aus grüngrau, rot und grün gefärbten Tonschiefern. Die graugrüne Färbung entstand durch tuffogene Einlagerungen. Die überkippten Schichten sind durch Verschuppung überprägt. Diese folgt den Achsenebenen, ist aber wegen fehlender Einlagerungen nur schwierig zu erkennen (Geotop 4231/9).

In den weiteren Aufschlüssen unter dem Hahnenkopf wechseln inhomogene, vorwiegend dunkelgrau gefärbte flaserige Tonschiefer mit Einschaltungen von Quarziten, Kalksteinen und Diabasen mit homogenen, ebenschieferigen, mittel- und oberdevonischen Tonschiefern ab. Nach Rabitzsch (1973) ist das eine Wechselfolge von submarinen Gleitmassen (Olisthostromen), welche in eine tonig-siltige Matrix eingebettet sind. Die hier zu beobachtenden sedimentären Umlagerungen (Resedimentationen) ereigneten sich im höheren Unterkarbon. Für diese, das Elbingerode-Riff fast vollständig umgebenden Olisthostrome wurde der Begriff des Hüttenrode-Olisthostroms eingeführt (Lutzens & Schwab 1972). Diese Definition folgt den von Zöllich (1939) ausgehaltenen, damals noch nicht näher definierbaren Hüttenrode-Schichten. Es ist zu betonen, dass trotz der unmittelbaren Nachbarschaft zum Elbingeröder Riff im Hüttenrode-Olisthostrom Fragmente aus Riffgesteinen oder dem vulkanischen Sockel nur selten auftreten. Man kann dies damit erklären, dass zu dieser Zeit (höheres Unterkarbon) der Riffkomplex von der Erosion noch kaum erfasst wurde.

Die tektonischen Gefüge spiegeln die lithologische Zusammensetzung der Gesteinsfolge wider. Planare Schiefrigkeit entstand bei der internen Zerscherung und Faltung von homogen geschichteten pelitischen Sedimenten. Im Gegensatz dazu behinderten die heterogeneren Olisthostrome Faltungs-und Schieferungsvorgänge. An ihre Stelle trat eine durchgreifende Verschuppung an gekrümmten Scherflächen. Diese folgen weitgehend den stofflichen Inhomogenitäten, so dass sie auch die in die Schichtfolge eingelagerten wurzellosen Tonschieferpakete gegen die Matrixschiefer begrenzen (tektonische Selektion nach Gallwitz 1956). Die Überkippung von Teilen der Schichtfolge, welche die Aufschlüsse an der Hahnenkopfstraße beherrscht, ist die Folge der von SE kommenden variszischen Überschiebung des Hüttenrode-Olisthostroms auf den als starres Widerlager wirkenden Riffkalkkomplex. Die Hauptstreichrichtung der Schicht- und Schieferflächen ist SW-NE (50–60°) bei mittelsteilem Einfallen von 40–70° nach SE. Es herrscht NW-Vergenz. Nach Entlastung der die innere Deformation und die erste Schieferung (sf_1) bewirkenden kompressiven Spannungen wurde eine 60–70° streichende, 40–70–80° NW einfallende jüngere Bruchschieferung (sf_2) angelegt. Durch die krustale Entspannung wurden nun auch ehemals einengende Störungen zu Abschiebungen invertiert. Die sf_2-Flächen sind häufig als paarige Knitterungsflächen (Kinkflächen) ausgebildet und lassen eine Absenkung der jeweiligen NW-Flügel erkennen, was auf ein Absinken des im NW gelegenen Elbingerode-Komplexes hinweist. Zwischen den duktil verformbaren Matrixschiefern und den verformungsresistenten Olistholithen (Quarzit, Diabas, Kalksteine, Grauwacken) bestehen erhebliche Kompetenzkontraste.

Als Beispiel ist gezeigt (Abb. 4.9), wie ursprünglich eckige Bruchstücke eines quarzitischen Sandsteins und zwei kleinere Kalkstein-Bruchstücke bei der variszischen Verformung (Krustentiefen von 6–8 km, 1–2 Kb, 200–250 °C) in die Plättungsebene (Haupt-Verformungsebene, X–Y) eingeregelt und dabei pflaumenkernförmig gestaucht wurden. Dies war verbunden mit der intensiven Verschieferung der umgebenden Matrix. Die linsigen Körper werden auch als Phacoide (gr.) bezeichnet. Deren Asymmetrie zeigt, dass während der Interndeformation nicht nur einfache Plättung stattfand, sondern eine Kombination von Schub mit Stauchung wirksam war. Scherprozesse mit deutlicher Polarität nach NW fanden im Gebiet des Harzes während der variszischen Kollisionsereignisse seit dem späten Unterkarbon statt. Die intensive Scherung und Ausdünnung in der X-Y-Ebene provozierten auch die Drucklösung von Kieselsäure (Quarzite/Grauwacken) oder stärker von Calcit (Kalksteine) und deren Wiederausfällung in den Druckschatten der Olistholithränder. Das Ergebnis waren asymmetrisch geformte Phacoide, welche den Sigma-Klasten im kristallinen Grundgebirge entsprechen. Größere Abscherungen an Störungen (Auf- und Überschiebungen) haben sich erst nach der Phacoidisierung der Olisthostrome ereignet. Das bedeutet, im Gefüge der Olisthostrome sind der ältere Prozess des streckungsbezogenen Zergleitens und die jüngere Auf- und Überschiebungstektonik vereinigt.

Einen Eindruck dieser komplizierten Lagerungsverhältnissen vermittelt der Straßeneinschnitt an der Bodebrücke am E-Ortseingang von Susenburg (K.: R 44 18 635, H 57 35 365).

Von Susenburg aus kann man die Sperrmauer der Überleitungssperre Königshütte (A4/10) über einen Forstweg (2 km) erreichen (Fahrgenehmigung erforderlich). Weitere, ebenfalls genehmigungspflichtige Anfahrten sind über

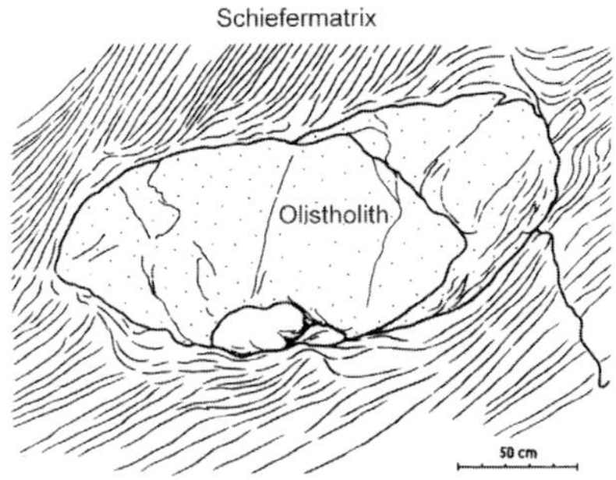

Abb. 4.9: Beispiele für die Verformung von ehemals eckigen Olistholithen zu lanzettförmigen Phacoiden. **Linkes Bild:** Hüttenrode-Olisthostrom, Überleitungssperre Königshütte, N-Seite; lange Bildkante ca. 2 m, Blick nach NE. Die asymmetrich verformten Olistholithe weisen auf nach links (NW) aufschiebende Scherverformung hin. **Rechtes Bild:** (Zeichnung in Gallwitz 1956). Die Asymmetrie des Phacoids und die Schleppung der Matrixschiefer zeigen, dass der Schersinn nach TOPP-rechts (NW) geht.

Elbingerode (von der B27 nach S in die Torstraße einbiegen) oder Königshütte (Bodebrücke im S-Bereich des Ortes) möglich.

A4/10-1 und 2

Lage: (1) Forststraße auf SE-Seite der Bode, 300 m Bodetal abwärts von (2) der Überleitungssperre „Gr. Trogfurther Brücke".
Aufschlüsse: Mittelharz-Gangrhyolith: (1) Felsklippen (K.: R 44 17 300, H 57 34 390) und (2) Hang-Anschnitte unterhalb der Sperrmauer.
Beschreibung: Die Felspartie (1) erschließt einen der mächtigsten Mittelharz-Rhyolithgänge im Elbingeröder Gebiet („Grauer Granit-Porphyr"). Weite Kluftabstände und die damit verbundenen Verwitterungsformen vermitteln den Eindruck eines Granits. Der hellgraue Rhyolith weist ein porphyrisches Gefüge auf, Anzahl und Größe der Einsprenglinge nehmen von den Kontaktbereichen zum Ganginneren zu. Die Grundmasse ist in Kontaktnähe feinkörnig, im Ganginneren mittelkörnig/mikrogranitisch. Die Einsprenglinge bestehen aus weißen, tafelig ausgebildeten Kalifeldspäten (Orthoklase, 1–5 mm, max. 2 cm) und fettig glänzenden Quarzkörnern (1–3 mm, max. 5–7 mm). Untergeordnet treten leistenförmige Plagioklase und Biotite auf. Obst et al. (2001) erwähnen 1–2 mm große Granate. Eine kluftstatistische Analyse bestätigt ein vom normalen NNW-SSE-Streichen der Mittelharz-Gänge abweichenden E-W-Verlauf dieses Gangabschnitts. Die Gänge drangen im Unter-

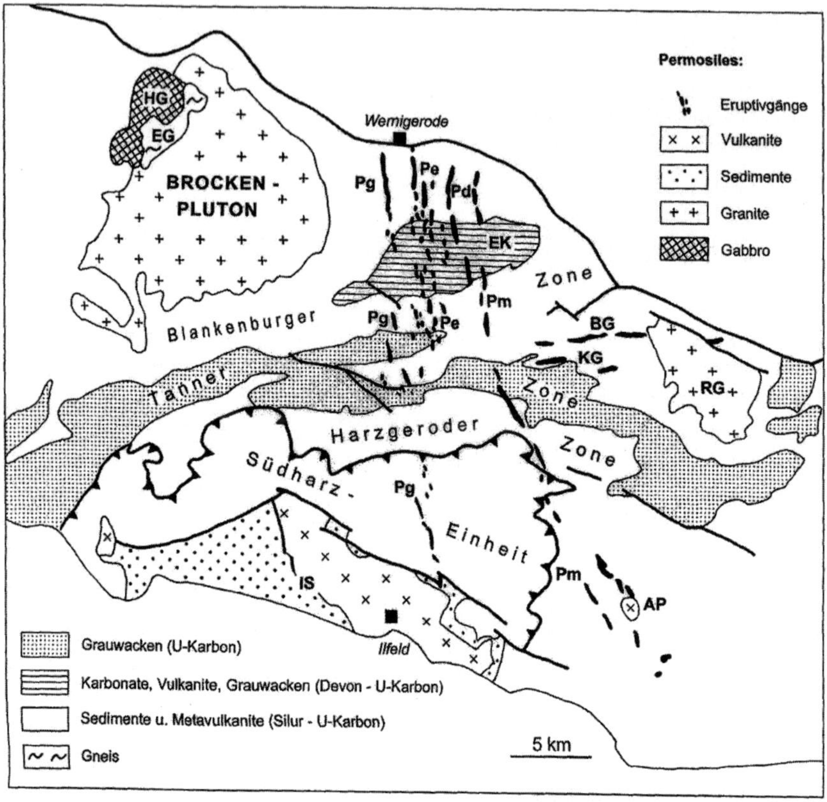

Abb. 4.10: Verbreitung der unterpermischen Mittelharz-Gänge (Obst et al. 2001). AP- Auerberg-Porphyr, Pg- Granitporphyre (Rhyolithe), Pe- Enstatit-Porphyrite, Pd-Diorit-Porphyrite, BG- Bodegang, KG- Bodetal-Kersantit, IS- Permische Vulkanite des Ilfeld-Beckens, RG- Ramberg-Granit, HG- Harzburg-Gabbronorit, EG- Ecker-gneis.

perm in sich öffnende NNW-SSE bis E-W streichende Spaltenzüge ein und bilden schwarmartig auftretende Vulkanitgänge. Die Ergussformen der Zufuhrspalten (Quell- und Staukuppen, Deckenergüsse) sind im Elbingeröder Raum durch die Erosion entfernt (Abb. 4.10).

Die Staumauer der Überleitungs-Talsperre an der ehem. Gr. Trogfurter Brücke K.: R 44 17 535, H 57 34 130

Die Staumauer wurde im Mittelharzer Rhyolith gegründet, der am luftseitigen Fuß der Staumauer und am Forstweg ansteht. Der Stausee nimmt die Wässer der Warmen und der Kalten Bode auf. Die Sperre hat die Aufgabe, die Bode so hoch anzustauen, dass Überschusswässer im freien Gefälle durch den nach SE getriebenen, 1,7 km langen Überleitungsstollen zum Hauptbecken der Rappbodesperre abfließen können (vgl. Informationstafeln). Die heute vom Stausee bedeckte Gr. Trogfurter Brücke bildete seit dem Mittelalter ein bedeutendes Verkehrskreuz an der alten Handelsstraße zwischen Italien und Skandinavien.

Von Elbingerode führt ein Fahrweg (Torstraße) von der B 27 nach S zur Überleitungssperre, vorbei am E-Ende des Neuen Tagebaus der FELS-Werke GmbH (Aussichtspunkt mit Schautafel). Von dort Blick nach W in den ca. 1 km^2 großen und 60 m tiefen Tagebau mit Brocken-Panorama im Hintergrund. Im modernsten Kalksteintagebau Europas werden jährlich 1,5 Mio t Kalkstein gewonnen.

Bequem erreicht man die Überleitungssperre direkt von Königshütte aus, indem man die Brücke über die Kalte Bode überquert und der Bodetalstraße nach rechts folgt. Das Gesteinsprofil am N-Ufer (asphaltierte Straße) wird von der Sperrmauer im E (A4/12 bis A4/13) nach Königshütte im W beschrieben.

A4/11

Lage: 1 km auf dem Wanderweg von der Staumauer der Überleitungssperre Königshütte zur Ruine Susenburg (Geopark 13/9), K.: H 44 18 080, H 57 37 810.

Aufschluss: Quarzit-Felsplateau mit Sicht in das Bodetal, Burgruine.

Beschreibung: Der Quarzit gehört zu den isolierte Klippen bildenden, früher als unterdevonischer Hauptquarzit (Ems) bezeichneten, weißen, feinkörnigen und massigen Sandsteinen. Ein jüngeres devonisches Alter und die Zugehörigkeit als Olistholith zum Hüttenrode-Olisthostrom ist nicht auszuschließen (Reichstein 1961). Die Steine der Burg dienten im 18. Jh. als Baumaterial für die Erneuerung der Gr. Trogfurter Brücke.

Goethe schrieb am 07. Sept. 1784 in sein Reisetagebuch: „Susenburg.... fand sich eine quarzige Gesteinsart.... es ist ein graulicher Quarz, in den weiße Quarzkörner eingesprengt sind; in dem nächsten Wäldchen scheint wieder Schiefer zu wechseln. Auf der Susenburg steht dieses Gestein auf dem Schiefer und setzt mit einem Rücken bis an die Bude hinab, die merklichen Trennungen desselben streichen hor. 7, und das Fallen der Bänke ist gegen Abend."

A4/12
N-Ufer der Überleitungssperre Königshütte zwischen der Sperrmauer und der Einmündung des Papenbachs (1,8 km)

Lage: N-Ufer, ca. 1,8 km langer Profilabschnitt entlang dem Fahrweg vom Damm der Überleitungssperre bis zum Einlauf des von N kommenden Papenbachs (K.: R 44 15 840, H 57 34 880).
Aufschlüsse: Anschnitte im Hüttenrode-Olisthostrom.
Beschreibung: Unter den Olistholithen im Hüttenrode-Olisthostrom (Unterkarbon) befinden sich sowohl Gesteine aus dem **Elbingerode-Komplex** (Metabasalte, Keratophyre, Riffkalksteine (Unteres Mitteldevon bis Oberdevon) als auch aus den **Rahmenschiefern.** Zu ihnen gehören die Bunt- und Kieselschiefer (Oberdevon), Flinzkalke und Quarzite (Oberes Mitteldevon bis Oberdevon), Wissenbachschiefer mit Diabasen und spilitischen Metabasalten (Unteres Mitteldevon) und Kalkgrauwacken (Oberes Unterdevon). In Ton- und Kieselschiefern belegen Mikrofaunen mit oberdevonischen Conodonten und mittel- bis oberdevonischen Tentakuliten und Ostrakoden eine breite Altersspanne der eingetragenen Sedimente. Es können mehrere tektonische Schuppen unterschieden werden.

Die Aufschlüsse beginnen am Haus der Talsperrenaufsicht. Hier wurden gelbliche und rötliche Tonschiefer erschürft, in denen von Reichstein (1958) Conodonten des Oberdevons nachgewiesen wurden. Blumenstengel (1974) bestätigte mit Hilfe von Tentakuliten und Ostrakoden das oberdevonische Alter. Längs der Straße nach W sind am flachen Hang kleine Schurfstellen mit dunklen ruscheligen und plattigen Schiefern, aber auch mit „bunten" mittel- bis oberdevonischen Tonschiefern zu finden. Weiter treten Quarzite, Kalksteine, sowie fein- bis mittelkörnige Spilite und Diabase auf. 300 m vor Erreichen der Einkerbung des Papenbaches sind Metabasalte besonders angehäuft.

A4/13-1 bis A4/13-3

Lage: N-Ufer Überleitungssperre Königshütte; ca. 600 m des Fahrwegs zwischen Papenbach und Ortseingang Königshütte, Geotop 4230/10.

Im Zuge der Anlage des anlässlich des Talsperrenbaus errichteten Fahrwegs wurden mehrfach die Hänge der im Stausee vereinigten Bode am Papenberg und am Katzenberg unterschnitten. So wurden in den Jahren zwischen 1965 und 1980 die Lagerungsverhältnisse im Hüttenrode-Olisthostrom zugänglich (Lutzens 1972, Schwab 1976). Das Olisthostromgefüge war deutlich zu erkennen, die Zuordnung der Olistholithe zu einem submarinen Schlammstrom plausibel zu erläutern. Dieses im südlichen Rahmen des Elbingerode-Komplexes gelegene und leicht zugängliche Exkursionsziel wurde ein für die Demonstration der Umdeutung der Lagerungsverhältnisse im Ostharz wichtiger Ort.

A4/13-1

Lage: E-Seite der Einmündung des Papenbachs in den Stausee. K.: R 44 15 840, H 57 34 880.
Aufschluss: Hoher Felsanschnitt in der Kurve der Forststraße.
Beschreibung: Unregelmäßiger Wechsel von Gerölltonschiefern der Olisthostrom-Matrix mit eingelagerten einzelnen größeren Olistholithen. Gelblichgrüne, teils schlierig mit der Matrix verknetete Tonschiefer (Oberdevon nach Conodonten) führen phacoidal geformte bis schichtige Einschaltungen von hellgrauen, glimmerreichen Quarziten und sandigen Kalksteinen. Ferner sind Kieselschiefer (Oberdevon) und Vulkanite eingelagert (Diabas, Spilit, Keratophyr- und Metabasalttuffe, Mitteldevon). Das Olisthostrom ist verschuppt mit dunklen Tonschiefern vom Typ der Wissenbachschiefer des unteren Mitteldevons (Lutzens 1972, Lutzens 1973 und Schwab 1976).

An der W-Seite des Papenbachs führt ein Wanderweg zur Ruine der mittelalterlichen Königsburg Bodfeld (1,5 km).

A4/13-2

Lage: 200 m W der Einmündung des Papenbachs (=150 m W von A4/13-1).
Aufschluss: Anschnitt der Forststraße.
Beschreibung: ca. 60 m mächtiger, NNW-SSE (70/80) streichender kleinkristalliner Mittelharz-Rhyolithgang mit zwei geringmächtigen Nebengängen (50–75 cm). Die geringe Schleppung der Schiefer am aufgeschlossenen W-Kontakt K.: R 44 15 630, H 57 34 860 zeigt, dass die Spalten durch sinistrale Scherung (blattverschiebend) geöffnet wurden. Der Gang ist im Unterperm diskonfom in das Hüttenrode-Olisthostrom eingedrungen, welches in Klippen beidseitig des Vulkanitgangs auch partiell erschlossen ist. In plattige Schiefer (120/55) sind Olistholithe von Quarziten, Buntschiefern (Conodonten, Oberdevon) und von Keratophyren enthalten.

A4/13-3

Lage: Klippen 150 m E des Pumpwerks von Königshütte. K.: R 44 15 520, H 57 34 880.
Aufschluss: Anschnitt an der Forststraße.
Beschreibung: Anschnitt eines mehrere Meter großen fossilreichen Kalkgrauwacke-Olistholithen (Abb. 4.13-3) mit zahlreichen Brachiopoden-, Muschel-, Korallen- und Crinoidenresten sowie röhrenförmigen Spurenfossilien mit undeutlichen Grabgängen (Unterdevon, Ems).

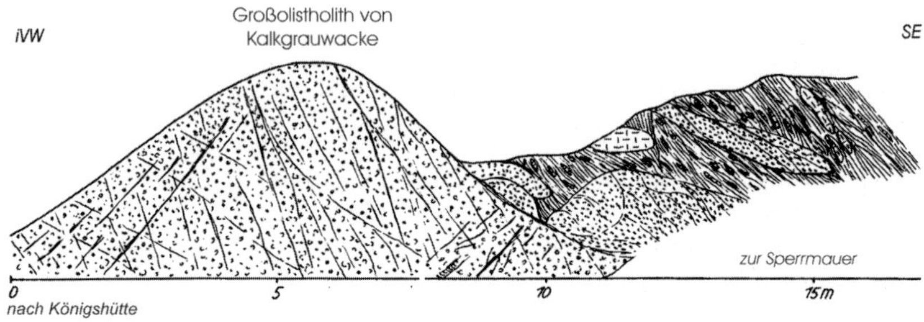

Abb. 4.13-3: Querschnitt durch einen großen Kalkgrauwacke-Olistholithen innerhalb des Hüttenrode-Olisthostroms (Hintergrund). N-Ufer des Stausees der Überleitungssperre Königshütte. E-Ausgang von Königshütte, Geotop 4230/10. Geol. Aufnahme: Schwab (1976).

A4/14 und A4/15 Königshütte-Mulde

Königshütte ist der Ortsname für die seit 1936 vereinigten ehemaligen Eisenhüttenstandorte Königshof, Neue Hütte und Rothehütte. Sie gehörten zusammen mit Mandelholz (heute OT von Elend) zu den an der Kalten Bode unterhalb der Zuflüsse von Wormke (Mandelholz) und Steinbach (Rothehütte) gelegenen Verhüttungsplätzen.

A4/14

Lage: Königshütte-Königshof, SW-Hang des Katzenbergs, Zugang über Tanner Straße.
Aufschluss: Aufgelassener, bewachsener Steinbruch in Kulm-Grauwacken: Geotop 4230/9; K.: R 41 14 997, H 57 34 940.
Beschreibung: Der Steinbruch liegt an der SE-Flanke der Königshütte-Mulde. Er schließt an seiner S-Wand unterkarbonische Grauwacken und Grauwackenschiefer in Wechsellagerung auf (cu IIIα). Das Alter ist durch *Archaeocalamites radiatus* belegt (Zöllich 1939). Die mittel- bis grobkörnigen Grauwacken führen in der Grundmasse bis zu 6 mm große, kantengerundete Quarzkörner und kaolinisierte Feldspäte. Lagenweise gehäuft treten 0,5 bis 2 cm große Ton- und Kieselschiefergerölle auf.

Sedimentäre Gefüge, wie Korngradierung, Schräg-, Flaser-, Linsen- und Rippelschichtung sowie Schichtflächenmarken auf den Schichtunterseiten (Belastungs- und Strömungsmarken) verweisen auf die Sedimentation innerhalb eines Flyschfächers. Der Transport des Gesteinsmaterials erfolgte in weitflächigen Wildflusssystemen (braided rivers) über küstennahe marine Deltas ins Meer. Von dort wurde das Material in submarinen Trübströmen und Stromfächern (fans) die Kontinentalhänge hinab geführt und zu den bis in die Tiefsee reichenden Kontinentalfüßen verfrachtet.

Auf dem Transportweg trennten sich die schweren bzw. groben Korngrößen der Gesteinssubstanz von leichterem und feinkörnigerem Material, welches weiter ozeanwärts transportiert wurde. Die zyklische Gradierung dieser Ablagerungen wird nach ihrem Entdecker „Bouma-Zyklen" genannt. Die Flyschfazies leitete die Konvergenzphase der variszischen Gebirgsbildung in Mitteleuropa ein.

A4/15

Lage: Königshütte-Königshof „Schweizer Haus", E-Ufer der Kalten Bode, W-Hang des Katzenbergs. K.: R 44 14 855, H 57 35 210.
Aufschluss: Klippen entlang der Kalten Bode.
Beschreibung: Im N-Teil des Vorkommens treten Riffkern- und Schuttkalke des oberen Mitteldevons (Givet) und unteren Oberdevons (Frasne/Famenne) in einem sich über ca. 170 m NW-SE erstreckenden, aus einzelnen Klippen bestehenden Profil zutage (Weller 1989a). Der Riffkern-Bereich befindet sich im SE-Abschnitt mit einem hohen Anteil an feinkörniger dunkelgrauer Matrix und von Riffschutt, der Bruchstücke von tafeligen und ästigen Stromatoporen enthält. Häufig sind Crinoiden und Einzelkorallen (Rugosa). Die zentrale Klippe führt im Riffschutt laminierte Stromatolithkörper (1 bis 2 m), sowie solitäre Rugosa und Brachiopoda (*Atrypidae*, *Stringocephalus*). Auf der Klippe am „Schweizer Haus" dominiert Riffschutt mit reichlich solitären Rugosa. In den nördlichsten Klippen an der Uferböschung und im Bodebett finden sich steil nach NW einfallende laminierte Stromatolithe (Givet), überlagert von dichten Pelagiten mit lagenweise massenhaft auftretenden Ostracoden und Conodonten der mittleren *crepida*-Zone (Oberdevon, IIα, Famenne).

A4/16 bis A4/19
Der Elbingerode-Sattel

Der mit Kulmgesteinen gefüllten schmalen Königshütte-Mulde (Aufschluss von Tonschiefern/Unterkarbon an der B27, NE-Ausgang von Königshütte) folgt nach NW der Elbingerode-Sattel. In dessen Kern tritt an der NW-Ausfahrt von Königshütte die Obere Schalsteinserie aus, welche von Erosionsresten des Elbingerode-Riffs überlagert wird. Nach Weller (1989a) wurde die submarine Königshütte-Schwelle von nur ca. 50 m mächtigen Außenriffschuttkalken des Atollstadiums überzogen, was bereits Reichstein (1959) als „Erosionsanschnitt der unmittelbaren Scheitelregion" der Schwelle bezeichnete. Das Hämatiterzlager Wormke (A4/18-1) hielt er für eine Initialbesiedlung des Riffs. Über den Vulkaniten lagern hellgraue Riffschuttkalke (Lutzens 1967b). Das Alter der Riffkalksteine bewegt sich nach Weller von der *varcus*- bis zur *disparilis-asymmetricus*-Zone (mittleres bis oberes Givet).

A4/16

Lage: N-Ortsausgang Königshütte–OT Rothehütte, ehem. Scheunenhof; 100 m S der Eisenbahnbrücke über die B 27. K.: R 44 14 230; H 57 35 836.
Aufschluss: Felswand unterhalb NSG Bockberg, Geopark 13/7, Geotop 4230/6.
Beschreibung: Hämatitisierte und karbonatisierte Keratophyrlaven und Hyaloklastite/Vulkanoklastite (Tuffe) der oberen Schalsteinserie (Mucke 1973). Im gesamten Bereich treten dunkelgrün bis grau verwitternde Keratophyre in Form von vulkanischen Bomben und Blockagglomeraten auf. Scharfkantige Lavabrocken sind mit nussgroßen Lapilli und feinkörnigen Tuffen vermengt. Auch Fragmente spilitischer Laven, erkennbar an mit Kalzit und Chlorit gefüllten kleinen Gasblasen, sind in den Pyroklastika vertreten. Kugelig-schalige Absonderungsformen charakterisieren den Schalstein. Mobilisierte Fe-reiche Lösungen folgen faziell und tektonisch bedingten Wegsamkeiten.

In den Ruhephasen des Vulkanismus kam es zu ersten Ausscheidungen von Calciumkarbonat, welche auf freien Oberflächen und in Hohlräumen zum Absatz von weiß- und rosafarbenen Zementen, Kalkkrusten und Kalksteinlinsen führten. Rhythmite, welche die flache Lagerung innerhalb der geschieferten Gesteine zu rekonstruieren helfen, bestehen aus fossilfreien rosa gefärbten Mikriten. Sie führen reichlich Chloritschuppen und Hämatitflocken. Erste Stromatoporen und Crinoiden fanden in diesem Milieu einen Lebensraum.

A 4/17

Lage: Königshütte, W-Ortsausgang des Ortsteils Neuehütte, N-Seite der B27, S-Hang des Bastkopfs bzw. W-Hang an der Einmündung des Steinbachs. K.: R. 44 13 452, H. 57 34 840.
Aufschlüsse: W-Seite des Tals: ehem. Steinbruch, Geotop 4230/7. An der E-Talseite des Steinbachs stehen bereits verschieferte tuffogene Schalsteine der Unterlage der Kalksteine in mehreren Klippen an.
Beschreibung: Der seit den 1950er Jahren aufgelassene kleine Steinbruch wurde zum Abbau von Baumaterial, sowie zur Gewinnung der im Liegenden der Kalksteine befindlichen Lapillituffe der mittleren Schalsteinserie als Dekorations- und Schmucksteine angelegt. Zuletzt wurden die von roten Hämatit- und dunklen Magnetitadern durchsetzten, dunkel- bis hellrot und weiß gemaserten, polierfähigen Kalksteine gewonnen.

A4/18
Mandelholz, Spuren des Eisenerz-Altbergbaus im Königshütter Revier.

Anmerkung: Das Aufsuchen von Spuren des Altbergbaus setzt neben Sachkenntnis stets Vorsicht voraus. Verbotsschilder sollten strikt beachtet und Kinder beaufsichtigt werden! Siehe auch Informationstafeln im Rahmen des „Montangeschichtlichen Rundwanderwegs im Bodfeld“.

Im Tal der Wormke zu den Resten des Bergbaus der dort abgebauten Roteisenerzlager. Das Gelände birgt Abbaupingen, Stollenmundlöcher und Bergehalden. Der Abbau ging vom späten 17. bis ins 19. Jh. um. Zeitgleich entwickelten sich Erzverhüttung, Köhlerei, Holzwirtschaft und die Transportwege. Ausgehend von der Gewinnung des Erzes in kleinen Pingen im „Eisernen Hut“ der Lagerstätte, konzentrierte sich später der Abbau auf zwei größere Tagebaue, den kleineren „Blanke Wormke“ (A4/18-1) und den nördlich gelegenen größeren Tagebau „Bunte Wormke“ (A4/18-2). Im Erstgenannten baute man das flach nach NW abtauchende Roteisenerzlager mit Hämatit, Magnetit und Pyrit, im zweiten Tagebau den mit Roteisen vererzten Keratophyr der Schalsteinserie ab. Nach dem 2. Weltkrieg wurde die Lagerstätte erneut erkundet. Es konnten Eisenerzlager mit Pyrit (Schwefelkies, FeS_2) und Roteisenerz (Fe_2O_3), aber keine bauwürdigen Erzvorräte nachgewiesen werden (Lutzens & Burchardt 1972, Stedingk 2002 et al., Informationstafeln).

A4/18-1

Lage: Mandelholz, 100 m N des Gasthofs im Wormke Tal. K.: R 44 12 000, H 57 35 270.
Aufschluss: ehemaliger Tagebau (Pinge) „Blanke Wormke“.
Beschreibung: Nach Mucke (1973) wurde zwischen mitteldevonischen Lapillituffen und oberdevonischen Tonschiefern ein mehrere Meter mächtiges Erzlager der mittleren Schalsteinserie angetroffen. Es handelt sich um kieselige Roteisenerze mit 32 bis 42 % Fe-Gehalt (Erdmannsdoerffer 1926). Auffällig sind die Durchtrümerung des oxidischen Erzes mit Pyrit und das Vorkommen von Magnetit, entstanden aus Hämatit durch Kontaktmetamorphose, ausgehend vom benachbarten Keratophyrstock.

In Klippen am S-Rand des Zugangs zur Blanken Wormke und am Weg unmittelbar am S-Ende der Pinge stehen Fossilien führende Trümmerkalke mit kalkigem oder Hämatit schüssigem Bindemittel an. Letzteres ist lokal pyritisiert oder verkieselt. Auch im Bereich des Stollen-Mundlochs am S-Ende der Blanken Wormke und im Pingenfeld zur Bunten Wormke stehen limonitisierte Lapillituffe an. Erzhaufen enthalten massiges hämatitisches Trümmererz und kalkiges Roteisenerz mit Fossilien. Mit Brauneisenmulm (Limonit) gefüllte Vertiefungen weisen auf ehemalige pyritisierte Zonen hin.

A4/18-2

Lage: Von der Blanken Wormke 200 m das Wormke Tal aufwärts. K.: R 44 11 100, H 57 35 440.
Aufschluss: ehemaliger Tagebau (Pinge) „Bunte Wormke".
Beschreibung: In der W-Pinge der Bunten Wormke befinden sich Lapillituffe der Mittleren Schalsteinserie. In der Hauptpinge stehen Keratophyre und Keratophyrbrekzien (Klippen am Pingen-Nordrand) an. Hämatitreiches Bindemittel ist von Klüften ausgehend lokal pyritisiert. Der Name Bunte Wormke rührt von der hellen Fleckung des Erzes durch erzfreie Partien im Keratophyr her. Der Fe-Gehalt des mit Pyrit und mit Roteisen vererzten Keratophyrs beträgt ca. 32 % (Erdmannsdoerffer 1926).

Weiter aufwärts befinden sich im Wormketal die Reste des Wormke-Staudamms, dessen Anlage auf das 15. Jhdt. zurückgeht. Die Anlage lieferte das Brauchwasser für die an der Bode gelegenen Eisenhütten „Zur Bast" (1471), „Neuehütte" (um 1500), „Lüdershof" (1506) und „Rothehütte" (1678), in denen Erze vom Büchenberg (N von Elbingerode) verhüttet wurden. Der 115 m lange und 10 m hohe Damm wurde 1855 durch ein Unwetter zerstört und nicht wieder erneuert (Informationstafel).

A4/19 bis 4/26
Metabasalte und Keratophyre an der NW-Flanke des Braunesumpf-Sattels

Wir erinnern an die Petrographen und Geochemiker Carl-Dietrich Werner und Hans Jürgen Rösler und ihre grundlegenden Arbeiten zu den variszischen Magmatiten im Mittelharz (Rösler & Werner 1979, Werner 1995).

Diese Exkursion folgt einer von D. Mucke ausgearbeiteten Exkursion der Gesellschaft für Geologische Wissenschaften der DDR aus dem Jahre 1973. Sie basiert auf den Dissertationen von Dieter Mucke und Horst Scheffler.
Die paläozoischen Vulkanite im Elbingerode-Komplex werden zwei magmatischen Einheiten, der „Spilit-Diabas-Gabbro-Formation" und der „Keratophyr-Mikrosyenit-Formation", zugeordnet. Ihr Entstehungsraum ist der Rhenoherzynische Trog der mitteleuropäischen Varisziden. Dieser „initiale" variszische magmatische Zyklus begann im Mitteldevon (unteres Eifel) mit der Eruption von submarinen, intermediär bis sauren Keratophyr- und Quarzkeratophyr-Laven und Vulkaniklastiten (Tuffen), verbunden mit syenitischen Intrusiva (Basisgruppe). Sie wurden abgelöst von submarinen basaltischen bis alkalibasaltischen Laven und Tuffen, den Spiliten (höheres Eifel bis unteres Givet). Danach wurden nochmals intermediäre Keratophyre gefördert (höheres Givet/Haupgruppe). Abgeschlossen wurde die submarine vulkanische Tätigkeit im Tournai (unteres Unterkarbon) mit der Förderung metabasaltischer Deckdiabase und rhyodazitischer bis rhyolithischer Kristalltuffe (Dachgruppe). Die Vulkanite erreichten 500 bis 1.000 m Mächtigkeit (Mucke 1973, Rösler & Werner 1979). Im Elbingerode-Komplex ist dieser vulkanische Zyklus zwischen dem unteren Eifel und dem Tournai (tiefes Unterkarbon) komplett entwickelt. Die Bildung der sedimentär-exhalativen Eisenerzlagerstätten „Büchenberg", „Braunesumpf" und „Bolmke"

sowie der Pyritlagerstätte „Drei Kronen und Ehrt“ ist an die Hauptgruppe gebunden (Scheffler 1965, 1975).
Ausgangspunkt der Fußexkursion ist die Siedlung Eggeröder Brunnen, die als Ortsteil von Elbingerode auch Jasperode genannt wird (zu Ehren des 1945 im KZ Bergen-Belsen umgekommenen Ministerpräsidenten des Landes Braunschweig Heinrich Jasper , SPD). Anfahrt von Elbingerode über die K 1347 in Richtung Heimburg, Abzweigung im Drecktal am Drei-Herren-Stein nach rechts in Richtung Eggeröder Brunnen. Von Rübeland (1,8 km) und Elbingerode-Galgenberg (2,2 km) führen Wanderwege über die Elbingeröder Hochfläche zum Eggeröder Brunnen.
Von der Siedlung Eggeröder Brunnen dem Herzogsweg folgen bis ca. 300 m E der Kreuzung mit dem Silberbornsgrund, von dort in das Rippenbachtal hinunter zum Klostergrund und in diesem über die Klosterruine Volkmarskeller, vorbei am Mittelberg, zurück zum Ausgangspunkt in Jasperode.

A4/19

Lage: Herzogsweg, 185 m NE seiner Abzweigung vom Klostergrund.
Aufschluss: Klippe.
Beschreibung: Ungeschichtete spilit-agglomeratische Lapillituffite der unteren Schalsteinserie mit grüngrauer, karbonatarmer Silikatmatrix. Steil stehender (80°N), 0,8-1,0 m mächtiger Spilitgang.

A4/20

Lage: Herzogsweg, 550 m E Abzweigung vom Klostergrund. K. R 44 21 730, H 57 39 275.
Aufschluss: Klippen.
Beschreibung: Schichtig angeordnete, schwach gegen SE einfallende Spilit-Pillowlava, agglomeratische Vulkanoklastite, lapillituffitische Blockagglomerate bis blockagglomeratische Lapillituffite der unteren Schalsteinserie.

A4/21

Lage: Unterhalb des Herzogswegs, 185 m ab Wegknick nach S. K.: R 44 22 520, H 57 39 395.
Aufschluss: Klippen am linken Hang des Rippenbachs.
Beschreibung: Pillow- und blockagglomeratische Lapillituffe der unteren Schalsteinserie werden von einem NE-SW streichenden, seigeren Spilit-Fördergang (5 m) der mittleren Schalsteinserie durchschlagen. Vom Hauptgang zweigt eine ca. 0,8 m mächtige schichtparallele Apophyse lagergangartig in die Lapillituffe ab.

A4/22

Lage: Kreuzung des Herzogswegs mit dem Rippenbach. K.: R 44 22 680, H 57 39 245.
Aufschluss: Auflässige Schotterbrüche.
Beschreibung: Stark gestörter, grüngrauer, erzreicher feldspatporphyrischer Mikrosyenit (Keratophyr) mit Schuppe von dunkelgrauem Wissenbach-Tonschiefer.

A4/23

Lage: Klostergrund, rechter Hang des Rippenbachs, 250 m S der Einmündung in den Klostergrund. K.: R 44 22 550, H 57 39 540.
Aufschluss: Bacheinschnitte.
Beschreibung: Pillowlava (grauer Mandelspilit) wird unterlagert von ca. 20 m mächtigem kompakten Spilit. Die mandelförmigen Einschlüsse bildeten sich durch Entgasung der sich abkühlenden Lavaströme. Bei weiterer Abkühlung drangen mineralisierte Fluide ein, aus denen sich Calcit und Minerale der Chlorit-Gruppe ausschieden. Die Verformung der ursprünglich eher kugelförmigen Gasbläschen zu Ellipsoiden erfolgte durch die Auflast weiterer Laven oder tuffogener Gesteine.

A4/24

Lage: Klostergrund, linker Hang Rippenbachmündung. K.: R 44 22 605, H 57 39 750.
Aufschluss: Klippen.
Beschreibung: Im Hangenden von Pillowlaven des Klostergrunds (mittlere Hauptgruppe) entstanden durch den Kontakt mit Meerwasser brekziierte Laven und Blockagglomerate. Die violettbraunen, schlackigen Spilitbruchstücke wurden durch ein karbonatisches, Hämatit führendes Bindemittel zementiert.

A4/25

Lage: Klostergrund, linker Hang, 300 m E Volkmarskeller. K.: R 44 22 570, H 57 39 875.
Aufschluss: Bergbaurelikte.
Beschreibung: Ungestörter Verband von Schalstein, auflagerndem Erzlager der oberen Schalsteinserie, gefolgt von „Stringocephalen-Kalk". Die im Hangenden des Erzlagers in kleinen Pingen ausstreichenden Kalksteine sind Bildungen des Atollstadiums, meist Riffschutt der *varcus*-Zone (höheres Givet). Grauer Riffschutt der *hermanni-cristatus*- bis *disparilis*-Zone im Hangenden

zeigt bereits den Übergang in das Demergenzstadium des Riffatolls an (Weller 1989a).

A4/26

Lage: Klostergrund, rechter Hang des Rippenbachs, K.: R 44 22 705, H 57 39 745, Geotop 4231/10.
Aufschluss: Ibenklippen (Reichstein 1959, Abb. 6).
Beschreibung: Vom Hangenden zum Liegenden folgen an den Ibenklippen auf Kulmton- und Kulmkieselschiefer (Tournai-Unteres Visé), Cypridinenschiefer (Famenne) und Kalksteine des Lagerhorizonts (Givet) (Reichstein 1959). Die Kieselschiefer gehören zu den Lyditen der Ahrenfeldfazies. Hämatit führende Pelagite der mittleren *varcus*-Zone (unteres Givet) lagern den Keratophyr-Pillowlaven auf (obere Schalsteinserie). Die Lava-Kalksteingrenze ist durch die variszische Verformung steil aufgerichtet (20/80).

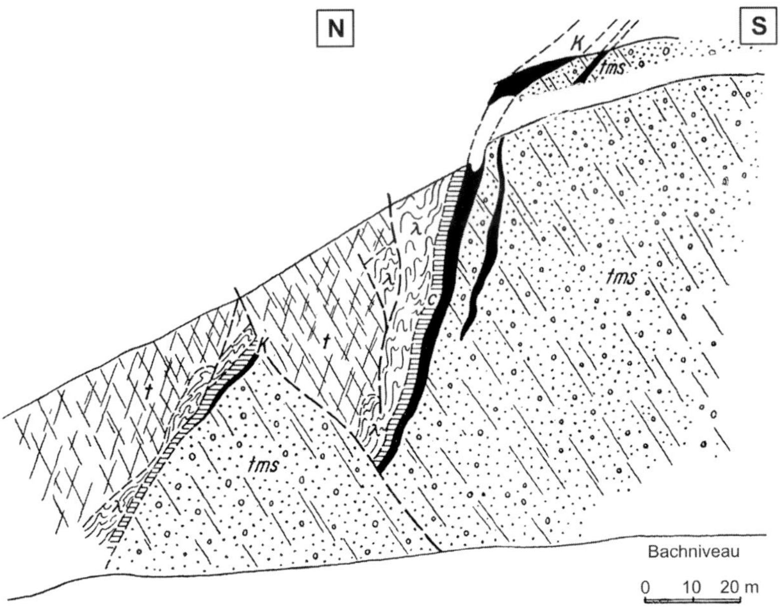

Abb. 4.26-1: Die N-Flanke des Braunesumpf-Sattels im Klostergrund an den Ibenklippen (Reichstein 1959). t – Kulmtonschiefer (?); λ – Kulmkieselschiefer (?);c – Cypridinenschiefer; K – Kalk des Lagerhorizonts (Oberdevon bis Oberes Mitteldevon); tms – Schalstein / Mittel-Devon.

Durch Detailstudien gelangen Reichstein und Weller hier die paläogeographische Rekonstruktion der Riffentwicklung. Von der mittleren *varcus*- (Unteres Givet) bis zur *Ancyrodella triangularis*-Zone (Frasne, Unteres Oberdevon) baut sich eine als „Ibenrückriff" bezeichnete Entwicklung (Weller) auf, die vom Scheitel des Riffs (Silberbornsgrund) mit Kalk-Sanden und Crinoidenkalken (ca. 1,8 m) der *varcus*-Zone beginnend, an seiner N-Flanke (Klostergrund) mit Hämatit führendem Riffschutt (8 m mächtig) endet. Reichstein (1959) beschrieb aus lithofazieller Sicht einen im unteren Profilteil auftretenden gering mächtigen (> 2 m) korallenarmen und wenig vererzten grauen Kalkstein, der in den obersten Hangpartien der Ibenklippen bei zunehmender Korallenführung auf 8 m Mächtigkeit anschwillt. In diesem Zusammenhang konnte er in den oberen Kalklagen eine Fauna des tieferen Oberdevons mit *Palmatolepis triangularis*, heute *Ancyrodella triangularis* nachweisen. Die Bearbeitung der Korallen erfolgte durch D. Weyer.

Der Rückweg im Klostergrund zum Eggeröder Brunnen führt am Volkmarskeller (Karsthöhle, Geotop 4231/18), historisch belegt seit dem 10. Jahrhundert, und am Mittelberg vorbei. Hier befinden sich die ältesten Zeugen für die Eisenerzgewinnung im Elbingeröder Revier. Sie werden auch auf das 10. Jhdt. datiert und erinnern an den Bergbau an der NW-Flanke des Braunesumpf-Sattels, Geopark Landmarke 8, Geopunkt 12).

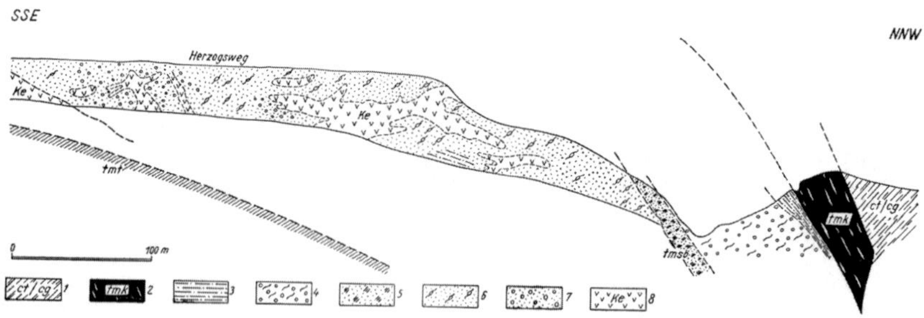

Abb. 4.26-2: Schnitt durch die NW-Flanke des Braunesumpf-Sattels vom Rippenbachtal bis zum Einschnitt des Klostergrunds (Reichstein 1959). 1 – Kulmtonschiefer (ct) und Grauwacke (cg), 2 – Kalkstein (tmk mit Roteisenerz, 3 – feingeschichteter Lapillituff, 4 – Pillowlava mit Lapillituff (Hyaloklastit), 5 – Keratophyr-Brekzientuff (tmsb), 6 – Schalstein mit Lapilli, 7 – Schalstein mit Bomben, 8 – Keratophyr (Ke).

Exkursion 5: Die Umgebung von Nordhausen im Südharz

Thematische Schwerpunkte

Von Nordhausen aus kann das flach nach S in das Thüringer Becken einfallende Deckgebirge (Zechstein/Trias), das unterlagernde Rotliegend des Ilfeld-Beckens sowie der variszische Unterbau des Harzes besucht werden. Schwerpunkte der Exkursion 5 sind die auf der variszischen Einebnungsfläche mit Winkeldiskordanz flach auflagernden Gesteine des Ilfeld-Beckens (Unterperm, Rotliegend) und des Zechsteins sowie Beispiele des variszischen Unterbaus und der hydrothermalen Gangmineralisationen von Ilfeld.

A5/1

Lage: Nordhausen, Stolberger Straße (Endstation Straßenbahn). Von da 2 km auf der L 1038 bis zum Ortseingang von Petersdorf (Harzrigi).
Aufschluss: Überblick über das abgestufte Tafelland des Südharzvorlands (Goldene Aue, Thüringer Becken).
Beschreibung: Im Bereich des „Harz-Rigi“ verläuft die Schichtgrenze zwischen dem Zechstein der „Rüdigsdorfer Schweiz“ im N und dem im Hangenden in aufgelassenen Ziegeltongruben und Baugruben zutage tretenden roten Unteren Buntsandstein im S. Beide Schichtfolgen liegen konform zueinander und fallen flach nach S ein. Vom SW-Ortseingang von Petersdorf und vom Harz-Rigi aus hat man freien Blick zum Nordrand des Thüringer Beckens mit den markanten Geländestufen des Mittleren Buntsandsteins (Windleite, hinter der Stadt Nordhausen) und des Unteren Muschelkalks (Dün/Hainleite). Vom SW-Ortseingang Petersdorf ist auch die Pultscholle des Kyffhäusers mit ihrer markanten N-Kante (Kyffhäuser-Störung) zu sehen.

Weiterfahrt auf L 1038 nach Buchholz.

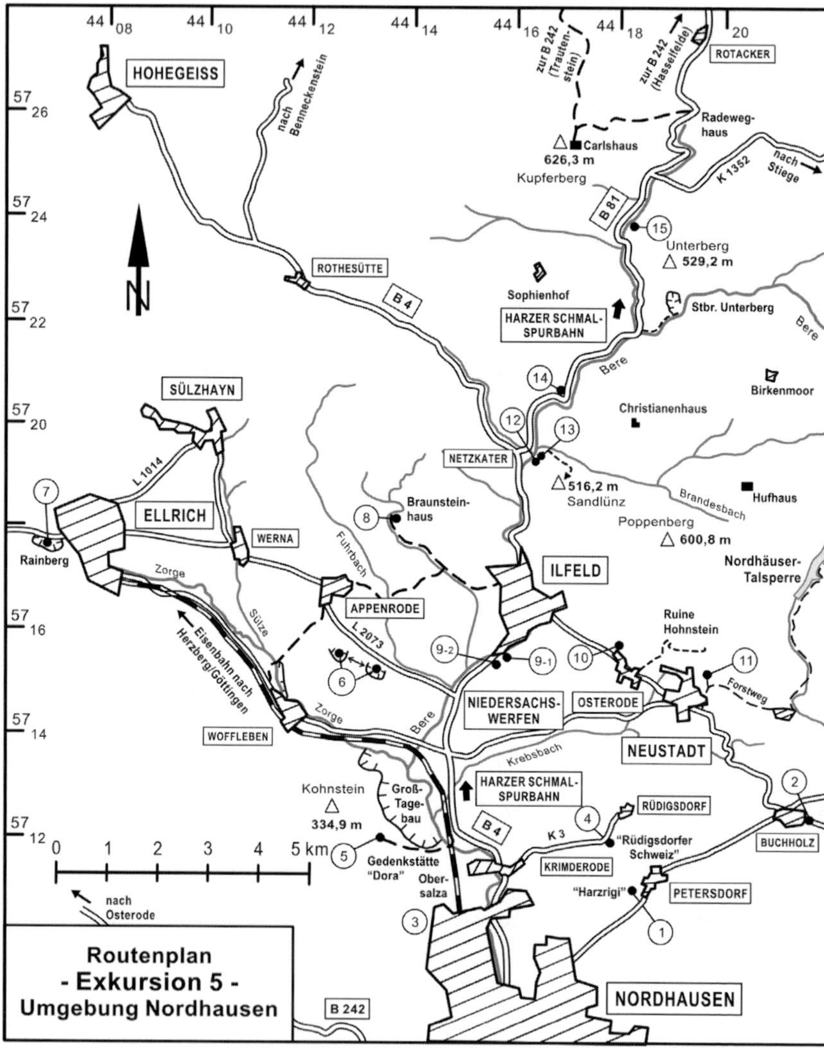

Abb. 5.0: Routenplan der Exkursion 5.

A5/7

Lage: W-Ausgang von Ellrich, S der L 601.
Aufschluss: Tagebau Ellrich-Rainberg im Sand der Walkenried-Formation.

Besichtigung nach Anmeldung: ELSA Ellrich-Sand GmbH, Walkenrieder Str. 1, Tel. 36332-20342.
Alternativ kann man den weit sichtbaren Aufschluss S der L 2073 zwischen Ellrich und Werna besuchen. Der lange Anschnitt am Cleysingsberg schließt Walkenrieder Sand, Zechstein-Konglomerat, Kupferschiefer und lokal den Werra-Dolomit (Zechstein-Kalk) auf.

Beschreibung: Im Tagebau wird der oberrotliegende Walkenrieder Sand (Walkenried-Formation) gewonnen, der die jüngste Sedimentation des Ilfeld-Beckens darstellt (Abb. 5.7). Die Walkenried-Formation bildet eine im Zentrum des Beckens bis zu 150 m mächtige, gering verfestigte, fossilfreie, mittel- bis feinkörnige und gut sortierte terrigene Quarzsandfolge. Zum Rand des Beckens schalten sich Fanglomerate aus Rotliegend-Material ein, welche als Schwemmfächer gedeutet werden und die Mächtigkeit der Sande nimmt zum Rand hin ab, ihre Korngröße zu. Charakteristisch ist die großbogige Schrägschichtung. Ungeklärt ist, ob es sich um Dünenbildungen oder um fluviatile Sande handelt. Im Hangenden der Walkenried-Formation folgt nach einer Schichtlücke und einer schwachen Erosionsdiskordanz marines Oberperm mit Zechstein-Konglomerat (0,3 m), Kupferschiefer (0,3 m) und Zechstein-Kalk (2,0 m). Rotliegend und Zechstein wurden infolge der jungmesozoischen Hebung des Harzblocks gemeinsam um ca. 20° nach S eingekippt. Kleine, diagenetisch verfestigte Karbonatknollen kennzeichnen als „fossile Wasserwaagen“ die ursprünglich Horizontale (Paul et al. 1997).

Weiterfahrt über Werna – Appenrode auf der Straße nach Ilfeld bis zur Schutzhütte am S-Hang der Frauenburg.

Lagerstätten im Ilfeld-Becken

A5/8

Lage: L 1073 zwischen Ilfeld und Appenrode, ca. 2,0 km W von Ilfeld führt an einer Straßenkehre ein befestigter Fahrweg im Silberbachtal nach NW zum Braunsteinhaus (Parkplatz). K.: R 44 13 570, H 57 18 255.
Aufschluss: am NE-Hang ca. 300 m vor Erreichen des ehemaligen Zechenhauses, des Braunsteinhauses, finden sich Halden mit Erzmaterial.
Beschreibung: NW-SE und E-W streichende Mineralgänge, die in der bruchmechanisch günstigen Ignimbritdecke als steile Klüfte und als netzartig verzweigte mineralisierte Störungen auftreten.

Tab. 5.0: Die Schichtenfolge des Ilfeld-Beckens nach Steiner (1966), Paul et al. (1997) und Paul (2005).

	Gliederung nach Steiner (1966 b).	Lithologie nach Steiner (1966b) und Paul (2005).		Gliederung nach Paul et al. (1997)
Ober-Rotliegend	**Ellrich Formation**	bis 80 m bis 60 m > 100 m	Fein- bis Mittelsand, Rhyolith-Konglomerate Sand- und Siltsteine.	**Walkenried-Formation**
Unter-Rotliegend	**Ilfeld Formation**	bis 50 m	Schuttfächer im Wechsel mit Tuffen und Tuffiten.	**Werna-Formation**
	Rhyolithe		Rhyolithstöcke v. Bad Sachsa und Bad Lauterberg.	
	Rhyodazite	bis 300 m	Rhyodazit-Laven im Wechsel mit Ignimbriten, Tuffen, Sandsteinen und Konglomeraten	**Sülzhayn-Formation**
	Schluffstein-Sandstein-Schichten (r 4)	bis 320 m	rote Siltsteine mit Einschaltung von Schill-Kalksteinen, pedogenen Kalksteinen u. Mikrobenmatten (max. 8 m).	**Baumgarten-Formation**
	Latit-Andesite	bis 90 m	Melaphyr von Ilfeld-Neustadt	
	Sandstein-Konglomerat-Schichten (r 3)	bis 30 m	Konglomerate u. Sandsteine mit Einschaltung von Peliten.	**Neustadt-Formation**
	Steinkohleführende Schichten (r 2)	bis 20 m	Konglomerate u. Sandsteine u. Ton- u. Siltsteine, Steinkohlenflöz (bis 2 m).	**Netzkater-Formation**
	Basis-Fanglomerat-Schichten (r 1)	bis 100 m	Fanglomerate im Wechsel mit sandigen Ton- u. Siltsteinen	**Fuchsburg-Formation**

Die Haldenproben zeigen, dass die Mineralisation in aufgelockerte Kluftzonen oder in von Fe-Mn-Oxiden ummantelte Gesteinsbrekzien anzutreffen ist. Fe- und Mn-Oxide sind durch Quarz, Karbonate und von noch jüngerem Baryt verheilt. Typische Proben sind auf der Halde, ca. 300 m SE des Braunsteinhauses, zu finden. Ein kleiner Gangaufschluss ist an einem verbrochenen

Stollenmundloch auf der SE-Seite des Talhangs, 100 m SE des Braunsteinhauses, erhalten (Geländeeinschnitt). Hier ist eine E-W streichende, steil nach S einfallende Gangstörungszone entwickelt.

Die dort anzutreffenden brekziösen Gangtexturen und deren Verheilung durch Karbonate und Quarz deuten auf hydraulisches Zerreißen der Nebengesteine und damit auf ehemals hohe Fluiddrucke sehr heißer Thermen hin.
Die Gangstörungszone wurde postmineralisch als linksdrehende Blattverschiebung nachaktiviert. Die Hämatit-Mn-Oxidvererzung ist permischen Alters, da sie sich im Unterschied zur jüngeren Baryt-Mineralisation nicht in Klüfte und Störungen des Deckgebirgs hinein fortsetzt. Die oxidische Fe-Mn-Vererzung ist durch hydrothermale Alteration von heißen spätvulkanischen Fluiden aus den Nebengesteinen mobilisiert und in die Gangstrukturen umgelagert und dabei konzentriert worden.
Der Bergbau auf Eisenerze begann am Mönchsberg unmittelbar nördlich des ehemaligen Braunstein-Zechenhauses im Jahre 1535. Im 18. Jahrhundert folgte der Abbau von Mn-Erzen („Braunerz") für die Fertigung von braunen und schwarzen Glasuren. Endgültig erlosch der Bergbau 1922.
50 m S vom Braunsteinhaus (Schautafel am Braunsteinhaus) beginnt ein ca. 2 km langer Lehrpfad um den Kleinen Möncheberg, dessen 12 Stationen in einem Begleitheft, erhältlich bei der Südharz-Touristik Ilfeld, erläutert werden.

A5/9

Lage: B 4, S-Ortseingang von llfeld. Abbiegen am Bahnhaltepunkt Schreiberwiese nach SE zum Schaubergwerk „Lange Wand" (A5/9-1). Nach 0,8 km Parkmöglichkeit und Fussweg über die Bere-Brücke zum Stollenmundloch. K.: R 44 17 870, H 57 15 630.
Aufschluss: Stollensystem.

Die Besichtigung des Schaubergwerks ist nur nach vorheriger Anmeldung in der Südharz-Touristik Ilfeld-Information möglich, (Tel. 036331-32033 u. -47680) vgl. Geopark 6/8 und Erläuterungstafel. Naturschutz, kein Hammer.

Beschreibung: Im Schaubergwerk (A5/9-1) wurden das flach nach W einfallende, ca. 0,3–0,5 m mächtige Kupferschieferflöz sowie störungsgebundene, steil NNE und SSW einfallende „Rückenvererzungen" von Nickel- und Kobaltmineralen, sowie Schwerspat ($BaSO_4$) abgebaut. Untertage ist ein Profil des basalen Zechsteins mit Zechstein-Konglomerat, Kupferschiefer und Werra-Karbonat aufgeschlossen.

Das einfach zu begehende Stollensystem wurde ab 1982 schrittweise für die Öffentlichkeit zugänglich und schließt das Kupferschieferflöz in einem rechtwinklig angelegtes Streckennetz auf (streichende und fallende Strecken), von welchen aus kleine Abbaukammern („Strebe") vorgetrieben wurden. Modifiziert wird das Streckennetz durch kleine Abbaue auf die steil nach NNE und SSW einfallenden „Rückenvererzungen". Dies sind hydrothermal mineralisierte Störungen (Abschiebungen), welche fein eingesprengt Ni-Co-Erze führen. Erste Abbauversuche sind seit dem 16. Jahrhundert bekannt, längere Abbauperioden von 1698 bis 1760 und von 1846–1860.

Am Steilkliff der Bere (A5/9-2) südlich des Bergwerks (ND, Geotop) ist die durch Kaolinisierung gebleichte Verwitterungsrinde der rhyodazitischen Ignimbritdecke des Ilfeld-Beckens, überlagert vom basalen Zechstein bis zum Werra-Karbonat, aufgeschlossen. Die Grenzfläche zwischen Rotliegend und Zechstein repräsentiert eine erosiv bedingte Schichtlücke (**Abb. 5.9-2**). Das Profil endet auch hier mit dem Werra-Karbonat (Ca1, Kalk). Im vorderen Bereich der Aufschlusswand sind SSW-vergente Gleitfalten und sich daraus entwickelnde gravitativ bedingte SSW-Abschiebungen angeschnitten.

Fahrt auf der B 4 in das Zentrum von Ilfeld bis zur Ampelkreuzung, Abzweigung nach rechts (Osterode/Neustadt).

Abb.5.9-2: Aufschluss „Lange Wand" am Prallhang der Bere S von Ilfeld. Erläuterung im Text. Foto: Franzke.

Oberhalb des Bachs stehen vergruste „Rhyodazite" der Ignimbritdecke an. Der Grenzbereich des Rotliegend zum auflagernden Zechstein wurde infolge Infiltration des Meereswassers bei der Transgression des Zechsteins gebleicht (s. o.). Zechstein-Konglomerat und Kupferschiefer sind nur im linken Bildbereich angeschnitten. Das Hangende des Profils bildet das Werra-Karbonat (Zechstein-Kalk). Foto: Franzke.

A5/10

Lage: NW-Ortsrand von Osterode, 2 km SE von Ilfeld. K.: R 44 17 870, H 57 15 630.
Aufschluss: Auflässiger Steinbruch Bornberg. (Siehe Geopark 6 /10). Analoger Aufschluss: ca. 500 m S von Sülzhayn, E-Seite des Sülzetals, K.: 36 18 060, 57 19 500.
Beschreibung: Anschnitt der SW-Flanke einer ca. 45-50° abtauchenden rhyodazitischen Quellkuppe (Abb. 5.10). Die ursprüngliche Morphologie der Kuppe ist an Lagerklüften kenntlich, welche durch späteres Nachgleiten noch geglättet sind. Hierdurch wird eine Streckung/Auflockerung des Körpers während der Abkühlung angezeigt. Säulenklüfte (nach links einfallend) stehen senkrecht zum Lager. Die mächtigen Säulenkörper bilden einen Fächerbau ab. Die Rhyodazite sind wesentlich härter als die stark zur Verwitterung neigenden Ignimbrite und bilden heute Kuppen innerhalb der Ignimbritdecke. Siehe Geopark 6/10.

Weiter nach Neustadt. Dort in Richtung Krankenhaus zum Parkplatz Zapfkuhle im Lönspark.

Abb. 5.10: Steinbruch Bornberg in Osterode bei Neustadt/Südharz. Blick nach SE auf die SW-Flanke einer Rhyodazit-Quellkuppe. Mittelsteil nach SE (rechts) einfallende Lagerklüftung, nach links abtauchende Säulenklüftung. Foto: Franzke.

A5/11

Lage: Neustadt, Zapfkuhle, von dort 250 m Fußweg nach N. K.: R 44 19 710, H 57 14 980.
Aufschluss: sog. Felsentor.
Beschreibung: Flach lagernde Ignimbritdecke, erkennbar an steil stehender Säulenklüftung (Säulenachsen 40/75) und flach liegenden Blasenzügen (Ø bis 1 cm), welche schwache Fließtexturen kenntlich machen (Fläche 220/15). Wechselnde Kristallgrößen und unterschiedliche Verschweißungsgrade der Ignimbrite belegen die Ablagerung von mehreren pyroklastischen Strömen. Im Dünnschliff sind die für Ignimbrite typischen Fiamme-Strukturen (ital. „Flammen"), Blasenzüge und Fließtexturen nachzuweisen.

Die im Aschestrom einer relativ niedrigtemperierten Glutwolke (< 500–600 °C) entstandenen ignimbritischen Gefüge (*ignis lat. Feuer*) weisen geringere Verschweißungsgrade der Bimslapilli und der plastisch deformierten Glasscherben auf als Quarz- und Feldspatkristalle, welche in einem schmelzflüssigen Lavastrom mit der Grundmasse stärker verbunden sind. Die aufgeschlossenen Ignimbrite haben sich aus rasch aufeinander folgenden Einzelströmen (‚Fließeinheiten') abgesetzt oder haben sich aus dem „Feuerregen" zu Abkühlungseinheiten sedimentiert, welche erst

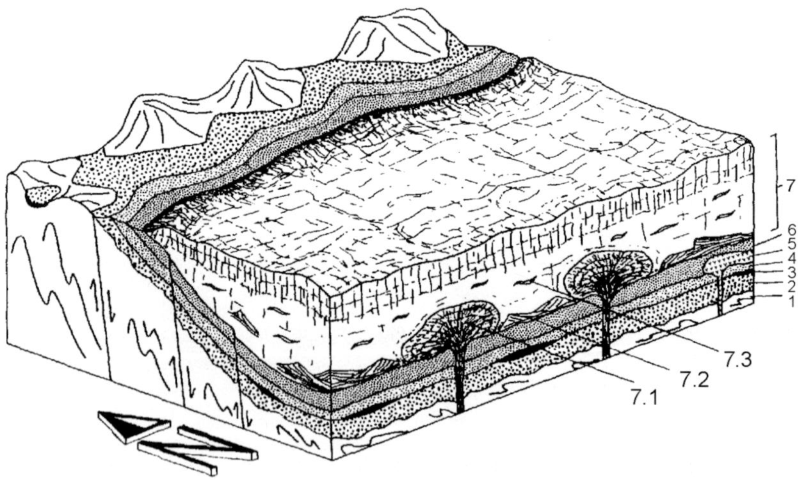

Abb. 5.11: Schematisches Blockbild der Vulkanit-Lithotypen des zentralen und östlichen Ilfeld-Beckens nach Abschluss der rhyodazitischen Fördertätigkeit (Büthe & Wachendorf 1996). 1 – Harzvariszikum, 2 – Basisfanglomerat (r1), 3 – Kohle führende Schichten (r2), 4 – Sandstein-Konglomerat (r3), 5 – Andesit, 6 – Schluffstein-Sandstein (r4), 7.1 – Quellkuppe, 7.2 – Antidüne, 7.3 – Fiamme-Strukturen, Büthe &. Wachendorf (1997).

am Boden verschweißt wurden. Dies führte zur lagenförmigen Anordnung der Partikel und auch zur flachen Bankung des Gesteins (Schmincke 2000). Dieses Gefüge und der gegenüber Vulkaniten geringere Verschweißungsgrad bedingten eine geringere Widerständigkeit der Ignimbrite gegenüber Erosionsprozessen. Es entstehen wegen der markanten steilen Klüftung häufig bizarre Felsformen, wie sie vor allem aus warm- und kaltariden Klimazonen bekannt sind, in kalt-humiden Bereichen aber ebenso auftreten. Die Mächtigkeit der Ignimbritdecke von Ilfeld mit den eingedrungenen Rhyodaziten erreicht über 300 m (Abb. 5.11).
500 m N vom Felsentor beginnt das Neustädter Steinkohlenrevier, siehe Erläuterungstafeln und Geopark 6/ 4.
Zurück zur B 4 und zum Netzkater N von Ilfeld, von dort auf die B81 und in der ersten Kurve nach rechts abbiegen zum „Schaubergwerk Rabensteiner Stollen".

A5/12
Schaubergwerk Rabensteiner Stollen

Lage: Am Haltepunkt Netzkater der Harzbahn, N von Ilfeld, Schaubergwerk, Tel.: 036331-48153.
Aufschluss: Stollensystem in den basalen Formationen des Ilfeld-Beckens.
Beschreibung: Die Basisfolge (r1) des Ilfeld-Beckens ist am Mundloch des Stollens aufgeschlossen. Sie besteht aus bis zu 100 m mächtigen groben Schottern (Mittel- bis Grobkiese), denen Ton- und Schlufflagen eingeschaltet sind. Der Geröllbestand stammt vollständig aus paläozoischen Komponenten des Harzes. Das gering sortierte, teils eckige Material wird zu den Fanglomeraten (sog. Schlammbrekzien) gestellt (Fuchsburg-Formation nach Paul). Vom Stollenmundloch erreicht man Untertage nach ca. 40 m die im Hangenden folgenden, Steinkohle führenden Schichten mit bis zu 6 Flözchen (Netzkater-Formation, Tab. 5.0). Punktuell sind ein bis zwei geringmächtige Flöze in offen gehaltenen Strecken zu beobachten. Graue Silt- und Tonsteine wechsellagern mit ihnen. Die Schichtfolge fällt mit 10-20° nach S ein, durch kleine Abschiebungen etwas versetzt.

Der Bergbau auf Steinkohle wurde 1737 begonnen, durch die Auffahrung des Ottostollens (1862) erweitert und hier 150 Jahre Abbau betrieben. In den Nachkriegszeiten des Ersten und Zweiten Weltkriegs wurden jeweils kurzzeitig Prospektions- und Gewinnungsarbeiten durchgeführt (Wagenbreth 1969).
Die Kohlen bestehen meist aus einer Wechsellagerung vitritischer und duritischer Lagen (Streifenkohle). Das bis zu 25 m mächtige Flözintervall wird durch Einschaltungen von bis zu 60 cm mächtigen Brand- und Tonschiefern in drei bis fünf, wenige Dezimeter mächtige Kohlenbänke aufgespalten. Die Summe aller Kohlenbänke beträgt max. 1 m. Der Aschegehalt der Kohlenbänke schwankt zwischen 20 und 50 % (im Mittel 32,8 %). Es handelt sich um Fettkohlen mit 14–19 % flüchtigen Bestandteilen. Das Rotliegendalter der Kohlen wird durch reiche Florenfunde bestätigt (Florenliste in Schriel 1954). Die Ablagerung der kohlebildenden Substanz erfolgte an einem äußeren Moorsenkenrand (Cordaitenfazies im Rabensteiner Stollen), am inneren Moorsenkenrand (Calamitenfazies im Otto-Stollen) und im beckenrandfernen Bereich (Faulschlammfazies in der Richter-

schacht-Richtstrecke.
Vorherige Anmeldung bei Südharz-Touristik Ilfeld ist ratsam, Tel.: 036331-32033, Geopark 7/8.

A5/13

Lage: Die Bergkuppe des Sandlünz (+ 516,2 m) ist über einen Wanderweg vom Schaubergwerk Rabensteiner Stollen aus zu erreichen (2,5 km Wanderung).
Aufschlüsse: Weganschnitte in der Südharz-Grauwacke und Rotliegend.
Beschreibung: Am Stollenmundloch beginnt der Hangweg auf den Sandlünz. Hier ist der basale Teil des Rotliegendprofils (Tab. 5.0) punktuell angeschnitten. Es beginnt mit dem basalen Fanglomerat, darauf folgen die Steinkohle führende Schichten, sowie die Sandsteine und Konglomerate der Neustadt-Formation. Das Profil setzt sich fort mit der hier ca. 50 m mächtigen Latit-Andesitdecke, worauf rote Sandsteine und Schluffsteine folgen (Baumgarten-Formation). Den Abschluss des Rotliegendprofils bildet die bis 300 m mächtige rhyodazitische Ignimbritdecke. Am NE-Hang des Sandlünz (links vom Weg) sind oberdevonische Grauwacken der Südharz-Decke angeschnitten. Sie sind durch eine nach SSW einfallende Abschiebung gegenüber dem Rotliegendprofil relativ angehoben. An der Einmündung des Brandesbachtals, ca. 200 m N vom Rabensteiner Stollen, sind die Grauwacken in einem kleinen Bruch an der N-Bergflanke ebenfalls aufgeschlossen (K.: R 44 16 500, H 57 19 575).

A5/14

Lage: Enge Straßenkurve der B 81 am S-Ende des Möhrenrückens im Bere-Tal, 1,5 km NE von Netzkater. K. R 44 16 875, H 57 20 500.
Aufschluss: Zwei aufgelassene Steinbrüche in der Südharz-Grauwacke.
Beschreibung: Die Südharz-Grauwacken (Famenne) bilden die stratigraphisch jüngsten und tektonisch höchsten erhaltenen Gesteine in der Südharz-Decke. Diese ist ein Erosionsrest der umfassenden Ostharz-Decke. Die Mächtigkeit der Grauwacken-Grauwackenschiefer-Tonschiefer-Wechselfolge erreicht bei Ilfeld ca. 500 m. Die auffällige intensive Verschuppung an flach bis mittelsteil nach S bis SE einfallenden Scherflächen entwickelte sich aus transformierten Schichtflächen und signalisiert die Nähe der unterlagernden Deckenbasis. Im Frontbereich der Schuppen fächern die Flächen auf und gehen in steile Aufschiebungsrampen über (Ganssloser 1996).

Das Betreten des nach E von der B 81 abführenden Straße (0,5 km N der Eisfelder Talmühle) zu erreichenden Grauwackenbruchs des Hartsteinwerks Unterberg ist nur mit Erlaubnis der KEMNA BAU Andreae GmbH & Co. KG (Tel. 036331-378-0) gestattet, den man über einen Fußweg vom Bahnhof Eisfelder Talmühle (ca. 2,5 km) erreicht. Einen Einblick in den großen Steintagebau kann man vom Kellertalskopf gewinnen. Außerdem ist eine flach nach S einfallende verschuppte Wechsellagerung an der Zufahrt zum Werksgelände angeschnitten. Siehe auch Geopark 6/2.

A5/15

Lage: NW-Abhang des Unterbergs, gegenüber dem von der B 81 nach NW abgehenden Forstweg zum Kupferberg, ca. 0,6 km S des Abzweigs der K 1352 nach Stiege. Parkmöglichkeit am Startpunkt, K.: R 44 18 435, H 57 24 220.
Aufschlüsse: Stiege-Schichten (Givet-Frasne) an der Basis der Ostharzdecke und Vulkanitgang des Rotliegend.
Beschreibung: Vom Parkplatz erreicht man nach 30 m in SW-Richtung den Anriss eines Rhyoliths der Mittelharz-Gänge (160/60). Der 30 m lange Anschnitt (8-10 m wahre Mächtigkeit) ist von ruschligen Schiefern und Diabasen der Stiege-Schichten umgeben. Die Kontaktfläche des Rhyoliths zeigt durch die sigmoidale Verbiegung der hangenden Tonschiefer und von Gleitspuren auf der Kontaktfläche des Rhyoliths, dass sich nach der Platznahme des Vulkanitgangs auf der Gangfuge noch eine jüngere Abschiebungsstruktur entwickelt hat (Mesozoikum).

Die Stiege-Schichten (Givet-Frasne) sind in kleinen Aufschlüssen und an einer 25 m langen Klippe in einer Wegkurve ca. 500 m ab dem Startpunkt (Abb. 5.15) aufgeschlossen. Es sind sandige Tonschiefer, die intern stark zerschert (phyllonitisiert) sind und engständig von listrischen Scherflächen durchsetzt sind. Die flächigen Gefügeelemente, sowohl die phyllonitische Schieferung als auch die sich daraus entwickelnden Scherflächen, fallen flach-bogenförmig nach SE bis SW ein. Die aufgeprägten Scherlineationen sind nach W ausgerichtet (Lineare 270/10 = E-W), d. h. die Bewegungspolarität der jeweiligen Hangend-

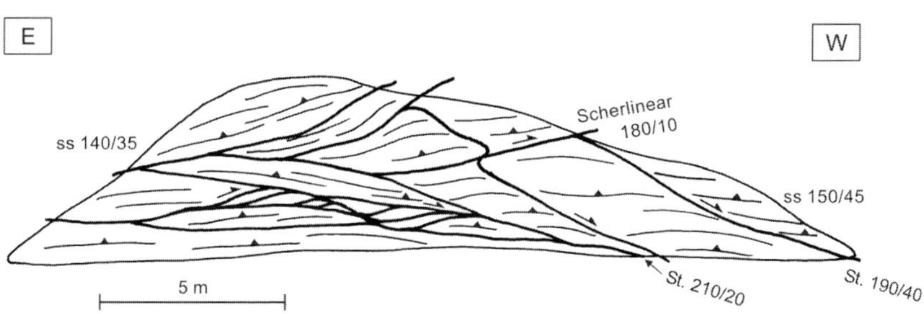

Abb. 5.15: Weganschnitt im Tiefenbach Tal, N von Ilfeld, NW-Abhang des Unterbergs. Phyllonitische Schiefer mit zweischarig angelegten, stark gekrümmten Scherflächen an der Basis der Südharz-Decke. Erläuterung im Text. Geol. Aufnahme: Franzke.

schollen geht nach W. Die Stiege-Schichten sind als Abscher- bzw. Gleithorizont an der Basis der Südharz-Decke zu interpretieren. Da die stark gekrümmten Scherflächen flach liegen und teilweise nach S bis W einfallen, fungierten sie als Abschiebungen. Im Dünnschliff dominieren duktile Verformungen, rigide Einschlüsse (sandige Lagen) wurden aber fragmentiert und in der Hauptverformungsebene (XY-Ebene) zu geschweiften Klasten nachverformt.

Exkursion 6: Fußexkursion durch das Bodetal zwischen Thale und Altenbrak

Der **erste Abschnitt der E6** durch das Bodetal zwischen Thale und Treseburg kann nur als Fußexkursion durchgeführt werden (Teil des „Hexenstiegs“, 10 km). Die Exkursion beginnt man am besten am Hotel Roßtrappe oberhalb von Thale (Parkmöglichkeit für Busse und PKW) und geht zunächst zur Roßtrappe, dann über die Schurre hinab ins Bodetal und von da auf dem Wanderweg im Naturschutzgebiet Bodetal (kein Verlasssen der Wege und ohne Hammer) nach Treseburg. Die Exkursion kann von beiden Endpunkten (Roßtrappe oder Altenbrak) in Angriff genommen werden, es wird aber empfohlen, an der Roßtrappe zu beginnen. Wer die Exkursion von Thale und nicht von der Rosstrappe beginnen möchte, erreicht den Bode-Wanderweg 100 m NE von der Bodebrücke an der Jugendherberge im Bodetal. Dort erschließt sich die W-Seite des Tals, wo man eine Reihe von Klippen des Ramberggranits passiert. Den nicht aufgeschlossenen Kontakt erreicht man ca. 100 m nach Überschreiten der Trasse der Schwebebahn zur Roßtrappe. Es folgen Ablagerungen des Harzrand-Olisthostroms mit Herzynkalk-Olistholithen.
Der **zweite Abschnitt der E6** verläuft zwischen Treseburg und Altenbrak und kann auch mit Fahrzeugen befahren werden, ist aber zu Fuß reizvoller (ca. 7 km). Die beschriebenen Abschnitte des Bodetals zwischen Thale und Altenbrak wurden als Nationales Geotop von der Akademie für Geowissenschaften Hannover 2006 gelistet (WIKIPEDIA).

Schwerpunkte der Exkursion

Schwerpunkte der Exkursion sind Fazies und variszische Tektonik in der Blankenburg-Zone sowie der eingeschuppten unterkarbonischen Olisthostrome. Die Gesteine sind geschiefert, durch NW-vergente Biegescherfaltung verfaltet und durch streichende variszische Scherzonen überprägt. Der postkinematische jungvariszische Ramberggranit (295 Ma), der rhyolithische Bodegang und der in ca. 1 km Abstand parallel zum Bodegang im S verlaufende Bodetal-Kersantit drangen in die bereits variszisch verformte Schichtfolge ein. Weiterhin streichen im Bodetal mehrere NW-SE verlaufende Mineralgänge aus.

1. Abschnitt: Von der Roßtrappe nach Treseburg (Fußexkursion, 10 km)

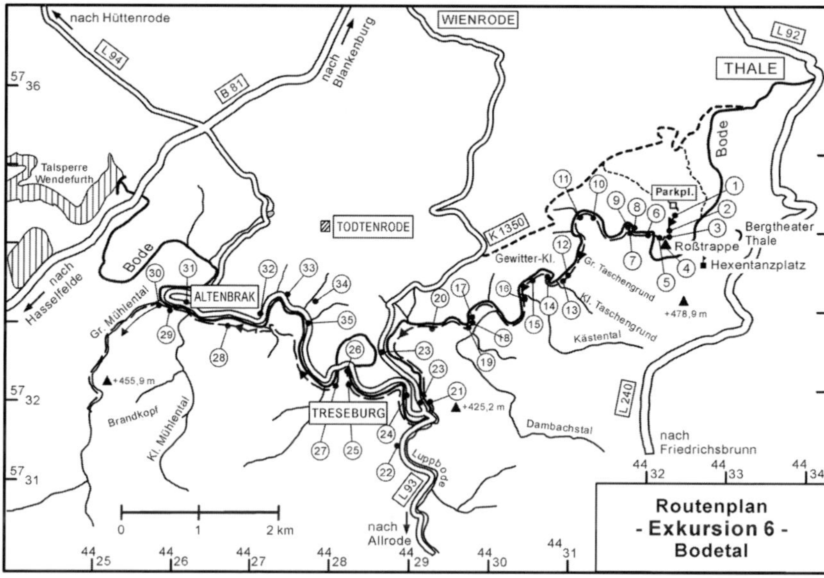

Abb. 6.0: Routenplan der Exkursion 6 (Bodetal).

A6/1

Lage: Wanderweg vom Hotel Roßtrappe zu den Granitklippen der Roßtrappe (ca. 1 km). K.: R 44 32 340, H 57 34 240.
Aufschluss: Kontaktzone des Ramberggranits.
Beschreibung: Die Kontaktzone besteht aus Schieferhornfelsen (ehem. Wissenbach-Tonschiefer) und intrusiven Metabasalten (Diabase). Die Gesteine sind auf der Sohle des Wanderweges und in kleinen Klippen am Weg aufgeschlossen. Eine interne Zonierung der Granit-Kontaktaureole ist nicht festzustellen. Die Hornfelse werden zum Kontakt des Granits hin aber massiger und die anfangs noch erkennbare Schieferung ist durch Rekristallisation ausgelöscht. In den Diabasen treten Hornblende, Axinit und Epidot als Neubildungen auf. Am direkten Kontakt mit dem Granit werden die Pyroxene durch uralitische Hornblenden verdrängt.

A6/2

Lage: Am Abgang zur Schurre (Hinweisschild) links halten und weiter dem Weg zur Rosstrappe folgen (ca. 100 m). K.: R 44 32 280, H 57 34 040.
Aufschluss: links des Wegs Felsen mit der „normalkörnigen" Granit-Varietät des Ramberg-Massivs.
Beschreibung: Der mittelkörnige Zweiglimmergranit führt neben blassem Kalifeldspat etwas Plagioklas, außerdem Quarz und Biotit sowie Muskovit. Als Akzessorien sind Apatit und Zirkon zu nennen. Der Querklüftung (NNW-SSE) des Granits sitzt ein 0,5 m mächtiger hochthermaler Quarzgang auf. Er führt zwei Generationen von Quarz, die zum Teil als Palisadenquarz quer zu den Kontakten ausgerichtet sind. Die 2. Generation des Quarzes wird von schwarzem Turmalin (Schörl) durchtrümert. Gangstreichen NNW-SSE, Einfallen mittelsteil ENE.

A6/3

Lage: 100 m vor dem Roßtrappe-Felsen rechts Aussichtspunkt nach W in die Bodetalklamm.
Aufschluss: W-Kontakt des Ramberggranits.
Beschreibung: Die z. T. flächig freigelegte Kontaktfläche taucht mit ca. 25° nach W ein. Sie ist an der Farbgrenze (Granit – hell, Schieferhülle – dunkelbraun) und an den stärker ausgeräumten Hornfelsen zu erkennen.

Das Mäandrieren der Bode wird vom Gefüge der Gesteine bestimmt (Granit und W davon Wissenbachschiefer). Die SW-NE-Talrichtung wird durch das Streichen der devonischen Schichtfolge mit unterschiedlich widerständigen Gesteinen (Schiefer, Diabase, Quarzite) vorgegeben, die NNW-SSE-Talrichtung durch eine Hauptkluftrichtung in den Sedimenten und im Granit (Q = Querklüftung). Bei Treseburg-Altenbrak treten WNW-ESE-Talabschnitte hinzu, welche mit den Hydrothermalgängen dieses Gebietes korrespondieren. Der Canyon-artige Einschnitt der Bode, wie auch anderer Flüsse an den Schollenrändern des Harzes, ist vor allem durch die jungtertiäre Hebung des Harzblocks und die dadurch bedingte Tiefenerosion bedingt. Nach dem Höhenvergleich unteroligozäner mariner Sedimente auf der Harzscholle (Karstschlottenfüllungen bei Elbingerode) und dem nördlichen Harzvorland haben sich in einem Zeitraum von 32 Ma ca. 300 m Vertikalverschiebungen zwischen dem gehobenen Harzblock und dem Subherzynen Becken angesammelt.

A6/4

Lage: Der Roßtrappe-Felsen. K.: R 44 32 240, H 57 33 910.
Aufschluss: Blick in die Bodeklamm, Granitklüftung.
Beschreibung: Am Sporn des Felsens hat man einen Rundblick in das Bodetal. Gegenüber befindet sich die Einkerbung des Hirschgrunds mit Aufschlüssen des dort E-W verlaufenden Bodegangs. Schürfe von Schust (1959) erbrachten den Nachweis, dass der Bodegang (A6/15, A6/38) älter als der Ramberggranit ist, da seine Apophysen in den Granit eindringen. Von der Roßtrappe hat man eine gute

Übersicht über das Kluftgefüge des Granits (Benek 1967). In Blickrichtung zum Hexentanzplatz streichen steil nach ENE einfallende Querklüfte, senkrecht zu ihnen verlaufen die ebenfalls steilen Flächen der S-Klüftung. Die parallel zur Plutonoberfläche verlaufende Lagerklüftung (L) ist nur angedeutet.

A6/5

Lage: Von der Roßtrappe auf dem Zickzackweg der Schurre abwärts bis zur Talsohle, Bodekessel, Geotop 4232/6.
Aufschluss und Beschreibung: Auf den oberen 40 Höhenmetern verläuft der Schurreweg durch die Hornfelse der inneren Kontaktzone und dann zum mit ca. 25° nach W eintauchenden, neben dem Weg sichtbaren Granitkontakt.

A6/6

Lage: Teufelsbrücke über den Bodekessel. K.: R 44 31 985, H 57 34 055.
Aufschluss: Strudellöcher unter der Brücke.
Beschreibung: Die Entstehung der Strudellöcher ist vermutlich in die Kaltzeiten des Quartärs zu stellen.

A6/7

Lage: 300 m nach Passieren der Teufelsbrücke im Bodekessel erreicht man am Ende des Anstiegs Treppenstufen im Wanderweg (wenige m weiter Blick zum Gegenhang, A5/8). K.: R 44 31 820, H 57 34 080.
Aufschluss: Granitkontakt in Hüfthöhe.
Beschreibung: Die Kontaktfläche fällt mit nur wenigen Grad nach W ein (270/12). Die Schmelze drang diskonform (Abb. 6.7) in das Gefüge der bereits vorher steil aufgerichteten Sedimente ein (Schichtung 140/90). Am Kontakt ist keine Schleppung der Sedimente beim Eindringen der Schmelze erfolgt.

Die Ramberg-Granitintrusion hat im Unterschied zur flachgründigen Brocken-Granitintrusion einen größeren Tiefgang und zeichnet sich als deutliches Schwereminimum ab, welches in NNE-SSW-Richtung den Unterharz quert. Es handelt sich um einen I-Typ-Granit, dessen Schmelze sich in der Mittel- bis Unterkruste gebildet hat.

A6/8

Lage und Aufschluss: Der Weg macht nach 40 m einen scharfen Bogen nach links. Unmittelbar vorher kann man an der gegenüberliegenden Bodeseite den gleichmäßig mit 20°–25° nach W abfallenden Granitkontakt im Querprofil einsehen (Abb. 6.8).

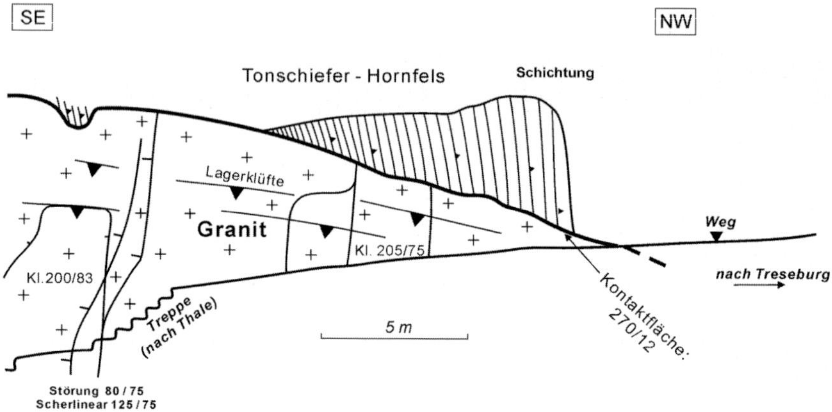

Abb. 6.7: Kontakt des Ramberggranits, ca. 300 m ab dem Bodekessel in Richtung Treseburg, Geotop 4232/6. Geol. Aufnahme: Franzke.

A6/9

Lage: Klippe 20 m vom Weg an der Spitzkehre. K.: R 44 31 785, H 57 34 095.
Aufschluss: Spitze des Felsgrates (Vorsicht!) oberhalb des tiefen Einschnitts der Bode.
Beschreibung: Aplitgang (350/80), schichtparallel (konkordant) eingedrungen in die Hornfelse unmittelbar im Hangenden des Granitkontakts (Abb. 6.8).

Der Weg führt nun wieder bergab. Es folgen Aufschlüsse in Wissenbachschiefern mit eingelagerten Quarziten, ungleichkörnigen tuffogenen Gesteinen („Porphyroide") und hellen Kalksilikathornfelsen.

A6/10

Lage: ca. 600 m ab A6/9, E-Seite des Talbogens am „Langen Hals". K.: R 44 31 325, H 57 34 260.
Aufschluss: Weganriss und Sohle des Wegs, „Porphyroide".
Beschreibung: Graugrüne, plattige Wissenbachschiefer führen helle Klasten von Feldspatkristallen, die in den Schieferungsebenen zu lanzettförmigen Kör-

Abb. 6.8: Blick von der Brüstung des Wanderwegs nach N zum nach links (W) einfallenden Kontakt des Ramberggranits. Granit ist hell, die dunkleren Hornfelse werden durch enge Zerklüftung stärker erodiert und sind durch Eichenbestände verdeckt, Geotop 4232/6. Foto: Franzke.

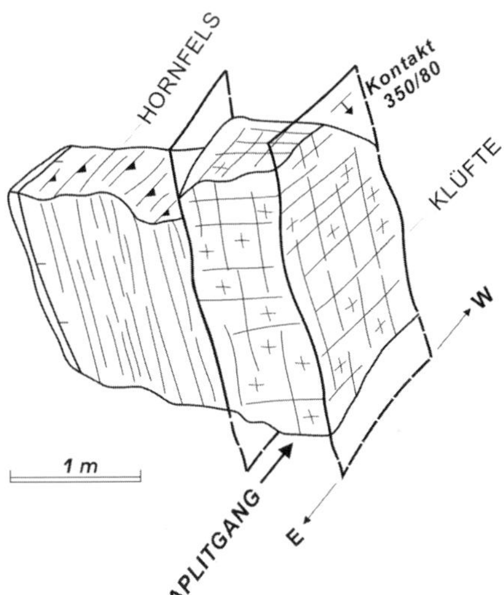

Abb. 6.9: Schichtparallel zur Lagerung des Nebengesteins eingedrungener Aplitgang. Felssporn ca. 350 m ab Bodebrücke am Bodekessel in Richtung Treseburg. Geol. Aufnahme: Franzke.

pern verformt sind. Es sind heterogen zusammengesetzte dünne Lagen oder aus Einzelkörnern hervorgegangene Vulkaniklastite. Diese wurden bei der geologischen Messtischblatt-Kartierung als Porphyroide bezeichnet. Sie gehören zum tuffogenen Anteil des submarinen mitteldevonischen Vulkanismus. Porphyroide sind nach ihrem Chemismus rhyolithisch bis rhyodazitisch zusammengesetzt. Sie treten in einem über 1 km breiten Streifen bei Treseburg zwischen der Falkenklippe und dem Luppbodetal auf und sind im Fortstreichen nach NE sporadisch auch in Richtung Thale zu finden.

A6/11

Lage: W-Bereich des „Langen Hals“, 30 m W der Einmündung des Strohkorbtals in die Bodeklamm. K.: R 44 31 155, H 57 34 080.
Aufschluss: Wissenbachschiefer mit Fließmarken führenden Quarzit-Einlagerungen.
Beschreibung: Die Tonschiefer streichen SW-NE (155/65), die Schnittkante (ss/s1) = δ-Linear ist mit 250/10 anzugeben. Die Faltenachsen (B) tauchen, wie generell an der Westflanke des Granitmassivs, nach SW ein. Interesse verdienen die am Meeresboden durch Bodenströmungen entstandenen Fließmarken (flute casts) an der Basis von Quarzitlagen. Rückrotiert zeigen sie WSW-ENE-verlaufende Paläo-Strömungsrichtung (70/00) an.

An der Ostflanke des Granitmassivs tauchen die Faltenachsen nach NE ein. Es wird vermutet, dass der Granit in ein bereits vorhandenes Achsengewölbe eindrang.

A6/12

Lage: von A6/11 ca. 550 m weiter nach SW. K.: R 44 31 040, H 57 33 530.
Aufschluss: Gelöster Felsblock (Wissenbachschiefer) aus dem Anstehenden.
Beschreibung: Im Kontakthof des Ramberg-Massivs sind aus Karbonatgesteinslagen durch Silikatzufuhr Kalksilikatfelse unter Neubildung von Vesuvian, Epidot, Granat entstanden. Sie geben der Wechsellagerung mit dunklen Tonschiefern eine charakteristische Bänderung, welche die Raumlagen der Schichten sichtbar macht (Abb. 6.12). An der längeren Vorderseite des Felsblockes ist die Schichtung (ss) parallel zum Streichen (NE-SW) angeschnitten. Spitzwinklig zu den Schichtflächen verlaufende (XY-) Schieferungsflächen (sf) und daraus hervorgegangene Kleinabscherungen zeigen in dieser (YZ-) Schnittlage eine stark vergente Faltung (B 260/15) . In der 3. Schnittlage (XZ-Schnitt) sind die Geometrie der Kleinfalten und die in den Achsenflächen liegende transversale Schieferung im Querprofil angeschnitten.

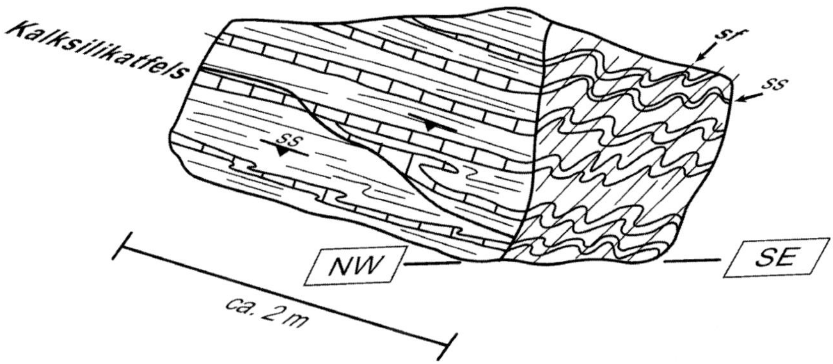

Abb. 6.12: Felsblock am Bodeweg, W-Seite des Langen Hals. Räumliche Darstellung der Lagerungsverhältnisse. Geol. Aufnahme: Franzke.

A6/13

Lage: 140 m NE des Kleinen Taschengrunds. K.: R 44 30 995, H 57 33 510.
Aufschluss: Bodegang-Rhyolith, Geotop 4237/7.
Beschreibung: Der komplett aufgeschlossene Bodegang ist 4 m mächtig. Der Anschnitt schließt ein Querprofil durch diesen N-Ast des sich im Bodetal aufspleißenden Rhyolith-Gangs auf. Er ist an dieser Stelle als schichtparalleler Lagergang in die Wissenbachschiefer eingedrungen. Die Kontakte fallen, wie das Schichtgefüge der einrahmenden Schiefer, steil nach SSE ein (Flächenlage um 160/80). Eine strukturelle Vorzeichnung der Intrusionsfuge als Scherfläche ist nicht zu erkennen. Vom Rhyolith geht wegen des geringen Schmelzvolumens keine erkennbare Kontakteinwirkung auf die Rahmengesteine aus.

A6/14

Lage: S-Seite der engen Bodeschleife gegenüber den Gewitterklippen. K.: R 44 30 750, H 57 33 470.
Aufschluss: Faltenstruktur.
Beschreibung: Faltung einer Wechsellagerung von Tonschiefern und Quarziten der Wissenbachschiefer. Durch bis 1 m mächtige Quarziteinlagerungen ist gegenüber reinen Tongesteinen eine Versteifung des Schichtverbands erfolgt. So konnte eine größere harmonische Faltenstruktur entstehen (Abb. 6.14). Einengung und Faltung wurden nach dem Prinzip der Biegescherfaltung realisiert, also durch gleichzeitige Scherung sowohl auf Schicht (ss) als auch

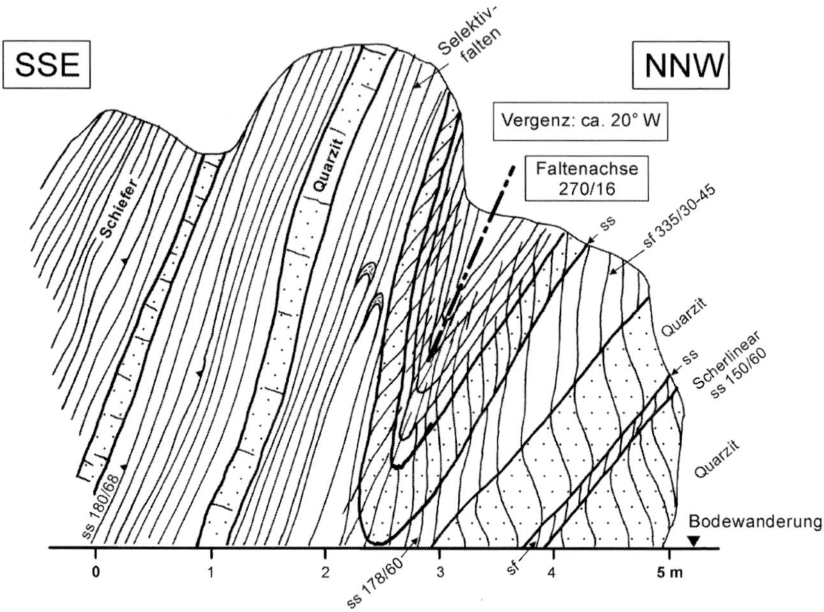

Abb. 6.14: S-Seite der Bodeschleife gegenüber den Gewitterklippen. NW-vergente Faltenstruktur in einer Schiefer-Quarzit-Wechselfolge/Mitteldevon. Geol. Aufnahme: Franzke.

auf Schieferungsflächen (sf). In der rechts angeschnittenen Mulde ist die bei der fortlaufenden Schichtkrümmung entstehende Meilerstellung der Schieferung zu sehen. Im linken Bereich des Aufschlusses (SSE) herrscht nahezu Parallelschieferung. Zwischen den stärker gescherten pelitischen Bereichen haben sich zusätzlich selektive Kleinfalten entwickelt.

A6/15

Lage: 250 m NE der Einmündung des Kästentals ins Bodetal. K.: R 44 30 450, H 57 33 400, Geotop 4232/7.
Aufschluss: S-Ast des Bodegang-Rhyoliths.
Beschreibung: Der hier komplett aufgeschlosse Rhyolithgang ist Teil des Bodegang-Systems (Abb. 6.15-1).

Der Aufschluss zeigt den S-Ast des sich mehrfach aufspleißenden, ca. 7,5 km langen Vulkanit-Gangzuges. Der Gang streicht E-W und fällt zwischen 65° und 82° nach S ein und durchschneidet diagonal die devonische Schichtfolge des benachbarten Kleinen Taschengrunds. Der Liegendkontakt verläuft geradlinig, der Hangend-

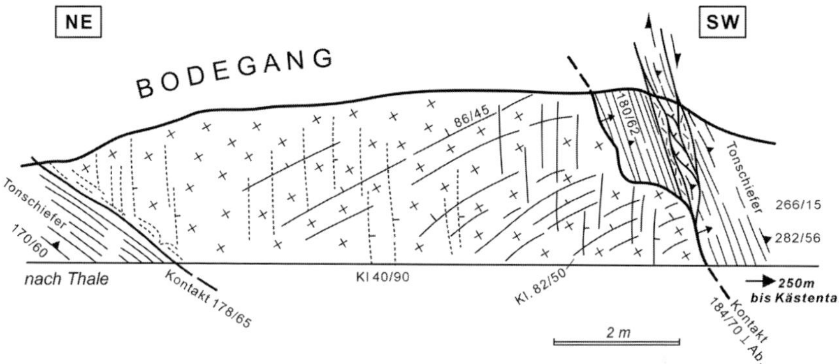

Abb. 6.15-1: S-Ast des Bodegang-Rhyoliths, Bodetal-Wanderweg, 250 m NE der Einmündung des Kästentals, Geotop 4232/7. Erläuterung im Text. Geol. Aufnahme: Franzke.

kontakt ist gestuft. Eine mit Quarz mineralisierte Störung im Bereich des Hangendkontakts zeichnete die Gangspalte vor, die auch hier dem Schichtgefüge folgt. Am Liegenden des Gangs ist eine undeutliche Fließtextur erkennbar. Quer zum Streichen ist Säulenklüftung angeordnet, die Säulenachsen verlaufen N-S. Ihre Entstehung ist auf thermisch induzierte Zugspannungen durch Volumenverminderung infolge der Erstarrung der Schmelze zurückzuführen.
Jenseits der Bode sind in den Gewitterklippen (Geotop 4231/13) zahlreiche Einschlüsse aus dem Unterbau des Variszikums in mikrogranitischen Nachschüben des Bodegangs zu finden (Abb. 6.15-2). Von einem grobkristallinen Metagranitoid-Xenolith liegt eine mittels der Pb-Pb-Einzelevaporationsmethode durchgeführte Altersdatierung mit 378 ± 10 Ma vor (Mittel-Oberdevon, Tietz et al. 2005).

A6/16

Lage: Einmündung des Kästentals in das Bodetal. K.: R 44 30 430, H 57 33 220.
Aufschluss: S-Stoß eines Felsanriss in Wissenbachschiefern.
Beschreibung: Aufgeschlossen ist der Ausschnitt vom N-Flügel einer Muldenstruktur in Tonschiefern. Die Schieferung (sf 316/35) fällt flach NW, die Schichtung steil (ss 180/60) S ein.

Im transversal geschieferten Schiefergebirgsstockwerk kennzeichnet Meilerstellung der Schieferung die Mulden (entsprechend Fächerstellung die Sättel). Die Meilerstellung der Schieferung ist von A6/16 noch mindestens 250 m nach S zu verfolgen,

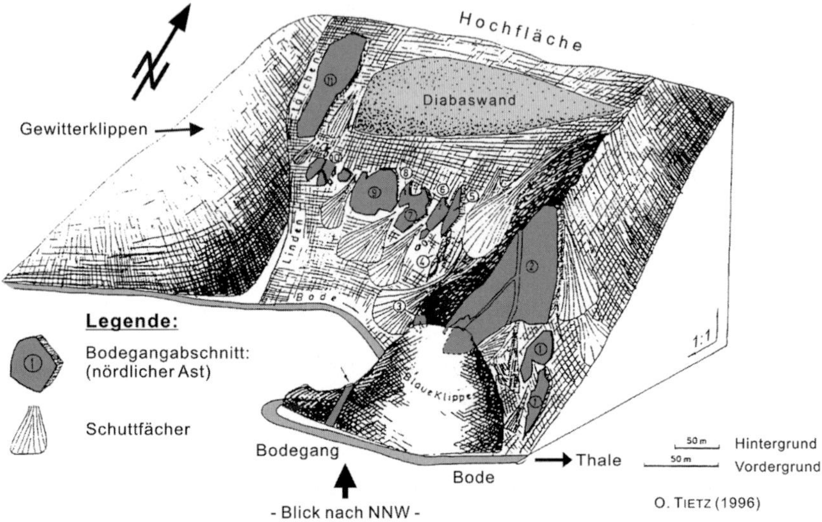

Abb. 6.15-2: Geologische Situation im Bereich der Gewitterklippen an der N-Seite des Bodetals (Tietz 1996). Der Nord-Ast des Bodegangs ist in der steilen Talflanke in 11 größeren Bereichen angeschnitten und führt Xenolithe von kristallinen Ortho- und Paragesteinen (Geotop 4231/13, ND).

so dass eine Mulde mit mehreren hundert Metern Spannweite vorliegt. Da Schichtung (ss) und Schieferung (sf1) nahezu senkrecht aufeinander stehen, bildeten sich als Schnittkanten zwischen ss und sf feine Runzelungen auf den ss-Flächen aus (Runzellinear 265/20). Dies entspricht der Achsenlage (B) der übergeordneten Mulde.

A6/17

Lage: NW-Abhang des Brummerschals, Knick des Bodetalwegs ca. 20 m N des Brückenstegs im Bodetalweg. K.: R 44 29 760, H 57 32 910.
Aufschluss: Felsanriss mit Sattelstruktur und Quarzbrekzie in Wissenbachschiefer.
Beschreibung: Kleiner Sattel in kontaktmetamorphen Tonschiefern mit Kalksilikat- und Quarzitlagen. Der Sattelkern wird von einer steil aufschiebenden Störung durchbrochen (Abb. 6.17), welche von einer Quarz-Nebengesteinsbrekzie erfüllt ist.

Die Klüfte waren geöffnet und wurden mit Quarz ausgekleidet. Die Brekzie ist durch hohe Fluiddrücke auf fluiderfüllten Kluft- und Störungsflächen („hydraulic

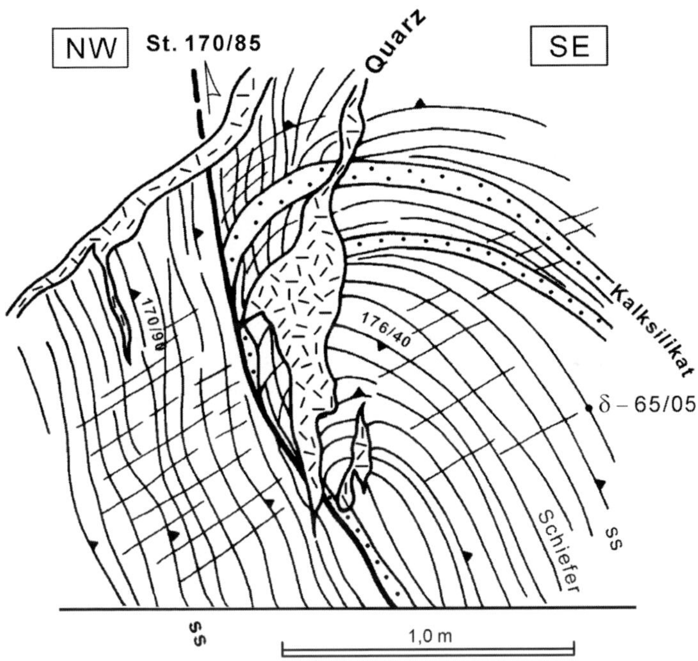

Abb. 6.17: Weganriss, ca. 20 m N des Brückenstegs am Bodetalweg. Durch Fluidstau gebildete Quarzmineralisation im Kern einer Faltenstruktur. Geol. Aufnahme: Franzke.

fracturing“) entstanden, wobei das Gestein über seine Zugfestigkeit hinaus beansprucht und brekzienhaft zerlegt wurde. An Mineralabsätzen kenntlich, wurde es in sich öffnende Klüfte/Störungen eingepresst. Die Mineralausscheidungen erfolgten durch Druck- und Temperaturabfall. Dieser Mineralisationstyp führt weder sulfidische Erze noch bauwürdige Gangarten (Baryt/Fluorit), denn er leitet sich stofflich aus den eingesaugten Fluiden der unmittelbaren Umgebung ab (topomineralische Reaktion).

A6/18

Lage: Brückensteg, ca. 20 m S von A6/17.

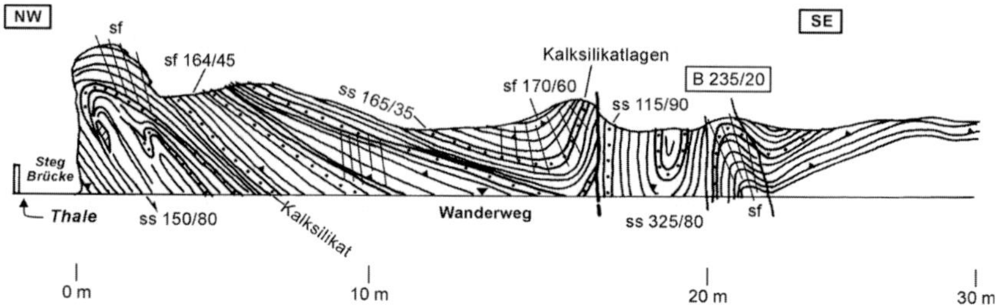

Abb. 6.18: Querprofil durch den variszischen Faltenbau in Wissenbachschiefern am Brückensteg des Bodetal-Wanderwegs zwischen Thale und Treseburg. Geol. Aufnahme: Franzke.

Aufschluss: Rechtwinklig verlaufender Anschnitt in einer kontaktmetamorphen Tonschiefer-, Quarzit- und Kalkstein (Kalksilikate) führenden Wechsellagerung (Mitteldevon).
Beschreibung: Aufgeschlossen sind ein Längsprofil (ENE-WSW) und ein 30 m langes Querprofil (NW-SE). Letzteres ist in Abb. 6.18 dargestellt. Es zeigt aufgrund der heterogenen Gesteinsfolge (Tonschiefer, Quarzit, und Kalksteinlagen) eine disharmonische Biegegleitfaltung. Diese wird von einer transversalen Schieferung begleitet. Intensiv eingeengte Bereiche bilden NW-vergente Spitzfalten, deren Schenkel gestreckt und ausgedünnt wurden, so dass auf den SE-Faltenschenkeln die Quarzit- und Kalkstein-Lagen teilweise ausgedünnt oder sogar zu boudinierten Körpern zerlegt wurden (Profilbereich am Knickpunkt des Brückenstegs). Im mittleren Bereich des Profils sind die Faltenschenkel so weit abgeschert, dass zwei Mulden direkt aneinander grenzen. Die nur schwach erkennbare Schieferung fällt steiler als die Schichtung ein, so dass auf normale Lagerung des Ganzen zu schließen ist. In geringer metamorphen Kalksteinen der näheren Umgebung gelang Reichstein (1958) mit Hilfe von Conodonten der Nachweis von Oberdevon.

A6/19

Lage: 5 m oberhalb des Wanderwegs befindliche Felsklippe, ca. 20 m SW vom Profil des Brückenstegs (A6/18).
Aufschluss: Gefaltete Tonschiefer-Kalksilikatfels-Wechsellagerung.

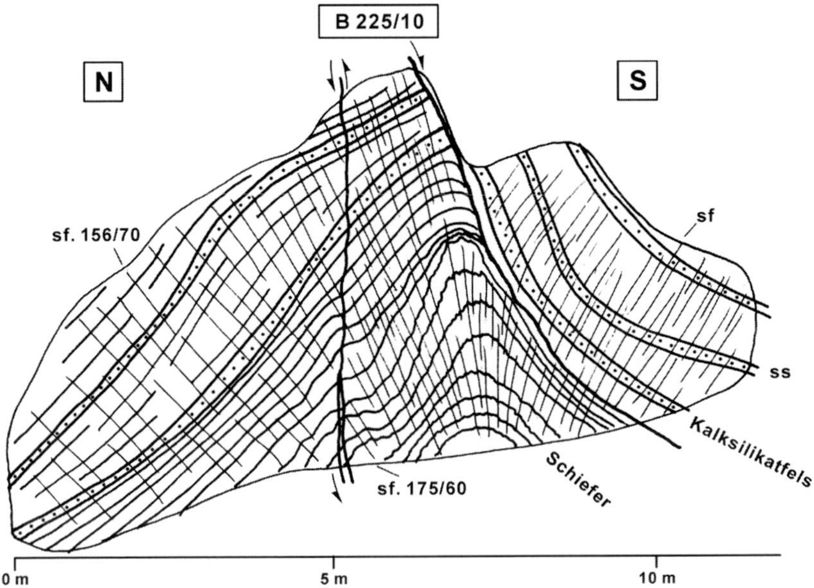

Abb. 6.19: Abgescherte Faltenstruktur mit fächerförmig gespreizter transversaler Schieferung, 20 m S des Brückenstegs am Bodetal-Wanderweg. Geol. Aufnahme: Franzke.

Beschreibung: Anschnitt einer aufrechten Sattelstruktur mit einer aufgeschlossenen Spannweite von mehr als 12 m (Abb. 6.19). Es handelt sich um eine Biegescherfalte mit fächerförmig angeordneter transversaler Schieferung. An der Südflanke der Antiklinale ist eine beginnende Abscherung des Faltenschenkels zu beobachten.

A6/20

Lage: Bodetalweg, N-Hang des Hagedornbergs. K.: R 44 29 230, H 57 32 870.
Aufschluss: 30 m langer Anschnitt am E-W-Abschnitt des Bodewanderwegs.
Beschreibung: Wechsel von flach nach SSW einfallenden Quarzitbänken mit Tonschieferlagen zeigen Fließ- und Strömungsmarken auf den Schichtunterseiten der eng verfalteten Quarzitbänke. Sie ermöglichen die Festlegung von normal gelagerten und hier von überkippten Faltenschenkeln. Die stark nach NW vergierenden Faltenstrukturen haben entsprechend flach nach SE eintauchende Achsenebenen (Abb. 6.20, untere Skizze). Nach kurzer Aufschlusslücke setzt sich die Abfolge nach W fort. Hier sind liegende Falten unterhalb ei-

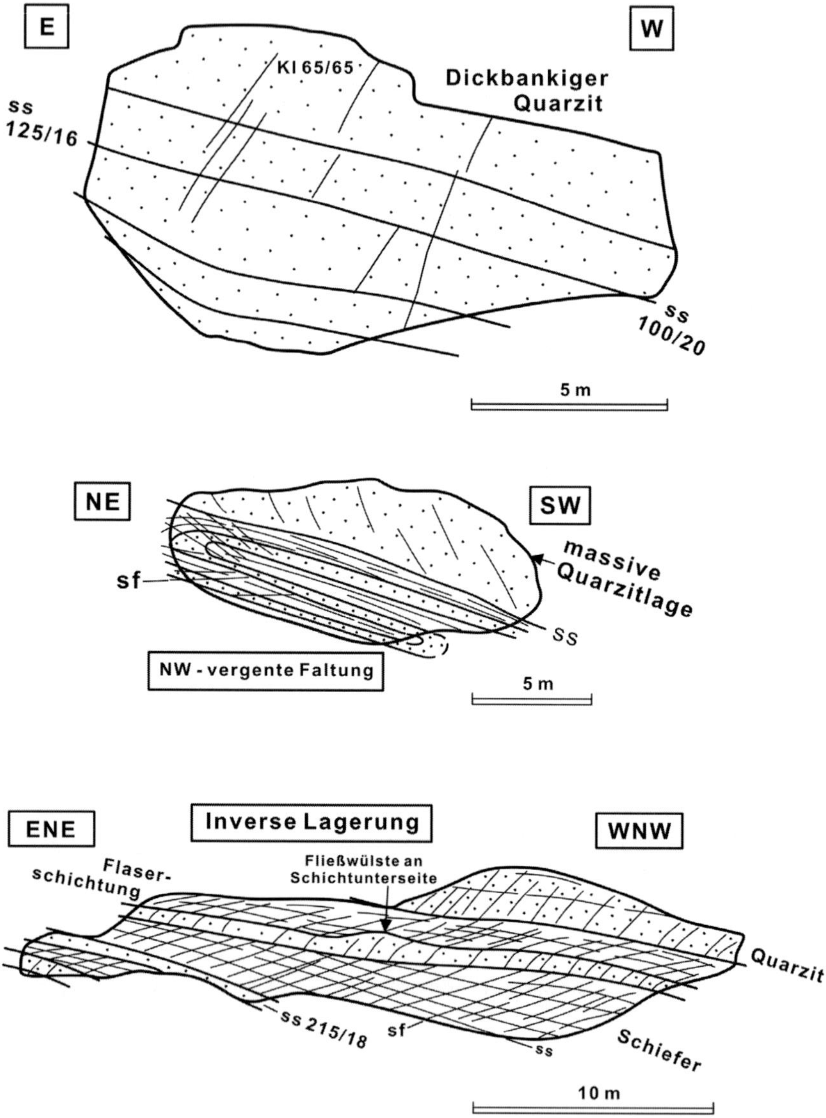

Abb. 6.20: Weganschnitte am N-Abhang des Hagedornbergs. Unterschiedliche Lagerungsverhältnisse in Quarzit-Schiefer-Wechsellagerungen. Erläuterungen im Text. Geol. Aufnahme: Franzke.

ner mächtigen Quarziteinschaltung besser zu erkennen (Abb. 6.20, mittlere Skizze). Sie sind als Scherfalten/Schleppfalten im Liegenden der als Abscherungsfläche wirkenden Basis einer Quarziteinlagerung zu deuten. Abb. 6.20, obere Skizze, ist ein Ausschnitt aus einer ca. 10 m mächtigen Quarzitbank in flacher Lagerung.

A6/21

Lage: Profil am Bode-Wanderweg N der Einmündung der Luppbode in die Bode in Treseburg.
Aufschluss: Variszische Tektonik in Wissenbachschiefern.
Beschreibung: 90 m N der Einmündung der Luppbode in die Bode in Treseburg beginnen am Weg Felsklippen, die bis an die Mündung der Luppbode reichen. Die Aufschlussreihe beginnt mit einer flach nach SE einfallenden Überschiebung, die 80 m vor der Einmündung der Luppbode in einem Anschnitt unter einer Buche angeschnitten ist (Abb. 6.21-1).

Die flach nach SE einfallende Überschiebung zeigt eine Bewegung des Hangendflügels nach NW (Scherlineation 140/30). In der Hangendscholle der Überschiebung folgt ein körniger (intrusiver) Diabas-Lagergang, dessen S-Kontakt aufgeschlossen ist. Darauf folgen inhomogen verfaltete schwarze Tonschiefer, die reich

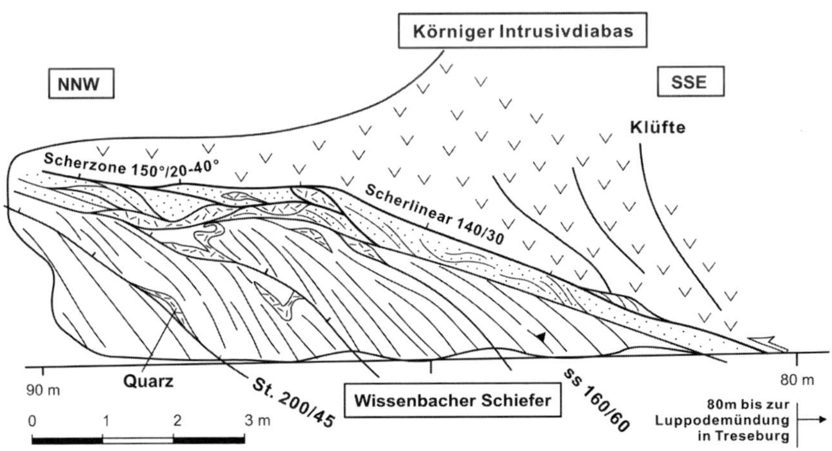

Abb. 6.21-1: Weganriss ca. 80 m N der Einmündung der Luppbode in die Bode (Treseburg). 0,5 m breite variszische Scherzone mit internen Duplex-Strukturen, massiven Quarzausscheidungen und schweifartigem Schleppungshof im Liegenden der Scherzone. NW-Überschiebung eines intrusiven Diabaslagers auf Tonschiefer. Geol. Aufnahme: Franzke.

an organischem Kohlenstoff sind (hemipelagische Wissenbachschiefer). In die Pelite sind einzelne schwarze Kieselschieferbänder und dunkle, schokoladenbraun verwitternde Karbonatgesteinslagen eingeschaltet. Steile Aufschiebungen nach NW durchsetzen die Schieferserie. Die strukturelle Einordnung dieses Bereichs zeigt Abb. 6.21-2. Bemerkenswert sind Abscherungsflächen, die etwa in den Schichtebenen verlaufen und eine Streckung und Ausdünnung des Schichtstapels vermitteln. Hier zeigt sich das Phänomen, dass es Bereiche gibt, wo die tangentiale Einengung quer zum Orogen von Streckung begleitet ist. Streckungsphänomene (duktile Ausdünnung, Boudinierung harter Lagen, sekundäre Abschiebungen) treten im gefalteten Paläozoikum des Ostharzes vor allem an flach einfallenden hangenden Schenkeln von vergenten Faltenstrukturen auf. Durchgehend flach SE einfallende quarzitische Schiefer sind auf weiteren 600 m am Wanderweg aufgeschlossen, so dass hier eine flach nach SE einfallende Sattelflanke von mehreren 100 m Breite anzunehmen ist (NW-Bereich von Abb. 6.21-2).

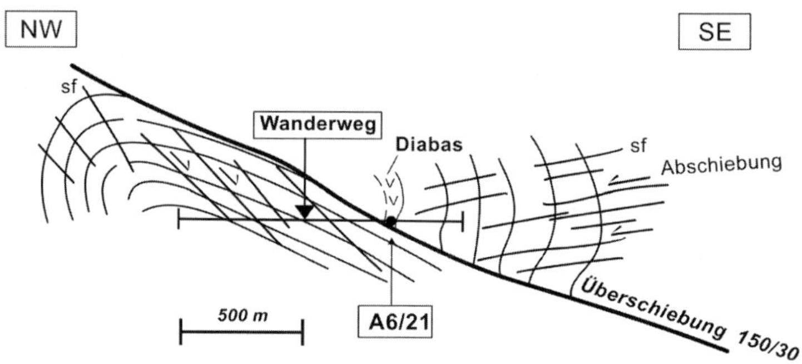

Abb. 6.21-2: Übersichtsprofil zur strukturellen Situation am Bode-Wanderweg N von Treseburg. Die Lage des Wanderwegs und von Aufschluss 6/21 ist vermerkt. Im Liegenden der Überschiebung schließt sich eine NW-vergente Sattelstruktur in Wissenbachschiefern an, im Hangenden ist wahrscheinlich die SE-Flanke einer Mulde nach NW überschoben. Die Abscherung hat sich aus dem ausgedünnten SE-Schenkel des Sattels entwickelt. Geol. Aufnahme: Franzke.

Abstecher ins Luppbodetal in Richtung Allrode

A6/22

Lage: Luppbodetal, Landstraße 93 in Richtung Allrode, 500 m SW Ortsschild Treseburg. Kleiner Steinbruch, 5 m oberhalb der Straße. K.: R 44 28 885, H 57 31 360.

Aufschluss: Bodetal-Kersantit-Gang (Unterperm).
Beschreibung: Im Aufschluss ist ein vollständiges Querprofil durch den Bodetal-Kersantit-Gang aufgeschlossen (Abb. 6/22). Die Geometrie des Ganges schmiegt sich weitgehend dem Verlauf der Schichtflächen an. Das Gangstrei-

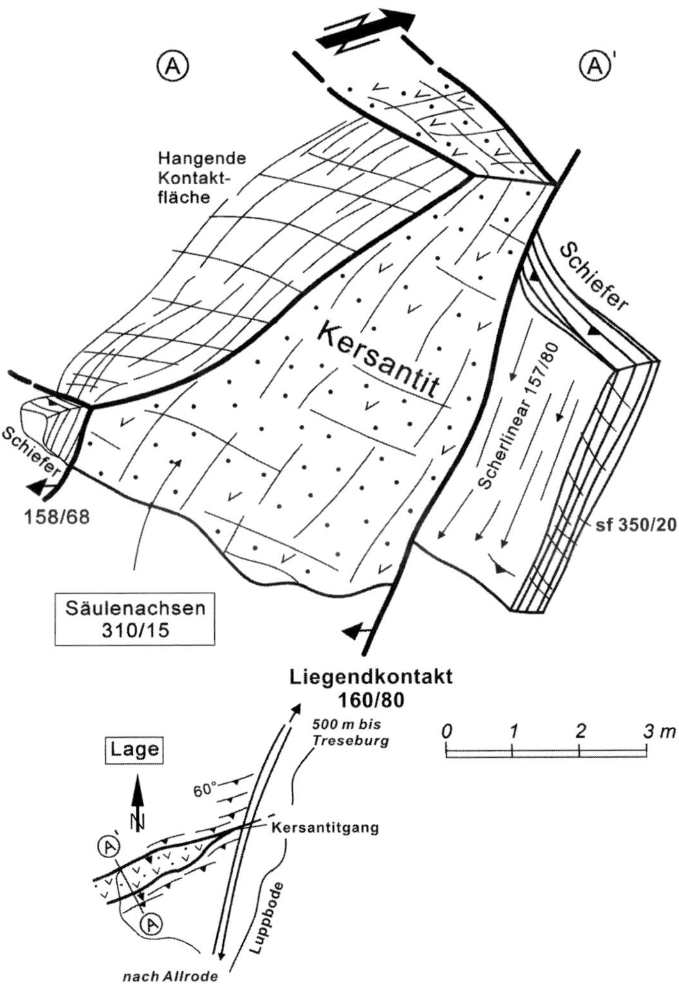

Abb. 6.22: Räumlich angeschnittener Bodetalkersantit in einem kleinen Steinbruch 500 m SW des Ortsschilds von Treseburg im Tal der Luppbode. Geol. Aufnahme: Franzke.

chen von 80° weicht in diesem Gebiet um 10–20° nach rechts vom Generalstreichen der Schichtung ab, so dass der Gang aus der Lage der Schichtflächen immer wieder in diagonale Störungen (WNW-ESE) verspringt und bajonettartig versetzt ist. Scherlineare und Schleppungs-Phänomene an den Kontakten zeigen, dass die Gangspalte sich durch leichte Absenkung der S-Scholle geöffnet hat. Nach der Gangbildung setzte sich die Scherung gleichsinnig fort. Auffällig ist die drastische Veränderung der Gangmächtigkeit von 5 auf 2 m auf engstem Raum in der Einfallsrichtung.

Der Bodetal-Kersantit-Gang ist auf 4 km Länge zwischen dem Großen Mühlental im SW von Altenbrak und dem Luppbodetal bekannt. Er begleitet im S im Abstand von 1–2 km den nahezu parallel verlaufenden rhyolitischen Bodegang und wird mit ihm als zeitgleich gebildet angesehen. Seine Mächtigkeiten sind stets gering (0,1 bis 5 m), dabei aber sehr wechselhaft. Er bildet keine durchgehende Gangspalte, sondern einen sehr absätzigen Gangschwarm, ebenso wie der Bodegang-Rhyolith. Der Kersantit besitzt eine feinkörnige dunkle Grundmasse, bestehend aus Plagioklas, Biotit und Pyroxen. Einsprenglinge aus diesen Mineralen bilden ein porphyrisches Gefüge. An Akzessorien treten vor allem Epidot, Granat, Sillimanit, Rutil, Quarz, Spinelle, Apatit, Staurolith, Hypersthen, Calcit, Feldspäte und Magnetit auf.
Die Abkühlung von Gesteinsschmelzen und deren Erstarrung ist stets mit Volumenschwund des Festgesteins gegenüber dem Volumen der Schmelze um einige Prozente verbunden. Das Feld der hierdurch bedingten thermischen Zugspannungen richtet sich dabei nach der Geometrie des magmatischen Körpers, hier der des plattenförmigen Vulkanitgangs, aus. Es konnten sich in 2–3 Phasen sowohl kontaktparallele Klüfte (Zugspannungen wirkten senkrecht zum Kontakt), aber auch senkrecht zum Kontakt streichende Klüfte bilden, so dass rechteckig-würfelige oder auch polyedrische Kluftkörper entstanden. Aus der Verschneidung der Flächen können auch säulenförmige Kluftkörper hervorgehen, deren Säulenachsen tendenziell senkrecht auf der Kontaktfläche stehen. Das ist auch in diesem Aufschluss der Fall (Kontaktfläche 158/68, Säulenachse 310/15, exakt senkrecht wäre 338/22).

Abstecher zur K 1350 von Treseburg in Richtung Thale

A6/23

Lage: Kreisstraße K 1350 von Treseburg nach Thale, Beginn 20 m N des Ortsschilds von Treseburg.
Aufschluss: 400 m Straßenprofil vom Ortsschild bis zum Wilhelmsblick.
Beschreibung: von 20-50 m ab dem Ortsschild ist eine Abfolge von dunklen Tonschiefern mit dünnen schwarzen Kieselschieferlagen angeschnitten, die zur hemipelagischen Fazies der Wissenbachschiefer gestellt werden (Abb. 6.23). Es könnte sich auch um jüngere Ablagerungen des Oberdevons oder Unterkarbons handeln. Unbewiesen ist, ob dieses isolierte Schichtpaket zu einem ortsfremden Gleitkörper (Groß-Olistholith) des Bodetal-Olisthostroms gehören könnte (Schwab 1976). Die steil nach SE einfallenden Schichten sind

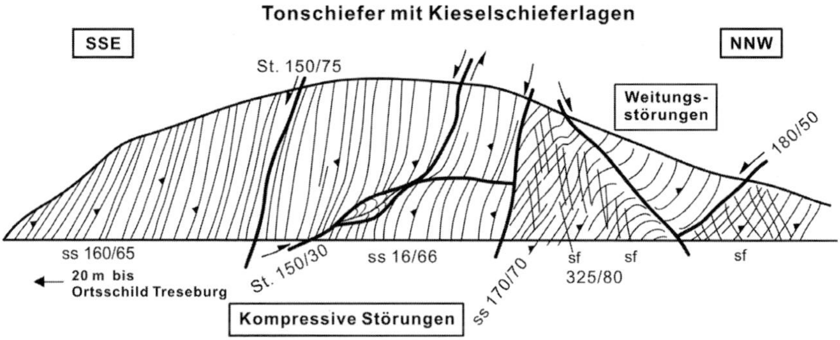

Abb. 6.23: Straßenanschnitt an der K 1350 am N-Ausgang von Treseburg (50 m ab Ortsschild). Variszische Aufschiebungen in Wissenbachschiefern werden von Weitungsstörungen abgeschnitten. Geol. Aufnahme: Franzke.

im südlichen Bereich parallel geschiefert. Im nördlichen Bereich schneidet die Schieferung die leicht verfalteten Schichten (B-258/22). Flach einfallende NW-Kleinüberschiebungen werden noch von WSW-ENE streichenden und wechselnd einfallenden Weitungsstörungen abgeschnitten (SSE-NNW-Streckung).

120 m ab Ortsschild Treseburg (Weg zum Friedhof) folgen intrusive grobkörnige Metabasalte (Diabase) mit Hangendkontakten. Dies bedeutet, dass diese Metabasalte zum unterkarbonischen Deckdiabas zu stellen wären (Schwab 1976).

Bis zum Stollendurchstich am Wilhelmsblick (Geotop 4231/11) folgen olisthostromale Gesteine, die mit mittel- bis oberdevonischen Ablagerungen der Blankenburg-Formation verschuppt sind. Unter den Olistholithen dominieren an Zahl und Größe die Bodetalquarzite, entstanden als Ablagerungen einer devonischen Flachmeerküste oder Schelfs (Reichstein 1991). Daneben finden sich mitteldevonische bis unterkarbonische Diabase, Ton- und Kieselschiefer sowie Kalksteine (Bodetal-Olisthostrom).

Nach der von Reichstein vorgeschlagenen paläogeographischen Rekonstruktion könnten im Unterkarbon im küstennahen Meeresraum bereits verfestigte Bodetalquarzite untermeerische Klippen bzw. Gleitkörper gebildet haben. Diese lokale Sonderform submariner Gleitmassen wird nach ihren lappenförmigen Konturen von Reichstein als Lobostrom bezeichnet. Im Verlaufe des Devons und des älteren Unterkarbons wurden diese Gesteine versenkt und diagenetisch verfestigt. Spätere, durch die variszische Kollisionsprozesse bedingte Krustenhebungen führten im jüngeren Unterkarbon zur Bildung von steilen Felsküsten mit Küstenabbrüchen und zur Auslösung gravitativ bewegter Schlammströme (Olisthostrome). Es entstanden zunächst eckige, später durch Sedimenttransport und Scherung abgerundete Olis-

tholithe. Sie waren eingehüllt in eine siltig-tonige Matrix. Sie wurden schon bei sehr flachen submarinen Hangneigungen umlagerungsfähig. Durch die variszische Tektonik wurden sie in lanzettförmige Scherkörper (Phacoide) zerlegt. Diese Gesteine wurden nicht verfaltet, sondern verschuppt.
Nach der Durchquerung des zur Aussichtsplattform Wilhelmsblick führenden kurzen Stollens sind am rückwärtigen Felsanschnitt siltig-tonige Schiefer aufgeschlossen. Diese enthalten zerscherte dünne Kalksteinlagen, die an einer Stelle (4 m N des Stollens) noch eine stark NW-vergente Falte (Sattel) mit einer Wellenlänge von ca. 1 m erkennen lassen. Es handelt sich um eine B_1-Falte, die von einer zweiten Faltung (B_2) überprägt wird. Diese gibt sich durch die fast senkrecht zum sedimentären „s" verlaufende transversale Schieferung als feine Crenulation (feine Wellung) auf den Schichtflächen zu erkennen. Die B_2-Faltung ist hier SE-vergent. In den pelitischen Gesteinen der Blankenburg-Zone sind Übergänge zu Gefügeformen der Phyllittektonik mit mehreren Falten- und Schieferungsgenerationen häufig zu beobachten. Die nur ca. 3 km entfernte Bohrung Todtenrode hat in ca. 800 m Tiefe (ca. –350 m NN) ebenfalls phyllitische Gesteine erbohrt (Borsdorf 1975, Borsdorf et al. 1992).

2. Abschnitt: Von Treseburg nach Altenbrak (ca. 7 km)

Von A6/23 zurück nach Treseburg zum Parkplatz am Weißen Hirsch (neben der Bodebrücke). Von hier aus beginnt die weitere Fußexkursion von Treseburg nach Altenbrak. Man überquert die Brücke und folgt dem schmalen Wanderweg am S-Ufer der Bode nach W. Der Weg wird auf 600 m Länge von zahlreichen Anrissen mit Wissenbachschiefern flankiert. Sie sind nahezu im Streichen angeschnitten und fallen steil nach SE ein (Fossilfundpunkte siehe Borsdorf & Freyer 1973).

A6/24

Lage: Nach 600 m erreicht man die Fußgängerbrücke über die Bode. Auf der E-Seite befindet sich 15 m S der Brücke das Stollenmundloch der „Braunschweiger Zeche".
Aufschluss: „Treseburger Hauptgang" (Abb. 6.24). K.: R 44 28 875, H 57 31 950.
Beschreibung: Der wenig ergiebige Bergbau ging mit Unterbrechungen von 1530–1776 auf dem NW-SE streichenden „Treseburger Hauptgang" auf sulfidische Erze (Kupferkies, Magnetkies, Pyrit) und nebenbei auf Fluorit um. Die hydrothermale Gangstruktur setzt sich nach NW fort und wird hinter dem Hotel Wildstein nochmals gequert. Am Stollenmundloch ist die hydrothermale Gangstruktur aufgeschlossen. Liegende und hangende Nebengesteine sind quarzitische Schiefer mit Quarzitlagen der Wissenbach-Formation.

An den beiden Randstörungen der ca. 5 m mächtigen Gangzone ist eine abschiebende Schleppung an den Schichtflächen der Sedimente auszumachen. Innerhalb der Rahmenstörungen sind intakte Gesteinskeile erhalten, welche von listrischen Störungen umflossen werden und der Gangstruktur einen ausgeprägten Scherlin-

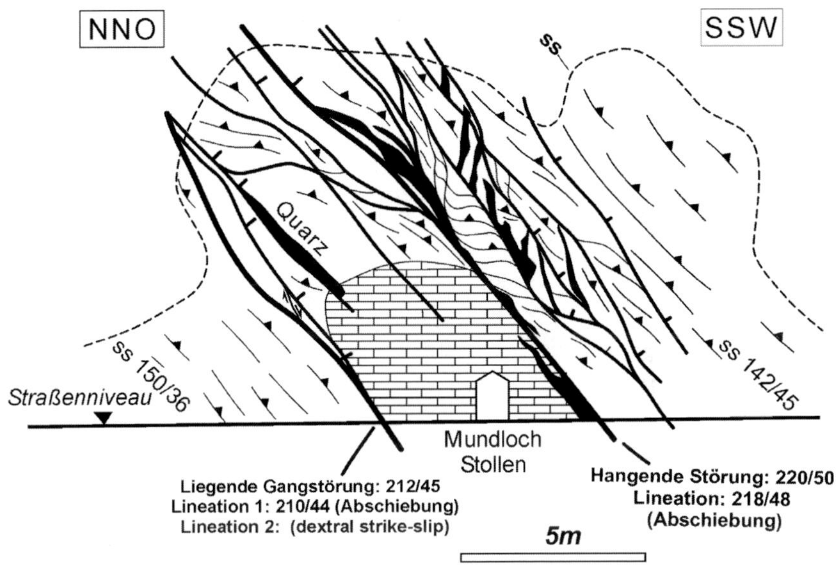

Abb. 6.24: Stollenmundloch mit Aufschluss des hydrothermalen Mineralgangs der „Braunschweiger Zeche". Bodebrücke am Ortsausgang nach Altenbrak. Geol. Aufnahme: Franzke.

senbau geben. Aufgerissene Störungsbereiche wurden von Quarz und Calcit/Fluorit ausgekleidet. Sulfide, zumeist Kupferkies, sind nesterartig in die Gangarten eingesprengt. Die Quarztrümer führen zeilenförmig aufgereihten Palisadenquarz. Steil stehende Fiederklüfte bilden diagonale Verbindungen zwischen benachbarten Scherflächen. Da Fiederklüfte senkrecht zur kleinsten Hauptnormalspannung (σ_3) aufreißen, kann man für die Aktivierung der Gangstruktur (Quarzmineralisation) auf subhorizontale Weitung in SW-NE-Richtung schließen. Am großflächig freigelegten liegenden Salband der Gangzone ist als jüngste tektonische Aktivierung noch eine sinistral-blattverschiebende Überprägung festzustellen (horizontale Striemung).
30 m nördlich des Mineralgangs trifft man am Wildstein auf den Hangendkontakt eines ca. 100 m mächtigen mitteldevonischen Diabasvorkommens, dass sich in zwei schichtparallel eingedrungene Lagergänge mit einer Zwischenlage aus quarzitischen Schiefern aufgliedert. An der Straßenkurve (Parknische) ist der liegende Kontakt (170/40) zu den parallel streichenden Schiefern aufgeschlossen.

Zurück zur Bodebrücke und auf die W-Seite am Hotel Wildstein vorbei weiter auf dem Wanderweg Richtung Altenbrak. 80 m hinter dem Hotel durchquert man hinter einer Trockenmauer an der Wegböschung erneut die Gangstruktur der Braunschweiger Zeche, deren Schachtpinge und Halden oberhalb des Wegs liegen. Wiederum ist daneben der Hangendkontakt eines Diabaslagers (160/50) gegen dickbankige Quarzite erschlossen, die konform zum Diabas nach SE einfallen.

A6/25

Lage: Auf Bodetalweg 1 km nach W bis zu den Falkenklippen. K.: R 44 28 290, H 57 32 070.
Aufschluss: Felsanrisse bis zu einem vermauerten Stollenmundloch.
Beschreibung: SE-einfallende Wissenbachschiefer. Im Stollen ehemals Gewinnung von Dachschiefern aus geeigneten Horizonten der Wissenbachschiefer. Voraussetzung für die Nutzung war die Ausbildung ausreichend großer und ebener Spaltflächen (Schieferungsebene). In den Schiefern kommen stratiforme Einlagerungen von cm-dm-mächtigen Lagen heller tuffogener Gesteine vor, die sich besonders auf der Falkenklippe oberhalb des Wanderwegs häufen („Porphyroide", vgl. A6/10).

A6/26

Lage: Bodetalweg, W-Seite, 100 m vor Erreichen der Chaussee nach Altenbrak. K.: R 44 28 230, H 57 32 290.
Aufschluss: Diabaslagergang (42 m horizontale Mächtigkeit).
Beschreibung: Der Liegendkontakt des intrusiven Diabaslagergangs ist nahezu konform zu einer Quarzitbank und wellig verfalteten Schiefern (B 65/00) ausgerichtet. Der Hangendkontakt ist deutlich gestuft, da die basaltische Schmelze diagonal in die sedimentäre Schichtfolge eingedrungen ist.

Weiter am W-Ufer der Bode bis zur Einmündung des aus SW kommenden Schreckentals. Unterwegs plattige, parallel geschieferte Tonschiefer vom Typ der Wissenbachschiefer mit Diabaslagern (Eisentafel mit Jahreszahl 1878, Datum des Wegebaus). Schokoladenbraun verwitternde Kalksteinlagen sind in die Wissenbachschiefer eingelagert. In den dünnplattigen Schiefern können Tentakuliten gesammelt werden.
Horizonte von flaserigen Tonschiefern (Olisthostrommatrix), darin eingeschaltete Kieselschiefer, Kalksteine und Metabasalte (Diabase) lassen vermuten, dass eine Verschuppung von mitteldevonischen Wissenbachschiefern mit dem Bodetal-Olisthostrom vorliegt.

A6/27

Lage: Einmündung des von SW kommenden Schreckentals in das Bodetal. K.: R 44 27 950, H 57 32 050.
Aufschlüsse: Bodetalkersantit. Anrisse 80 m E und 40 m W der Schutzhütte (2 Aufschlüsse).
Beschreibung: Der Kersantit (vgl. A6/22) ist im E 0,5 m mächtig (Abb. 6.27) und folgt dem Schichtgefüge (175/30). Die Kontakte sind mit dem Nebengestein verschweißt, es hat keine späteren Verformungen gegeben.

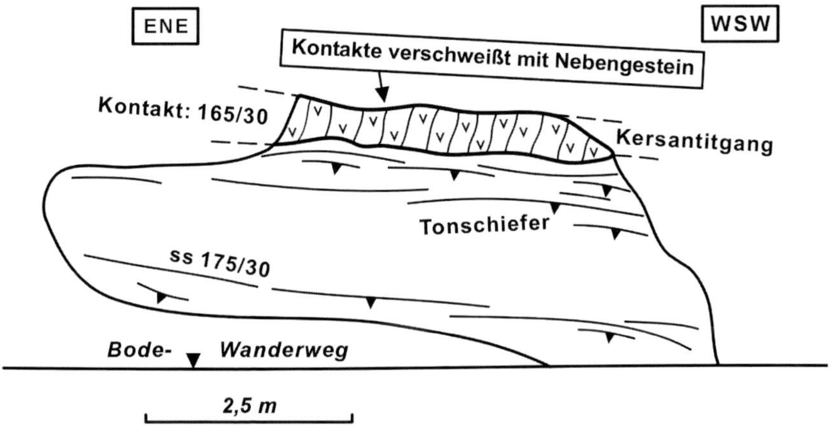

Abb. 6.27: Einmündung des Schreckenstals in das Bodetal W der großen Bodeschleife W von Treseburg, Bodewanderweg (Schutzhütte). Gering mächtiger Kersantitgang lagert konform in Tonschiefern. Geol. Aufnahme: Franzke.

Zurück zur neuen Bodebrücke und Weiterfahrt auf der L 94 nach Altenbrak zum Parkplatz über die Bodebrücke. Fußwanderer bleiben auf dem Wanderweg und erreichen über das Freilichttheater (jährlich Harzer Jodlerwettstreit) ebenfalls den großen Parkplatz an der östlichen Bodebrücke von Altenbrak. Am Parkplatz Klippen (K.: R 44 26 995, H 57 32 850) mit nach SE einfallenden Quarzitbänken und Schieferlagen. An den Grenzen Quarzit/Schiefer entwickelten sich streichende variszische Abscherflächen.

A6/28

Lage: Vom Parkplatz Altenbrak 300 m nach W am S-Ufer der Bode. K.: R 44 26 810, H 57 32 930.
Aufschluss: Stollenmundloch der Grube „Kaiser Karl".
Beschreibung: Der Stollen hat nur 3,8 m Länge. Am Mundloch ist jedoch ein kompletter Querschnitt durch einen kleinen hydrothermalen Mineralgang aufgeschlossen (Abb. 6.28), an welchem die typischen Elemente einer hydrothermalen Gangstruktur aufgeschlossen sind.

Entstehung der Mineralgänge: Aus genetisch unterschiedlich entstandenen Flächensystemen (Schicht-, Schieferungs- und Scherflächen) entwickelten sich im Schiefergebirgsstockwerk des Harzes nach Abschluss der variszischen Einengung steil einfallende ruptile Abschiebungssysteme mit komplizierten inneren Gefügen, z. B. bogenförmig sich vergabelnde Störungsflächen und girlandenartig dazwischen aufgespannten Zugklüften. Die Scherflächen sind gekrümmt und bilden ein charakte-

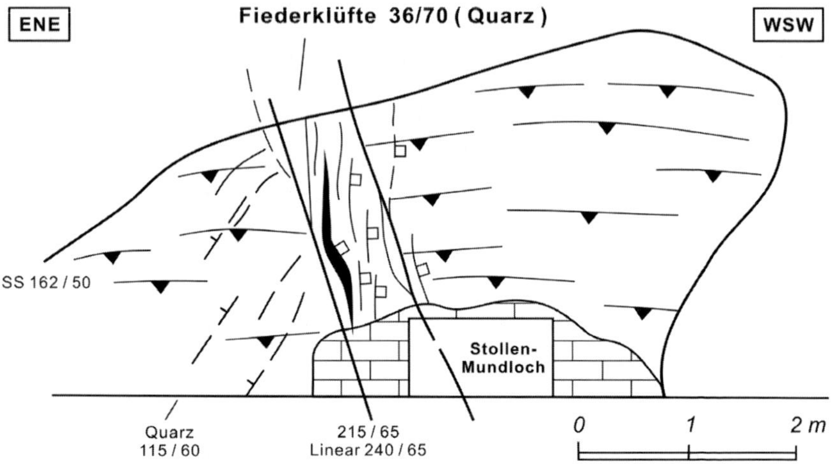

Abb. 6.28: Stollenmundloch der Grube „Kaiser Karl" am S-Ufer der Bode in Altenbrak. Mineralisierte Störung (Quarz). Geol. Aufnahme: Franzke.

ristisches Scherlinsensystem mit deutlichen Rahmenstörungen aus. Zwischen den Scherflächen spannen sich einzelne oder ganze Girlanden von Fiederstrukturen auf, die oftmals die Hauptmasse der Mineralisation führen. Durch polyphase Aktivierungen und Mineralisierungen werden die Scherflächen in der Regel von mehreren Mineral-Paragenesen besetzt. Die Fiederspalten sind oftmals nur von einer Paragenese betroffen, da die Klüfte durch die Mineralfüllung wieder verheilen und nicht so leicht wie Scherflächen reaktiviert werden können. Deshalb führen Fiederspalten meist hohe Gehalte an Erzen oder Gangarten. In diesem Aufschluss ist der Gang vertaubt. Die gegenseitigen Raumbeziehungen von Scher- und Fiederflächen sind deutlich auszumachen. Die Fiedern sind, steiler einfallend, den Scherflächen aufgesetzt und werden, von ihnen ausgehend, mit mineralisierenden Fluiden versorgt (hier nur Quarz). Die geometrischen Beziehungen der Scherflächen (215/65) zu den Fiedern (36/90) zeigen abschiebende (= aufweitende) Bewegungen in SW-NE, was auch durch die Scherlineare auf den Scherflächen (230/60) bestätigt wird. Aus der Raumlage der Fiedern kann die minimale Normalspannung direkt als Normale zur Fiederfläche mit σ_3 = 215/00 ermittelt werden (siehe auch A6/24).

A6/29

Lage: S-Seite der Bode in Altenbrak, 250 m E der Einmündung des Großen Mühlentals in das Bodetal. K: R. 44 25 985, H. 57 33 170.
Aufschluss: Quer- und Längsanschnitt des Bodegangs.
Beschreibung: Eine vom Bode-Hauptgang nach NNE abgehende Apophyse verläuft hier in Richtung der senkrecht zu den Faltenstrukturen orientierten

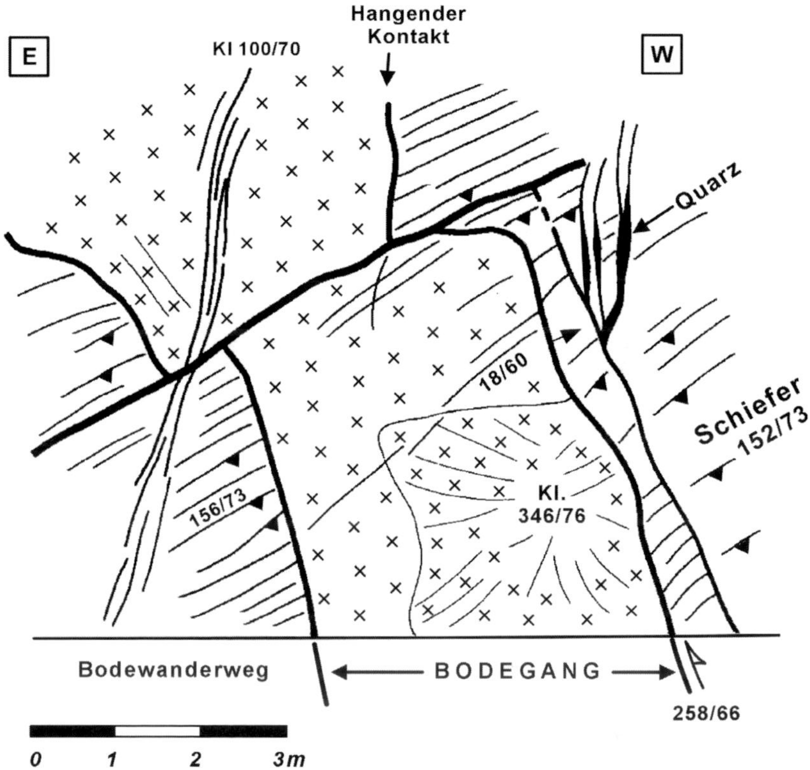

Abb. 6.29: S-Ufer des Bodetals, 250 m E der Einmündung des Großen Mühlentals. Queranschnitt des Bodegangs. Geol. Aufnahme: Franzke.

Querklüftung des Nebengesteins. Nach W, auf den auflässigen Dachschieferstollen zu, ist der liegende Kontakt des Gangs im Streichen der Schichtfolge (165/75) angeschnitten (Abb. 6.29).

Der mit 66° WSW einfallende „Quergang" wird bis 4 m mächtig. Er streicht diskonform zu den Rahmenschiefern. Im Hangenden ist eine schwache Störungsfuge mit Quarzfiedern (Abschiebung!) als Vorzeichnung für die Gangspalte zu vermuten. Am hangenden Kontakt ist außerdem eine schwache aufschiebende Nachbewegung zu identifizieren. Entlang einer Schichtfläche ist der Gang syntektonisch beim Aufreißen (in ca. 3 m Höhe) nochmals abgestuft. Die Indizien sprechen für eine Queraufweitung der Gangspalte beim Intrusionsvorgang.
Während der Erstarrung der Schmelze (Volumenschwund!) sind Querklüfte und nach N einfallende Längsklüfte als Trennbrüche entstanden. Eine Säulenklüftung

senkrecht zu den Kontakten (Abkühlrichtung) ist angedeutet. Das Einströmen der Laven in die Gangspalte rief eine Fluidaltextur hervor, die aber nur unmittelbar am Liegendkontakt deutlich ist. Die mineralogische Zusammensetzung des Gesteins ist rhyolithisch und gleicht denen der bisher besprochenen Aufschlüsse des Bodegangs.

A6/30

Lage: Altenbrak, am S-Bodeweg, ca. 180 m E der Einmündung des Großen Mühlentals in das Bodetal, Stollenmundloch einer Dachschiefergrube. K.: R 44 25 930, H 57 33 180.
Aufschluss: Dachschieferhorizont in Wissenbachschiefern.
Beschreibung: Die Dachschiefer wurden hier zwischen 1920 und 1924 aus den Wissenbachschiefern gewonnen.

Die Stollenlänge beträgt 23,5 m. Es stehen dunkle, plattig absondernde Tonschiefer an. Schichtung und Schieferung liegen in einer Ebene (Parallelschieferung, 165/40), was für die Eignung der Schiefer als Dachschiefer von Vorteil war. Dennoch sind die ablösenden Flächen leicht gebogen (Qualitätsminderung). Kleine intrafoliale Falten (B 260/03) zwischen gescherten Schichtflächen und Schieferungsflächen modifizieren das Lagengefüge. Der lokale Dachschiefer-Bergbau in der Blankenburg-Zone erreichte nie die Bedeutung des Goslarer Dachschiefer-Bergbaus im Oberharz (vgl. A6/25).

A6/31

Lage: Altenbrak, Fahrweg aus dem Bodetal über die westliche Bodebrücke nach SW in das Große Mühlental, Geotop 4231/1.
Aufschlüsse: Weg-Anschnitte im vorderen Teil des Gr. Mühlentals.
Beschreibung: Tektonische Verschuppung von Wissenbachschiefern (Mitteldevon) mit Gleitkörpern (Mitteldevon bis Oberdevon) des Bodetal-Olisthostroms:

0 bis 150 m: Wissenbachschiefer mit Diabaseinlagerungen (Mitteldevon);
150 bis 300 m: helle Kiesel- und Wetzschiefer, flach nach SE einfallend (Oberdevon I);
300 bis 400 m: rötliche, grüne und graue Tonschiefer (Buntschiefer, Oberdevon II bis VI);
400 bis 500 m: Gleitmassen des Bodetal-Olisthostroms (? Unterkarbon III);
Bei 500 m: Bodegang (3–4 m);
500 bis 600 m: Bodetal-Olisthostrom, mittelsteil nach SE einfallend.
Bis zur Spitzen Klippe (weitere 500 m) folgen nach SW Wissenbachschiefer mit einem mächtigen Diabasporphyritlager (Mitteldevon) am Eingang des Marschlebertals. Im S der Spitzen Klippe treten sandstreifige Schiefer auf (Unterkarbon II). Sie gehören zum Tanne-Zug (unterkarbonischer Flysch). Sie fallen mittelsteil nach SE ein und wurden nach NW auf die oben genannten Einheiten überschoben. S davon folgen mehrere kleine Klippen am W-Hang des Brandkopfs (K.: R 44 25 000,

H 57 31 830). Dort stehen Kalksteine des Unterdevons (Herzyn-Kalke), Kieselgallenschiefer (Lochkov) und Kalkgrauwacken (Unterems/Prag) an. Eine ausführliche Darstellung findet man bei Weller (1968) und Gischler, Weller & Weyer (1991). Von hier zurück ins Bodetal und über die westliche Bodebrücke von Altenbrak zur Gaststätte „Schönburg".

A6/32

Lage: Altenbrak, Felsanschnitte SE der Gaststätte „Schönburg". Profilbeginn bei: K. R 44 26 230, H 57 33 215.
Aufschluss: Faltenstruktur (Antiklinale) im Bodetalquarzit.
Beschreibung: In einem 120 m langen Anschnitt steht eine Wechsellagerung von Quarziten mit quarzitischen Schiefern und Tonschiefern an (Abb. 6.32). Die Faltenstruktur hat eine Vergenz von 30° NW. Es ist eine asymmetrische Antiklinale mit verdicktem Kern sowie senkrecht stehendem NW-Schenkel und flach einfallendem, lang gestrecktem und dabei ausgedünntem SE-Schenkel. ss-parallele Kleinstörungen (Abschiebungen) sind nur auf der SE-Flanke der Struktur entwickelt. Charakteristisch ist die transversale Schieferung (150/75) mit Brechungseffekten an den lithologischen Wechseln von Quarziten zu Schiefern.

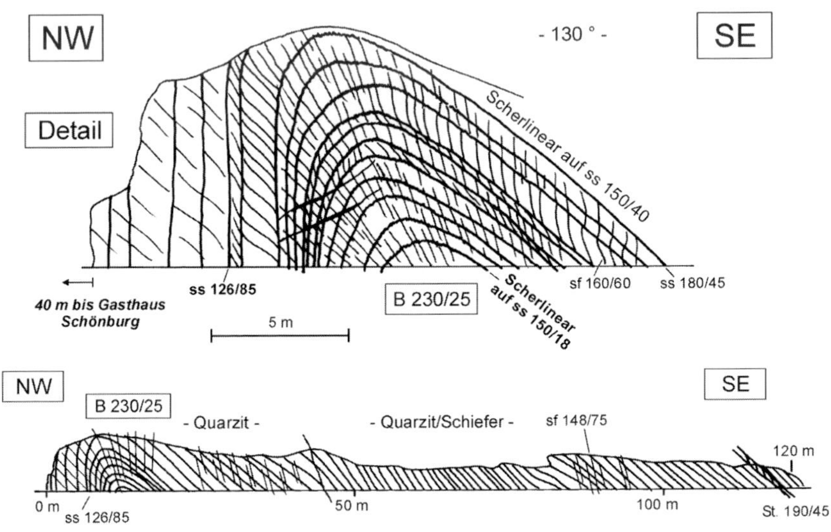

Abb. 6.32: Querprofil in Quarziten und Schiefern des Straßenanschnitts SE der Gaststätte „Schönburg" in Altenbrak. Geol. Aufnahme: Franzke.

Auf den flach einfallenden SE-Schenkeln sind die Transversalwinkel der Schieferung durch die Streckung und Ausdünnung geringer mit der Tendenz zur Parallelschieferung. Die Gleitstriemungen auf Schichtflächen (150/50) stehen senkrecht zu den Faltenachsen (B 231/25), desgleichen Quarzfüllungen auf Klüften, welche senkrecht zur orogenen Einengung orientiert sind („Querklüfte"). Die Faltung/Einengung ist durch Biegescherfaltung, das ist Biegegleitung auf Schichtflächen und gleichzeitige Zerscherung in der Ebene der Schieferflächen, eingetreten. An der Basis der Quarzitlagen sind Fließmarken entwickelt, die einen Sedimenttransport aus NNE anzeigen (? Old Red Kontinent). K-Ar-Datierungen an detritischen Hellglimmern aus den Quarziten (Marheine 1997) erbrachten Alter zwischen 440 und 400 Ma, so dass das Kaledonikum NW-Europas als Detrituslieferant in Betracht kommt.

A6/33

Lage: Altenbrak, Unterdorf, Parkplatz „Cafe Fontane". K.: R 44 27 160, H 57 33 110.
Aufschluss: Streichender Anschnitt und Querprofil des Bodegangs.
Beschreibung: Vom Parkplatz blickt man nach N auf den freigelegten Hangendkontakt des Bodegangs. Die Kontaktfläche fällt im Straßenniveau mit 60° nach SSE ein (150/60), in ca. 10 m Höhe beträgt das Einfallen nur noch 40° SSE. Diese Wellung entspricht der primären Morphologie der Spalte. Durch die Verflachung der Spaltenlage von 60° auf 40° Einfallen vermindert sich die Mächtigkeit von ca. 8 m an der Sohle auf ca. 4 m nach oberhalb, was durch unterschiedliche Spaltenöffnungen bei Abgleitbewegungen auf primär gekrümmten Flächen zu erklären ist.

Der Gang verläuft subparallel zur Lagerung der einrahmenden Schiefer. Dies wurde als Beleg dafür gewertet, dass der Bodegang noch im Spannungsfeld der variszischen Verfaltung in die Schieferserie aufgedrungen sein könnte (Schwab 1976). Schwache Kontaktwirkungen im Liegenden und Hangenden, welche die schon vorhandene Schieferung und Runzelung (Schnittkante ss/sf) überprägt haben, sprechen neben Altersdatierungen (ca. 295 Ma) jedoch dagegen.
Der Anschnitt zeigt zwei orthogonal zueinander stehende, während des Abkühlungsprozesses der Schmelze primär im Ganggestein entstandene Kluftgruppen, die quer (60/85) und längs zum Gang-Streichen (325/40) verlaufen. Weiter gibt es eine parallel zum Kontakt verlaufende Klüftung. Infolge der ungleichen Abstände der Richtungsgruppen entstand eine flache Quaderung, vergleichbar der Form von Streichholzschachteln. Dies wird durch diagonale Klüfte, die geringe Scherung zeigen, modifiziert. Die Scherung gleicht Inhomogenitäten des thermisch induzierten Spannungsfeldes aus, welche bei der Abkühlung und Verfestigung der Schmelze auftraten. Der Anschnitt der hangenden Kontaktfläche zeigt außerdem noch Längsklüfte, die in den Gang hinein, also nach N zu einfallen, welche Spuren duktiler Verformungen aufweisen. Dies bedeutet, dass die Kluftbildung bereits am Ende des Schmelzstadiums begann und unmittelbar von der Abkühlung und der damit verbundenen Volumenabnahme des Gesteinskörpers verursacht wurde. Hierdurch wurden Zugspannungen induziert, welche den Rhyolith zerklüfteten. Durch die Verschneidung mehrerer Querkluft-Gruppen ist auch hier eine in Rhyolithgängen häufiger zu beobachtende Säulenklüftung entstanden, deren Säulenachsen quer zum Gang stehen.

A6/34

Lage: L 94, 350 m NE Ortsausgang Altenbrak. K.: R 44 27 450, H 57 33 200 (gefährliche Straßenkurve, keine Parkmöglichkeit!), Geotop 4231/12.
Aufschluss: Querprofil des Bodegangs unterhalb des Bösenbleeks.
Beschreibung: Der Felsanschnitt erschließt ein bis in ca. 50 m Höhe aufgeschlossenes Querprofil des hier ca. 8 m mächtigen Bodegangs (Abb. 6.34-1). Der Gang durchschneidet mit geringem Versatz eine Abfolge von flach SE einfallenden Tonschiefern, Quarziten und einem subeffusiven Diabaslager. Die wulstig geformte liegende Kontaktfläche (145/50) zeigt die Abdrücke der etwas flacher als der Kontakt einfallenden ss-Flächen der angrenzenden Schiefer-Quarzit-Wechsellagerung. Der Liegendkontakt folgt also nicht der Schichtung, sondern den steiler als die Schichtflächen einfallenden Schieferungsflächen. Im Hangenden des Bodegangs ist bis in ca. 4 m Höhe ein stufig verlaufender Kontakt entwickelt, an dem die angrenzenden Schiefer- und Quarzitlagen im abschiebenden Sinne etwas verkippt und geschleppt sind.

Weiter oberhalb am Hang folgt der Kontakt dann geradlinig in der liegenden Schichtfuge einer massigen Quarzitbank, um in ca. 10 m Höhe an einer Kleinstö-

Abb. 6.34-1: Queranschnitt des Bodegangs am Bösenbleek, 350 m E von Altenbrak. Aufschlusshöhe ca. 80 m. Aufnahme vom Café „Fontane", Blickrichtung nach ESE. Foto: Franzke.

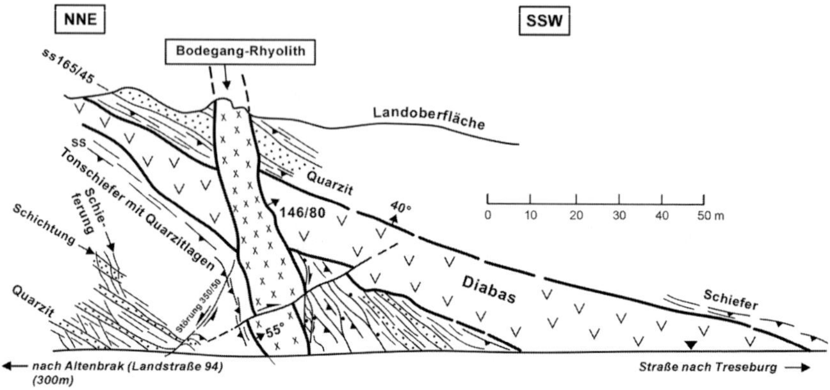

Abb. 6.34-2: Übersichtsprofil mit dem Anschnitt des Bodegangs und seiner Hüllgesteine in der Umgebung des Bösenbleek, E von Altenbrak, Geotop 4231/12. Geol. Aufnahme: Franzke & R. Müller, Clausthal.

rung (25/50) aufschiebend um ca. 1,5 m versetzt zu werden. Noch weiter oberhalb (von der Straße aus nicht mehr einzusehen) verflacht sich das Einfallen der Nebengesteine. Der Bodegang durchschneidet hier das Schichtgefüge einschließlich des Diabas-Lagergangs. Der Diabas wird in der Hangendscholle des Rhyoliths um einen geringen Betrag (1–2 m) abgesenkt. Im Liegenden des Bodegangs ist die Schiefer-Quarzitfolge gut aufgeschlossen (ss 154/30).
Die Spaltenöffnung des Bodegangs, wie auch des Bodetalkersantits, ist nicht an größere Störungen mit stärkeren Versatzaktivitäten verknüpft. Die Spalten wurden durch N-S- bis NNW-SSE-Extension (Weitung) geöffnet, welche das Schieferungsgefüge und auch Querklüfte des Schiefergebirges (NNW-SSE) aufgeblättert haben. Präexistente variszische Auf- und Überschiebungen wurden von den Bodegängen nur abschnittsweise benutzt.

A6/35

Lage: Felsklippen an der rechten Flanke eines nach NE aus dem Bodetal ablaufenden Nebentälchens, 300 m SE von A6/34. K.: R 44 27 720, H 57 33 120.
Aufschluss: Bodetalquarzit mit Flyschmerkmalen (slumping, flute casts, gradierte Schichtung).
Beschreibung: Es stehen nach SE einfallende dickbankige Quarzite an, die geringmächtige Zwischenlagen von Tonschiefern und von quarzitischen Schiefern führen. In den Quarziten (kalkhaltiges Bindemittel) sind zahlreiche halb ausgewitterte Steinkerne von Fossilien, hauptsächlich von hartschaligen Bra-

chiopoden, zu erkennen. In einer ca. 10 cm mächtigen siltigen Zwischenlage sind synsedimentäre Gleitfalten (slumping) ausgebildet.

Auf den Schichtunterseiten der sandkörnigen Quarzite sind Fließmarken (flute casts), im inneren Schichtgefüge ist Korngradierung (graded bedding) und Schrägschichtung (cross bedding) entwickelt. Auf den Schichtflächen dickbankiger Quarzite sind handtellergroße flache Näpfe mit zentrischen Austrittsspuren von Diagenesewässern zu sehen. Während der Verfestigung der Sedimente wurde der Austrieb von Wässern durch tonige Lagen im Liegenden und Hangenden der gröberen und dadurch wasserführenden Siltlagen behindert. Fortschreitende Sedimentation (steigender Auflastdruck) erhöhte den Innendruck (Fluiddruck) im hydraulisch geschlossenen System der sandigen Lagen zwischen den Tonlagen, wodurch die Stützfunktion des Kornverbandes der Siltsteine aufgehoben wurde. Dies hatte erhöhte Gesteinsmobilitäten zur Folge, die bereits bei sehr geringen Hangneigungen zu Gleitprozessen im Sedimentationsraum führen konnten. Neben diesen sedimentären Gleitfalten, deren Achsenlagen aufgrund ihrer nichttektonischen Entstehungsweise stark fluktuieren, existieren in der Umgebung auch kleine NW-vergente Spitzfalten (mit Achsenflächenschieferung), die in Richtung des variszischen Orogens ausgerichtet sind (B-55/00) und deutliche Bezüge zur Schieferung aufweisen.

A6/36

Lage: L 94 ca. 300 m SE des Bodegangs am Bösenbleek (A6/34). K.: R 44 27 730, H 57 33 020.
Aufschluss: Straßenanschnitt am Talausgang des rechten (SE) von zwei kleinen Quertälern, 250 m NW des Rastplatzes auf der Bodeseite der Straße.

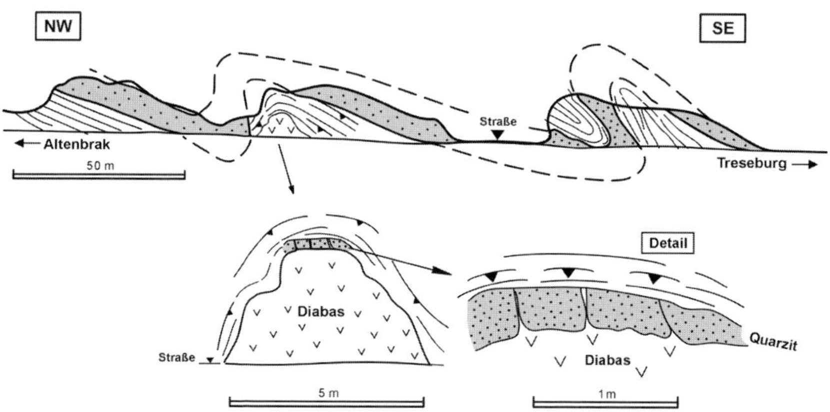

Abb. 6.36: NW-vergent verfaltete Quarzit-Schiefer-Wechsellagerung mit Diabas im Kern. L 94, SE von E Altenbrak. Geol. Aufnahme: Franzke & R. Müller, Clausthal.

Beschreibung: Im Kern eines Kleinsattels von ca. 5 m Spannweite ist ein Diabas angeschnitten (Abb. 6.36). Die Quarzite führende Serie setzt sich mit 30–50° nach SE einfallend bis zum Rastplatz fort.

Beidseitige Thermokontakte und kleine Apophysen von der basaltischen Schmelze in die hangenden Quarzite hinein sind ein deutliches Kennzeichen für die intrusive Natur dieses submarinen, basaltischen Lagergangs (sill). Bei der variszischen Verfaltung wurde dieser nur ca. 2 m mächtige Lagergang in den Faltenbau einbezogen. Gering mächtige Diabaslager konnten analog zu Quarzit- oder Grauwackenbänken also durchaus verfaltet werden. Im Unterschied zu den benachbarten intensiveren Faltenstrukturen ermöglichte das Diabaslager aufgrund seiner hohen Biegeresistenz aber nur die Ausbildung einer Kuppelform mit aufrechter Achsenebene, also ohne die in der Umgebung übliche NW-Vergenz.

Exkursion 7: Das untere Selketal zwischen Straßberg und Meisdorf mit Abstechern nach Harzgerode und in den Südostharz

Thematische Schwerpunkte

Diese Exkursion kann zwischen Straßberg im SW und der Selkemühle im NE (dort Parkplatz) mit dem Fahrzeug durchgeführt werden. Von Meisdorf im NE kommend, ist es möglich, bis zur Jugendherberge Falken und zur Burg Falkenstein zu fahren. Der Abschnitt zwischen der Selkemühle und der Jugendherberge Falken (ca. 7,5 km) ist als Fußexkursion zu planen. Zwischen Straßberg und Alexisbad wird die SW-NE streichende Harzgerode-Zone und zwischen Alexisbad und dem Forsthaus Scheerenstieg die Tanne-Zone durchquert. Darauf gelangt man bis zum Fuße des Meisebergs erneut in die Harzgerode-Zone, um dann bis Meisdorf die Selke-Decke, als Teil der ehemals zusammenhängenden Ostharz-Decke, zu durchwandern. Es werden vor allem Aufschlüsse im unterkarbonischen Flysch und Wildflysch der Harzgerode-Zone und des oberdevonischen Flysch der Selke-Decke besucht. Über der variszischen Deckeneinheit folgen nach einer Schichtlücke flach diskordant die Sedimente des Meisdorf-Rotliegend-Beckens. In ihm gibt es gegenwärtig keine besuchswürdigen Aufschlüsse. Es wird empfohlen, die Geopark-Flyer der Landmarken 10 und 15 sowie die entsprechenden Hinweistafeln im Gelände zu beachten.
Die Flyschfazies: Die zum **Flysch** gestellten stratifizierten Wechselfolgen von **Grauwacken und Grauwackenschiefern** sind als Ablagerungen von Trübeströmen (turbidity currents) entstanden. Ihren Ausgang nahmen sie am Kontinentalrand und verbreiteten sich als submarine, deltaförmige Tiefseefächer (fans) bis in die Tiefseebecken. In Abhängigkeit von der Fließgeschwindigkeit und der Dichte der Trübeströme verloren sie dann sukzessive ihre Sedimentlast, die sich in zyklischen Intervallen (Bouma-Sequenzen) gemäß ihrer Schwere absetzte. So entstanden in kalten Meeren die Sequenzen der **Turbidite** als gradierte klastische Sedimentfolgen. Deren Fazies variierte in vertikaler und horizontaler Richtung. In einer voll

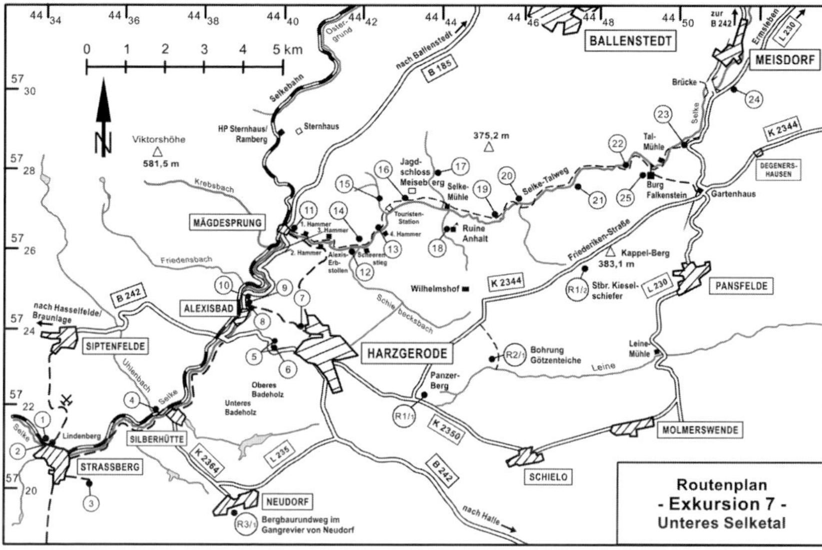

Abb. 7.0-1: Routenplan der Exkursion 7.

entwickelten Sequenz (Bouma-Zyklus) lagerten sich Konglomerate, Grauwacken, Silte und Tone ab.

Die zum **Wildflysch** zählenden Sedimente entstanden an Kontinentalhängen aus Schlammströmen, die sich zu den Vortiefen der Plattenränder bewegten (**Abb. 7.0-2**). Diese Massenströme hinterließen mächtige, ungeschichtete chaotische Massen, die **Olisthostrome** (slumps, debris und mud flows), aufgeladen mit Gleitkörpern unterschiedlichster Zusammensetzung und Größe (Olistholithe).

Die Kieselschiefer bildeten sich aus massenhaft absterbenden Radiolarien, deren Gehäuse aus Kieselsäure bestehen, die sich durch den untermeerischen Vulkanismus im Meereswasser anreicherte. In wärmeren Meeren wurden aus dem in Lösung befindlichen Calciumbikarbonat durch Kohlendioxid-Freisetzung ($Ca(HCO_3)_2 > CaCO_3 + H_2O + CO_2$) die **Karbonatgesteine** ausgefällt (Wackestones, Grainstones und Mikrite), so auch die im Harz verbreiteten **Herzynkalke**. Unter den besonderen Ablagerungsbedingungen in Tiefseebecken, den sog. „Hungerbecken", bildeten sich die **Flinzkalke**, auch **allodapische Kalke** (gr. allodapós, „anderswo herstammend", fremd) genannt. Es sind detritische (zerriebene) Kalksteine, welche mit Tonsteinen wechsellagern. Sie finden sich in Meeres-Stillwasserregionen mit über 800 m Wassertiefe. In den abgeschlossenen „Hungerbecken" kamen die Calcit-Turbiditschüttungen weitgehend zum Erliegen, so dass die Sedimente sich durch den erhöhten Anteil von Feinklastika, in der Regel sind das zyklisch eingeschaltete Schwarzschieferpakete, deutlich von der pelagischen Fazies der Herzynkalke abheben (Hüneke 1998). Auf flachen Untiefen der zirkum-äquatorialen Meere des Devons bildeten sich die Riffkalke der Atolle und Schelfküsten (siehe E4). In abgeschlossenen Meeresbecken fielen infolge der Meeresverdunstung auch Calciumsulfatgesteine (Anhydrite/Gips) aus.

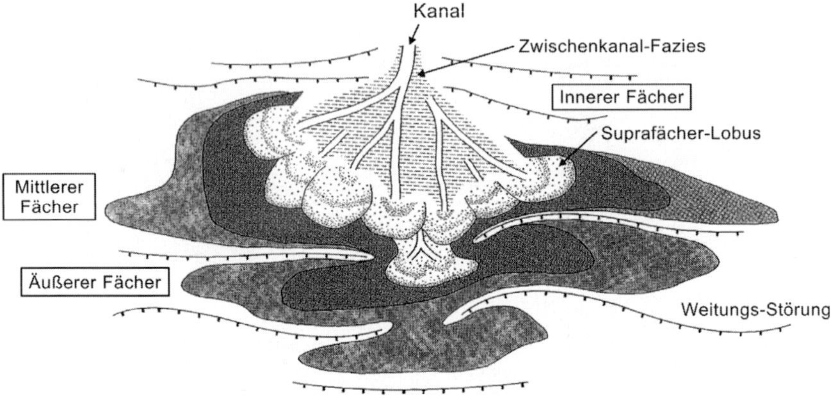

Abb. 7.0-1: Faziesmodell von Flyschfächern (Walker & Mutti 1973, Walker 1975). Die Flyschserien des Harzes beginnen im Oberdevon II (Südharz- und Selke-Decke) und reichen im NW-Harz bis in das obere Unterkarbon. Nach dem stofflichen Aufbau, den auftretenden Sedimentstrukturen und den Korngrößenspektren können Zuordnungen zu Teilbereichen dieses Modells vorgenommen werden.

Die Aufschlüsse

A7/1

Lage: Selketal, N-Hang, Bahnhof Straßberg-Lindenberg.
Aufschluss: Hanganschnitte.
Beschreibung: Im W-Teil des Anriss (300 m ab Bahnhof) streichen dünnplattige Graptolithenschiefer aus (ss 160/30). Im E-Teil des Anschnitts folgen Grauwacken und Tonschiefer mit Einlagerungen, welche in einer geflaserten Schiefermatrix kleine geplättete Herzynkalk-, Quarzit- und Metabasalt-Olistholithe führen. Alle Gesteine gehören als Olistholithe zum Harzgerode-Olisthostrom.

A7/2

Lage: Selketal, N-Hang des Selketals, ca. 60 m E des Bahnhofs Straßberg-Lindenberg (hinter Wohnhäusern). Abzweigung der Straße zum früheren Fluorschacht.
Aufschluss: Auflässiger Steinbruch Lindenberg.

Beschreibung: Auf ca. 20 m Höhe steht eine flach nach SE einfallende Wechsellagerung von Grauwacken und Grauwackenschiefern an. In Letzteren stellte Huckenholz (1958) Pflanzenreste von *Cyclostigma hercynium* WEISS fest, so dass hier stratigraphisch der Übergang vom Devon/Karbon in Flyschfazies nachgewiesen wurde.

A7/3

Lage: Bergwerksmuseum Grube Glasebach, SE-Rand von Straßberg (Hinweisschilder). Adresse: Bergwerksmuseum Grube Glasebach, 06493 Straßberg/Harz, Tel.: 039489-276 oder 226.
Aufschluss: Hydrothermale Gangmineralisationen.

Zugänglich sind Untertageführungen auf zwei Stollen-Sohlen. Präsentationen zur Bergbaugeschichte, von Gang- und Mineralstufen und von geologischen Schautafeln.
Die Ganglagerstätte Glasebach (Oelsner et al. 1958) wurde im 18. Jahrhundert auf Pyrit und Bleiglanz, später auch in geringem Umfang auf Fluorit abgebaut. Durch eine weitläufige Erkundung nach dem 2. Weltkrieg, abgebrochen nach einem verheerenden Wassereinbruch aus dem Altbergbau im September 1956 (6 Todesopfer), konnten bis zur 7. Sohle (ca. 200 m Teufe) über 300.000 Tonnen Fluorit-Vorräte nachgewiesen werden. Die Lagerstätte wurde deshalb von N, vom Biwender Gang (Fluorschacht) aus, mit einem ca. 2 km langen Querschlag (Glasebach-Querschlag) im Niveau der 9. Sohle (330 m-Sohle) unterfahren und in den 70-er Jahren weiter erkundet und abgebaut. Es zeigte sich ein Nachlassen der Fluoritführung zum Niveau der 9. Sohle (+ 100 m NN), so dass sich der Abbau auf die Bereiche zwischen der 5. und der 9. Sohle (ca. 100 m bis 300 m Tiefe ab Oberfläche) konzentrierte. Die Vorräte wurden im aufgeschlossenen Bereich weitgehend gewonnen. Die heute zugänglichen beiden oberen Sohlen gehören zum Altbergbau und waren in der Abbauperiode der Harzer Spatgruben nicht erschlossen. Auf der 2. Sohle treten lokal „Alaunschiefer“ mit charakteristischen Phosphoritkonkretionen auf („Liegende Alaunschiefer“, Unterkarbon).
Die Grube Glasebach baute auf dem WNW-ESE streichenden Straßberg-Neudorfer Gangzug, der zusammen mit dem 1,5 km weiter im N gelegenen Biwender Gangzug zur Zentralen Harzstörung zählt. Beide Gänge fallen aufeinander zu, der Biwender Gangzug steil (65–75°) nach SW, der Strassberg-Neudorfer Gangzug mittelsteil (um 45°) nach NE (Abb. 7/3). Im Grubenbereich ist eine bis 60 m breite Gang- bzw. Störungszone ausgebildet, die aus einem komplizierten Störungsbündel mit girlandenartig dazwischen aufgespannten Fiederspalten besteht (Franzke & Zerjadtke 1992).
Zahlreiche subparallele Einzelstörungen setzen sich zu einer breit gefächerten Störungszone zusammen, an welcher im Falle der Grube Glasebach der N-Flügel um mehrere hundert Meter abgesenkt wurde. Da dies auf dem Gegenflügel, dem Biwender Gangzug (Fluorschacht) ebenso passierte, nur dass die Absenkung dort nach S gestaffelt ist, entstand in dem Gesteinskeil zwischen beiden Störungszonen ein Grabenbruch. Dieser besteht seit dem späten Paläozoikum (ca. 290 Ma Jahre), belegt durch die Platznahme unterpermischer Vulkanitgänge („Kersantite“) auf beiden Strukturen. Der Gesteinskeil hat sich bei der Bildung der Mineralgänge im Mesozoikum vor ca. 240 bis 100 Ma etappenweise weiter eingesenkt und repräsentiert

heute insgesamt über 500 m Vertikalverschiebung. Die Nebengesteine wurden aus ihrer ursprünglichen (variszischen) Ausgangslage (SW-NE) infolge der Scherung auf den Gangstrukturen in die Ebene der Hauptscherung hineingedreht (rotiert), so dass die unmittelbaren Rahmengesteine heute etwa parallel zu den Gangstörungen verlaufen. Auch dies sind Hinweise auf eine langzeitlich wirksame Abschiebungstektonik (rechtsseitige Schrägabschiebungen).
Es wurden sowohl Scherspalten (Störungen) als auch durch sekundäre Zugspannungen geöffnete Fiederspalten zu Mineralgängen gewandelt, wenn auf den Störungen mehrphasige, durch tektonische Bewegungen in einzelne Etappen aufgegliederte Mineralisationen abgesetzt wurden. In einer Vorphase der Vererzung, die man vom unterlagernden Ramberg-Granit (ca. 1.200 m Tiefe) herleiten könnte, tritt etwas Wolframit auf. Darauf folgten die früher wichtigen Metallvererzungen („Polysulfid-Erze“) mit Pyrit, Magnetkies, Markasit, Bleiglanz, Zinkblende und Kupferkies, dazu als Gangarten Siderit und Quarz). Weitere Karbonate, zuerst Siderit, dann Calcit und der für den Bergbau des 20. Jahrhunderts wichtige Fluorit, bildeten sich als jüngere Abscheidungen. Nach dem zweiten Weltkrieg wurde nur noch Fluorit abgebaut.

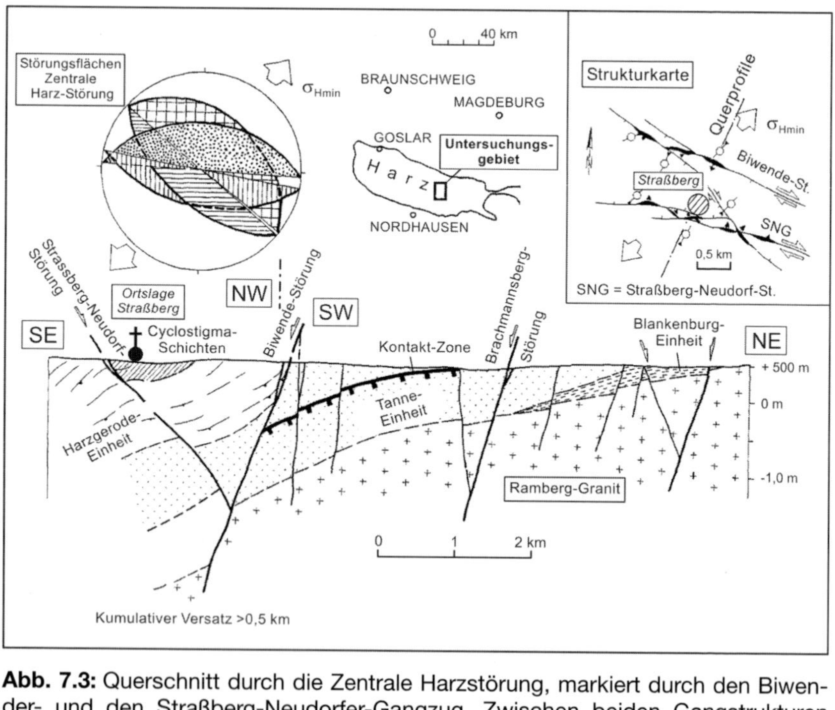

Abb. 7.3: Querschnitt durch die Zentrale Harzstörung, markiert durch den Biwender- und den Straßberg-Neudorfer-Gangzug. Zwischen beiden Gangstrukturen entstand durch mehrphasige Einsenkung der Zwischenscholle ein grabenartiger Einbruch. Franzke & Zerjadtke (1992).

Die Bildungstemperaturen für die Fluorite betrugen ca. 150 °C. Die Lösungen für die älteren polysulfidischen Erze waren heißer (ca. 200–250 °C). Ihre Einwirkung schwächte die Nebengesteine durch hydrothermale Alteration, so dass sie Zonen mit herabgesetzter Scherfestigkeit darstellten. Durch die Bewegungen auf den Scherflächen wurden sie stark zerrieben, wodurch fein zermahlene Störungsletten (Ruscheln/Mikrobrekzien) entstanden. Die Bildung der Vererzungen wurde früher auf den benachbarten Ramberg-Granit (295 Ma) bezogen (Oelsner et al. 1958). Geochemische Untersuchungen (Seltene Erden, Flüssigkeitseinschlüsse), Untersuchungen zur Strukturgeologie sowie radiometrische Altersdatierungen zeigten, dass es sich in der Hauptsache um mesozoische Mineralisationen handelt. Sie wurden durch tief in die Kruste eingedrungene Oberflächenwässer und deren Mischung mit Tiefenwässern („brines") gebildet. F, Ba und die Metalle wurden durch hydrothermale Laugung („Alteration") aus den Rahmengesteinen der tief reichenden Brüche herausgelöst und als Metallchloride in höheren Stockwerken abgeschieden (Lüders & Möller 1995).
Im nach N vom Selketal abgehenden Uhlenbachtal wurden ca. 1,3 km talaufwärts in der 2. Hälfte der 90-er Jahre im Rahmen der bergbautechnischen Verwahrung des ehemaligen Gangbergbaus der Harzer Spatgruben zwei Entwässerungsstollen aufgefahren. Der westliche Stollen führt zum Biwender Gangzug, der östliche Stollen nach NE zum Brachmannsberg-Gang, ca. 750 m nördlich der B 242. Hier wurde das aus den Stollen ausgebrachte Material aufgehaldet.

A7/4

Lage: SE-Hang des Selketals (L 234) E von Silberhütte, ca. 600 m vor Erreichen der Kreuzung mit der B 242 und B 185. K.: R 44 38 150, H 57 23 350.
Aufschlüsse: Straßenanschnitte unterhalb der Badehölzer.
Beschreibung: Die Hänge des Selketals werden vom Harzgerode-Olisthostrom gebildet. Typisch sind flaserige Tonschiefer der Olisthostrom-Matrix und die chaotisch abgelagerten und später, während der variszischen Tektogenese, linsen- bis lanzettförmig verformten Scherkörper, die Olistholithe.

A7/5 bis 7/6
Abstecher nach Harzgerode

Aus dem Selketal von der L 234 kommend, rechts in die B 242 einbiegen. Nach ca. 1,0 km Fahrt talaufwärts Stopp am S-Hang des Habichtsteins in Richtung Harzgerode. Hinter der Talverengung (beidseitig Felsklippen) zwischen Habichtstein und Schneckenberg sind linker Hand in einer Straßenkehre Parkmöglichkeiten. Hier Ausgangspunkt für eine Wanderung in den Überschiebungsbereich der Harzgerode-Zone auf die Tanne-Zone und zum Besuch des Steinbruchs Schneckenberg (Abb.7.6), Geotop 4332/6.

A7/5

Lage: Parkplatz am SW-Hang des Schneckenbergs. K.: R 44 39 640, H 57 23 665.
Aufschluss: Klippen talaufwärts am Fußweg entlang dem SW-Hang des Schneckenbergs (parallel zur B 242).
Beschreibung: Ein schmaler Fußweg führt zu mehreren Klippen mit Plattenschiefern (Unterkarbon IIγ) der Tanne-Zone im unmittelbaren Liegenden der von SE her aufgeschobenen Harzgerode-Zone. Die durch den Überlagerungsdruck an ss-Flächen zerscherten Plattenschiefer stellen eine Wechselfolge von schichtparallel geschieferten Siltsteinen (Grauwackenschiefern) mit feinkörnigen Grauwacken dar. Letztere bilden ca. 10 bis 15 cm mächtige, teils zerscherte Bänke. Die gesamte Folge fällt mittelsteil nach SE ein. Zum Liegenden, also mit wachsendem Abstand zur Überschiebung, ist der Lagenbau der Plattenschiefer besser erhalten. Die Verschuppung wird von NW-vergenter Faltung und die vordem schichtparallele Schieferung von Transversalschieferung abgelöst.

Zurück zum Parkplatz. Neben der bergab führenden Ausfahrt vom Parkplatz folgt ein größerer Felsbereich mit flach nach SE-einfallenden Tanne-Grauwacken. Dann überqueren wir die stark befahrene B 242 und gelangen auf den etwas erhöht liegenden Bahndamm gegenüber. Achtung: Kraftfahrzeuge und Züge beachten! Dort schließen die Bahnanschnitte eine Grauwackenschiefer-Wechsellagerung der Tanne-Zone auf, der sich aufwärts Gesteine des stark zerscherten Harzgerode-Olisthostroms mit nach SE einfallenden Auf- und Überschiebungen anschließen. Dann ca. 300 m auf der Straße aufwärts bis zum unbeschrankten Bahnübergang, nach links einbiegen und neben dem Gleis (Fußpfad) zum Steinbruch Schneckenberg gehen (rechts neue Abwasser-Aufbereitungsanlage).

A7/6

Lage: Harzgerode, Abwasser-Aufbereitungsanlage unterhalb des Judenteichs (S-Hang des Schneckenbergs). K.: R 44 39 755, H 57 23 538.
Aufschluss: Auflässiger Kalksteinbruch Schneckenberg (Naturdenkmal ND, besonders wertvolles Geotop, 4332/1).
Beschreibung: Am Fußpfad zum Steinbruch passiert man Anrisse des Harzgerode-Olisthostroms. Die Kalksteine am Schneckenberg (Abb. 7.6, obere Skizze) wurden, ebenso wie die großen Kalksteinvorkommen im benachbarten Forstort Badeholz, Geotop 4332/3 (Steinbruch Oberes Badeholz, K.: R 44 37 805, H 57 22 600; Steinbruch Unteres Badeholz, K.: R 44 39 075, H 57 23 180), als Großolistholithe in das Harzgerode-Olisthostrom aufgenommen. In diesen Brüchen wurden vier faziell unterschiedliche Kalksteintypen abgebaut.

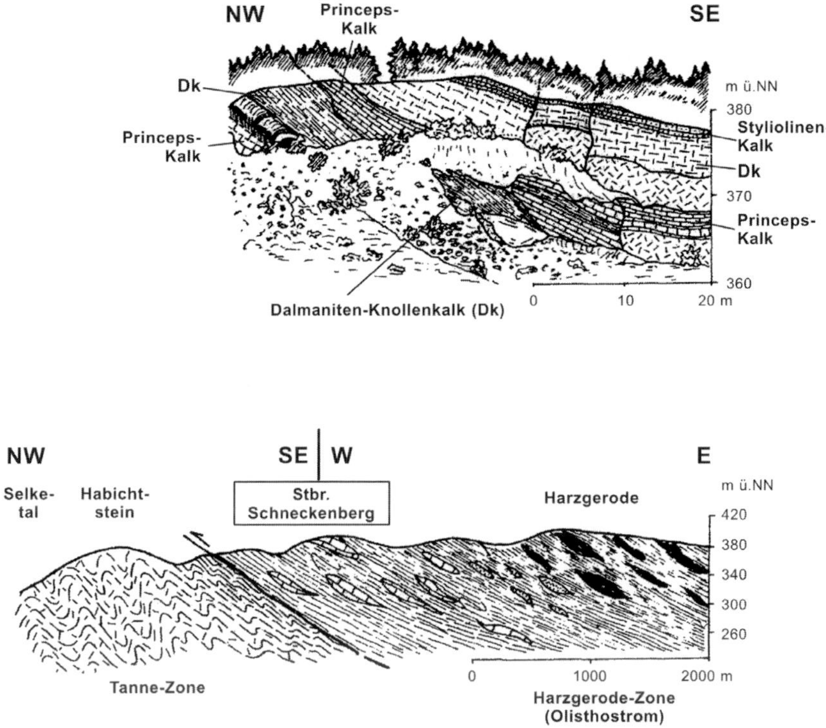

Abb. 7.6: Profil der Herzynkalke im Steinbruch Schneckenberg (1), W von Harzgerode, Geotop 4332/1 (Erben 1953) und Schnitt zwischen der Tanne- und Harzgerode-Zone (2). Zwischen Habichtstein und Schneckenberg verläuft die hier nicht aufgeschlossene NW-Überschiebung der Harzgerode-Zone auf die Tanne-Zone (Schwab 1988).

Vom stratigraphisch Hangenden zum Liegenden handelt es sich um Kalksteine des Unterdevons (tu_{1-3}) und des unteren Mitteldevons (tm_1) in verschuppter Lagerung (Erben 1953, Ruchholz 1972).

Styliolinen-Kalk (tm_1): feinkörniger bis dichter, wenig geflaserter Kalkstein mit Styliolinen und Tentakuliten *(Nowakia acuaria, Scutelum speciosum)*, Trilobiten (*Phacops breviceps, Phacops intermedius*) und Goniatiten (*Mimagoniatites* sp. u. a.).

Dalmaniten-Knollenkalk (tu_3): blaugraue Kalk-Tonschiefer mit Platten und Bänken (bis 10 cm) eines sehr feinkörnigen, dunklen bis schwarzen Kalksteins. In den eingelagerten Schiefern wurden u. a. gefunden: Orthoceren und Trilobiten (*Odontochile tuberculata, Proetus* sp.).

Zorgensis-Kalk (tu_2): weißlichgrau verwitternde Knollen eines bröckligen Kalksteins mit stärkerem Trilobitenanteil sowie Brachiopoden (*Chonetes* sp., *Rhynchonella* sp.), Ostracoden, Bryocoen und Tentakuliten.
Princeps-Kalk (tu_1): in den unteren Teilen graue körnige und massige Kalksteine ohne bestimmbare Fauna. Zum Hangenden Übergang in dunklere, flaserige kristalline Kalksteine mit reicher Fauna. Aus ihnen entwickelt sich ein grobkörniger und etwas sandiger Crinoidenkalk (ca. 2 m). Fauna: Brachiopoden (*Spiriferiden* und *Uncinulus princeps, Rhynchonella hercynica, Strophomena nebulosa, Camarotoechia nympha*), Trilobiten (*Phacops fecundus, Chaetetes roemeri* u. a.) und Bryozoen, Crinoiden, Ostracoden sowie Korallen.
Der Steinbruch wird von flachen, NW-vergenten Gleitschuppenbahnen durchsetzt, die parallel zur Hauptaufschiebung im benachbarten Grenzbereich zur Tanne-Zone verlaufen (Schnitt in Abb. 7.6). Zwei jüngere Querstörungen gliedern den NE-Stoß des Steinbruchs in drei Teilschollen mit darin eingeschlossenen, in sich verschuppten Kalksteinen. Es wurden bereits von Erben in der NW-Scholle vier, in der Horst artigen Mittelscholle fünf und in der SE-Scholle drei Schuppen festgestellt. Die tiefste Schuppe in der NW-Scholle ist NW-vergent verfaltet. Die Achsenebene der Faltung liegt in der Ebene der Gleitschuppenbahnen.

A7/7

Lage: NW-Ausgang von Harzgerode. Der Zugang zum Aufschluss ist neben der Katholischen Kapelle. K.: R 44 40 340, H 57 23 995.
Aufschluss: Aufgelassene „Neue Harzgeröder Ziegeleigrube" (ehem. Helmboldt KG).
Beschreibung: Der vom Verfall bedrohte Aufschluss wurde zuletzt von Alberti & Alberti (1995, 1996 und 2008) beschrieben. Im SE-Teil der Grube dominieren im unteren Abschnitt der überkippt gelagerten Abfolge (ca. 25–30 m) dunkle milde Tonschiefer, die nach oben (d. h. zum NW-Teil der Grube hin) allmählich in raue, z. T. auch schwach kalkige, an Tonmineralen und Hellglimmer reichere ruschelige Tonschiefer übergehen. Im höchsten Abschnitt nimmt der Anteil an Grauwackebänkchen zu. Das tektonisch Hangende (= stratigraphisch Liegende) wird von geröllführenden, feinsandigen, harten Schiefern mit Einschaltungen von Kalkgrauwackebänken und -linsen gebildet. Die aufgeschlossene Unterdevon-Abfolge enthält die sog. Kieselgallen.

Die verschuppte und intensiv zerscherte Schichtenfolge gehört zur mit Graptolithen und Tentakuliten stratigraphisch belegten Harzgerode-Tongallen- und Kieselgallen-Formation des Unterdevons (Lochkov/Prag) welche im Grenzbereich vom Silur zum Devon mit den Kalkgrauwacken einsetzt. Fossilschill führend sind die bis faustgroßen, (ehemals) kalkigen, beigegelblichen Knollen und kleineren Kieselgallen. Vertreten sind benthonische Organismen, so Flachwasser anzeigende Ostracoden, Muscheln, Brachiopoden, Crinoidenstielglieder und Trilobiten. In den Tonschiefern des höheren Lochkovs dominieren planktonische Tentakuliten und nektonische orthocone Nautiloideen.

Fortsetzung der Exkursion im Selketal:

Von Harzgerode auf der B 242 zurück ins Selketal, Einbiegen auf die B 185 nach Alexisbad und weiter nach Mägdesprung (3,5 km). Alexisbad, gegründet 1810 von Herzog Alexis von Anhalt, ehemaliger Sommersitz des Hauses der Anhaltiner.

A7/8

Lage: Alexisbad, rechtes Selke-Ufer, 200 m abwärts vom Bahnhof.
Aufschluss: Schönheitsquelle, Stollenmundloch des Schwefelstollens, aufgefahren im Streichen des „Reichen Davidsgangs" nach ESE (Richtung Harzgerode), Geotop 4332/7.
Beschreibung: Der in der Ortsmitte gelegene „Brunnen" wird von den aus dem Schwefelstollen auslaufenden Wässern gespeist. Die Eisen (20 mg/l) und Sulfat (224 mg/l) führenden sauren Wässer entstehen durch Pyrit (FeS_2)-Verwitterung (Schautafel, Kater et al. 2003). Im Stollen wurde ein Pyritgang mit Quarz als Gangart, sporadischen Pb-Zn-Sulfiden und etwas Fluorit, angetroffen (Klaus 1987). Die an der Felswand oberhalb des Mundlochs sichtbare Gangstruktur ist eine abschiebende Störungszone. Sie besteht aus einer Schar von 65° nach S einfallenden Scherflächen und girlandenartig aufsetzenden, steil einfallenden Quarzfiedern. Die zu ca. 15 m Breite aufgeblätterte Gangzone sitzt in den Plattenschiefern der Tanne-Grauwacke auf. Die Schautafel vermittelt Angaben zur Bergbaugeschichte der Grube.

Von hier auf dem Wanderweg am rechten Selke-Ufer nach N, an der Kapelle vorbei zu Felsklippen mit synsedimentären Gleitfalten (**A7/9**) und eindrucksvollen, tektonisch gebildeten NW-vergenten Falten im Plattenschiefer (Adolphfelsen, **A7/10.** Das lange umstrittene stratigraphische Unterkarbon-Alter der Tanne-Grauwacken konnten Helmuth (1963) und Reichstein (1961) anhand von Conodonten aus Karbonatgesteinslagen in den Tanner Plattenschiefern klären.

A7/9

Lage: Alexisbad, rechtes Selke-Ufer, ca. 150 m NE Kapelle. K.: R 44 39 010, H 57 24 665, Geotop 4332/4.
Aufschluss: Felsklippen am Wanderweg.
Beschreibung: Dünnbankige Tanne-Grauwacke und Plattenschiefer mit submarin entstandenen faltenförmigen Gleitgefügen (slumps). Die Schichtung wurde während der Verfestigung (Diagenese) des noch fließfähigen Gesteinsmaterials teils zerstört, teils zu Wülsten und konzentrischen Falten verformt. Zwischen gut gleitfähigen Schichtflächen entstanden auch stärker geglittene und intensiv eingerollte Slump-Körper.

A7/10

Lage: N-Ortsausgang Alexisbad, rechtes Selke-Ufer gegenüber dem Bahnübergang mit Brücke nach Mägdesprung (Parkmöglichkeit). K.: R 44 38 970, H 57 24 755.
Aufschluss: Adolphfelsen am Selke-Wanderweg in Alexisbad. Geotop 4332/14.
Beschreibung: Wechsellagerung von Tanne-Grauwacken und Plattenschiefern (Meier & Thomas 1969). In den Grauwacken finden sich weitere Merkmale für die submarine Flyschfazies, wie gradierte und diagonale Schichtung und Slumps. Vereinzelt auftretende, zumeist zerscherte und stark verwitterte, ca. 10 cm starke Kalklagen führen eine das Unterkarbon-Alter (cu IIγ) anzeigende Conodonten-Fauna mit *Hindeodella segaformis* und *Scaliognathus anchoralis*. Im Unterschied zu den Slump-Körpern sind am Adolphfelsen durch laterale variszische Einengung entstandene konzentrische Biegegleitfalten (B 80/06) entstanden. Sie haben in diesem Bereich nur geringe NW-Vergenz. Die transversale Schieferung ist relativ weitständig entwickelt und stellt eine Bruchschieferung dar (keine Glimmerkristallisation auf den Schieferungsflächen). Im Zentrum des Aufschlusses befindet sich der Sattel des Adolphfelsens (Abb. 7.10).

Zwischen Alexisbad und Mägdesprung durchquert die B 185 den 2 km breiten Ausstrich der Tanne-Zone. An den Talhängen der Selke sind zahlreiche weitere Aufschlüsse in der Tanne-Formation zu studieren. In Mägdesprung erinnern mehrere Bauwerke an die Verwendung der Plattenschiefer als Baumaterial und an die frühere Eisenverarbeitung. Besondere Erwähnung verdienen das Rondell mit der Gruppe „Der besiegte Hirsch“ und die ehem. Kunstguss- und Carlswerke (vgl. Geopark Harz, Landmarke 15, Geopunkt 8 und die Informationen zum Mineralogen und anhaltischen Bergrat Johann Ludwig Carl Zincken (1791-1862) im Museum „Carlswerk“ (siehe Oelke 1973 und Ließmann 2010).

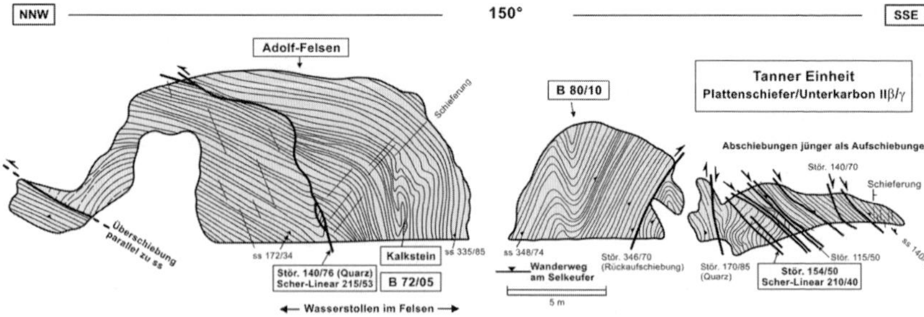

Abb. 7.10: Anschnitt des Adolphfelsens am rechten Ufer der Selke in Alexisbad. Die Faltenstrukturen sind durch NW-Aufschiebungen überprägt. Geol. Aufnahme: Franzke.

A7/11

Lage: K 2363, Straße unteres Selketal, E-Ausgang Mägdesprung. K. R 44 40 230, H 57 26 400.
Aufschluss: Aufgelassener Steinbruch (Naturdenkmal, ND) unterhalb der Kapelle von Mägdesprung, Geotop 4332/5.
Beschreibung: Im „Plattenschieferbruch" ist der überkippte NW-Schenkel eines NW-vergent verschuppten Sattels (B 70/10 NE) mit mehreren Metern Spannweite querschlägig aufgeschlossen. Die Schichtflächen (ss 138/80) sind großräumig freigelegt. Die Überkippung ist durch die Ausbildung der Sedimente (gradierte Schichtung) und die flacher als die Schichtflächen einfallende transversale Schieferung (sf 140/40) belegt. Man blickt von SE auf Schichtunterseiten. Der normal lagernde SE-Faltenschenkel (ss 140/60) ist im Scheitelbereich des Sattels abgeschert und auf den NW-Schenkel aufgeschoben.

Die Silt- und Tonstein-Wechsellagerung der Plattenschiefer (cu II ß/y) wird in regelmäßige, im Wesentlichen von Schichtflächen begrenzte, stets mehrere cm-dicke Platten aufgespalten, welche die Bezeichnung „Schiefer" nicht verdienen. Der Name „Plattenschiefer" ist auf die schichtparallele, plattige Absonderung und die dadurch mögliche Verwendung des Materials als Baustein zurückzuführen.
Der folgende Wegabschnitt im Selketal wird durch die 4 Friedrichshämmer gegliedert, denen die Wasserkraft der Selke zur Energiegewinnung (I. Friedrichshammer) und zur Zerkleinerung der Erze aus dem Bergbau der Umgebung diente (siehe die Informationstafeln und Ließmann 2009). Das Selketal erweitert sich deutlich am Austritt des Flusses aus der Tanne-Zone in die Harzgerode-Zone, etwa ab 250 m W der Einmündung des von S kommenden Schiebecks-Bachs.

A7/12

Lage: Unteres Schiebeckstal, 200 m S der Selkebrücke am ehem. Forsthaus Scheerenstieg. K.: R 44 41 830, H 57 29 940.
Aufschluss: Mundloch des Herzog-Alexis-Erbstollens, Geotop 4332/13.
Beschreibung: Das Mundloch ist im Stil eines dorischen Tempels gestaltet und ein Produkt des Mägdesprunger Kunstgusses (Geopark Harz, Landmarke 15, Geopunkt 9). Der Stollen wurde 1830 unter Bergrat J.L.C. Zincken begonnen und sollte vornehmlich der Entwässerung der Harzgeröder Erzgruben „Hoffnung Gottes" und „Albertine" dienen.

Der Stollen wurde mit Hilfe mehrerer Lichtlöcher (Hochbrüche zur Bewetterung) im Gegenort-Betrieb aufgefahren und erreichte eine Länge von 2256 m. Beim Durchschlag mit der am heutigen N-Stadtausgang von Harzgerode gelegenen Grube „Hoffnung Gottes" am 26. Mai 1862 waren aber die Harzgeröder Gruben bereits weitgehend erschöpft. Der Stollen wurde spitzwinklig zum Schichtstreichen der Harzgerode-Zone aufgefahren (Abb. 7.12).

Abb. 7.12: Mundloch des Herzog-Alexis-Erbstollens im unteren Schiebeckstal beim Forsthaus Scheerenstieg. Foto: Franzke.

A7/13

Lage: Selketal, Zufahrt zum 4. Friedrichshammer (Eisenhammer von 1787–1856).
Aufschluss: 70 m langer Straßenanschnitt.
Beschreibung: Aufgeschlossen sind dunkle, parallel geschieferte silurische Tonschiefer mit glatten Flächen, einzelnen sandigen Lagen. Die mit 40° nach SE einfallenden Schiefer sind nur leicht verfaltet (B 80/15).
In der Mitte des Aufschlusses ist ein ca. 10 m mächtiger intrusiver Diabas-Lagergang mit beidseitigen schmalen Thermokontakten und randlichen Fließtexturen angeschnitten.

A7/14

Lage: Selketal, N-Hang Unterer Scheerenstieg, 250 m NW des alten Forsthauses, 30 m oberhalb der Talsohle. K.: R 44 41 880, H 57 26 120.
Aufschluss: aufgelassener Steinbruch und Klippen in unmittelbarer Umgebung, Geotop 4332/2.
Beschreibung (nach Hüneke 1994, gekürzt): Aufgeschlossen ist eine in sich verschuppte 35 m mächtige Herzynkalk-Abfolge, die in ruschelige Tonschiefer und Grauwacken eingelagert ist. Einzelne konglomeratische Horizonte gleichen lithologisch den Cyclostigmen-Schichten des Unterkarbons. Nachgewiesen wurde das Ältere Herzyn mit Princeps-Kalk (tu_1), Unterer Zorgensis-Kalk (tu_2) und Dalmaniten-Knollenkalk (tu_3) sowie Jüngeres Herzyn mit Styliolinen-Mergelkalken (tm_1) (siehe auch A7/6).

Der dünnbankig bis plattig absondernde, dunkelgrau bis schwarze **Princeps-Kalk** steht am Nordstoß des Steinbruchs an. Der mittel- bis grobkörnige Arenit wechsellagert in den hangenden Partien mit dunklen Tonschieferlagen. Mikrofaziell handelt es sich um einen bioklastischen Mikrosparit bis Mikrit, dessen Hauptkomponenten sind unsortierte, zerbrochene Brachiopodenschalen, Crinoiden, Trilobiten, Korallen, Bryocoen und Tentakuliten.
Im blaugrauen **Zorgensis-Kalk** lassen sich zwei Lithotypen feststellen. Die mittel- bis grobarenitischen Varietäten haben eine bankige bis massige Absonderung (Packstones). In den Mikriten dominieren schlecht sortierte Biogene von Crinoiden über Bryozoen, Brachiopoden, Trilobiten, Gastropoden und Tentakuliten. Die mittel- bis feinarenitischen Kalksteine sondern überwiegend dünnbankig bis plattig ab (Grainstones). Es sind gerundete, in Mikrolagen sortierte Crinoiden-Bioklast-Sparite mit dickschaligen Brachiopoden- und Trilobitenresten.
An der Oberkante der Steinbruchswand steht **Dalmaniten-Knollenkalk** an. In dunkelgraue bis schwarze Tonschiefer sind dm-große Kalksteinknollen, -linsen und -platten eines schwarzen bis dunkelgrauen Feinarenits eingelagert. Unter dem Mikroskop ist das Gestein als siliziklastischer Dacryoconariden-Mikrosparit mit 90 % Styliolinen und Nowakien anzusprechen. Der Kalkstein verwittert durch seinen hohen Pyritgehalt stärker als die übrigen Kalksteine.
Im Hangenden der Dalmaniten-Knollenkalke folgen E des Steinbruchs in mehreren Klippen **graue und grünliche Mergelsteine** und karbonatische Tonschiefer. Der Dacryoconariden-Kalk führt fast ausschließlich Styliolinen und Nowakien. Hell- bis mittelgraue **Styliolinen-Flaserkalke** kommen sowohl an den Klippen E des Steinbruchs als auch im SW-Teil der ehem. Abbausohle zum Ausstrich. Es sind bioklastische Wackestones, die reichlich Styliolinen, Nowakien, Echinodermen, dünnschalige Brachiopoden, Trilobiten, Gastropoden, Cephalopoden und rugose Einzelkorallen führen.
Zur Kalkstein-Nomenklatur: Die moderne Karbonatgesteins-Nomenklatur beruht auf mikroskopischen Untersuchungen, weniger auf der Geländeansprache der Gesteine. Es werden unterschieden:
Mikrit: sehr feinkörnige Karbonate mit Korngrößen der Gefüge bildenden Kristalle von 1 bis 10 µm.
Mikrosparit: Gemisch aus einer Grundmasse mit Kristallgrößen zwischen 4 und 10 µm, verteilt in einem Skelett von in etwa gleich großen Kristallen.

Sparit: Gefüge aus Calcitkristallen mit Größen > 10 µm.
Biosparit: Gemisch aus einem Gefüge aus Calcitkristallen mit Größen von > 10 µm und Einlagerungen von aufbereiteten Fossilresten. Mit zunehmenden Partikelgrößen werden weiterhin **Packstones** mit korngestützten Partikeln und zwischengelagerten feinkörniger Matrix und **Wackestones** mit feinkörniger Matrix und über 10 % des Volumens an größeren Partikeln von über 20 µm unterschieden.

A7/15

Lage: Selketal, 250 m NW der ehem. Schneidemühle (heute Touristenstation), E-Seite des von N in das Selketal einmündenden Küstergrunds, 30 m oberhalb des Talwegs und unterhalb des Hangwegs. K.: R 44 42 420, H 57 27 080.
Aufschluss: Große Klippe an der SW gerichteten Nase des Klausbergs.
Beschreibung: Das rekonstruierte Gesamtprofil ist ca. 25 m mächtig (Hüneke 1994). Die Karbonate sondern sich in dünnen Bänken ab (ss 100-105/45-50, Schieferung (s_1) 115/75, Schubklüftung (s_2) 40/35). Die stratigraphische Abfolge vom Älteren zum Jüngeren beginnt im überkippten Profil im E am oberen Hangweg mit fein- bis mittelkörnigen Quarzsandsteinen (4 m), die zum Hangenden in eine Wechsellagerung mit bankigen Crinoiden-Kalken überge-

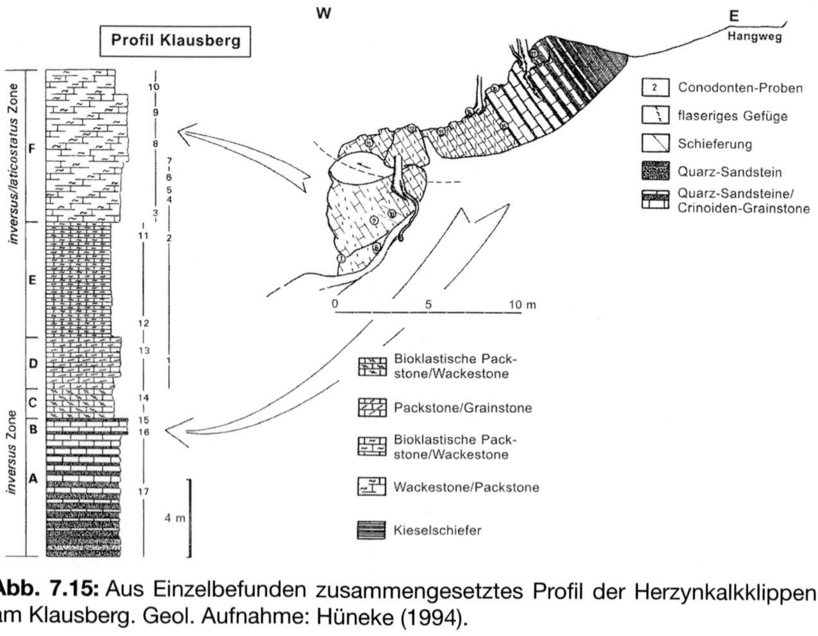

Abb. 7.15: Aus Einzelbefunden zusammengesetztes Profil der Herzynkalkklippen am Klausberg. Geol. Aufnahme: Hüneke (1994).

hen (3 m). Der Mittelteil der Folge wird im unteren Abschnitt von einer Wechsellagerung komponenten- und matrixgestützter Bioklastkalken (4 m) eingenommen. Packstones und Wackestones bilden eine rhythmische Abfolge aus unscharf begrenzten Lagen. Die Packstones bestehen aus dem Schutt einer dickbankigen benthischen Bivalven- und Brachiopoden-Fauna. In den Wackestone-Lagen herrschen Styliolinen und Nowakien vor (90 %). Der obere Teil der Folge besteht aus Grainstones (2 m) mit Dacryoconariden in gesteinsbildender Häufigkeit sowie einer rhythmischen Abfolge von Bioklastkalken (6 m). Die Packstone-Lagen werden aus Onkoid-Biospariten aufgebaut. Styliolinen, Nowakien, Bivalven, Brachiopoden, Trilobiten und Cephalopoden bilden den Biogenbestand. Die Wackestone-Lagen setzen sich aus Onkoide führenden Styliolinen-Biomikriten zusammen. Ein Teil der Bioklasten ist von eisensilikatischen Krusten (Chamosit) umhüllt (Hüneke 1994, Abb. A.15, siehe auch Reichstein 1965, S. 1052ff.).

A7/16

Lage: Selketal, Aufstieg SW-Hang Meiseberg (+362 m NN). K.: R 44 43 040, H 57 27 180.
Aufschluss: Klippen am Hang und Lesesteine.
Beschreibung: Eine sich gabelnde NW-SE-Störungzone bildet eine grabenartige Bruchzone, in der sich die **Kleine Selke-Decke**, bestehend aus dem basalen Selke-Quarzit, Metabasalten, Kieselschiefern, Buntschiefern und Selke-Grauwacken, von der Hauptdecke löste und gemeinsam mit ihrer Unterlage, dem Harzgerode-Olisthostrom, absenkte. Beim Aufstieg zum Meiseberg (ca. 100 Höhenmeter) kann man, mit Ausnahme des Selke-Quarzits, alle Gesteine der Schichtenfolge der angrenzenden Großen Selke-Decke durchwandern.

Von der Terrasse des 1770 erbauten anhaltinischen Jagdschlosses Meiseberg hat man einen schönen Fernblick über die Unterharz-Hochfläche mit dem kerbartig eingeschnittenen Selketal. Aufschluss A7/16 erreicht man über einen landschaftlich schönen Umweg über den Kamm- und den Antoinettenweg.

A7/17

Lage: ca. 200 m W der Selkemühle, talaufwärts am Antoinettenweg, sog. Meiseberg-Profil. K.: R 44 43 820, H 57 27 830.
Aufschluss: Kleiner aufgelassener Steinbruch und einzelne Klippen.
Beschreibung: Aus dem Gelände ragende Herzynkalke ziehen sich als Schichtrippe hangaufwärts bis an den Kammweg, der zum Jagdschloss Meiseberg führt. In flaserige Tonschiefer des Harzgerode-Olisthostroms (Unterkarbon) sind eben spaltende, schwarze (Silur) und bunte (Devon) Tonschiefer eingeschaltet. Aus litho- und conodonten-stratigraphisch korrelierten Teilpro-

filen konnte Hüneke (1994, 1995) ein Idealprofil der Herzynkalke vom Unter-Ems (*Polygnathus gronbergi*-Zone, 390 Mill.a) bis zum oberen Famenne (*Palmatolepis praesulcata*-Zone, 363 Mill.a).kombinieren (Abb. 7/17-1). Die Datierungen belegen eine Verschuppung von wenigstens sechs Kalkkörpern an schichtungsparallelen Bewegungsbahnen. Das Schichtstreichen schwankt zwischen ss 130/45 und 110/40.

Von Interesse sind im SE-Teil des Profils zwei dunkelgraue bis schwarze **Kellwasserkalk-Horizonte** (Abb. 7.17-1). Der Untere Kellwasserkalk (0,40 m) ist ein bioklastischer Wackestone mit ausschließlich planktischer und nektischer Fauna (Cephalopoden, Bivalven, Ostracoden, Entomozoen und Tentakuliten). Die schwarze Färbung beruht auf hohem Gehalt an organischen Kohlenstoff (C_{org}). Der fossilarme, von Ausbleichung betroffene Obere Kellwasserkalk (0,80 m) verzahnt sich und wechsellagert mit primär dunkel- und hellgrauen, ebenfalls fossilarmen Kalken. Beide Horizonte entstanden im unteren Oberdevon in der *Palmatolepis rhenana*- und in der *P. linguiformis*-Zone. Die Kellwasserkalke bildeten sich unter dem Einfluss eines regional bis weltweiten Faunensterbens (Bio-Event), ausgelöst durch eine plötzliche Vertiefung des Meeresbodens und den Wechsel zu lebensfeindlichen, anoxischen Bedingungen im Ozean (Schindler 1990, Buggisch 1991).

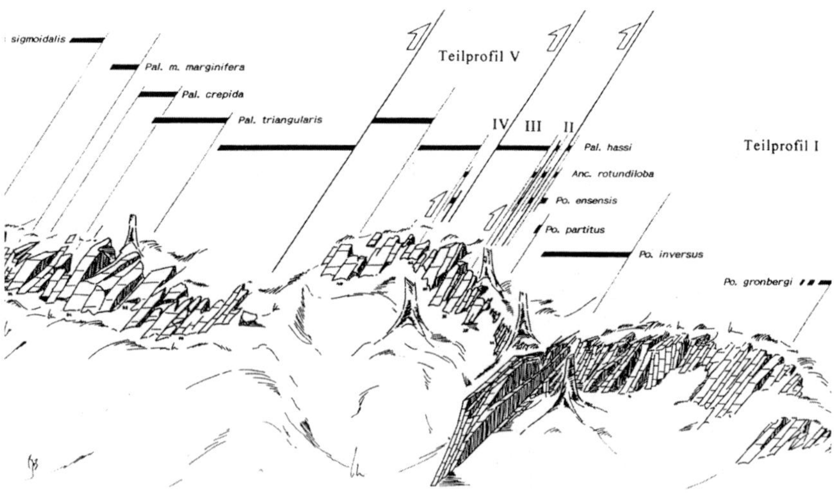

Abb. 7.17-1: Perspektivische Aufschlussskizze (ESE–WNW, ca. 70 m) der Herzynkalkvorkommen vom Antoinettenweg. An schichtparallelen Scherzonen werden die Kalksteine in sechs Schuppen zerlegt (Geol. Aufnahme: Hüneke 1994, Ausschnitt).

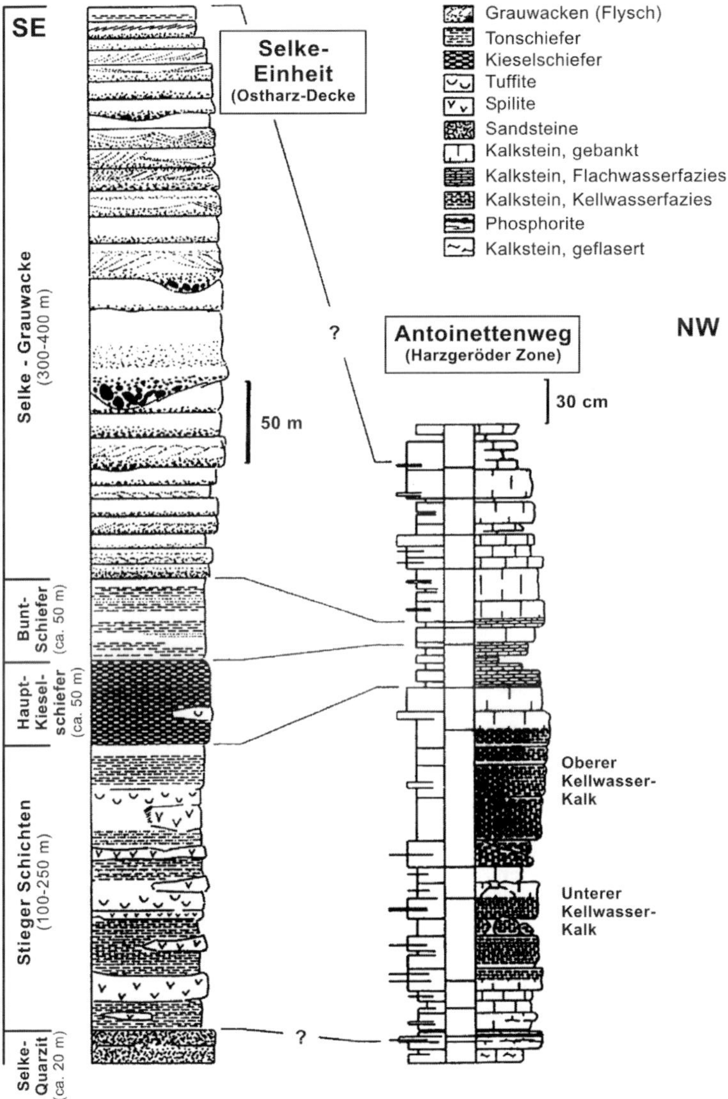

Abb. 7.17-2: Stratigraphische Beziehungen zwischen der allochthonen Selke-Decke mit dem unterlagernden Autochthon der Harzgerode-Zone (Profil am Antoinettenweg). Geol. Aufnahme: Hüneke (1994, 1995).

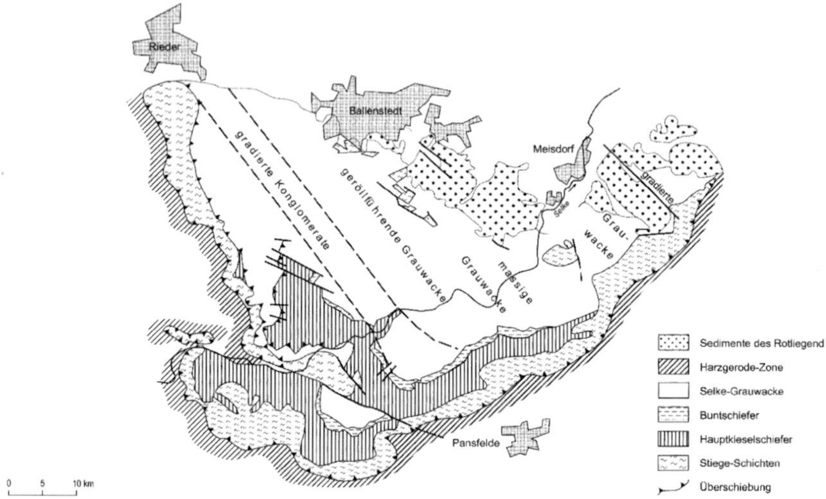

Abb. 7.17-3: Die Kleine Selke-Decke (SW-Bildrand) wird durch WNW-ESE-Störungen von der größeren Haupt-Decke abgetrennt. Die Harzgerode-Zone umgrenzt und unterlagert die Deckeneinheit. Die Grenze wird von einer Abscherzone gebildet. Im N lagert flach-diskordant das Meisdorf-Becken (Unterrotliegend) dem variszisch gefalteten Paläozoikum der Haupt-Decke auf. Tschapek (1989).

Die Faziesunterschiede von zeitlich korrelierten Horizonten in der Selke-Decke und der Harzgerode-Zone erklären sich aus den räumlich weit auseinander liegenden marinen Herkunftsgebieten der Ablagerungen in beiden Einheiten. Es treten verschiedene Grauwackentypen auf, deren sedimentologische Merkmale die Zuordnung zu bestimmten Ablagerungsbereichen großer Schuttfächer ermöglichen. Die Selke-Decke stellt eine muldenförmige Struktur dar. Der Bereich der Selke-Decke blieb in nachvariszischer Zeit ein Absenkungsraum und nahm das Rotliegendbecken von Meisdorf auf (Reichstein 1970). Die Selke-Decke wird von der weiträumigen Harzgerode-Zone unterlagert und umgeben (Tschapek 1987).
Am Parkplatz der Selkemühle endet der mit dem PKW zu bewältigende erste Teil der Exkursion im Selketal. Die von der Selkemühle ausgehende Wanderung durch das Naturschutzgebiet Unteres Selketal führt durch den Kern der Großen Selke-Decke, deren Bergkuppen zunächst von den „Haupt"-Kieselschiefern (unteres Oberdevon) und dann von den Grauwacken (oberes Oberdevon) in Flysch-Fazies gebildet wird. Ein Relief mit 350 bis 380 m hohe Bergkuppen umrahmt den sich von 245 m NN (Selke-Mühle) auf 185 m NN (Meisdorf) absenkenden, ca. 7,5 km langen Lauf der Selke. Im S von Meisdorf wird das Meisdorf-Becken erreicht, in dem die Gesteine der Selke-Decke von den Steinkohlen und klastischen Rotsedimenten (Meisdorf-Formation, Unterrotliegend) diskordant überlagert werden (Abb. 7.17-3).

Weitere, nicht im Detail zu beschreibende Aufschlüsse von Interesse sind:

A7/18: Wanderweg über Brücke S der Selke-Mühle nach Wilhelmshof, vorbei an der Ruine Anhalt zur Kuppe des Hausbergs (K.: R 44 44 240, H 57 26 410, + 397,7 m) mit Anschnitten von Kieselschiefern der Großen Selke-Decke (unteres Oberdevon, Frasne).

A7/19: Von der Selke-Mühle 1,2 km nach E, N-Talseite, Anrisse am Fahrweg mit zunächst Kieselschiefern und Klippen mit metabasaltischen Lapillituffen der Stiege-Schichten (Givet-Frasne) (K.: R 44 45 340, H 57 26 725).

A7/20: Selkebogen, NW-Hang des Gr. Saubergs, E-Seite der Titianbrücke (K.: R 44 45 830, H 57 27 060). Flachlagernde feinkörnige Grauwacken mit Schiefern des Oberdevons (Famenne) der Großen Selke-Decke in flacher Lagerung.

A7/21

Lage: Selketal, SE-Flanke unterhalb des „Alten Falkenstein", W-Hang der Hirschplatte, K.: R 44 47 830, H 57 27 550.
Aufschluss: Klippen und Lesesteine.
Beschreibung: Unter den Lesesteinen fallen besonders Konglomerate auf. Sie gehören zur Fazies der „gradierten konglomeratischen Grauwacken", die in der hochenergetischen Strömung des Zentralkanals eines submarinen Schuttfächers (Tiefseefächer) abgelagert wurden (Abb. 7.0-1). Die mittleren Geröllgrößen schwanken zwischen 14,5 und 22,5 cm, die Bankmächtigkeiten liegen zwischen 0,70 und 12 m (Geröllbestand siehe A7/25).

A7/22

Lage: Selketal, ca. 1,5 km E „Alter Falkenstein". W-Talseite unterhalb der „Selkesicht" (Ackeburg, 333,2 m NN). K.: R 44 48 585, H 57 28 070.
Aufschluss: Klippen und Lesesteine.
Beschreibung: Die Grauwacken gehören zur Fazies der ‚geröllführenden Grauwacken' mit Bankmächtigkeiten von 0.20 bis 0.70 m und einem mittleren Geröllndurchmesser von 2,3 cm. Ihre Verbreitung ist auf den inneren bis mittleren Bereich des Tiefseefächers (Abb. 7.0-1) beschränkt.

A7/23

Lage: Selketal, S-Flanke, ca. 200 m E der Jugendherberge „Falken". K.: R 44 50 105, H 57 28 505, Geotop 4333/8.
Aufschluss: auflässiger Steinbruch.

Beschreibung: NE einfallende bankige (< 1,0 m), feinkörnige Grauwacken mit einzelnen Schiefer- und konglomeratischen Lagen (mittlerer Gerölldurchmesser 2,0 cm). Die Grauwacken werden zum Faziestyp der ‚massigen Grauwacken' gestellt.

A7/24

Lage: L 230, Selketal, NW-Flanke, 0,5 km S Meisdorf. K.: R 44 51 060, H 57 29 815.
Aufschluss: Straßenanschnitte und aufgelassener kleiner Steinbruch.
Beschreibung: Basisnahe Bereiche der Selke-Grauwacke (max. 8,5 cm große Gerölle) in Wechsellagerung mit Grauwackenschiefern. Die Grauwacken (mittlerer Geröllldurchmesser 2,9 cm) enthalten Quarz, Grauwacke, Arkose, Sandstein, Ton- und Kieselschiefer, Kalksteine, Rhyolithe, Andesite und Granitoide.

Nach Tschapek (1987) gehören die Grauwacken zur Fazies der küstenwärtigen (proximalen) Turbidite, deren Gliederbarkeit in Bouma-Sequenzen ein kennzeichnendes Merkmal ist. Im Aufschluss sind die drei unteren Sequenzen Ta/b/c belegt, Abb. 7.24.

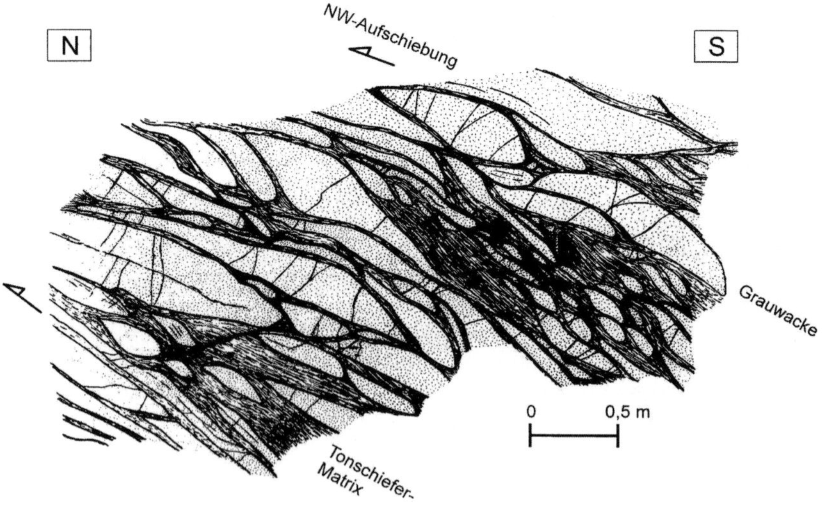

Abb. 7.24: L 230, S von Meisdorf. Anriss ca. 300 m vor Abzweig zum Gartenhaus/ Burg Falkenstein. Linsig zerscherter basaler Bereich der Selke-Grauwacke (Geol. Aufnahme: Tschapek 1990b).

Erläuterung zu Abb. 7.24: Von SW nach NE kommt man aus einer ungestörten Wechsellagerung in stark zerscherte Partien im Liegenden, die als Scherzone oberhalb der eigentlichen Basis der Selke-Decke anzusehen sind. Die Grauwackenschiefer sind durch zahlreiche Scherflächen phyllonitisiert und die Grauwackenlagen wurden hierdurch in lanzettförmige Scherkörper zerlegt. Die flächigen Gefüge (Scher- und Schichtflächen) und auch die Scherlineare auf den Scherflächen fallen mittelsteil nach SE ein. Schleppfalten zwischen den Hauptscherflächen streichen 40–50°. Sie tauchen nur wenige Grad nach SW und NE ein. Diese Gefügeausrichtung weist auf nach NW gerichteten tektonischen Transport der Deckeneinheit hin.

A7/25

Lage: Burg Falkenstein. K.: R 44 49 040, H 57 27 970. Parkplätze unterhalb der Burg.
Aufschluss: Felsklippen im Innenbereich und unterhalb der Burg.
Beschreibung: Die Burg wurde auf gebankter, feinkörniger Selke-Grauwacke errichtet. Die Schichtung ist schwer auszumachen (ss 130/15). Zwei Scharen von einengenden, listrisch geformten Störungen (Streichen NNE-SSW) und mit Palisadenquarz gefüllte Dehnungsklüfte quer zur Einengung (40/90) zeigen die variszische SE-NW-Kompression. Sekundäre Streckungsflächen, wie in A7/25, sind vorhanden.

Burg Falkenstein, erbaut 1115–1120, Umbau zum Renaissance-Sommersitz im 17. Jahrhundert. Hier wurde um 1200 durch Eike von Repgow im Auftrage des Grafen Hoyer von Mansfeld der Sachsenspiegel niedergeschrieben, die bis dahin nur mündlich überlieferte Gesetzessammlung der (Nieder-)Sachsen.

Anhang an Exkursion 7: Ausgewählte Exkursionsziele in der östlichen Harzgerode-Zone
Routen 1 bis 3

Der östliche Unterharz ist infolge seines geringen Reliefs arm an natürlichen geologischen Aufschlüssen. Er wird weitgehend von Hochflächen eingenommen (Selke-Hochfläche 420–360 m und Eine-Hochfläche 310 bis 270 m NN), welche von den Gesteinen der Harzgerode-Zone aufgebaut werden. Das relativ flache Gebiet wurde von den Inlandeismassen der Elster- und Saale-Kaltzeiten überwunden und später von einer Lössdecke überzogen. Während sich im jüngeren Neogen (Jungtertiär, Pliozän) in den sich nach W anschließenden höher gelegenen Räumen > 5 m mächtige Grau- und Braunlehme entwickelten, verhüllten später auf den Hochflächen Geschiebemergel und Löss den Untergrund. Daraus gingen fruchtbare Böden (Braunerde-Fahlerden und Braunerden) hervor (Frühauf et al. 1993).

Route R1

Harzgerode K 2344 – Friederikenstraße – Schiebeckstal mit Stopp R1/1 (Panzerberg), Stopp R1/2 (Fußwanderung in das Leinetal mit Götzenteichen) und Stopp R1/3 (Friederikenstraße) – Gartenhaus (Anschluss E7) – K 2344 –Degenershausen – Neuplatendorf – Stopp 1/5 (Konradsburg) – Ermsleben – Aschersleben.

Man verlässt Harzgerode nach E auf der K 2344 (Friederikenstraße). Nach ca.1,5 km wird das Schiebeckstal an einem aufgelassenen Diabasbruch links der Straße erreicht.

Stopp R1/1

Friederikenstraße, Panzerberg (K: R 44 53 360, H 57 22 190), Geotop 4333/1.

Verbreitungsgebiet des Harzgerode-Olisthostroms. Fundpunkt von Graptolithen, welche auf ss//sf_1 Flächen von Lesesteinen und im Anstehenden in Anrissen plattiger, sehr flach lagernder Tonschiefer (Silur, Schielo-Formation) zu finden sind (Einfallen < 30° SE) (Dahlgrün 1923). Stofflich unterscheiden sich die schwarzen, angewittert gelblich-grauen, homogen glattflächigen Graptolithenschiefer deutlich von heterogen zusammengesetzten und daher flaserigen, bunten Tonschiefern, die zur Olisthostrom-Matrix gehören. Gemeinsam mit den Graptolithenschiefern treten als Olistholithe Quarzite, Grauwacken, Metabasalte und vereinzelt auch kleine Herzynkalklinsen auf (vgl. A 7/4 und A 7/6).

Nach Durchfahren der nahen Straßenkurve mit Abzweig zum Forsthaus Wilhelmshof (links) führt ca. 100 m weiter nach rechts ein Forstweg ins Leinetal zur Baurodspitze mit den aufgestauten drei Götzenteichen und dem Standort der Bohrung Götzenteiche, siehe R2/1. Weiter auf K 2344 nach ENE mit flachem Anstieg über die Basisschichten der Selke-Decke (Stiege-Schichten, Mitteldevon) hinauf zu den Kieselschiefern der Selke-Formation (Oberdevon) (siehe A7/18).

Stopp R1/2

Friederikenstraße, ca. 2,5 km rechts, K.: R 44 47 385, H 57 25 650, kleiner Schotterbruch mit Kieselschiefern (schwarze Lydite, unteres Oberdevon), regellose Isoklinal-Kleinfalten.

Man folgt den Kieselschiefern auf der Hochfläche ca. 3,5 km nach NE bis zum „Gartenhaus“. Hier quert die L 230 (Meisdorf – Pansfelde) die K 2344. Die Fahrt führt nach Degenershausen, wo erneut die Basis der Selke-Decke mit Stiege-Schichten und Metabasalten (Selke-Formation) erreicht wird. Von der Kreuzung mit der K 2343 (Meisdorf-Wieserode) führt ein flacher Anstieg auf der K 2344 zum Kl. Roter-Berg, der die S-Verbreitung des Meisdorf-Beckens markiert (Rotliegend, rote Bodenfärbung beachten). Noch vor Neuplatendorf erneut Sedimente und Metabasalte der Selke-Formation (Lesesteine), diesmal verdeckt durch Löss. In Neuplatendorf

Abfahrt nach N (links) zur Konradsburg. Von der Anhöhe der Konradsburg Rundblick auf den Unterharz mit Selke-Decke, Meisdorf-Becken und den Harzrand zwischen Ballenstedt (WNW) und Quenstedt (ESE).

Stopp R1/3

Konradsburg, 2 km S von Ermsleben. K.: R 44 54 990, H 57 31 300. Im Burghof und im Umfeld der Burg Aufschlüsse des Rotliegend, Meisdorf-Formation (r5, Steiner 1966), später Endorf-Formation genannt (Paul 2005).

Siltstein-Sandstein-Konglomerat-Wechsellagerung mit neun Tuffbänken und bis zu 15 Pfannen- und Krustenkalkbänken mit 1–2 m Mächtigkeit. Über der Meisdorf-Formation folgt am NE-Hang des Burgbergs die Eisleben-Formation mit Grauwackenbrekzien, Konglomeraten, welche Gerölle ortsfremder Rhyolithe, Sandsteine mit Rhyolithdetritus sowie rote Siltsteine enthalten.

Fahrt nach Ermsleben (3 km) und weiter auf B 185 nach Aschersleben oder nach ESE über Welbsleben auf L 229 zur B 180 nach Quenstedt und von dort Anschluss an die Route R2.

Route R2

Harzgerode – K 2350 – Stopp R2/1 – Schielo – L230 Abberode/Tilkerode – L 228 – Stopp R2/2 – (Tilkerode, Ulbrichstraße) – Stangerode – Harkerode – Stopp R2/3 (Ruine Arnstein) – Walbeck – Stopp R2/4 (Schloß und Tierpark) – B 180 (Aschersleben, Hettstedt) – Hettstedt.

Stopp R2/1

Bohrung Götzenteiche 1965. K.: R 44 45 032, H 57 23 293 – Höhe 340,4 m).

K 2350, ESE-Ortsausgang Harzgerode, ca. 3 km in Richtung Schielo. Abzweig links, 1 km auf unbefestigtem Nebenweg zum Ansatzpunkt der Bohrung (Lutzens 1965).

Dank einer der Suche nach abbauwürdigen Flussspat-Ressourcen dienenden und auf den tieferen Untergrund zielenden Tiefbohrung Götzenteiche im Gebiet des vermuteten Ostharz-Silursattels konnte hier ein Problem der Harzgeologie gelöst werden. Lutzens (1972) stellte fest, dass die deckenartige Gleitschuppe silurischer Gesteine hier in ca. 400 m Teufe endet. Zwischen 500 m und 1200 m wurden in Wildflysch-Matrix eingelagerte Quarzite, Grauwacken, Kalksteine und Tonschiefer angetroffen, deren Alter sich vom Silur und Devon bis zum Unterkarbon (Visé) verjüngte. In Tiefen von 1.200 bis 1.500 m wurden dann Grauwacken in Flysch-Fazies (Unterkarbon) erreicht. Dies war nicht nur die Bestätigung für eine „Umstapelung" von Ablagerungen, sondern sie stützte auch das von Reichstein (1965) entwickelte Konzept einer integrierten Ostharz-Decke.

Die Fahrt führt weiter auf K 2350 über Schielo durch den W-Teil des früher als Ostharzer Silursattel bezeichneten und dann zur Ostharz-Decke gestellten Bereichs der Harzgerode-Zone. Hier stehen zumeist mit quartären Ablagerungen bedeckte, wurzellose silurische Gesteine (Tonschiefer, Quarzite, Metabasalte) an. Von Molmerswende nach E bis zur Kreuzung mit L 230, von dort rechts (S) nach Abberode und weiter links auf L 228 nach Tilkerode zum Stopp R2/2, ca. 3 km NE Ortsausgang Tilkerode auf L 228 (Ulbrichstraße) im Wiebeck-Tal.

Stopp R2/2

3 km NE Ortsausgang Tilkerode auf der L 228 (Ulbrichstraße) – Altbergbau auf Selenide und Gold. K.: R 44 53 270, H 57 22 580, (Geopark, Landmarke 15; Geopunkt 8).

Im E der Gemeinde Tilkerode fand im frühen 18. Jahrhundert Bergbau auf oxidische Eisenerze (Eiserner Hut) statt. Zunächst im Tagebau betrieben, setzte 1784 der Tiefbau mit mehreren zwischen 40 und 60 m tiefen Schächten ein, die mit drei Stollen durchschlägig wurden. Das Erz wurde auf N-S streichenden und nach E einfallenden, 1 bis max. 2 m mächtigen Gängen aus Roteisenerz (Roter Glaskopf, Fe_2O_3) sowie Eisenspat (Siderit, $FeCO_3$) gewonnen. Im Nebengestein (Diabas) bis zu 50 m mächtige metasomatische Hämatitvererzungen (Fe_2O_3) wurden bis in 70 m Teufe verfolgt. Bis 1858 betrug die Eisenerzförderung 35-40.000 t. Der Eisengehalt des Erzes lag bei 40 %. 1865 wurde der Eisenerzabbau zugunsten des Bergbaus auf Selen aufgegeben (Klaus 1985. Ließmann 2009).
Bergrat Johann Carl Ludwig Zincken (1791–1862) entdeckte am Eskaborner Berg ein Bleiselenid, das später den Namen Clausthalit (Ag_2Se) erhielt. Gold und Spuren von Palladium wurden 1825 in den Selen-Mineralen nachgewiesen, die auf schmalen, höchsten 40 cm mächtigen Karbonspattrümern vorkamen. In einer ersten Periode wurden insgesamt 60 t Selenerze abgebaut. Zincken veranlasste 1825, aus 400 g des gewonnenen Golds 116 Dukaten als Andenkenmünzen („Ex Auro Anhaltino") zu prägen, von denen sich ein Exemplar im Münzkabinett des Schloss-Museums Bernburg befindet. 1858 wurde der Grubenbetrieb eingestellt. Der Gesamtinhalt der Lagerstätte wurde von Hesemann (1930) auf 150 t Seleniderz mit 60 kg Silber, 2 kg Gold und 10 g Palladium beziffert. Von 1953 bis 1956 wurde die Lagerstätte erneut erkundet (Tischendorf 1959).
Im Wiebeck-Tal nach NE bis zur Einmündung in die Eine am Forsthaus Volkmannrode und weiter im Eine-Tal über Stangerode, Alterode nach Harkerode. Kurz vor Erreichen von Stangerode verlässt die L 228 das Waldgebiet der Ulbrich-straße und tritt E Stangerode in ein ca. 300 m breites und ca. 1,5 km langes, WSW-ENE verlaufendes Kastental mit den Niederterrassen-Schottern der vereinigten Eine und Leine ein. Hinter den Talflanken breiten sich die Hochflächen der Harzgerode-Zone mit silurischen Tonschiefern aus, die von zahlreichen aufgesetzten kleinen Bergkuppen, unter ihnen zumeist körnige, d. h. grob auskristallisierte Diabase unterbrochen werden. Die Senken zwischen den Kuppen sind mit quartären Bildungen, Löss > 2 m Mächtigkeit, Mittelterrassen-Schottern und Geschiebelehmen ausgefüllt. Die Talweitung endet an einer ehemaligen Schlackenmühle (heute Hotel). Nach ca. 600 m und einer rechtwinkligen Linkskurve wurden längs des nun SSE-NNW gerichteten Straßenabschnitts, von E (rechts) heranreichend, Diabasbrüche betrieben (⊥) Steinbruch Eulenkuppe, Geotop 4334/2. Die Änderung der Fahrtrichtung widerspiegelt zwei tektonische Streichrichtungen: WSW-ENE (70–80°) und SSE-NNW (160–170°).

In Harkerode die L 228 verlassen und nach ca. 2,5 km auf L 227 zum Parkplatz unterhalb der Burgruine Arnstein zum **Stopp R2/3**

Ruine Arnstein im Eine-Tal, 6,5 km SSE von Ermsleben. K.: R 44 59 350, H 57 27 730, Geotop 4334/1.
Informationen: Geopark Landmarke 17, Geopunkt 10 und Tafeln.

In einem Hohlweg beginnt der Aufstieg zur Burgruine durch Anschnitte von Silurschiefern. Mit dem letzten Anstieg erreicht man körnigen Diabas. Diesen beobachtet man am besten im angewitterten Mauerwerk der Ruine. Ein Netz von schmalen weißgrauen, gitterförmig verwobenen Kalk-Natron-Feldspäten (Plagioklas) ist, in den Zwickeln ausgefüllt von dunkelgrünen Augiten (Pyroxen), zu erkennen (ophitisches Gefüge). Bei guter Sicht kann man vom Plateau im W den Großen Auerberg und das Granitmassiv des Rambergs sehen.

Vom Arnstein auf der L 227 nach Sylda (2 km) und von dort auf K 2341 zur B 180 im S von Quenstedt. Hier Anschluss an die Route 1. Weiter auf der B 180 nach S bis Walbeck (Stopp R2/4). Auf dem Weg nach Walbeck verlassen wir das Silur der Schielo-Formation und erreichen in deren Liegenden das Harzgerode-Olisthostrom.

Stopp R2/4

Walbeck, Schlossberg.
Herzynkalke im Wildflysch des Harzgerode-Olisthostroms.
Informationen: Geopark Landmarke 17, Geopunkt 6 und Tafeln. Tierpark mit Naturpark und Wanderweg.

Am Schlossberg unterhalb des Schlosses und im ehemaligen Schlosspark befinden sich mehrere Aufschlüsse im Wildflysch des Harzgerode Olisthostroms. Sein Unterkarbon-Alter wird hier durch Pflanzenfunde bestätigt (Calamiten-Reste?). Auffällig sind Einschaltungen kohliger Lagen in die Wechsellagerung von Grauwackenschiefern und Grauwacken. Reichstein (1959) belegte mit Conodonten Unterdevon in einem Crinoidenkalk (Älteres Herzyn) und Oberdevon in einem schichtigen Bandkalk (Flinzkalk) am W-Hang des Schlossbergs. Mitteldevon (Givet) fand er in Styliolinen reichen Flaserkalken am W-Hang des Ziegenbergs im N des Planteurhauses (1802). Die Gesteine sind schwach epizonal überprägt, die Fossilien dementsprechend schlecht erhalten.
Ein Fußweg führt vom Tierpark nach E über den Ölgrund durch das Rotliegend-Deckgebirge (Hornburg-Formation) und Zechstein (Kupferschiefer) ins Wippertal nach Wiederstedt, Geburtsort von Friedrich von Hardenberg, genannt Novalis (1772–1801), mit Museum im Schloss.

Route R3

Harzgerode – Neudorf (Historischer Bergbaurundweg) – L 235 – Treuer Nachbarsteich – L 234 – Hayn – L 232 Wolfsberg – L 232/L 231 – Wettelrode – L 230 Sangerhausen.

Von Harzgerode auf L 235 in Richtung Neudorf. Nach ca. 5 km wird Neudorf, das Zentrum des Unterharzer Gangreviers, erreicht. Das Panorama der Selke-Hochfläche (400–430 m NN) wird im NW vom Ramberg-Pluton mit der Victorshöhe (582 m NN) und im SW vom Gr. Auerberg mit der Josephshöhe (579 m NN) überragt.

R3/1
Historischer Bergbaurundweg im Gangrevier von Neudorf

In Neudorf (Klaus 1989) haben sich die Bergbautraditionen am stärksten erhalten. In der näheren Umgebung von Neudorf informieren die Inschriften von 25 „Dennert-Tannen". Auf den beiden Routen des „Neudorfer Bergbaurundwanderwegs" (Gesamtstrecke 15 km, Markierung Blauer Ring) kann man eine Vorstellung von der Ausdehnung des Bergbaus in Neudorf gewinnen. Die informative Broschüre zum historischen Bergbau von Hahn & Crell (2000) ist erhältlich in der Tourist-Information Neudorf bzw. im benachbarten Heimatmuseum. Hier ist auch der traditionelle Ausgang für die Begehung des Bergbaurundwegs. Einen weiteren Wanderpfad gibt es in Straßberg um das Besucherbergwerk Glasebach.

Von Bedeutung für den Bergbau im Zentralteil des Reviers waren die von S nach N genannten sechs Gangzüge:
Strassberg-Neudorfer-Gangzug: ca. 15 km, Pb-Zn-Ag-Cu-Erze, Eisenspat, Flussspat, lokal Wolframit.
Biwender Gangzug: ca. 10 km, Pb-Zn-Erze, Schwefelkies (im E), Flussspat (W), Fe-Spat.
Brachmannsberg Gang: ca. 5 km, Pyrit-Arsenkies, Flussspat.
Feld- und Quellen-Gangzug: ca. 6 km, Pb-Zn-Ag-Ni-Sb-Erze, Flussspat (im W).
Reicher Davids-Gang und Alexisbader Gangzug: ca. 4 km, Pb-Zn-Ag-Erze, Schwefelkies, Flussspat.
Drusenzug oder Dreifaltigkeitszug: ca. 6 km, Zn-Pb-Ag-Erze, Schwefelkies.
Die Erwanderung des gesamten Bergbau-Rundwanderwegs nimmt einen Tag in Anspruch. Man kann die Wanderung mit einem Besuch im Bergwerksmuseum Grube Glasebach in Straßberg (A7/3) verbinden. Aufschlüsse sind selten. Die Wanderung beginnt in Neudorf (Dennert-Tanne 1.1).

R3/2
Antimonbergbau von Wolfsberg

Die ehemalige Antimon-Grube „Graf Jost Christian", heute Sägewerk, befindet sich ca. 1 km W von Wolfsberg. Anfahrt über L 235 in Richtung Gr. Auerberg bis Treuer Nachbarsteich, dann L 234 bis Hayn, von dort auf L 232 nach Wolfsberg.
Wolfsberg liegt im Zentrum der Harzgerode-Zone im Ausstrich der Schwenda-Subformation, einer mehrere 100 m mächtigen Wechsellagerung von feldspatführenden Sandsteinen und Grauwacken mit sandstreifigen, siltig-tonigen, oft phyllitischen Tonschiefern. Sehr selten treten Kalklinsen auf. Infolge des Fehlens von geeigneten Aufschlüssen sind weder die stratigraphische Zuordnung noch das Alter der Sedimente (?Oberdevon bis Visé) bisher belegt. Um Wolfsberg herum gibt es mehrere Aufschlüsse in der Grauwacken-Schieferfolge, so an der Einfahrt zur ehemaligen

Grube (Sägewerk) und S der L 232 – Straßenbrücke über die Wipper (K. R 44 36 555, H 57 13 280) im aufgelassenen Steinbruch an der Obermühle.
Details zum Bergbau finden sich bei Siemroth (1981), Klaus (1984) und Ließmann (2009). Wolfsberg erlangte für Mineraliensammler Interesse wegen des Reichtums an Antimon führenden Mineralen. Antimonit ist Antimon-Hauptträger. Bleiglanz, Zinkblende und Kupferkies sind Nebenmetalle. Quarz, Kalkspat, Schwerspat und Flussspat bilden die Gangarten. Die bekanntesten unter den Antimon führenden Mineralen sind: Antimonit (auch Antimonglanz, Stibnit Sb_2S_3), Antimonocker (auch Spießglanzocker, Romeit, Verwitterungsprodukt von Antimonit), Antimonblüte (auch Valentinit ,Sb_2S_3, Siemroth 1991).

Exkursion 8: Die Umgebung von Stolberg im Südharz

Die Stadt Stolberg: Fachwerkstadt unter Förderung der UNESCO, Schloss (erstmals erwähnt 1201) und Schlosskirche der Grafen von Stolberg-Stolberg. Rathaus mit Zugang über Treppe von der Seite. Geburtsort des Bauernführers und Pfarrers Thomas Müntzer. In der ehemaligen Alten Münze (1535), heute Stadtmuseum, wurde Silber aus den hiesigen Erzgängen gemünzt. In der Rittergasse Bürgerhaus von 1470. Das Rittertor, erbaut 1347, führt nach NW in das idyllische Ludetal.

Thematische Schwerpunkte der Exkursion

In der Umgebung von Stolberg sind die Gesteine der Harzgerode-Zone in zahlreichen Felsklippen und Weganschnitten des Thyratals und seiner Nebenbäche zugänglich. Es können Fazies und Lagerung von Grauwacken und Grauwackenschiefern, Ton- und Kieselschiefern, Herzyn- und Flinz-Kalksteinen studiert werden. Die Gesteine des variszischen Flysch – Grauwacken- und Grauwackenschiefer (Oberdevon bis Unterkarbon) – und des Wildflysch – flaserige Tonschiefer, in welche Gesteinsfragmente unterschiedlicher Herkunft, so auch Groß-Olistholithe beträchtlichen Ausmaßes (Herzynkalke u. a.) eingelagert sind, wurden als wurzellose Gleitkörper in die Matrix des unterkarbonen Wildflyschs (Harzgerode-Olisthostrom) eingebunden. Später Verformung durch die tektonischen Prozesse der Varisziden, u. a. die Überschiebung der Südharz-Decke, weiter verformt.

N von Stolberg werden die Gesteine der Harzgerode-Zone an einem flach nach SE einfallenden Abscherhorizont und einer im Hangenden folgenden tektonischen Melange überlagert, welche die liegenden Bereiche der Stiege-Schichten in der Südharz-Decke umfasst. Sie werden von einer nur gering verformten Metabasalt-Sequenz und einer Abfolge des Oberdevons – Rotschiefer, Kieselschiefer und Grauwacken (Südharz-Selke-Formation) überlagert, welche im Hangenden des Abscherungshorizonts gestapelt, die variszische Südharz-Decke bilden. Später wurden sie durch die fortgesetzte variszische Deformation in eine flache Muldenstruktur (De-

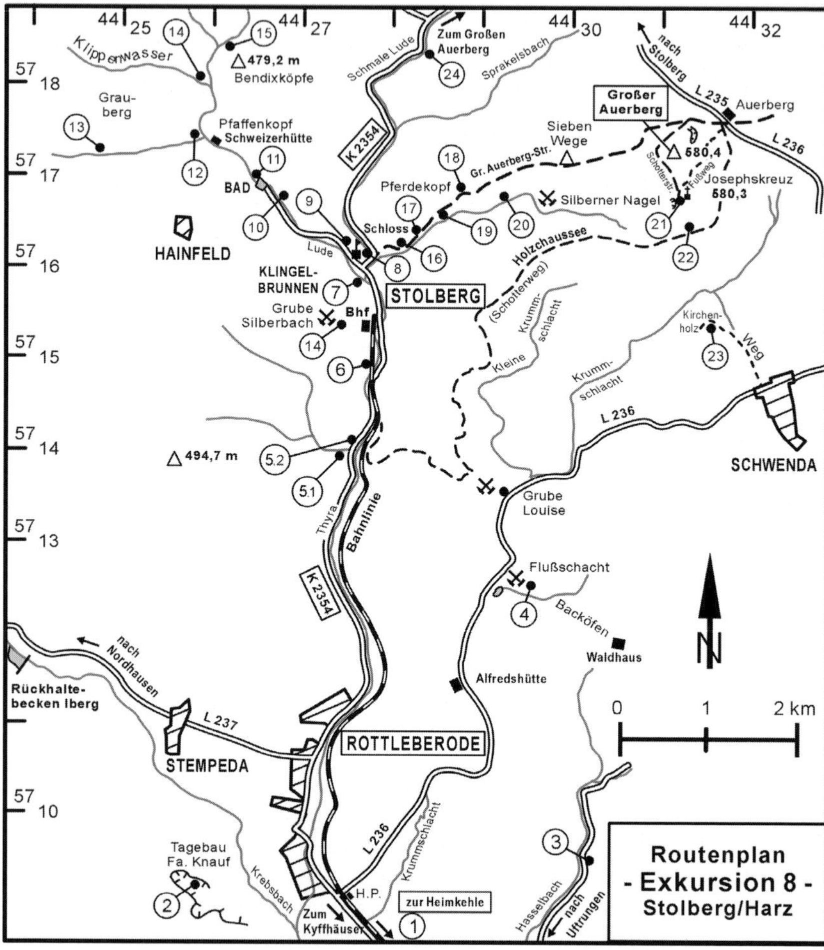

Abb. 8.0: Routenplan der Exkursion 8 (Umgebung von Stolberg im Südharz).

ckenmulde) umgestaltet (Reichstein 1970). Eine weitere Deckenstruktur mit analoger Schichtfolge und Tektonik bildet die Selke-Decke am NE-Rand des Harzes (E7). Beides sind nur Erosionsreste einer ehemals größeren Ostharz-Decke. Die Südharz-Selke-Decke zeigt Merkmale gravitativer Gleitungen (Schwab 1976). Gemeinsam mit der Ostharz-Silur-Gleitscholle (E7, R1), der Harzgerode-Zone (E6 und E7) und der Tanne-Zone (E7) befindet sie sich in der höchsten tektonischen Position des Schuppen- und Deckenstapels der Varisziden im Harz.

Die Gesteine der Harzgerode-Zone werden nach SE, zur Wippra-Zone hin, zunehmend phyllitisch (siehe E9). Sprünge im Metamorphosegrad zwischen beiden Einheiten sind umstritten. Im Stolberger Gebiet schwenkt die Schichtfolge aus dem SW-NE-Streichen in NW-SE- bis NNW-SSE-Streichen um. Als Ursachen können mechanisch wirksame Aufragungen des Untergrundes oder variszische rechtslaterale Scherprozesse in Frage kommen.
Im Raum von Stolberg-Rottleberode sind zahlreiche Spuren des ehemaligen Gangbergbaus (Halden, Pingen, Stollenmundlöcher) auf sulfidische Pb-Zn-Cu-Erze, aber auch auf oxidische Eisenerze und auf Fluorit-Baryt zu finden. Der Altbergbau wird durch NW-SE verlaufende Pingenfelder, Stollenmundlöcher und zahlreiche Halden markiert. Im S bei Rottleberode wird das gefaltete Paläozoikum diskordant von flach nach Süden einfallenden Schichten des Zechsteins und der Trias überlagert (siehe auch E5).

Die Aufschlüsse

A8/1

Lage: Heimkehle im Thyra-Tal bei Uftrungen. Anfahrt von der L 236 zwischen Berga und Rottleberode, 1 km SE Rottleberode nach SW (Hinweisschild).
Aufschluss: Karsthöhle im Zechstein-Hauptanhydrit (A3/Leinesulfat).

Die Heimkehle ist Ausgang des sich über 48 km nach E erstreckenden Südharz-Karstwanderwegs nach Pölsfeld (Völker & Völker 1996).

Beschreibung: Die Heimkehle gehört mit der Barbarossa-Höhle am Kyffhäuser zu den größten für Besucher erschlossenen Sulfatgesteinshöhlen in Europa. Sie wurde bereits 1357 erwähnt, aber erst 1920 für den Besucherverkehr erschlossen. Im Zweiten Weltkrieg wurde hier mit Häftlingen des KZ Mittelbau-Dora bei Nordhausen ein Rüstungsbetrieb für die Produktion von Flugzeugteilen betrieben (siehe auch A5/4).

Stratigraphisch befindet sich die Höhle im Hauptanhydrit (A3/Leine-Sulfat/Z3). Die Basis des dem Zechstein konform auflagernden Unteren Buntsandsteins beginnt unmittelbar neben dem Eingang zur Höhle. Das Höhlensystem ist ca. 2 km lang und erstreckt sich in NW-Richtung auf den mehrere hundert Hektar großen Naturgips-Tagebau am „Alten Stolberg“ (siehe A8/2). Im Sinne der Karstterminologie ist die Heimkehle eine „Laughöhle“ mit großen Karsthohlräumen. So erreicht der „Dom“ bei einem Durchmesser von 65 m eine Höhe von 22 m. Das Karstniveau liegt im Bereich des Wasserspiegels der Thyra, so dass das Höhlensystem bei Hochwasser als Durchflusshöhle fungiert. Das breite Tal der Thyra wird beidseitig von NW-SE-Störungen eingerahmt, die wahrscheinlich nach der Teufe konvergieren und faktisch einen Grabenbruch bilden. Der Graben ist mit bis zu 100 m mächtigen quartären Sedimenten gefüllt. Diese Sedimente kompensierten die Subrosion bedingte Absenkung der Zechsteinsulfate unter dem Talboden. Das in NW-SE-Richtung gestreckte Höhlensystem zeichnet Parallelstörungen des SW-Grabenrands nach.

A8/2

Großtagebau Rottleberode: Gips/Anhydrit (A1, Werra-Formation Z1) und Sangerhausen-Anhydrit (A2, Staßfurt-Formation Z2).

Anmeldung für die Tagebaubesichtigung bei der Firma Knauf, Deutsche Gipswerke KG, 06548 Rottleberode, Tel. (034653) 700 erforderlich. Vom Tagebau kann man eine Karst-Wanderung im „Alten Stolberg" anschließen (Völker 1997 und A5/2 und A5/5). Informationstafeln vor Ort.
Fahrt auf der L 236 von Rottleberode/Heimkehle nach Uftrungen ins Haselbachtal.

A8/3

Lage: Haselbachtal, ca 1,5 km NE Uftrungen. K.: R 44 30 170, H 57 09 575.
Aufschluss: Aufgelassener großer Steinbruch am Westhang des Königskopfs. Steinschlaggefahr, Betreten auf eigene Gefahr!
Beschreibung: Abbau gebankter und regelmäßig geklüfteter Grauwacken der Schwenda-Formation (?Oberdevon).

Die weite Teile des östlichen Südharzes einnehmende, zumeist flach verschuppte flyschoide Grauwacken-Grauwackenschiefer-Wechselfolge bedingt die morphologische Gliederung der waldreichen Gegend zwischen dem Thyratal im W und der Wippra-Zone im E. Die geologische Bearbeitung des zur Harzgerode-Zone gestellten Gebiets ist nicht abgeschlossen, die Einführung einer eigenen Schwenda-Formation noch wenig begründet. In der Schwenda-Formation ist die Bildung oberdevonischer, Decken unabhängiger Flyschbildungen zu vermuten.
Die Rotfärbung der Grauwacken ist sekundär. Sie entstand an der Rotliegend-Landoberfläche. Während der unter wechselfeuchtem (semihumiden) Klima herrschenden chemischen Verwitterungsprozesse (silikatisch-allitische Verwitterung) gehörte die heutige Region nach den variszischen Kollisionsprozessen erstmals zu einem Festland. Auswaschungsvorgänge führten zur Bildung von Verwitterungsdecken. Silikate wurden zerstört und Kieselsäure gelöst (Kaolinitneubildung). Eisen- und Aluminiumoxide wurden freigesetzt. Reste von in Sicker- und Kluftwässern transportierten Eisenoxiden blieben als Rotfärbung auf Kluftflächen und in Porenräumen erhalten.
Zurück nach Uftrungen und auf der L 236 am Güterbahnhof Rottleberode nach NE (rechts) weiter auf der L 236 ins Gr. Krummschlachttal in Richtung Schwenda/Auerberg.

A8/4

Lage: L 236, Gr. Krummschlachttal, nach 4 km ehem. „Flußschacht-Anlage". K.: R 44 12 513, H 57 29 425.
Aufschluss: Verfüllte Schachtröhre des Flußschachts, Förderschacht von 1908-1994. Im Hintergrund renaturiertes Gelände der Erzaufbereitung und Halden (Fluorit, Baryt und Siderit/Limonit).

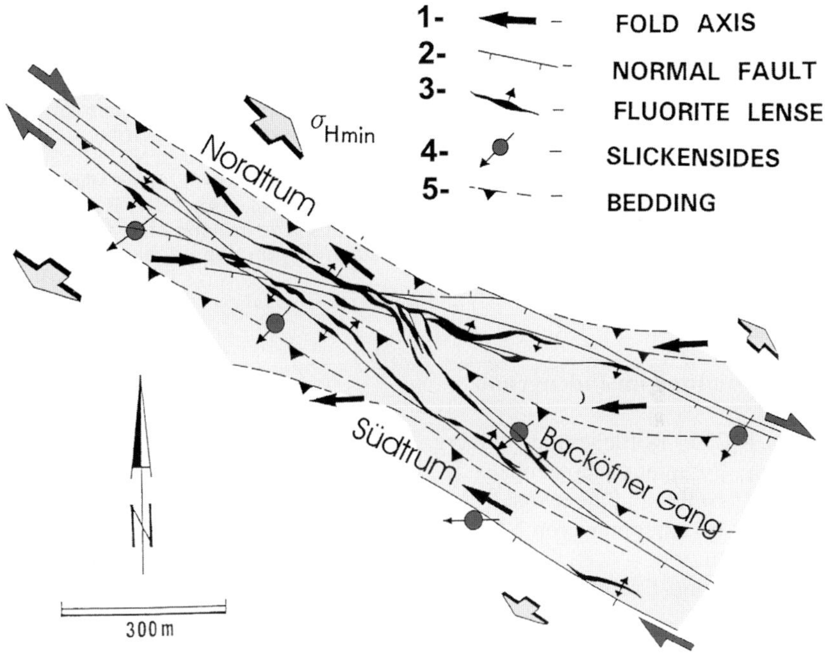

Abb. 8.4: Sohlengrundriss der Stollensohle der auflässigen Fluoritlagerstätte Rottleberode (Flußschächter Gangzug). **1** – Faltenachsen im Nebengestein, **2** – ruptile Abschiebung, **3** – Fluorit-Mineralkörper („Linse"), **4** – Scherlineation auf den Gang-Abschiebungen, **5** – Lage der Schichtung im Nebengebirge der Gänge (Franzke & Zerjadtke 1992).

Beschreibung: Der Flußschacht erschloss als Seigerschacht mit zwei angeschlossenen Blindschächten bis auf 500 m Teufe eine Fluorit-Ganglagerstätte. 1908 erreichte er das Niveau der 12. Sohle und wurde bis 1967 zur 24. Sohle (450 m) abgeteuft. Mit Spatmächtigkeiten von über 20 m bei streichender Erstreckung der Mineralkörper von mehreren hundert Metern wurde hier eine der ergiebigsten Fluoritlagerstätten Mitteleuropas abgebaut, aus der über eine Million Tonnen Fluoritrohhaufwerk mit mehr als 50 % Fluoritgehalt gewonnen wurde. Auf dem Flußschacht wurde weltweit die erste Fluoritflotation am Ende der 30-er Jahre des 20. Jahrhunderts eingerichtet. Die Produktion wurde 1990/91 eingestellt.

Der Flußschächter Gangzug stellt ein mehrflächiges, steil SW einfallendes Störungssystem dar, in dem drei Hauptgänge (Nordtrum, Südtrum und Backöfner Gang) vor allem auf Fluorit, weniger auf Baryt und Siderit abgebaut wurden (Franz-

ke & Zerjadtke 1992). Die nördliche Hauptstörung führt das bis über 20 m mächtige Nordtrum, in dessen SE-Abschnitt im Grubenfeld Graf Carl Martin neben Fluorit auch Siderit bzw. dessen Oxidationsprodukte in Tagesnähe abgebaut wurden. Auf dem von der Hauptstörung nach SE abscharenden Südtrum und besonders auf dem Backöfner Gang stehen im Ausstrichbereich auch Barytgangfüllungen an.
E des Gr. Krummschlachttals ziehen sich im Ausstrich dieser Gänge NW-SE verlaufende Pingenzüge und Resthalden mit Fluorit, Baryt und Siderit/Limonit talauf nach SE. Sie markieren die 3 Hauptgänge des Flußschächter Gangzugs. Der Bergbau auf Fluorit begann im frühen 15. Jahrhundert. Fluorit wurde in erster Linie für die Erzschmelze im Tal abwärts (Alfredhütte), vor allem aber im Kupferschieferrevier von Mansfeld verwendet.
Zurück zur K 2354 (Rottleberode) und weiter im Thyratal nach N in Richtung Stolberg.

A8/5: Rundweg im Jüdengrund

Lage: K 2354 Rottleberode-Stolberg, Thyra-Tal, ca.1.500 m S vom Bahnhof Stolberg, Parkplatz Schützenhaus. K.: R 44 27 510, H 57 13 950.
Aufschlüsse: zu Fuß begehbarer Rundweg, geeignet zum Studium der Verfaltung und Verschuppung von NNW-SSE streichenden Flysch- und Wildflysch-Sedimenten.
Beschreibung: Exemplarischer Hinweis auf zwei Aufschlüsse.

A8/5-1

Straßenanschnitt am Zugang zum Jüdengrund. Flach nach SW einfallende, geflaserte Tonschiefer (Wildflysch, Olisthostrommatrix).

Infolge der in den Schlammströmen in der Regel fehlenden Schichtung und damit von mechanisch wirksamen Gleitflächen sind Falten, gebildet nach dem Prinzip der Biegegleitfaltung, in Olisthostromen die Ausnahme. Im Flächengefüge übernehmen, strukturell gesehen, Schieferflächen (sf_1) die Rolle der Schichtflächen (ss). Die sf_1-Flächen können unter günstigen Voraussetzungen später in einem zweiten Deformationsakt gefaltet (B_2-Faltung) werden (Abb. 8.6).

A8/5-2

Ca. 500 m aufwärts im Tal, aufgelassener kleiner Steinbruch am Weg. Flach nach SW einfallende Grauwacken und Grauwackenschiefer in Wechsellagerung (Flysch). Im Grauwackenschiefer flach nach ENE abtauchende „liegende" Falte (nach WSW offene Mulde).

Im Gegensatz zur ungeschichteten Wildflysch-Fazies weisen die Sedimente der Flyschfazies einen nach Korngrößen geordneten, sich zyklisch wiederholenden Korngrößen- und Schichtungswechsel auf. Mit der diagenetischen Verdichtung und Verfestigung der Sedimente stellt sich die Ausbildung von mechanisch ablösenden Schichtflächen (ss) ein, so dass Verschiebungen und Verbiegungen wie bei einem Kartenstapel möglich sind. Damit sind die Voraussetzungen für die Bildung von Falten (B_1) durch Scherung längs der Schichtflächen gegeben. In den Ebenen der maximalen Schubspannungen, etwa in der Achsenebene der entstehenden Falten, entsteht die transversale 1. Schieferung (sf_1). Mit ihrer Bildung sind Materialtransporte längs der Schieferflächen verbunden, so dass die Faltenschenkel ausgedünnt, die Faltenkerne verdickt werden. Die ursprünglich mit steilen Achsenebenen angelegten Falten wurden gestaucht und nach NW verkippt (NW-Vergenz).

A8/6

Lokalität: K 2354, S Ortseingang Stolberg, Bahnbrücke, 300 m S Bahnhof Stolberg. K.: R 44 27 715, H 57 14 850.
Aufschluss: 30 m Bahneinschnitt. Faltung in Grauwacken und Grauwackenschiefern.
Beschreibung: Intensiv gefaltete Wechsellagerung mit teilweise disharmonischer, von Störungen überprägter B_2-Biegescherfaltung, welche die schichtparallele 1. Schieferung (sf_1) unter Ausbildung einer transversalen 2. Schieferung (sf_2) nochmals verfaltet hat. Die sf_2 ist in den Faltenkernen als Achsenflächenschieferung sichtbar und geht in den Schenkeln in Parallelschieferung über (Abb. 8/10). Die Vergenz beträgt 30°–55° und ist nach NNW gerichtet. Nach dem Öffnungswinkel von 40°–52° sind es geschlossene Falten, was auf eine starke Deformation (Einengung quer zu den Achsen) hindeutet. Sie sind vom Faltentyp der „ähnlichen Falten" (Bankwitz & Bankwitz 1992).

400 m vom Bahnhof aus kann man auf dem Weg zum Hainfeld noch einen Abstecher zur Halde der ehemaligen Baryt-Grube „Silberbach" machen.

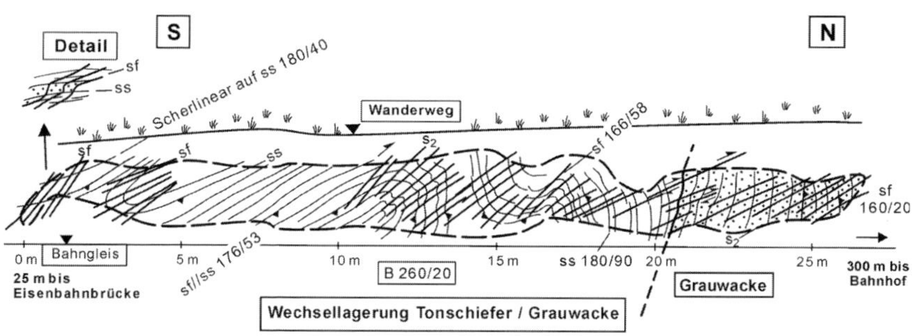

Abb. 8.6: Faltenstrukturen im Bahneinschnitt 300 m S Bahnhof Stolberg, 25 m vor der Bahnbrücke. K.: R 44 27 715, H 57 14 850. Geol. Aufnahme: Franzke.

A8/7

Lage: W-Ufer der Thyra, W vom Rathaus von Stolberg (Thyra-Graben), 220 m SE Klingelbrunnen. K.: R 44 27 580, H 57 15 875.
Aufschluss: Felswand mit Flinzkalk.
Beschreibung: Die flach nach E einfallende Schichtenfolge (ss 192/20) beginnt mit einer für Flinz-Kalke typischen Wechsellagerung von Kalkbänkchen mit dunklen Tonschieferlagen (Oberdevon, Famenne 5,0 m). Es folgen Tonschiefer mit Einlagerungen sandiger Kalke (0,7 m), graublaue Tonschiefer (0,3 m), dunkle ruschlige Tonschiefer (0,5 m) und eine Grauwacken-Tonschiefer-Wechsellagerung (?Oberdevon VI bis Unterkarbon I, mehrere Dekameter mächtig). Das Vorkommen wird als großer Wildflysch-Gleitkörper (Olistholith) angesehen (Schützenmeister 1968).

Die Kalksedimentation wurde an der Devon-Karbon-Grenze von der flyschoiden Grauwacken-Tonschiefer-Fazies abgelöst. Die Flinzkalke sind in Stolberg noch als durchgängiger Verband zu kartieren, Teile davon wurden aber als abgeglittene Groß-Olistholithe von nicht näher bestimmbaren Schwellenrändern aus in den Wildflysch umgelagert.

A8/8

Lokalität: N-Ortslage von Stolberg, Abgang der K 2354 nach links ins Kalte Tal (= Gr. Wilde). K.: R 44 27 750, H 57 16 080.
Aufschluss: Felswand mit phyllitischen Tonschiefern.
Beschreibung: Der Felsen (Abb. 8.9) schließt mittelsteil nach SSW einfallende silbriggraue, phyllitische Tonschiefer mit einzelnen Grauwackenlinsen auf. Eine schwache NNE-vergente B_2-Faltung verstellt die Schichtung und die parallele 1. Schieferung. ss/sf_1-parallele Segregationsquarzbänder wurden ebenfalls B_2-gefaltet. Später entstand die transversal zu sf_1 stehende 2. Schieferung (sf_2), welche das ss/sf_1-Gefüge verfältelte (crenulierte). Schichtparallele Störungen sind teilweise als Streckungsflächen, teilweise als N-vergente Kleinüberschiebungen mit zugeordneter Schleppfaltung entwickelt. Die tektonische Beanspruchung zeigt Anklänge an den Verformungsstil in der Wippra-Zone („Phyllittektonik“).

Aufschlüsse im Ludetal NW von Stolberg

A8/9

Lage: Hohlweg neben NW-Schlossanfahrt vom Rittertor zum Reitstall. K.: R 44 27 520, H 57 16 175.
Aufschluss: Anschnitte im Hohlweg.

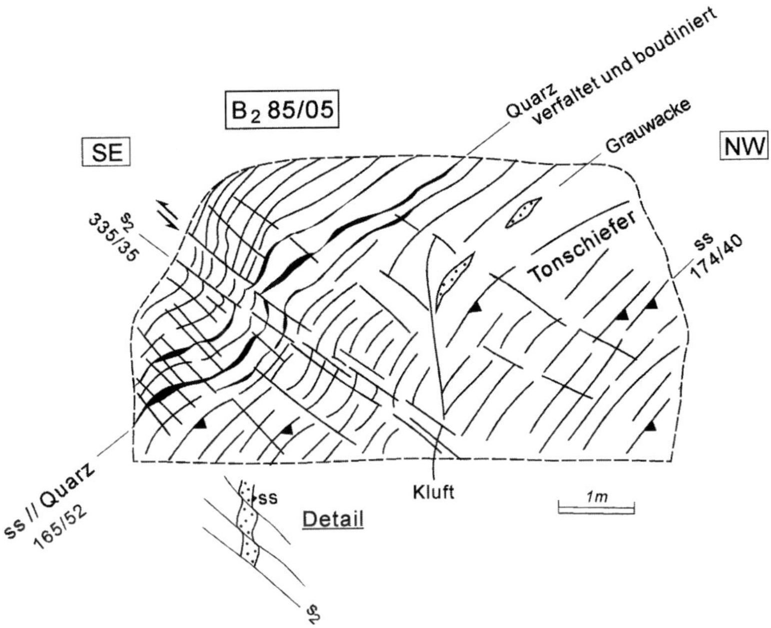

Abb. 8.8: Felsklippe am Straßenrand der Straße „Kaltes Tal", Haus-Nr. 11, an der Abgabelung zum N Ortsausgang von Stolberg. Mittelsteil nach SSW einfallende, B_2-gefaltete phyllitische Tonschiefer. Die SSW-gegenvergente B_2-Faltung überprägte Schichtung (ss) und 1.Schieferung (sf_1) unter Bildung der transversal zu ss stehenden 2. Schieferung (sf_2). Dabei wurde das ss/sf_1-Gefüge gefältelt. ss/sf_1-parallele Segregationsquarzbänder wurden quer zerschert und in B_2-Bau einbezogen Glaesser (1971). Geol. Aufnahme: Franzke.

Beschreibung: Im oberen Bereich des Hohlwegs in sandstreifigen Schiefern eine enge, NW-vergente Muldenstruktur (Abb. 8.9). Hellglimmer auf den Schichtflächen belegen, dass eine ss//sf_1 Schieferung verfaltet wurde. Parallel zu den Faltenachsenflächen wurde im Muldenkern die 2. Schieferung gebildet, durch deren Scherbewegungen eine feine Crenulation (Runzelung) auf den ss//sf_1-Flächen entstand. Diagonal zu den verfalteten Schichtflächen verlaufende offene Klüfte sind Streckungsformen an Faltenschenkeln.

A8/10

Lage: Ludetal, ca. 300 m SE Badeanstalt (ehem. Mastenteich). Parkplatz. K.: R 44 26 630, H 57 16 730.

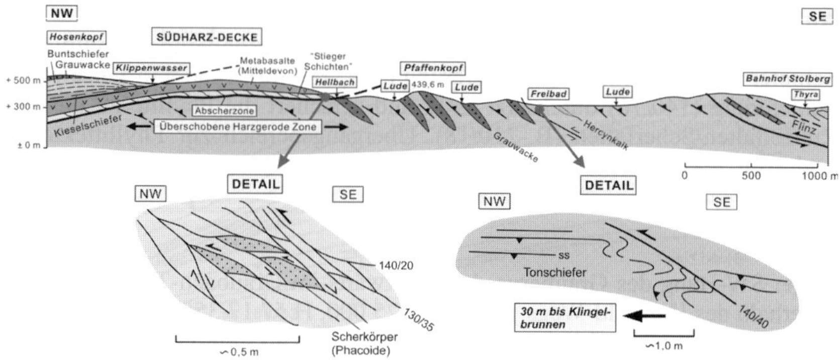

Abb. 8.14: Geologischer Schnitt vom Bahnhof Stolberg nach NNW durch das Ludetal zum Klippenwasser. Die Südharz-Decke überlagert an einem basalen Abscherhorizont diskonform die steiler lagernden Gesteine der Harzgerode-Zone. Nach NW senkt sich die Decke zu einer Deckenmulde ab. Die Detailskizzen zeigen den Internbau der basalen Abscherzone (links) und analoge NW-Kleinüberschiebungen im unterlagernden Autochthon (rechts). Geol. Aufnahme: Franzke.

telsteil nach S einfallende, zweifach geschieferte phyllitische Schiefer der Harzgerode-Zone diskonform die Deckeneinheit (Abb. 8.14). Dies ist der (par-) autochthone Unterbau.

A8/15

Lage: Ludetal, N der Einmündung des Klippenwassers in die Lude, SW-Hang des Lindischbergs/Bendixköpfe, Wanderweg nach Breitenstein. K.: R 44 26 110, H 57 18 375.
Aufschluss: Felsanschnitte der Südharz-Decke am Weg und am Hang aufwärts.
Beschreibung: Im Hangenden der phyllonitischen Scherzone an der Basis der Stiege-Schichten folgen hangaufwärts über 100 m mächtige effusive Metabasalte (Spilite), d. h. wenig oder nicht verformte Pillowlaven mit eingeschalteten Metabasalt-Tuffen und ihren vulkanoklastischen Abkömmlingen. In sie sind einzelne Schieferlagen und Linsen von Kalksteinen eingeordnet. Karbonatlagen bilden Zwickelfüllungen zwischen den Pillows oder auch linsenförmig gestreckte Lagen. Lateral verzahnen sich die Tuffe mit den Metabasalt-Laven.

Der primärbasaltische Stoffbestand unterlag stofflichen Veränderungen durch Alteration am ehemaligen Meeresboden, weshalb die Gesteinsbezeichnung „Meta"-Basalt gewählt wird.

Der Mineralbestand umfasst albitische Plagioklase (niedriger An-Gehalt), Pyroxene (Klinopyroxen) und Erze (Titanomagnetit, Ilmenit). Alterationsprodukte sind Serizit, Leukoxen und Chlorit. Aufgrund der Ergebnisse geochemischer Untersuchungen sind die Metabasalte der Südharz-Decke Tholeiit-Basalte. Die geochemisch begründete plattentektonische Einordnung charakterisiert sie als kontinentale Intraplatten-Alkalibasalte (Ganssloser et al. 1995).

Zurück nach Stolberg.

Fußexkursion von Stolberg nach NE durch das Zechental auf der Gr. Auerbergstraße und der „Alten Poststraße" zum Großen Auerberg (ca. 4 km)

A8/16

Lage: Über die Töpfergasse zur Liebfrauen-Kapelle am Friedhof Stolberg (Motiv für das Gemälde „Brautzug im Frühling" des Malers Ludwig Richter). K.: R 44 28 080, H 57 16 170.
Aufschluss: Auflässiger Steinbruch hinter der Kapelle.
Beschreibung: Nach S einfallende bankige Grauwacken (? Oberdevon-Unterkarbon). Gradierte Schichtung und die steiler als die Schichtflächen einfallende Schieferung belegen normale Lagerung.

A8/17

Lage: Alte Auerbergstraße, ca. 100 bis 250 m aufwärts am N-Hang des von der Kl. Wilde durchflossenen Zechentals. K.: R 44 28 800, H 57 16 250.
Aufschluss: Straßenanschnitte, z. T. verbaut.
Beschreibung: Am Wegrand (Klüppelsberg) befinden sich mehrere Anschnitte mit mittelsteil SW einfallenden (55°–65°), normal lagernden Oberdevon-Unterkarbon-Schichten. Von SW (unten) nach NE (oben) werden angetroffen: Grauwacken- und Grauwackenschiefer-Wechselfolge (*Cyclostigma*-Pflanzenhäcksel) mit gebankten Grauwacken und nach einer Stützmauer eine Klippe mit flaserigen Tonschiefern der Olisthostrom-Matrix.

A8/18

Lage: ca. 1 km aufwärts auf der Alten Auerbergstraße. K.: R 44 28 730, H 57 16 740.
Aufschluss: Anschnitt am Schneiderborn. Quellaustritt im Zwickel von zwei Gangzonen.
Beschreibung: Flach lagernde olivgrüne, siltige Tonschiefer mit Einschaltungen geringmächtiger feinsandiger Lagen und Linsen von blaugrauen, Karbonat füh-

renden Quarziten (Devon-Flinz?). Gleitkörper (Olistholith) mit weitgehend intaktem Primärgefüge.

Vom Schneiderborn Abstieg zur Alten Poststraße oder ca. 1,2 km weiter auf der Alten Auerbergstraße nach E bis zum Wegekreuz „Sieben Wege“, K.: R 44 29 920, H 57 17 050.

A8/19

Lage: Zechenhaus, Alte Postraße im Zechental. K.: R 44 28 950, H 57 16 530.
Aufschluss: Altbergbau-Relikte.
Beschreibung: Im Bereich des früheren Zechenhauses NNW-SSE streichender Pingenzug des aus zwei mineralisierten Trümern bestehenden Gangsystems „Gnade Gottes“ mit Kupferkies, Siderit, Ankerit, Pyrit. Im Stolberger Revier wurden lokal auch geringhaltige Silbererze abgebaut.

A8/20

Lage: ca. 750 m E vom Zechenhaus im Zechental. K.: R 44 29 310, H 57 16 695.
Aufschluss: Lesesteine und Klippen SE der Alten Poststraße.
Beschreibung: NNW-SSE streichender andesitischer Mittelharzer-Gang (Unterperm) kreuzt die Alte Poststraße. Ca. 500 m aufwärts überqueren weitere NW-SE streichende Pingenzüge, die zur Gangzone der Grube „Silberner Nagel“ (Pb-Zn-Sulfide) gehören, den Weg. Das Streichen der jüngeren polysulfidischen Hydrothermalgänge bildet mit dem Mittelharz-Gangsystem einen Winkel von > 40°.

Im Zechental aufwärts bis zum Wegekreuz „Sieben Wege“. Von hier ca. 1.200 m Fußweg nach E über den Kl. Auerberg zur Straße der Lieder und dann zum Gipfel des Gr. Auerbergs mit dem Josephskreuz. Der Aufstieg der motorisiert Ankommenden erfolgt vom Parkplatz im N des Gr. Auerbergs aus. Wanderer benutzen entweder den steilen Fußweg oder gehen über die bequeme, ca. 300 m weiter im W beginnende (Fahr-) „Straße der Lieder“ zum Gipfelkreuz. Beachten: Die Auffahrt zum Gipfel ist in der Ferienzeit zeitweilig für PKW gesperrt.

A8/21

Lage: Gipfelplateau des Auerbergs (580,3 m NN).
Aufschluss: aufgelassene, kleine, verwachsene Steinbrüche W und N des Josephskreuzes.

Beschreibung: Das Gipfelplateau des Gr. Auerbergs (+ 580,3 m NN) wird gekrönt vom Josephskreuz (38 m Höhe), 1834 nach dem Entwurf von Karl-Friedrich Schinkel (1781–1841) zunächst als Holzkreuz errichtet und nach Blitzschlag 1896 erneuert als Doppelstahlkreuz. Der Berg überragt die Hochfläche des Unterharzes (400–450 m NN) um fast 200 m (siehe auch Geopark Landmarke 10, Geopunkt 1).

Der mit einem elliptischen Grundriss (N-S-Längsachse 1,5 km, Breitachse 0,8 km) angeschnittene, von Mischwald bestandene Rhyolith-Härtling stellt nach herkömmlicher Meinung die Reste von zwei Lava-Decken dar – **Älterer und Jüngerer Rhyolith**. Es wird auch eine Entstehung als Rhyolith-Quellkuppen diskutiert (Hoppe et al. 1965). Die Gesteine sind sehr schlecht in aufgelassenen, verwachsenen kleinen Steinbrüchen aufgeschlossen. Am SW-Hang des Gipfels, oberhalb eines hangparallelen Wegs (Abstieg von den WC am Gipfel aus), findet man in zwei Steinbrüchen den mittelkristallinen **Älteren Rhyolith**. Das mikrogranitische, an Einsprenglingen reiche Gestein führt 1–13 mm große, gut ausgebildete Quarzdihexaeder, die sog. „Stolberger Diamanten", ferner Orthoklase sowie untergeordnet helle Glimmer und kleine tintenblaue Turmaline. Die „Stolberger Diamanten" finden sich relativ häufig im Verwitterungsgrus. Die Lava hat an ihrer Basis zahlreiche Schieferbruchstücke aufgenommen. Steilstehende Kontraktionssäulen und dickplattig absondernde Lagerklüfte gelten als Belege für die deckenförmige Lagerung.

A8/22

Lage: Gr. Auerberg, S-Fuß, an der Holzchaussee gelegen, K.: R 44 31 290, H 57 16 370.
Aufschluss: Aufgelassener, kleiner Steinbruch im kleinkristallinen **Jüngeren Rhyolith**.

Diesen Steinbruch erreicht man über die vom Parkplatz Auerberg ausgehende Holzchaussee. Etwa 300 m nach Umbiegung der Straße aus der N-S in die E-W Richtung befindet sich der Bruch.

Beschreibung: Der weißlich-grüne, einsprenglingsreiche jüngere Rhyolith führt wesentlich kleinere Einsprenglinge als der Ältere Rhyolith. Seine Quarze sind gerundet und bei der Fließbewegung der Laven teilweise zerbrochen, die Orthoklase sind zersetzt. Die fluidaltexturierte grünliche Grundmasse ist reich an den die Gesteinsfarbe bestimmenden Turmalin. Die Lagerklüfte fallen flach nach S ein. Sie weisen darauf hin, dass es sich beim Jüngeren Rhyolith wegen der hohen Viskosität der Schmelze wahrscheinlich nicht um einen Deckenerguss als vielmehr um eine Quellkuppe gehandelt haben könnte.

A8/23

Lage: Kirchenholz, ca. 1,0 km NW Schwenda, K.: R 44 31 500, H 57 15 300.
Aufschluss: Aufgelassener Steinbruch, Geotop 4432/2.
Beschreibung: Man erreicht den Bruch über den von der Holzchaussee nach S in Richtung Schwenda abzweigenden Weg (ca. 1.500 m) oder von Schwenda aus auf dem von der L 236 abgehenden, nach N führenden Feldweg (ca. 1.200 m). Die hier aufgeschlossene Varietät der Auerberg-Rhyolithe ist ein dichter Felsitporphyr. Er wird als jüngste Varietät der Auerberg-Rhyolithe angesehen.

Nach Beobachtungen im Steinbruch Kirchenholz steht im „Felsitporphyr" die Säulenklüftung steil oder weicht aus der Senkrechten nur bis zu 30° ab. Die Lagerung des Rhyoliths ist also flach geneigt (30°). Lagerklüfte mit Gasbläschen bestätigen dieses Bild. Beide Beobachtungen deuten auf das Vorkommen des Rhyoliths in einer flach einfallenden, NNW-SSE streichenden Gangspalte, die über mindestens 1,5 km Länge nachweislich ist. Im Krummschlachttal tauchen die Säulen bei verminderter Ausstrichbreite des Rhyoliths mit 45° ein, was dort eher auf eine mittelsteil einfallende Spaltenfüllung hinweist. Im Kirchenholz folgt ein jüngerer Hydrothermalgang der Spaltenrichtung der Rhyolithe (NNW-SSE).
Die Rhyolithe des Auerbergs sind Oberflächenäquivalente des Ramberg-Granits.

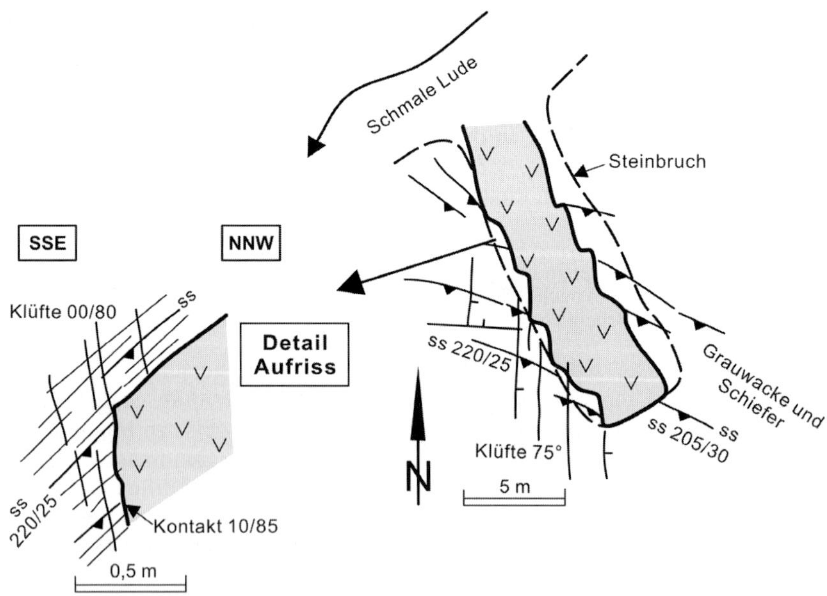

Abb. 8.24: NNW-SSE streichender Andesitgang des Mittelharz-Gangsystems im Tal der Schmalen Lude NE von Stolberg. Der gestufte Vulkanitgang sitzt einer Zugspalte auf und folgt Schichtfugen und Klüften des Nebengesteins. Geol. Aufnahme: Franzke.

Die Extrusion der Rhyolithschmelze erfolgte etwa zeitgleich oder wenig später als die Intrusion des Ramberg-Plutons im Rotliegend (292–295 Ma). Die Platznahme der zähflüssigen, an Gasen und Wasserdampf reichen Laven, erfolgte explosiv (Phreatischer Ausbruchsmechanismus). Die zugehörigen Pyroklastika wurden in einem oval geformten Schleier bis weit nach E in das Saale-Becken verfrachtet. Sie konnten dort in den Unteren Hornburg-Schichten (Unterrotliegend) nachgewiesen werden.
Fahrt: Vom Parkplatz Gr. Auerberg – L 236 in Richtung Stolberg bis 400 m hinter den Abzweig der K 2354 (Richtung Breitenstein).

A8/24

Lage: Tal der Schmalen Lude, 400 m SW des Abzweiges nach Breitenstein. Auflässiger kleiner Steinbruch an SE-Talseite der Schmalen Lude (NW-Hang der Halbendörfer), K.: R 44 28 380, H 57 18 480 (Gegenhang der Straße).
Aufschluss: Mittelharzer-Gang, Andesit (Unterrotliegendes).
Beschreibung: Der schlitzartige kleine Steinbruch steht in einem zu den Mittelharz-Gängen gehörenden (dunklen) Andesit-Gang. Das Nebengestein des Vulkanits ist eine Wechsellagerung von Grauwacken und Tonschiefern. Die Rahmengesteine fallen mit 25°–30° nach SW ein und sind in N-S- und E-W-Richtung steil zerklüftet. Störungsbedingte Scherungen am Gangkontakt sind nicht zu erkennen. Der Gang benutzte hier keine Störung für Aufstieg und Platznahme der Schmelze, sondern drang in ein sich durch Zugspannungen öffnendes bereits vorhandenes Kluftsystem ein. Die minimale horizontale Hauptnormalspannung (σ_3) war quer zum Gangstreichen ausgerichtet (WSW-ENE). Abschnittsweise benutzte die Lava auch Schichtflächen neben Klüften als mechanisch geeignete Vorzeichnungen. Der 3 m mächtige Gang durchsetzte sein Nebengestein in NNW-SSE-Streichrichtung (Abb. 8.24). Nach der geologischen Kartierung (Geologisches Messtischblatt Stolberg, 3. Auflage) steht der Gang in direkter Verbindung mit dem im Zechental ausstreichenden Gang (A8/20).

Exkursion 9: Die Wippra-Zone im Südostharz

Routenführung

Die Exkursion 9 (Abb. 9.0-1) ist als Fahrexkursion angelegt. Aufgrund der geringen Höhenunterschiede entlang von relativ wenig befahrenen Straßen ist die Exkursion, oder Teile von ihr, auch mit dem Fahrrad (2 Tage) zu bewältigen. Teile der Exkursion (Wippertal) können als Fußexkursion durchgeführt werden.
Der Exkursionsverlauf wird von W nach E abgehandelt (Anfahrt von SW bzw. SE über die A 38, Ausfahrt Roßla oder Sangerhausen). Die Exkursion kann ebenso von NE über die B 242 (Klausstraße) begonnen werden.

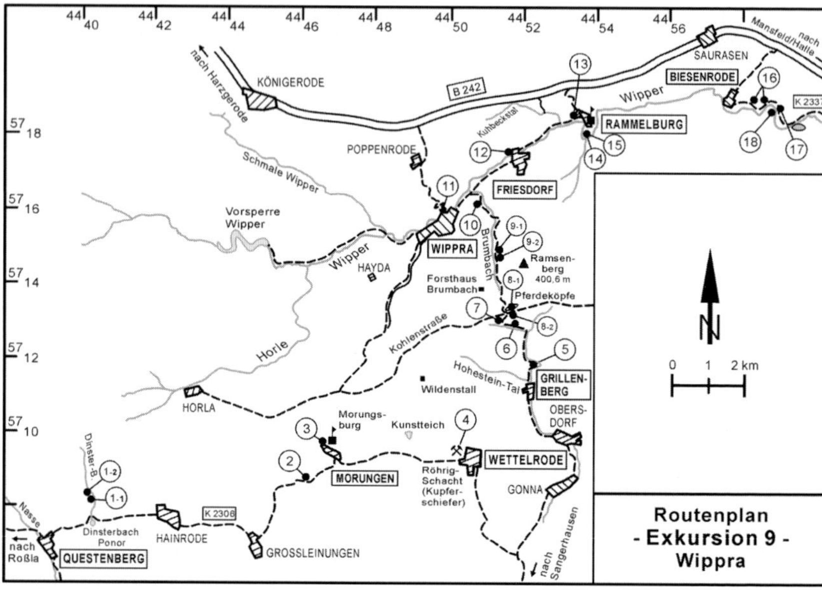

Abb. 9.0-1: Routenplan der Exkursion 9 (Wippra-Zone im Südostharz)

Thematische Schwerpunkte

Die Exkursion 9 konzentriert sich auf die epizonalmetamorphen Gesteinseinheiten der Wippra-Zone (Abb. 9.0-2) im Südostharz und die diskordant auflagernden variszischen Molassen sowie den basalen Zechstein. In der Wippra-Zone werden seit der Bearbeitung von G. Fischer (1929) sieben lithostratigraphische Einheiten (Serien) unterschieden, die heute, dem modernen Trend folgend, mit Formationsnamen belegt sind (Burmann & Franzke 2001). Der schnellen Lesbarkeit halber werden im weiteren Text die Ziffern der einzelnen lithostratigraphischen Formationen („Serien" 1 bis 7) bevorzugt weiter verwendet (Tab. 9.0).

Aufschlüsse

A9/1

Lage: Brücke über den Dinsterbach, K.: R 44 40 210, H 57 08 760, an Verbindungsstraße zw. Hainrode und Questenberg/Südharz (Schotterstraße) – 500 m im Dinsterbachtal aufwärts ab der Straßenkehre/Brücke, K.: R 44 40 325, H 57 08 100.

Tab. 9.0: Stratigraphische Gliederung der Gesteine der Wippra-Zone (Burmann & Franzke 2001), ergänzt nach M. Schwab in Bachmann et al. (2008).

Serien	Lithostratigraphische Formationen	Stratigraphisches Alter	Lithologie (Typusgesteine der Formationen)
	Unterharz-Gruppe		
1b	Harzgerode-Formation	Unterkarbon	Harzgerode Olisthostrom
1a	Schwenda-Formation	Oberdevon-Unterkarbon	Grauwacken und Grauwackenschiefer im Wechsel
	Wippra-Gruppe	Silur bis Ordovizium	
2	Friesdorf-Formation	Silur (Unt. Wenlock bis Ob. Llandovery)	Dunkle milde phyllitische Tonschiefer, dunkle Kalksteine, kieselige Schiefer, Toneisensteine und Metabasalte.
3	Rammelburg-(Quarzit)-Formation	Ordovizium (Llanvirn bis Arenig)	Bunte phyllitische Tonschiefer, Quarzite, Metabasalte u. Metabasalttuffe.
4	Biesenrode-(Rotschiefer) Formation	Arenig	Phyllitische Rotschiefer mit karpholith-führenden Segregationsquarzen.
5	Klippmühle-(Quarzit)-Formation	Arenig bis Tremadoc	Bunte, quarzitische Schiefer im Wechsel mit bankigen Quarziten (Phyllite und Metaquarzite).
	Piskaborn-Gruppe	Ordovizium oder ?Devon	
6	Pferdeköpfe-(Grünschiefer)-Formation	?Mitteldevon ?Tremadoc-Arenig	Phyllitische Grünschiefer, Metabasalte und Metabasalttuffe.
7	Fütterungsberg-(Metagrauwacken)-Formation	?Oberdevon ?Tremadoc-Arenig	Phyllitische Tonschiefer, Kieselschiefer, Metagrauwacken, Metabasalte.

Aufschlüsse: Anschnitte im Dinsterbachtal mit Querprofil (NNW-SSE, Abb. 9.1-1).
Beschreibung: Lithologischer Übergang zwischen der Serie 6 (Pferdekopf-(Grünschiefer)-Formation) und der Serie 7 (Fütterungsberg-(Metagrauwacken)-Formation) sowie auflagerndes Deckgebirge (Stefan C und Zechstein). Die Serie 6 besteht in ihrem nördlichen Bereich aus homogenen feinkörnigen Grünschiefern, die als epizonalmetamorphe feinkörnige Effusivdiabase gedeu-

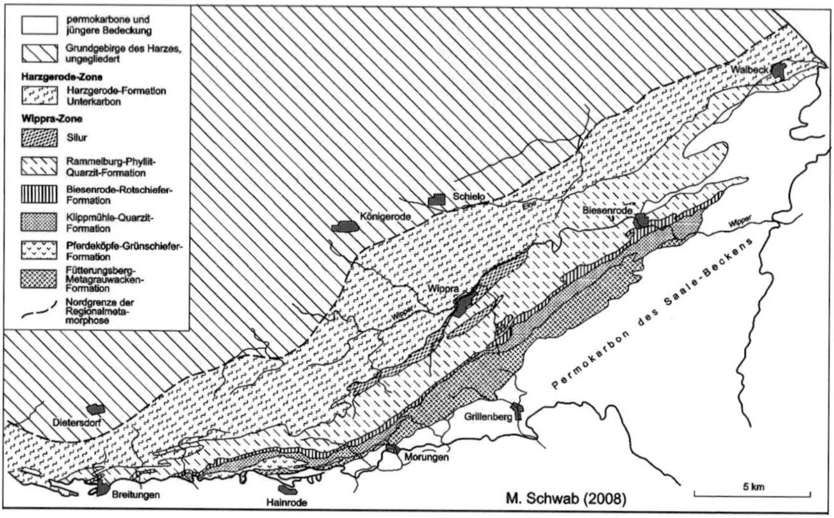

Abb. 9.0-2: Geologische Übersichtskarte der Wippra-Zone. Die Serien 6 (Grünschiefer) und 7 (Metagrauwacken) sind zusammengefasst (Schwab 2008).

tet werden (Fischer 1929, Franzke 1969). Nach S gehen sie in eine Wechsellagerung von silbriggrauen Phylliten mit Lagen von Chloritschiefern über. Letztere werden als ehemalige Metabasalt-Aschentuffe interpretiert. Diese klingen nach S aus, so dass ab ca. 10 m der Profilaufnahme (Abb. 9.1-1) nur noch Phyllite auftreten. Übergangsbereich: R 44 40 275, H 57 08 210. Die Grenze zwischen den Serien 6 und 7 stellt damit einen allmählichen lithologischen Übergang dar, welcher durch Störungen nicht beeinflusst ist. Beide Serien lagern in ihrem primären stratigraphischen Verband und bilden eine stratigraphische Abfolge. Im Dinsterbachtal ist die Serie 6 nur ca. 120 m mächtig und punktuell in kleinen Klippen an der W-Seite des Talwegs aufgeschlossen. Es sind feinkörnige Metadiabase im N-Bereich und gebänderte tuffogene Grünschiefer im Übergang zur Serie 7 im S-Teil.

Tentakulitenfunde aus Kalksteinlagen innerhalb der Serie 6 zeigen (Franzke 1969), dass die Grünschiefer älter als Oberdevon I sein müssen, da Tentakuliten im Oberdevon I ausstarben. Für die Serie 7 wird nach Conodonten und Acritarchen ebenfalls oberdevonisches Alter angenommen (Reichstein 1964, Sehnert 1991a, b), so dass auf eine kontinuierliche Abfolge geschlossen werden kann. Ackermann (1987) erwägt ein kambro-ordovizisches Alter aufgrund eines Conodontenfunds (Arenig) in der nach S angrenzenden Serie 7 (vgl. Burmann & Franzke 2001).

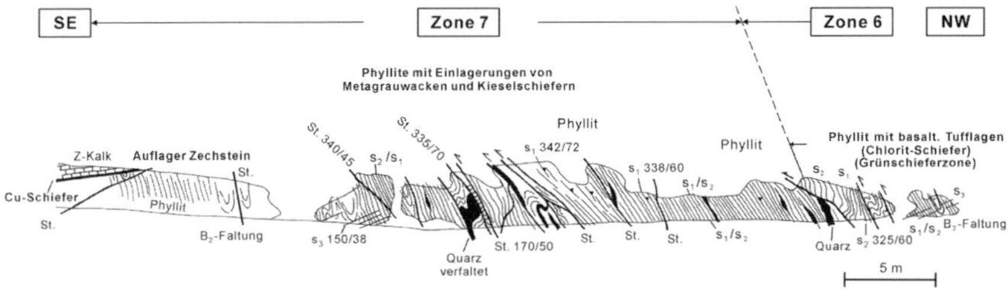

Abb. 9.1-1: Dinsterbachtal, strukturell konkordanter und lithologisch kontinuierlicher Übergang zwischen den Serien 6 (Grünschiefer-Zone) und 7 (Metagrauwacken-Phyllite). Geol. Aufnahme: Franzke.

Die variszische Tektonik hat die in der Wippra-Zone dominierenden pelitischen Gesteine intensiv geschiefert (Parallelschieferung). Faltenstrukturen im Dinsterbachtal sind SSE-vergent, da der Aufschluss S der zentralen Scheitelzone der Wippra-Zone liegt. Im Detail ist zu sehen, dass in den pelitischen Gesteinen mindestens drei Schieferungen existieren (sf_1 als Parallelschieferung = $ss//sf_1$ und die transversalen Schieferungen sf_2 und sf_3). Die Faltenstrukturen sind B_2-Falten, in denen die erste Schieferung (sf_1) verfaltet wurde. Entlang von Scherflächen, aber auch auf $ss//sf_1$-Flächen und auf Klüften, sind Gänge und Schmitzen von Segregationsquarz ausgeschieden, die von der B_2-Faltung erfasst und von der sf_2-Schieferung durchtrennt wurden. In steil einfallenden, S-vergenten Aufschiebungen wurden sie noch weiter überschert. Diese in der Wippra-Zone z. T. massenhaft auftretenden ss-parallelen, lanzettförmigen Quarztrümer führen in der Regel Albit, nach dessen Verbreitung bereits Lossen (1869) die ungefähre N-Grenze der Epizonalmetamorphose festlegte.

Der Übergang zum im N angrenzenden Klippmühlquarzit (Serie 5) ist nicht aufgeschlossen. 55 m S einer kleinen Brücke im Dinsterbachtal befindet sich ein Aufschluss in dieser Serie, in welchem Kniefalten (B_2) mit langem, steil einfallendem Schenkel und flach einfallendem kurzen Schenkel, angeschnitten sind. (K.: R 44 40 200, H 57 08 320). Diese Art der Faltengirlanden ist typisch für die Wippra-Zone (Lusznat 1958). Der kleine Aufschluss markiert eine Position an der S-Flanke einer Antiklinale (Abb. 9.1-2).

Die Entstehung der Lagerungsverhältnisse geht wahrscheinlich auf zwei Entwicklungsschritte zurück. In einem ersten Schritt bildeten sich flach NNW-vergente B_1-Falten mit unterschiedlich langen Schenkeln. In einem zweiten Schritt entstanden unter weiterer Einengung die B_2-Falten mit transversaler sf_2-Schieferung. Einengungsbedingt kam es zu einer steilen Aufrichtung der Schichtenfolge. Die Vergenz ist nach S gerichtet, da sich der Vergenzscheitel der Wippra-Zone ca. 0,5 km im N dieses Aufschlusses befindet.
Wandert man zurück zur Fahrstraße nach SSE, findet man auf den Phylliten der Serie 7 (vgl. Abb. 9.1-1) flach auflagernden Zechsteinkalk (Werra-Karbonat, Ca1), der als

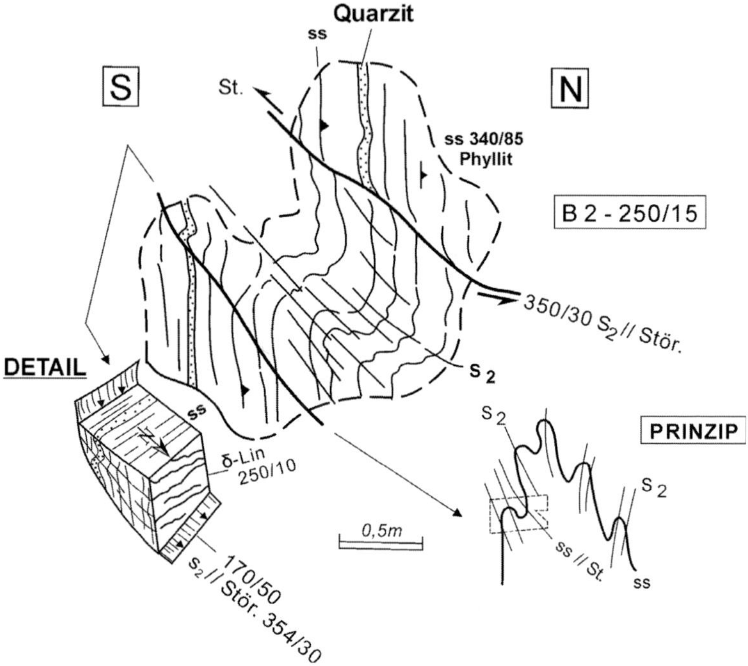

Abb. 9.1-2: Dinsterbachtal, Kniefalte und kleine S-vergente Überschiebungen in Phylliten mit Quarzitlagen (Serie 5, Klippmühlquarzit). K.: R 44 40 270, H 57 08 080. Geol. Aufnahme: Franzke.

flache Schichtplatte mit 5°–15° nach SSE einfällt und eine spätvariszische Diskordanz markiert. Basiskonglomerat und Kupferschiefer sind nicht angeschnitten. Mehrfacher Wechsel von Phylliten und Zechstein im Wegniveau ist durch WNW-ESE-streichende Verwerfungen bedingt, die zur mesozoischen Bruchtektonik gehören. S der Fahrstraße bis zur Dinsterbach-Schwinde folgen flach nach S einfallend, Werra-Sulfat (A1), Hauptdolomit/Stinkschiefer (A2) und die Residualbildung des Sangerhausen Anhydrits (A2), in welchem sich die eindrucksvolle Karstschwinde (Ponor) des Dinsterbachs befindet (Achtung: Gefahr durch Felsstürze!). Die Schwinde, Geotop 4532/1, wird von Chr. u. R. Völker (1996) ausführlich beschrieben.
Direkt E der Brücke über den Dinsterbach befindet sich neben der Fahrstraße ein verfallenes Stollenmundloch, an dem der Zechsteinkalk (Ca1) die Stollenfirste bildet. Die Auffahrung verfolgte den unterlagernden Kupferschiefer. Unmittelbar nördlich des Stollens sind Lesesteine der im Liegenden des Zechsteins befindlichen Mansfeld-Schichten (Stefan C) zu finden. Der transgredierende Zechstein überlagert nach einer Zeitlücke von ca. 50 Ma nahezu konform die oberkarbonen roten Molassesedimente.

A9/2

Lage: K 2306 zwischen Morungen und Großleinungen, 1,2 km SW Morungen, unmittelbar N der Hohen Marl. K.: R 44 46 160, H 5708610.
Aufschluss: Auflässiger Steinbruch N der Straße, basaler Zechstein (Z1) und unterlagerndes Porphyrkonglomerat (Rotliegend, Saxon), Geotop 4433/4.
Beschreibung: Die ca. 250 m lange Abbauwand erschließt rechts (E-Seite) vom Liegenden zum Hangenden flach S einfallende feinkörnige Konglomerate (Porphyrkonglomerat) und Sandsteinschiefer (Saxon, 2–3 m), Weißliegendes (1 m), Kupferschieferflöz (0,25–0,3 m, größtenteils abgebaut) und auflagerndes Werra-Karbonat (Z1, „Zechsteinkalk") auf.

Porphyrkonglomerat (Eisleben-Formation, Saxon): Das in Morungen nur in seinem hangenden Teil zugängliche Porphyrkonglomerat wird insges. ca. 8 m mächtig. Es führt in einer feinkörnigen siliziklastischen Grundmasse bohnengroße Gerölle von gut gerundetem Milchquarz, ferner Quarzite, Kieselschiefer, selten Granite und Gneise und oftmals nur kantengerundete Rhyolithe. Vereinzelt sind Windkanter vertreten und es können Fragmente verkieselter Hölzer gefunden werden. Die Konglomerate werden als Bildungen alluvialer Schuttfächer, der Sandsteinschiefer als fluviatil umgelagertes Schichtflut-Sediment gedeutet.
Weißliegendes: Ein 1 m mächtiger, feinkörniger, zum Teil schräggeschichteter heller Sandstein mit an der Basis etwas gröberer Körnung überlagert die Sandsteinschiefer. Das karbonatische Bindemittel gibt dem „Weißliegend" genannten Gestein eine größere Verwitterungsresistenz als dem an Bindemittel ärmeren Sandsteinschiefer. Die „Weißliegend-Fazies" wird als flachmarin entstanden gedeutet. Diese klastischen Sedimente entstanden unmittelbar mit dem Einsetzen der Transgression des zechsteinzeitlichen Meeres.
Das dunkle Band des im Hangenden folgenden marinen **Kupferschiefers** (0,25 m) ist nur punktuell erhalten, da hier Tagebau stattgefunden hat (siehe A 9/4). Seine Ablagerung erfolgte unter euxinischen Bedingungen, d. h. in abgeschlossenen, C_{org}-reichen Meeresbereichen mit Sapropelitbildung unter Sauerstoffmangel und Schwefelwasserstoffüberschuss bei Schwermetallzufuhr aus dem Unterbau (hydrothermale „hot-brines"). Mit den flachmarinen Schelfkarbonaten des im Sangerhäuser Gebiet etwa 5–6 m mächtigen **Zechsteinkalks** begann die Ausfällung von Karbonaten des Werrazyklus (Ca1).

A9/3

Lage: L 231, Abzweigung nach Morungen, 30 m ab N-Ausgang Morungen, E-Talseite. K.: R 44 46 600, H 57 09 700.
Aufschluss: Verbrochener Stollenmund im Altbergbaugebiet um die Ruine Morungsburg.
Beschreibung: Hydrothermaler Barytgang in tuffogenen Grünschiefern (Serie 6). Das Gangnebengestein streicht WSW-ENE und ist unter Bildung einer transversalen 2. Schieferung (s_{f2}) in kleine B_2-Falten gelegt (B_2 240/08). Dabei sind die ss//sf_2-Flächen intensiv kleingefältelt (crenuliert). Ihre Vergenz geht

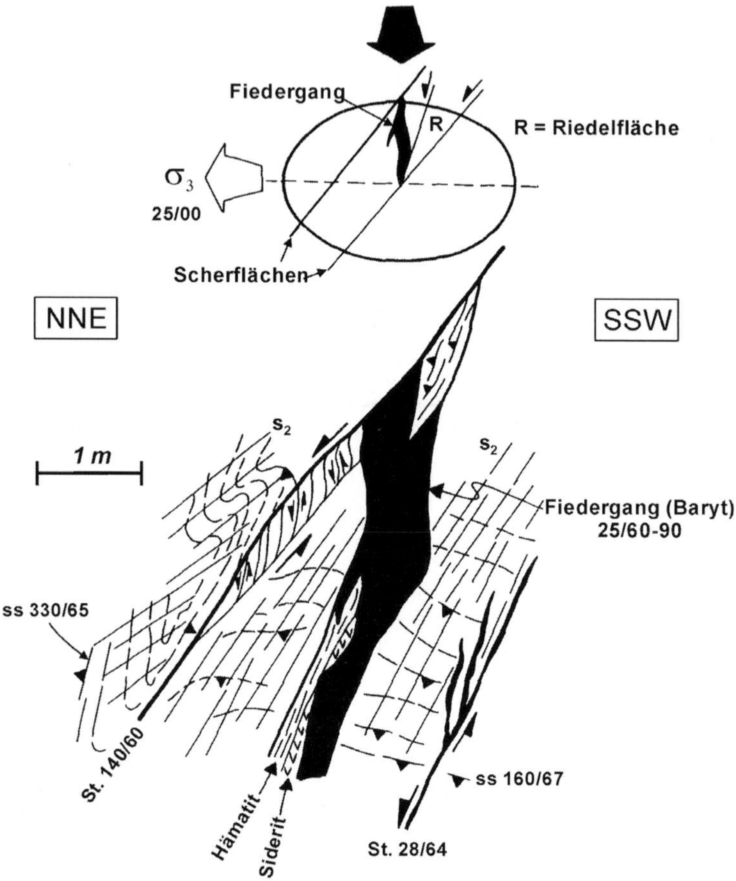

Abb. 9.3: N-Ausgang von Morungen. Barytgang mit Siderit/Hämatit in Grünschiefern (Serie 6). Geol. Aufnahme: Franzke.

nach SSE. Das variszische Gefüge wird von einer jüngeren WNW-ESE streichenden Gangstruktur durchschnitten. Es sind drei Mineralparagenesen zu unterscheiden: Quarz-Hämatit, dann Siderit und als Jüngstes Baryt. Ein Scher-Fiederspaltensystem hat sich unter NNE-SSW-Krustendehnung geöffnet (Abb. 9.3). Die Hämatit-Vererzung wird als permisch, die übrigen Mineralisationen werden als mesozoisch angesehen.

A9/4

Lage: L 231, W-Ortsausgang Wettelrode, Bergbaumuseum Röhrig-Schacht, 4 km N Sangerhausen.

Aufschluss: Ehemaliger Bergbau auf Kupferschiefer (Werra-Zyklus, Zechstein 1). Geowissenschaftliche und bergbautechnische Ausstellung, Geotop 4433/1.

Beschreibung: Das Besucherbergwerk betreibt einen Schacht (Röhrig-Schacht), der das Kupferschiefer-Flöz in 163 m Teufe durchsunken hat. Das flach nach S einfallende Flöz wurde bis 1956 abgebaut. Nach der Fahrt mit der Grubenbahn gelangt man in ein Abbaufeld des 19. Jh.

An das Bergwerk ist ein sehenswerter Bergbau-Lehrpfad angeschlossen, der Einblicke in die mittelalterliche Kupferschiefergewinnung gewährt. Der Röhrig-Schacht diente nach dem 2. Weltkrieg als Material- und Wetterschacht für die „Thomas Müntzer"-Schachtanlage (1951–1992) in Sangerhausen. In S-Richtung ist die große konisch geformte Halde des ehemaligen Thomas-Müntzer-Schachtes sichtbar. Weitere Informationen unter www.roehrigschacht.de und Tel. 03464-587816; Fax. 03464-582768. Siehe auch Geologisch-montanhistorische Karte Mansfeld-Sangerhausen 1:50 000 (Hrsg. Geol. Landesamt f. Geologie und Bergwesen Sachsen-Anhalt 2007).

Der Kupferschiefer ist mit dem Zechsteinkonglomerat der älteste marine Horizont des postvariszischen Deckgebirgs. Im Röhrig-Schacht wird die klassische Gliederung des max. 0,40 m mächtigen Kupferschiefers, die auf bergmännische Bezeichnungen der Mansfelder Bergleute zurückgeht, erläutert. Es sind dies vom Liegenden zum Hangenden: Feine Lette-(Schrämschiefer), Grobe Lette, Kammschale-Schieferkopf und Schwarze oder Graue Berge. Darauf folgt der „Dachklotz", der bereits zum Werra-Karbonat (Zechsteinkalk) gehört. Die Erzinhalte konzentrieren sich im Kupferschiefer auf die unteren 10 bis 12 cm (8 kg Cu und 80 ppm Ag pro Quadratmeter Flözfläche).

Die im Kupferschiefer enthaltenen polymetallischen Vererzungen sind epigenetisch in Bezug zur Sedimentation dieses marinen, sapropelitischen Mergelsteins. Nur die pyritischen Vererzungen mit framboidalen Texturen sind synsedimentär-frühdiagenetische Sulfidfällungen. Aszendente hydrothermale Lösungen oberpermisch-mesozoischen Alters alterierten von Störungs- und Kluftzonen aus dem Präzechstein-Unterbau. Sie wurden an der Migrations- und Reduktionsbarriere des basalen Zechsteins als sulfidische Vererzungen gefällt. Die Vererzungen sind nicht auf den nur 25 bis ca. 40 cm mächtigen dunklen Kupferschiefer beschränkt, sondern verteilen sich mit abnehmenden Metallgehalten auf eine mehrere Meter mächtige erzführende, aber nicht wirtschaftlich gewinnbare Zone im Liegenden und Hangenden des Kupferschiefers. Regional und auch auf engerem Raum sind Zonen verschiedener „Metallfazies" zu unterscheiden, so die Pyritfazies (größte flächige Verbreitung), die Pb-Zn-Fazies, die Kupferfazies und die oxidische „Rote Fäule". An steilen Störungen (Abschiebungen), die auch den Flözhorizont verwerfen, sind außerdem noch jüngere (mesozoische) Mineralisationen, die sog. Rücken-Vererzungen, gebunden (Karbonate, Quarz, Baryt, Bi-Co-Ni-Erze). Sie entsprechen den in Morungen (A 9/2) angetroffenen Gangmineralisationen.

Der Kupferschiefer wurde zunächst im Tagebau, dann schrittweise tiefer gehend, im Tiefbau abgebaut. In der Umgebung zeugen zahlreiche Halden vom ehemals intensiven Bergbau bereits im Flöz-Ausstrich am Nordrand der Sangerhausen-Mulde.

Schlackendatierungen deuten auf Bergbau bereits im zweiten vorchristlichen Jahrhundert hin. Intensiver Bergbau, beginnend am Ausgehenden des Flözes, ist in diesem Gebiet ab dem frühen 16. Jahrhundert bekannt (siehe Bergbaulehrpfad).
Der Kupferschiefer wurde im Mansfelder Revier über eine Zeitspanne von mehr als 800 Jahre abgebaut. Zu diesem Bergbaurevier gehören die Lagerstätten in der Sangerhausen- und in der Mansfeld-Mulde. Im gesamten Mansfelder Revier wurden 103.600.000 Tonnen Erze, welche 2.474.000 Tonnen Kupfer und 13.438 Tonnen Silber enthielten, gewonnen (Ausstellung am Röhrig-Schacht).
Das Liegende des Zechsteins bilden die Rotsedimente der Permokarbon-Molasse an der NW-Flanke des Saale-Trogs. Aufgeschlossen in Anschnitten der L 232 und am Kunstteich NNW-Wettelrode sind die rotliegende Eisleben-Formation, in der Ortslage Wettelrode (Sportplatz) die Rotsedimente der oberkarbonen Mansfeld-Subgruppe (Stefan).

A9/5

Lage: L 230, ca. 350 m N Freibad Grillenberg, Haarnadelkurve am Ziegenrücken im Gonna-Tal. K.: R 44 52 470, H 57 11 830, gegenüber Parkplatz.
Aufschluss: Anrisse und kleiner Steinbruch am S-Hang des Ziegenrückens.
Beschreibung: NW-Rand des Saale-Beckens unweit der Diskordanz der ungefalteten Mansfeld-Subgruppe zum gefalteten Altpaläozoikum der Wippra-Zone.

An der N-Straßenböschung (S-Hang des Ziegenrückens) finden sich kleine Gesteinsanrisse und ein Steinbruch, aus denen sich ein Profilausschnitt der Mansfeld-Subgruppe zusammenfügen lässt. Es beginnt mit einem 1 bis 2 m mächtigen basalen Konglomerat im Straßenniveau, überlagert von ca. 5 m roten Sand- und Schluffsteinen mit kaolinisierten Feldspäten. Im Steinbruch setzt sich das Profil mit einer 1,5 m mächtigen hellen Arkose mit kaolinisierten Feldspäten, offenbar eine Rinnenfüllung, und einer 6 m mächtigen Folge von roten Silt- und Tonsteinen fort. Die Schichten fallen mit 15°–18° nach SE ein. Talaufwärts folgen im Liegenden dieses Profils rote Ton- und Sandsteine sowie Konglomerate der Gorenzen-Formation, darunter aschereiche Steinkohlenflözchen und graue tonig-sandige Begleitsedimente (Grillenberg-Subformation (Westfal D bis Stefan A). Diese lagern flach dem steil aufgerichteten Schichtverband der Wippra-Zone auf.

A9/6

Lage: L 230, oberes Gonna-Tal, SW-Hang des Fütterungsbergs, ca. 2,2 km N Grillenberg. K.: 44 51 750, H 57 12 870. Parken im Weg gegenüber dem kleinen Stauweiher.
Aufschluss: Kleiner Steinbruch und Felsanschnitte E (rechts) der Straße.
Beschreibung: Steil lagernde und intensiv verfaltete Wechsellagerung von feinkörnigen (Meta-) Grauwacken und Phylliten, eingelagert in Phyllite der Serie 7 (Fütterungsberg- (Metagrauwacken)-Formation), ?Oberdevon oder ?Kambro-Ordovizium (siehe A9/1). An der Straßenbiegung nach S sind auch Lesesteine von grauen (Meta-) Kieselschiefern innerhalb der Serie 7 zu finden.

Die Grauwackenbänke erreichen Mächtigkeiten von 10–20 cm. Die sehr feinkörnigen, flaserig geschichteten und stark verschieferten Grauwacken enthalten nach Dünnschliffbefunden mehrere Gruppen von Klasten, und zwar epizonale Metamorphite, Vulkanite (Diabase, Keratophyre), Sedimente, die offenbar bereits im nicht metamorphisierten Zustand in die Grauwacken eingeschüttet wurden, sowie gut gerundete Gerölle von Quarzen und reichlich Epidot/Zoisit und Apatit (Fischer 1929). Da auch Gerölle von Grünschiefern auftreten, sollte der nach N angrenzende Grünschieferzug (Serie 6) das stratigraphisch Liegende bilden und zum Liefergebiet der Grauwacken gehören. Dies bestätigt die im Dinsterbach-Tal festgestellte Altersfolge (A9/1).

Die Lagerung am Fütterungsberg entspricht dem der S-Flanke einer Antiklinale. Die tektonische Entwicklung erfolgte auch hier in zwei Phasen: Metagrauwacken und Phyllite wurden intensiv durch die sf_1-Parallelschieferung geplättet und dann noch durch zwei weitere transversale Schieferungen (sf_2 und sf_3) überprägt und dabei gefaltet. Die B_2-Faltenstrukturen haben lange und steil einfallende N- und flach einfallende S-Schenkel mit stark verdickten, durch Scherung auf den sf_2-Schieferungsflächen fein crenulierten Faltenkernen. Die Faltungs-Vergenz ist nach SSE gerichtet. Dementsprechend fallen die sf_2-Flächen nach NNW ein. Aus sf_2-Flächen entwickelten sich steil nach SSE aufschiebende Kleinstörungen. Die schubkluftartige sf_3 liegt sehr flach, ist weitständig entwickelt und schneidet die steil einfallenden ss//sf_1-Flächenlagen nahezu senkrecht (Jacob 1993).

A9/7

Lage: L 230, 250 m SW der Straßenkreuzung (mit der Kohlenstraße) SW der Pferdeköpfe. K.: R 44 51 445, H 57 13 000.

Aufschluss: Felsklippen an der Böschung ca. 10 m oberhalb der Straße (Abb. 9.7).

Beschreibung: SSE-vergent verfaltete, gebänderte, tuffogene Grünschiefer (Serie 6) mit Phyllit-, Kalkstein- und Eisenkiesellagen. Die (meta-) basaltischen Aschentufflagen wechsellagern mit grauen Phyllitlagen, ausgewitterten Kalksteinlagen und cm-starken Eisenkieselbändern (Vererzungen vom Lahn-Dill-Typ). In den Kalksteinlagen benachbarter Aufschlüsse konnten zerscherte Tentakuliten gefunden werden.

Die tuffogenen Grünschiefer sind in B_2-Kleinfalten gelegt, deren Achsenebenen von sf_2-Flächen markiert werden. Die Vergenz ist mit 20°–30° nach SSE gerichtet. Wir befinden uns hier noch S des Vergenzscheitels der Wippra-Zone. Die gebogenen Achsenebenen zeigen, dass eine ältere Faltung (ss-Faltung?) durch die B_2-Deformation überprägt wurde. Hierbei ist die sf_2-Schieferung gebildet worden. Entsprechend ihrem rheologischen Verhalten und unter den PT-Bedingungen der Epizone wurden die Kalksteinlagen zu lanzettförmig an- und abschwellenden „pinch and swell"-Strukturen verformt, die Eisenkiesellagen aufgrund ihrer höheren Rigidität zu flaschenbauchförmigen „boudins" zerrissen (Abb. 9.7).

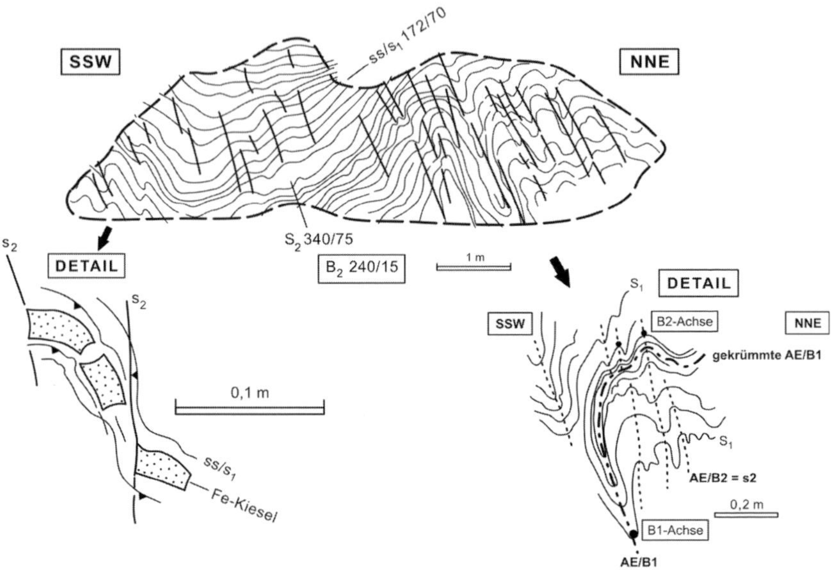

Abb. 9.7: Straßenkurve 250 m SW der Pferdeköpfe bei Wippra. S-vergente B_1- und B_2-Faltung in tuffogenen Grünschiefern (Serie 6). Geol. Aufnahme: Franzke.

A9/8

Lage: L 230, Passhöhe und Wasserscheide (Pferdeköpfe) zwischen Grillenberg (Gonna-Tal) und Wippra (Brombach-Tal) an der Kohlenstraße, ca. 150 m E der Kreuzung mit der unbefestigten Kohlenstraße. K.: R 44 51 700, H 57 13 340.
Aufschluss: Auflässiger Steinbruch, locus typicus der Pferdeköpfe-(Grünschiefer)-Formation (Serie 6), Geotop 4433/7.
Beschreibung: Im Zugang zum Bruch (W-Seite) befindet sich ein Messpunkt des Messnetzes zur Registrierung vertikaler Krustenbewegungen im Harz und seiner Vorländer (Bankwitz 1971).

Im Zugang zum Steinbruch sind tuffogene Gesteine im Querprofil aufgeschlossen (Abb. 9.8-1). Sie werden hier von relativ-zeitlich jüngeren, SSE-vergenten, steilen Aufschiebungen mit zugehörigen, flacher als die Schichtung einfallenden Fiederklüften (Quarz, Albit, Calcit) durchsetzt. Sie schneiden die Schichtflächen unter spitzen Winkeln. Beides, die Steilstellung und Überprägung der Schieferung und die Aufschiebungen, sind der variszischen Einengungsperiode zuzuordnen.

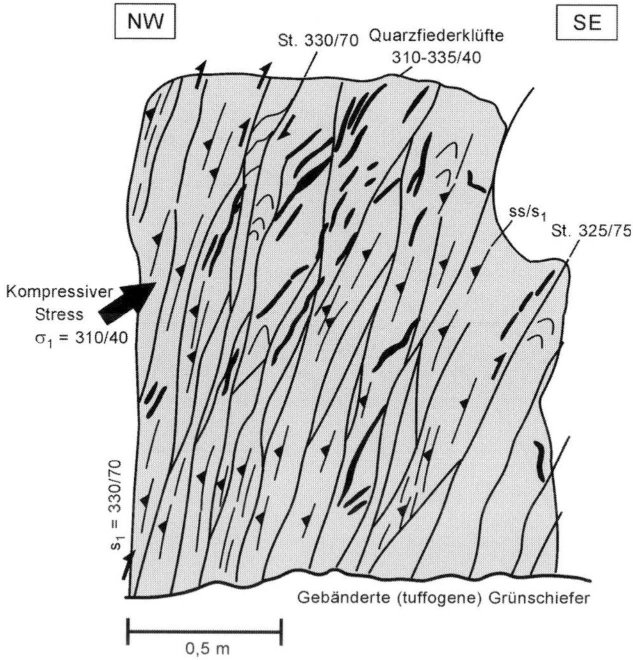

Abb. 9.8-1: Detailskizze aus dem Zugang zum Steinbruch Pferdeköpfe, NE-Stoß. Steil einfallende gebänderte tuffogene Grünschiefer werden von flacher einfallenden Quarzfiedern durchsetzt, welche eine nach NW-gerichtete, kompressive Überprägung repräsentieren. Geol. Aufnahme: Franzke.

Im Steinbruch „Pferdeköpfe“ sind massige „Diabas-Grünschiefer“, d. h. epizonal überprägte Metabasalte, aufgeschlossen. Die Kontur des Bruches folgt weitgehend der Form des nun steilstehenden, ca. 30 m mächtigen Metabasalt-Lagergangs, der nach dem Ergebnis der Kartierung eine lanzettförmige Gestalt hat (Abb. 9.8-2).

Im Inneren des Bruches ist der primäre Mineralbestand (Pyroxen, teilweise entkalkte Plagioklase, Titanit, Apatit) und das ophitische Gefüge weitgehend erhalten (Fischer 1929). Die Übergänge zu den tuffogenen Gesteinen am N- und S-Rand sind stark zerschert und die epizonalmetamorphen Neubildungen (Hornblenden, Epidot/Zoisit) sind bereits retromorph in Chlorite, Calcit, Quarz und Albite in Hellglimmer überführt worden.
Der nahezu senkrecht stehende konforme N-Kontakt des „Diabas-Grünschiefers“ gegen die stärker geschieferten tuffogenen Gesteine ist, vom Steinbruch-Zugang

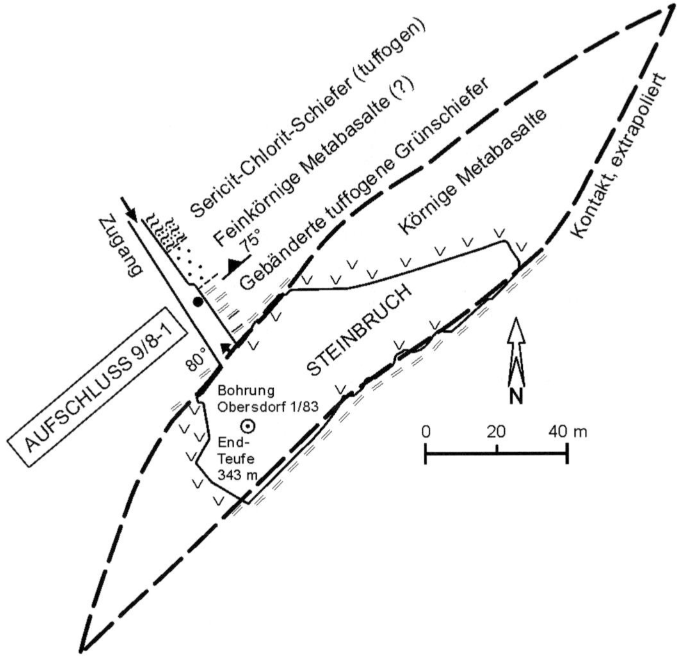

Abb. 9.8-2: Kartenskizze des Steinbruchs Pferdeköpfe mit Lage von A9/8-1 und der Tiefbohrung Obersdorf 1/83. Den Kern des Bruchs bilden körnige „Ortho-Grünschiefer" (Meta-Basalte). Geol. Aufnahme: Franzke.

aus gesehen, am linken Stoß aufgeschlossen. Hier ist zu erkennen, dass die Schicht- bzw. sf_1-Flächen bei der Aufrichtung des Verbands dextral schrägabschiebend überprägt wurden. Am N-Stoß des Bruches treten außerdem steil nach SE einfallende Klüfte (Flächenlagen um 130/75) mit bis zu 10 cm mächtigen Kluftfüllungen auf, in denen Quarz, Albit, Epidot, Hornblende und Chlorit sichtbar sind. Diese Klüfte sind nach Raumlage, Stoffbestand und Kinematik nicht identisch mit den Quarzfiedern im Zugang zum Bruch. Nach Fischer (1929) bildeten sie sich unter „relativer Ruhe" noch vor der variszischen konvergenten Verformung, da die Kluft-Füllungen erst später noch kataklastisch überprägt wurden. Diese Beobachtung steht in Übereinstimmung mit dem Befund, dass die retromorphe Überführung von Epidot in Karbonat und Quarz sowie von Hornblende in Chlorit unter gleichzeitiger Scherung stattfand. Die Verformung überdauerte wahrscheinlich die Peak-Metamorphose oder setzte erst danach ein. Sie war bereits mit der beginnenden Exhumierung, d. h. mit sinkenden PT-Bedingungen, verknüpft.

Im Steinbruch (Abb. 9.8-2) wurde die Kartierungsbohrung Obersdorf 1/83 abgeteuft (Endteufe 343 m), welche die körnigen Metabasalte und die angrenzenden tuffogenen Gesteine antraf. Sie stehen auch innerhalb des Bruchs an. Die Bohrung hat die Grenze der Grünschiefer-Serie im Liegenden nicht erreicht (Borsdorf et al. 1992). Geochemisch handelt es sich um tholeiitische Intraplatten-Basalte (Werner 1995).

A9/9

Lage: L 230, Brombachtal N Pferdeköpfe, NW-Hang des Ramsenbergs, K.: R 44 51 300, H 5714 700 (Parkmöglichkeit).
Aufschlüsse: Anschnitte N des kl. Talabgangs, Punkt 302,7, TK25, Blatt Wippra.
Beschreibung: Phyllite und Quarzite der Rammelburg-(Phyllit-Quarzit)-Formation (Serie 3), Arenig (?)-Llanvirn (Burmann 1973, Sehnert 1991).

An einem 250 m langen Anschnitt ist ein Querprofil durch einen Teil der Serie 3 aufgeschlossen. Es stehen phyllitische Schiefer mit stark verschieferten und unscharf begrenzten Quarzit-Einlagerungen sowie einigen kleinen Diabas-Einlagerungen an. Wegen der Feinkörnigkeit und der starken Verschieferung der feinkörnigen und im frischen Zustand dunklen Quarzite sind in ihnen mit bloßem Auge keine Sedimentstrukturen auszumachen.

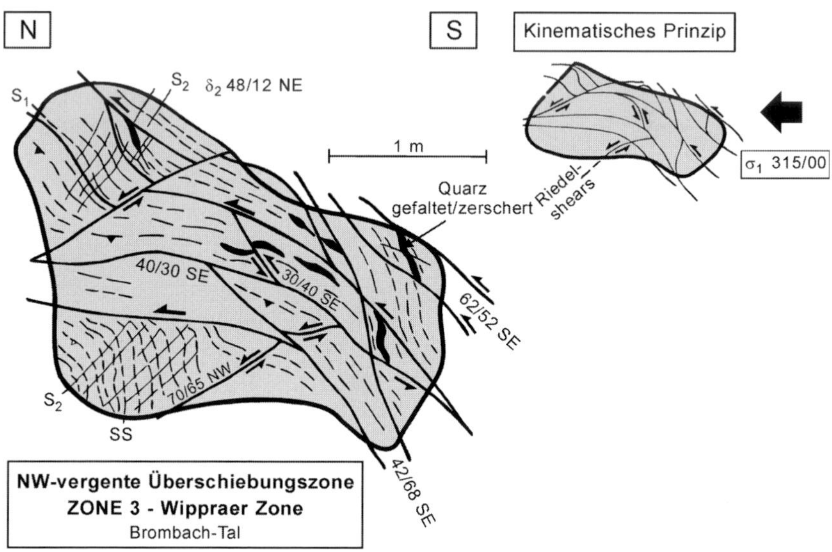

Abb. 9.9-1: L 230, Teil des Straßenprofils im Brombachtal zw. Pferdeköpfen und Wippra, 100 m S von Pkt. 302,7, TK 25, Blatt Wippra. K.: R 44 51 335, H 57 14 560. Aufschluss in Serie 3, N des Vergenz-Scheitels. Geol. Aufnahme: Franzke.

Die Gesteinsfolge ist steil gelagert, stark eingeengt und in enge B_2-Kleinfalten mit steilen Achsenebenen gelegt. Die geringe Vergenz zeigt, dass die Aufschlüsse im Bereich der Scheitelzone liegen. In Abb. 9.9-1 und 9.9-2 sind typische Beispiele für die Lagerungsverhältnisse in diesem Bereich gezeigt. Innerhalb der Serie 3 vollzieht sich der Vergenzwechsel, der sich neben den Schieferungs- und Faltengefügen auch in der unterschiedlichen Vergenz der konvergenten Störungen zeigt (NW-Vergenz im N, Abb. 9.9-1, SE-Vergenz im S, Abb. 9.9-2). An typischen Kniefalten treten an den Flanken von konvergenten Scherflächen auch Schleppfalten auf, deren Ausformung wohl erst in der Spätphase der konvergenten variszischen Tektonik erfolgt ist.
Die Quarzitlager haben geringe Gehalte (unter 1 %) an klastischen Feldspäten und Hellglimmern. Schwerminerale sind vor allem Zirkon, Turmalin, Rutil und Anatas. Die Klassierung nach Korngrößen ist in den Quarziten gering entwickelt (Schwankungsbreite zwischen 0,01–2 mm). Eine sedimentäre Schichtung ist nicht erkennbar. Nur in Enklaven, die von der Verformung verschont sind, sind gerundete Quarzkörner erhalten, welche die Schichtung der Quarzite abbilden. Die Klasten sind von organischen Pigmenten eingehüllt, die auch in feine Risse einwanderten. Sie behinderten die in der Epizone sonst übliche starke Drucklösung an den Quarzklasten, so dass sich ihre ursprünglichen Formen erhielten. Ein lepidoblastisches Gemenge von Quarz und Hellglimmern bildet den dichten Porenzement, in den kaum organische Pigmente übernommen wurden. In stärker verformten Bereichen treten stärkere Kornverzahnungen und suturierte Korngrenzen als Indizien für Drucklösung bei der Ausformung der ss-parallelen ersten Schieferung (sf_1) auf. Eine Streckung parallel zum Verlauf der Wippra-Zone (SW-NE) und in Richtung der Bewegungspolarität

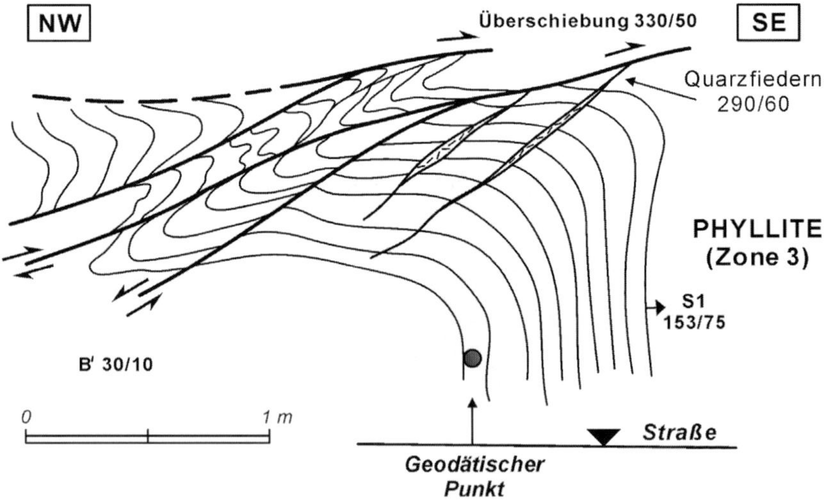

Abb. 9.9-2: L 230, Straßenprofil im Brombachtal zw. Pferdeköpfen und Wippra, 15 m N von Pkt. 324,3 (Parknische). K.: R 44 51 475, H 57 13 870. SSE-vergente Faltung und Überschiebungen in Phylliten der Serie 3, S des Vergenzscheitels. Geol. Aufnahme: Franzke.

(von SE nach NW) ist anhand von Anwachssäumen im Druckschatten von Quarzklasten festzustellen. Auf Kaltverformungen weisen diskontinuierliche Auslöschung und Deformationslamellen parallel zu sf_1 in den Quarzklasten hin. Daneben sind Rekristallisations- und Erholungsgefüge entwickelt. Die Darstellung von Straindaten im Flinn-Diagramm zeigte, dass in den Gesteinen der Wippra-Zone, so auch der Zone Serie 3, planare Verformung in der Ebene der ersten Schieferung dominiert und als charakteristisches Kennzeichen anzusehen ist (Jacob & Franzke 1992). Die pelitischen Gesteine heben sich von denen der anderen Serien der Wippra-Zone durch ihre geringeren Quarzgehalte, das weitgehende Fehlen von Albit und durch das Auftreten von Chloritoid (Ottrelith) und Pyrophyllit ab. Siedel (1989) deutete dies als Folge von Sedimenteinträgen in den ordovizischen Schelfraum aus chemisch bereits weitgehend aufbereiteten vulkanisch geprägten Festlandsbereichen.

A9/10

Lage: L 230, W-Seite Brombachtal, ca. 400 m vor Einmündung in das Wippertal (Tankstelle), gegenüber Mönchskopf. K.: R 44 50 790, H 57 16 180.
Aufschluss: Felsklippen, Geotop 4433/5.
Beschreibung: Gefaltete Metaquarzite und kieselige Phyllite der Rammelburg-(Phyllit-Quarzit)-Formation (Serie 3). Die Felsklippen schließen N einer Einschuppung silurischer Phyllite und Metabasite (Serie 2) in die Serie 3, eine Wechselfolge von Quarziten und quarzitischen Schiefern und Phylliten auf, die mittelsteil nach SE einfällt (Abb. 9.10). Die Abfolge ist in aufrechte B_2-

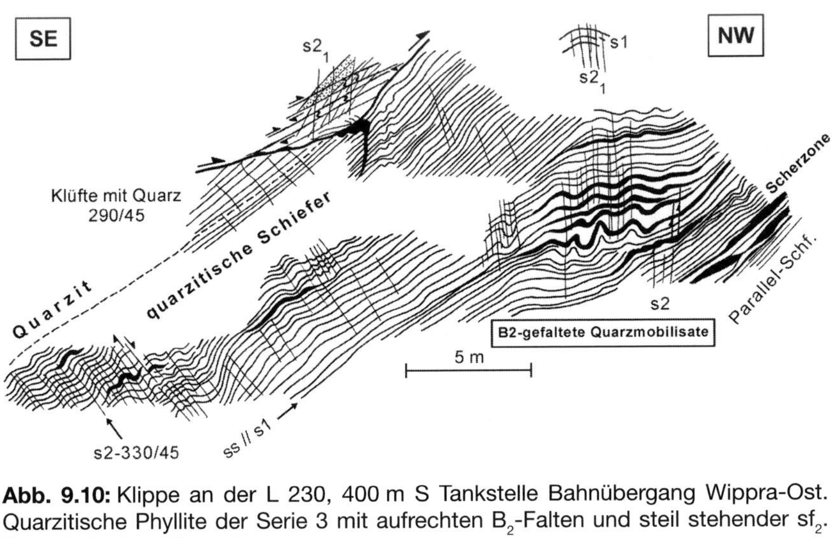

Abb. 9.10: Klippe an der L 230, 400 m S Tankstelle Bahnübergang Wippra-Ost. Quarzitische Phyllite der Serie 3 mit aufrechten B_2-Falten und steil stehender sf_2. Geol. Aufnahme: Franzke.

Kleinfalten gelegt, die bis in den Dünnschliffbereich hinein als feine Crenulation der ss/s_1-Flächen zu verfolgen ist. Hierbei wurden die ss-parallelen Quarzmobilisate mitgefaltet und auch von der transversalen sf_2-Schieferung durchschnitten. Jüngere Quarzmobilisate sind an NW-vergente Kleinaufschiebungen und zugeordnete Fiederklüfte gebunden (oberer Klippenbereich).

A9/11

Lage: N Brauerei Wippra, E-Hang Wippertal. K.: R 44 49 680, H 57 15 780.
Aufschluss: Weganrisse auf 100 m Länge.
Beschreibung: Querschnitt durch einen Teil der Phyllite der Friesdorf-(Phyllit-) Formation (Serie 2, Silur, Llandovery-Wenlock, Sehnert 1991). Aufgeschlossen ist eine steil stehende Abfolge phyllitischer Tonschiefer mit eingelagerten geringmächtigen Kalksteinlagen und quarzitischen Schiefern. Im N-Teil des Profils gehen sie in kieselige Schiefer über (Abb. 9.11). Im Fortstreichen nach NE treten diese Gesteine an der Straße von Wippra nach Friesdorf in gleicher Ausbildung auf.

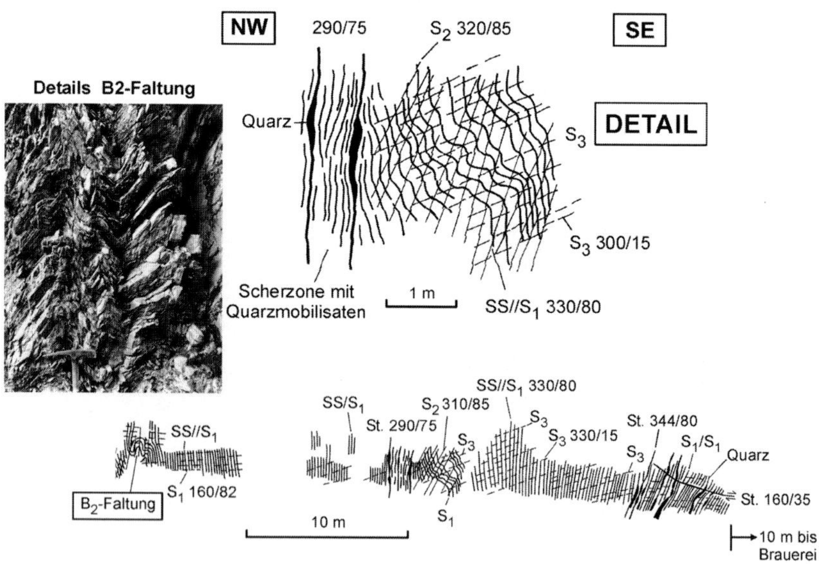

Abb. 9.11: Details aus dem Wegprofil NNW der Brauerei Wippra (E-Hang des Wipper-Tals). Intensive B_2-Faltung und überprägende sf_3-Schieferung in Phylliten der Serie 2 (Silur). Geol. Aufnahme: Franzke.

In den phyllitischen Tonschiefern gelang Sehnert (1991) anhand von Acritarchen die Bestätigung des silurischen Alters für die Gesteine der Serie 2 und die Zuordnung der Ablagerungen zu einem küstenfernen Schelf in subtropischer Breitenlage. Die phyllitischen Schiefer führen nach den geochemischen Untersuchungen von Siedel (1989) als mineralische Komponenten Quarz, Muskovit, Chlorit und Albit. Der relativ hohe Quarzanteil (30 %) und das Auftreten von Kalksteinlagen sprechen für ein Ablagerungsmilieu auf einem Schelf. Das gilt in noch stärkerem Maße für die kieseligen Schiefer im südlichen Bereich der Serie 2.
Im Aufschluss sind diverse B_2-Kleinfalten entwickelt, in deren steil einfallenden Schenkeln s_1/ss und s_2 geometrisch in einer Ebene liegen. In den flach einfallenden Bereichen der Faltenkerne ist sf_2 jedoch transversal zu ss/s_1 und als fein crenulierende Schieferung der Achsenflächen ausgebildet. Besonders im südlichen Teil des Profils ist noch eine weitständige, rupturelle sf_3-Schieferung erkennbar, die nach NNW einfällt (s_3= 335/45). Einzelne s_3-Flächen sind zu SE-vergenten Kleinüberschiebungen transformiert worden.
Das Auftreten mehrerer Schieferungen ist für Phyllitregionen typisch. Durch die progressive rotationale Verformung beim Einengungsprozess gelangen immer neue Flächenlagen in die Ebenen der maximalen Schubspannungen und die entstandenen Scherflächen werden durch die weiter gehende Rotation des Schichtverbandes blockiert und Scherflächen anderer Raumlage neu gebildet. Hierbei sind sowohl nach NNW als auch nach SSE einfallende Scherflächenlagen zu Auf- und Überschiebungen transformiert worden. Sie übernahmen am Ende der variszischen Faltungs- und Schieferungsprozesse die weitere krustale Einengung.

A9/12

Lage: Ortslage Friesdorf, 100 m NW Wipper-Brücke, Straße „Hinterm Stein“ (S-Hang des „Hoher Berg“), K.: R 44 51 680, H 57 17 590.
Aufschluss: Felsgruppe
Beschreibung: Längsanschnitt in Phylliten der Friesdorf-(Phyllit)-Formation, Serie 2 (Silur).

Wechsel von schwarzen bis dunkelgrauen, kieseligen bis tonigen phyllitischen Tonschiefern, deformiert mit drei Schieferungen wie im S-Teil des Profils an der Brauerei und am Burgberg von Wippra, jedoch hier die Vergenz 20° SSE. Mit Quarz gefüllte Klüfte (65/85) stehen nahezu senkrecht zu B_2. Diese Klüfte und die B_2-Gefüge werden durch eine flache Querwellung $B \perp B'$ (Aufrichtungswinkel 20°, Wellenlänge 1–2 m, B'=160/50) zusätzlich verstellt.

A9/13

Lage: K 2345, SW-Ortseingang von Rammelburg. K.: R 44 53 555, H 57 18 580.
Aufschluss: Felsanschnitt.
Beschreibung: Faltenstruktur in Phylliten der Rammelburg-(Phyllit-Quarzit)-Formation (Serie3, Ordovizium). Die B_2-Faltenstruktur ist in einer Wellenlänge von ca. 20 m angeschnitten und wird durch Kleinfalten weiter untergliedert

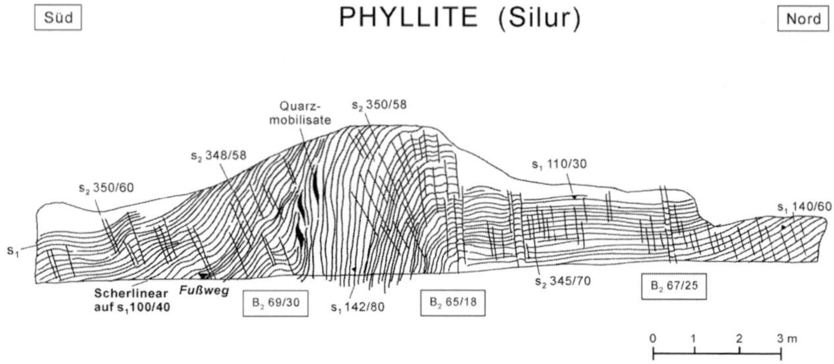

Abb. 9.13: SW-Eingang von Rammelburg. Straßenanschnitt in B_2-gefalteten Phylliten. Durch progressive Einengung wird sf_2 im Sattel gefächert. Geol. Aufnahme: Franzke.

(Abb. 9.13). Die Faltung zeigt eine geringe SE-Vergenz. Aus einzelnen sf_2-Flächen haben sich kleine Rückaufschiebungen nach SE entwickelt. Mit Quarz gefüllte Zugklüfte (70/80) zeigen eine Streckung des Gebirges in Richtung des Achsenverlaufs (67/25).

A9/14

Lage: Wipper-Tal, 250 m südlich des Teichs, SW-Flanke des Burgberges der Rammelburg. K.: R 44 53 660, H 57 18 200.
Aufschlüsse: Felspartien am Zufahrtsweg und Klippen am Hang.
Beschreibung: ss//sf_1 paralleles, Zeit- und Gefüge konformes, effusives Metabasaltlager (Spilit) in Phylliten und Quarziten der Serie 3, Ordovizium.

Das primäre ophitische Gefüge und der Mineralbestand der Spilite sind reliktisch erhalten, die Plagioklase albitisiert und die Pyroxene weitgehend in Chlorit überführt (Spilitisierung). Die Aufschlüsse zeigen schlauch- und Pillow förmige Strukturen mit feinkörniger Rinde, Blasenzügen und Andeutungen von abgeschulpten Hyaloklastiten (Abb. 9.14). Die asymmetrische Form der Pillows mit konvexen Wölbungen weist nach SE. Sie belegen, dass das stratigraphisch Hangende im SE folgt. Wichtig ist der Nachweis eines effusiven, submarinen, ordovizischen Metabasaltvulkanismus in der Wippra-Zone. Dieser untermeerische Vulkanismus ist bezüglich seiner effusiven Anteile alkalibasaltisch (Werner 1995).

A9/15

Lage: Wipper-Tal, S-Flanke des Burgberges der Rammelburg, 50 m SE von A9/14. K.: R 44 53 730, H 57 18 200.

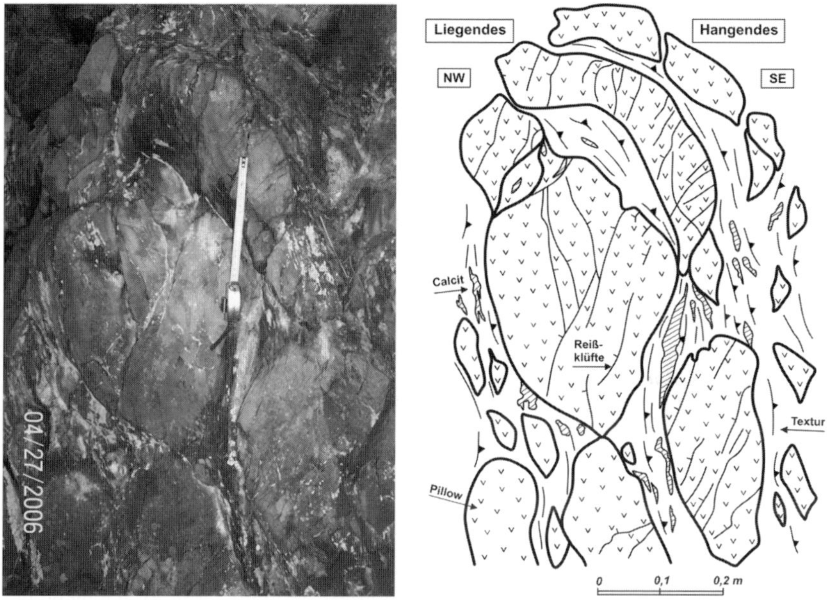

Abb. 9.14: SW-Hang der Rammelburg im Wipper-Tal. Die Pillows belegen, dass die Metabasalte effusiver Natur sind. Aufgrund der Asymmetrie der Pillows ist das Hangende rechts (SE). Messleiste im Foto = 0,2 m. Geol. Aufnahme: Franzke.

Aufschluss: Kl. Steinbruch, 20 m am Hang.
Beschreibung: ca. 20 m mächtiges Lager eines intrusiven, grobkörnigen Diabases (Metagabbro-Lagergang der Serie 3). Die Randpartien des Metagabbros gegen seine Nebengesteine (Phyllite und Quarzite) sind stärker durchgeschiefert als der nahezu intakte Kernbereich. Die massigen Gesteine werden von mehreren Generationen ruptiler Störungen durchzogen, von denen die älteste noch zur variszischen Einengungstektonik gehört (Aufschiebungen nach SSE). Die übrigen Störungen sind extensionale Verschiebungen. Nach Werner (1995) handelt es sich um kaliarme Tholeiite mit MOR-Tendenz.

A9/16

Lage: Talstraße im Wipper-Tal, 500 m E Ortseingang von Biesenrode. K.: R 44 58 200, H 57 19 120.
Aufschluss: Straßenanschnitte.

Beschreibung: Biesenrode-(Rotschiefer)-Formation (Serie 4, ?Arenig) mit Karpholith und Ottrelith. Die milden Tonschiefer führen unregelmäßig verteilte, ss-parallele Wülste von derben, milchig weißen Quarzknauern, die strohgelbe bis grünliche parallelfaserigen Karpholith führen (Fe-Mn-Silikate, Löffler & Schwab 1981a,b). Auf sie bezieht sich die ältere Bezeichnung „Karpholith (führende)-Schiefer". Die steil SE einfallenden, mehrere hundert Meter mächtigen Rotschiefer werden von ss-parallelen Quarzlagen und SE-vergenten Kleinaufschiebungen durchsetzt. Auf den ss//sf_1-Flächen von eingeschuppten schwarzen phyllitischen Tonschiefern sind Stäbchen und Büschel von dunkelgrünen bis schwarzen Ottrelith-Kristallen (Chloritoide) zu finden („Ottrelith"-Schiefer). An einigen Stellen lenkt die Schieferung um einige Grad aus den Schichtflächen aus.

In der Schrägbohrung Biesenrode 1/84 (Borsdorf et al. 1992) wurden neben den roten phyllitischen auch grüne und dunkelgraue Pelitgesteine, sowie geringmächtige Quarzit-Einlagerungen und Diabase (Metabasalte) angetroffen. Aufgrund der im Gelände und in der Bohrung erkannten Faziesübergänge werden die Serien 3 und 4 als ein stratigraphischer Verband gesehen und in das Ordovizium (Arenig) gestellt (Sehnert 1991). Sie werden mit Salm 2-Schiefern des Stavelot-Venn-Massivs (?Arenig) parallelisiert.
In den ordovizischen Pelitgesteinen (Serien 3 und 4) sind die Phyllosilikat-Gehalte (Muskovit, Chlorit) deutlich höher als in den benachbarten Einheiten. Quarz tritt stärker zurück (< 20 %). Ferner sind Chloritoide (Ottrelith) feste Bestandteile der Gesteine (Theye & Siedel 1993). Durch feine Durchstäubung mit Hämatit infolge positiver Eh-Verhältnisse entstand die primäre rote Färbung eines Teils der Karpholith-Schiefer. Im Vergleich zu Pelitgesteinen der benachbarten lithostratigraphischen Einheiten sollen die erhöhten Gehalte an Fe, Mn, Ba, Pb, Co und die dadurch ermöglichte Ottrelith- und Karpholithbildung nach Kramm (1978) und Siedel (1989) durch Lösungszufuhr aus benachbarten Vulkaniten zu erklären sein. In der Talkerbe E dieser Aufschlüsse sind als Lesesteine knauerförmige Quarztrümer mit großen faserigen Karpholith-Aggregaten zu finden. Sie entstanden sekundär durch Fluidtransport und Neukristallisation in einer streichenden Scherzone, welche den stratigraphischen Verband zwischen den Rotschiefern (Serie 4) und der Klippmühlquarzit-Formation (Serie 5) aber nicht unterbrochen hat.

A9/17

Lage: Straße Biesenrode-Vatterode, Wipper-Tal, ehemalige Klippmühle. K.: R 44 58 930, H 57 19 000.
Aufschluss: Felsklippen, Geotop 4334/7.
Beschreibung: Quarzite der Klippmühl-(Quarzit)-Formation (Serie 5, Ordovizium: Arenig ?/Llanvirn). Ihre stratigraphische Einstufung beruht auf Conodonten- und Acritarchen-Funden in phyllitischen Schiefern (Reichstein 1964, Ackermann 1987, Sehnert 1991a,b). Die feinkörnigen, grauen, grünlichgrauen und rötlichen Quarzite wechsellagern mit violettrot, grau, dunkelblaugrau und grüngrau gefärbten phyllitischen Tonschiefern. Es herrscht steile Lagerung,

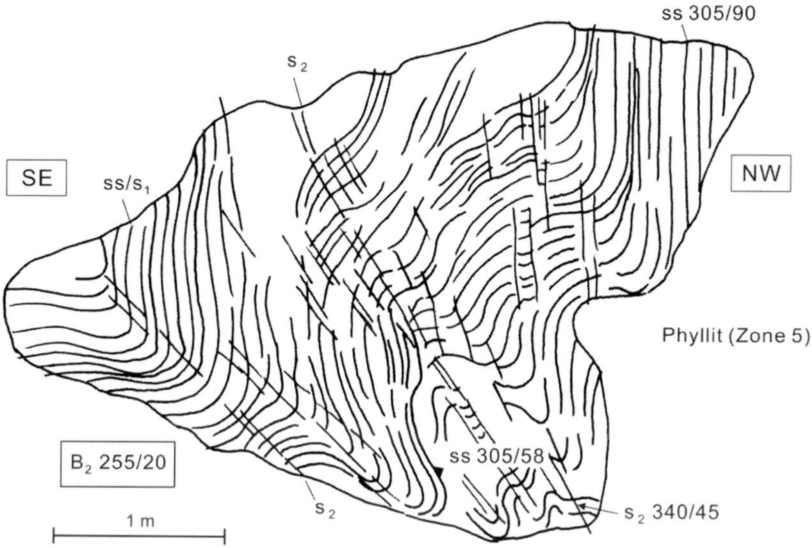

Abb. 9.18: Wipper-Tal, N Trafo-Haus am Bahnhaltepunkt Gräfenstuhl/Klippmühle. B_2-Faltung in Phylliten der Serie 5 (Klippmühlquarzit/Ordovizium). Blick nach NW. sf_2 liegt in der Achsenebene der Faltenstruktur und fällt nach NW ein. Die Vergenz der Faltung wechselt auf engem Raum. Geol. Aufnahme: Franzke.

die durch kleine Kniefalten mit lang gestreckten und steil einfallenden N-Schenkeln und kurzen, verdickten S-Schenkeln verfaltet wird. Die sf_2-Schieferung fällt nach NW ein (340/45).

A9/18

Lage: Fahrweg von der Klippmühle zum Bahnhaltepunkt Gräfenstuhl/Klippmühle. K.: R 44 58 800, H 57 18 920.
Aufschluss: Anrisse am Trafohaus.
Beschreibung: Intensive Verfaltung von violetten und grauen Phylliten der Serie 5 (Abb. 9.18). Die Phyllite sind stark eingeengt und in enge B_2-Falten gelegt, die mit 30°–40° nach SSE-vergent sind. Wir befinden uns S des Vergenz-Scheitels der Wippra-Zone.

Von hier Weiterfahrt in Richtung E nach Klostermannsfeld zur B 242 nach Halle/S oder über Biesenrode zurück zur B 242 und Rückfahrt Richtung Oberharz oder nach Wippra-Sangerhausen/Südharz.

Exkursion 10: Harznordrand (Randpaläozoikum und Aufrichtungszone)

Exkursionsroute:

Exkursion 10 ist als Fahrexkursion geplant, aber große Teile, vor allem im Gebiet von Michaelstein bei Blankenburg, müssen als Fußexkursionen durchgeführt werden, da dort nur wenige Punkte mit Fahrzeugen erreichbar sind. Aufgrund der großen Ausdehnung des Gebietes von ca. 50 km am Harznordrand wäre eine zweitägige Exkursion einzuplanen. Die Anfahrt zu allen Bereichen des Exkursionsgebietes kann problemlos über die B6 und die ausgebaute neue B6 erfolgen. Die Beschreibung geht davon aus, dass die Exkursion von W nach E durchgeführt wird.

Weitere Aufschlüsse am Harznordrand werden in den Exkursionen 1 (Brockengebiet und Eckergneis) und Exkursion 2 (Wernigerode) besucht.

Schwerpunkte der Exkursion

In der „Sammlung Geologischer Führer" sind im Band 96 „Nördliches Harzvorland" (Subherzyn), östlicher Teil, G. Patzelt 2003, einige der von uns vor-

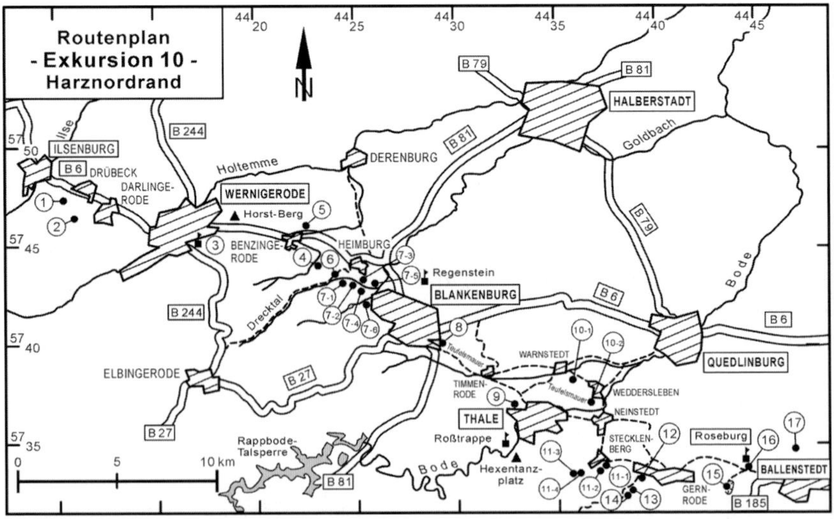

Abb. 10.0-1: Routenplan der Exkursion 10 (Harznordrand)

gesehenen Aufschlüsse des Harznordrands bereits beschrieben. Da Forschungsprojekte der letzten Jahre weitere Erkenntnisse zur sedimentären (Voigt et al. 2005, 2006, v. Eynatten & Voigt 2008) und zur tektonischen Entwicklung (Franzke et al. 2004, 2007, Voigt et al. 2004) am Nordrand des Harzblocks erbrachten, werden einige Aufschlüsse unter dem Aspekt der aktuellen Deutung der jungmesozoischen Schollentektonik präsentiert.

Die Harznordrand-Störung ist eine der wichtigsten jungmesozoischen Blockgrenzen Mitteleuropas. An dieser Randfuge zwischen dem seit der Oberkreide (Coniac/Santon) um 4 bis 5 km (Thomson et al. 1997) aufgestiegenen Harzblock und dem gleichzeitig um 2 km eingesunkenen Vorland haben sich in den letzten 85 Ma ca. 6–7 km Vertikalverschiebungen ereignet („Subherzynisch-Laramische Tektonik"). Vor dem Cenoman/Turon sind entgegen älteren Auffassungen keine strukturellen Aktivierungen an der Harzrandstörung nach-

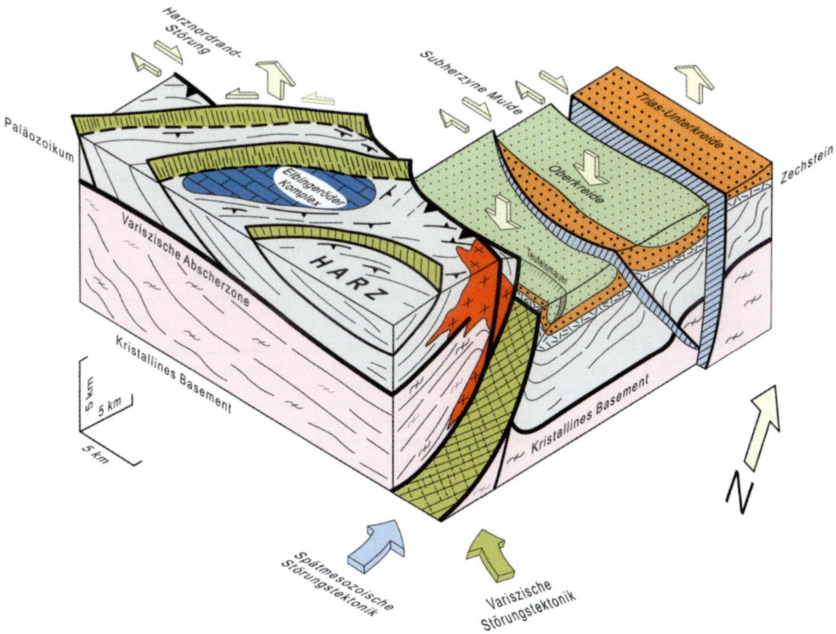

Abb. 10.0-2: Blockbild des Harznordrands mit Darstellung des variszischen Baus der Harzscholle und des seit dem Jungmesozoikum einsinkenden Vorlands (Subherzyne-Senke). Man beachte unterschiedliche Spannungsansätze im Variszikum und im Jungmesozoikum. NW-SE-Störungen sind im Mesozoikum zunächst als steile Abschiebungen, in der Inversionsphase dann als Aufschiebungen aktiviert. In der Draufsicht ergibt dextral aufschiebende Bewegungsimpulse. Franzke et al. (2004).

weisbar (Voigt et al. 2004). Durch die oberkretazische Hebung des Harzblocks entstand unmittelbar vor der Schollenkante eine bis 2,5 km breite Schleppungszone („Aufrichtungszone“) in den Schichtfolgen des Zechsteins und Mesozoikums innerhalb der absinkenden Vorlandscholle (Subherzyn-Becken). Diese Flexurzone im Deckgebirge bildete sich durch Reibungseffekte (Schleppung) bei den oberkretazischen bis känozoischen vertikalen Verschiebungen am Schollenrand. Die Sedimente des Zechsteins und des Mesozoikums wurden dabei steil aufgerichtet oder sogar überkippt. Die Sedimente der Oberkreide wurden mit abnehmendem Alter immer weniger aufgerichtet, da sie nur noch von den letzten Hebungsimpulsen betroffen waren. Die oberkretazische synsedimentäre Hebung des Harzblocks wird durch mindestens fünf Winkeldiskordanzen in der postturonischen Schichtfolge des Subherzyn-Beckens dokumentiert. Die Ausglättung dieser Diskordanzen zum Inneren des Beckens zeigt, dass sie Randeffekte sind, welche durch die Hebungen des Harzblocks verursacht sind (Flick 1986, Voigt et al. 2004, 2006). Da die Blockhebung der Harzscholle bei gleichzeitiger Sedimentation im Bereich der einsinkenden Vorlandscholle erfolgte, kann die Harznordrand-Störung als synsedimentär aktive, d. h. „wachsende Störung“ („growth fault“) definiert werden. Von einigen Autoren (Wrede 1988, 2008) werden mesozoische dextrale Blattverschiebungen an der Harzschollenkante („strike-slip“) als Ursache für die mesozoische Heraushebung des Harzblocks angesehen.

Das Subherzyne Becken fungierte in der Oberkreide zunächst als sedimentärer Randtrog (Subherzyne-Senke) vor der aufsteigenden Harzscholle und hat bis über 2 km flachmarine Sedimente der Oberkreide aufgenommen. Etwa seit dem Santon ist an der N-Schollengrenze des Harzblocks eine Überprägung der sich aufrichtenden Schichtfolge durch kompressive Strukturformen, vor allem an N-vergenten Auf- und Überschiebungen, festzustellen (Kockel & Franzke 1998, Franzke & Schmidt, 1993, Franzke et al. 2004, 2007). Dies ist die Inversionsphase der Saxonischen Tektonik (Kockel 2003), wobei aus dem Subherzynen Sedimenttrog endgültig die asymmetrische Muldenform des Subherzyn-Beckens entstanden ist. Es ist also der Sedimenttrog der Subherzyn-Senke vom daraus tektonisch entstandenen Subherzyn-Beckens zu unterscheiden. Dies wird in der geologischen Praxis wenig beachtet.

Die Diagenese der mächtigen Oberkreidefüllung und die kompressive Tektonik im Bereich des Schollenrands führten zum Austrieb der Formationswässer der kretazischen Sedimentfüllung. Die größten Migrations- und Zementationszonen werden von den weit sichtbaren mauerartigen Härtlingszügen der Teufelsmauer und der Gegensteine markiert.

Die Aufschlüsse

A10/1

Lage: Klosterholz SW Drübeck. K.: R 44 11 700, H 57 46 330.

Anfahrt von Drübeck, zwischen Ilsenburg und Wernigerode, zum Ortsteil Öhrenfeld bis zur Straßengabelung am Ortseingang von Öhrenfeld, von da auf befestigtem Wanderweg 1 km Fußmarsch nach NW bis zu einer Schutzhütte mit angrenzendem Aufschluss.

Aufschluss: Auflässiger Gipstagebau, Geotop 4130/10.
Beschreibung: Es sind 25–30 m Gips („Älterer Gips“ (A1) der Werra-Formation Z1) in senkrechter bis überkippter Lagerung (ss 200/75-90) aufgeschlossen (Abb. 10.1). Auf der Sohle des Bruchs verläuft ein nach N abfließendes Karstgerinne mit stark variierender Wasserführung, das zeitweilig trocken fällt. Am oberen Bereich des ansteigenden S-Hangs stehen Grauwacken (Harznordrand-Kulm, Unterkarbon) an. Die Position der Randstörung zwischen Gips und Grauwacken wird durch Staueffekte (Wasseraustritte) angezeigt. Lesesteine von Karbonatgesteinen am S-Hang gehören zum Zechsteinkalk (Werra-Karbonat,

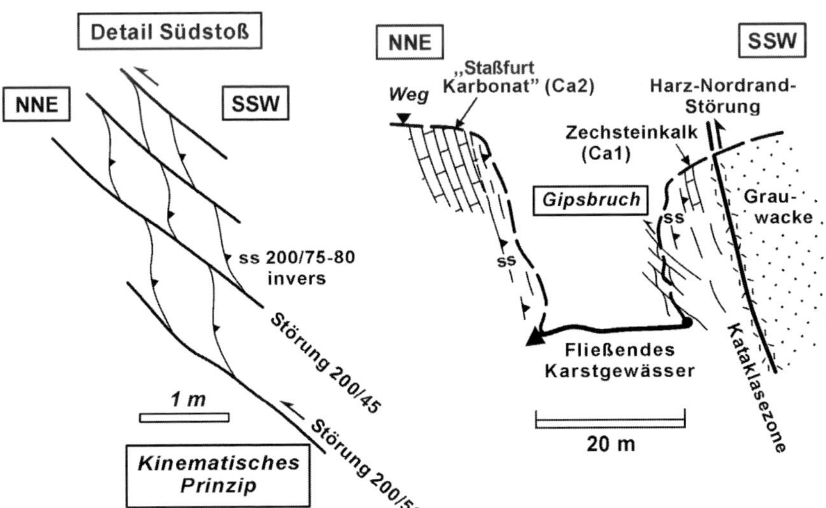

Abb. 10.1: Querprofil durch den auflässigen Gipstagebau im Klosterholz SW von Drübeck. K.: R 44 11 700, H 57 46 330. Der S-Stoß befindet sich unmittelbar an der Harznordrand-Störung. Geol. Aufnahme: Franzke.

Ca 1), welcher unmittelbar an der Randstörung ausstreicht. Am Wanderweg direkt nördlich des Bruchs sind plattige, bituminöse Karbonatgesteine zu finden, die bereits zur Staßfurt-Formation (Z2) gehören (Hauptdolomit, Ca2, in „Stinkkalkfazies“). Die karbonatische Fazies deutet auf die Wirksamkeit der oberpermisch-triassischen, in SSW-NNE gestreckten Altmark-Eichsfeld-Schwelle hin. An der S-Wand sind NNE-vergente Kleinaufschiebungen aufgeschlossen, welche die Kinematik der jungmesozoischen Hebungs- und Einengungstektonik am nördlichen Schollenrand des Harzes dokumentieren.

A10/2

Lage: W-Seite des Tänntals, 300 m SW von Öhrenfeld (Darlingerode). K.: R 44 11 050, H 57 46 240.
Aufschluss: Auflässiger kl. Steinbruch im Herzynkalke führenden Harznordrand-Olisthostrom.
Beschreibung: Zwischen Ilsenburg und Wernigerode sind mehrere Vorkommen von Herzynkalken bekannt, die Conodonten-chronologisch die Zeitspanne zwischen Ems und Famenne umfassen. Auf einer Halde im Tänntal in der Nähe des Forsthauses Öhrenfeld wurde ein Silur-Kalkstein mit der Muschel *Cardiola cornucopiae* (= *interrupta*) und am Schweng bei Wernigerode wurde mit Graptolithen-Schiefern ebenfalls Silur nachgewiesen (Ruchholz 1964), siehe A2/13.

Der Steinbruch Öhrenfeld (Abb. 10.2) ist von Hühne & Wachendorf (2005) litho- und biostratigraphisch neu bearbeitet worden. In der SW-Ecke des kleinen Bruches stehen größere und kleinere Herzynkalkschollen an, die in eine ungeschichtete tonig-siltige Matrix eingebettet sind. Mit Conodonten wurde die *excavatus*-Zone (frühes Zlichov/frühes Unterems) nachgewiesen. Im NE-Bereich des Bruches grenzen daran ungestört splittrig-plattige Tonschiefer mit lanzettförmigen Grauwackenspänen, die zum Teil aber synsedimentäre Wickelstrukturen zeigen, was für einen Sedimenttransport in noch unverfestigtem Zustand spricht.

Die Herzynkalke können in zwei Mikrofazies-Typen (mit Übergängen) untergliedert werden. Den basalen SW-Bereich bildet ein Crinoiden Packstone (*excavatus*-Zone), der kaum Anzeichen von Sortierung und mechanischer Zurundung zeigt und deshalb einem Faziesbereich mit geringer Wellenbewegung zuzuordnen ist. Darauf folgen mittel- bis feinarenitische Crinoiden-Grainstones (*gronbergi*-Zone), deren Biogenspektrum aus Crinoiden-, Brachiopoden- und Fragmenten von Trilobiten dem der Packstones ähnlich ist. Die Bioklasten sind jedoch zugerundet, und es existiert ein enges Korngrößenspektrum. Zusammen mit dem monotonen Komponentenspektrum und der rheinischen Conodonten-Fauna spricht das für Aufarbeitungs- und Umlagerungsvorgänge an einer Herzynkalkschwelle in einem flachmarinen Bereich oberhalb der Wellenbasis.
Die Abfolge des Steinbruchs wird als olisthostromale Einlagerung innerhalb des Kulms der Sieber Mulde (Unterkarbon II b/γ) gedeutet, in deren streichender Fort-

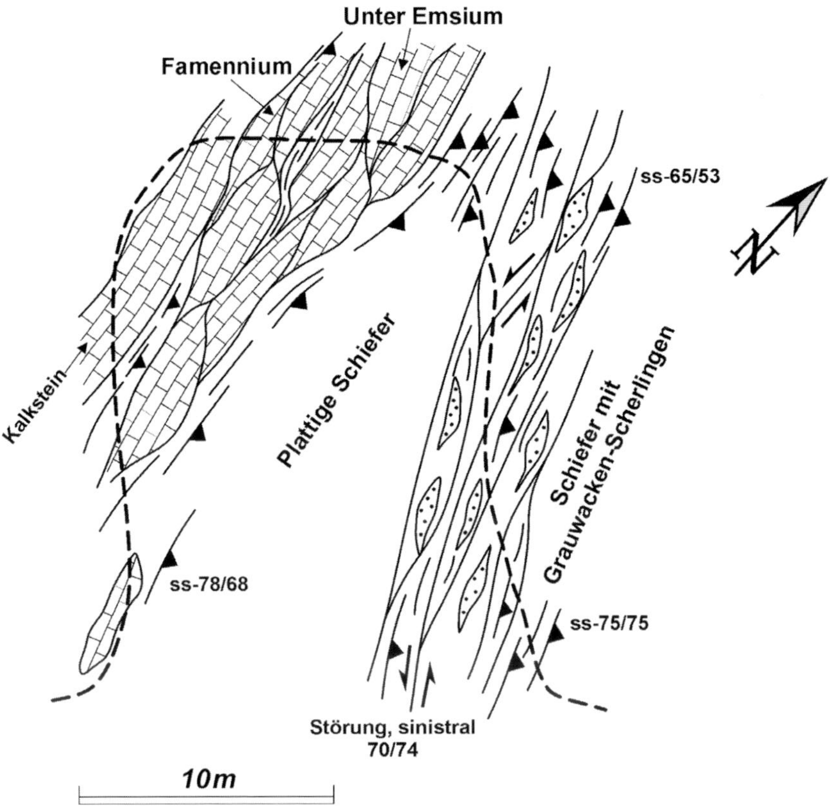

Abb. 10.2: Auflässiger Steinbruch W-Seite des Tänntals, 300 m SW von Öhrenfeld bei Darlingerode. Herzynkalk-Olistholithe führendes Harznordrand-Olisthostrom der Sieber-Mulde am Harznordrand (Hühne & Wachendorf 2005).

setzung am Harzrand sich dieser Bereich befindet. Wahrscheinlich bestanden im nördlichen Vorland der Mitteldeutschen Kristallinschwelle beckeninterne Herzynkalkschwellen, deren Gesteine seit dem jüngeren Unterkarbon erodiert und in die Flyschfolgen der Sieber-, Tanne-, Blankenburg- und Harzgerode-Zone als Olisthostrome eingetragen wurden.

Die NNW-SSE streichende Schichtfolge (ss 75/70) ist im Bereich des NE-Stoßes des Bruchs an sinistral bewegten Scherflächen intensiv zerschert.

A10/3

Lage: Wernigerode, Standort Schlossterrasse. K.: 44 17 000, H 57 44 745.
Aufschluss: Blick auf ein Querprofil durch den Harznordrand.
Beschreibung: Von der Terrasse aus erschließt sich ein Querprofil vom Paläozoikum der Harzhochscholle, den Graniten des Brockengebiets (+1141,4 m) bis zum aufgerichteten Deckgebirge des Harzvorlands.

Erläuterungen zum „Geologischer Blick" von der Schlossterrasse Wernigerode nach Westen:
Im SW sind die aufgegliederten Hohneklippen (+ 908 m NN) (Kontaktzone des Brockengranitmassivs) zu sehen. Auf der rechten Talseite (W-Seite) der Holtemme, in dem sich der Wernigeröder Stadtteil Hasserode erstreckt, ragen Ratskopf und Kakemike mit Gesteinen des Unterkarbons und des Wernigerode-Flinz (Mittel- bis Oberdevon) auf. In der beginnenden Verflachung des N-Hanges dieses Höhenzuges befindet sich die N-Randstörung, im N davor die Subrosionssenke des Zechsteins. N davon kann man den im Streichen nach NW bogenförmigen Verlauf der Aufrichtungszone einsehen. Die Schichtrippen repräsentieren steil aufgerichteten Unteren und Mittleren Buntsandstein an der Langen Hecke und am Roteberg (dort Abbaurinnen in der Rogensteinzone, Calvörde-/Bernburg-Formation). Weiter nach rechts folgt nach der Eintalung des Röts (Oberer Buntsandstein) der Höhenzug des Unteren Muschelkalks am Ziegenberg und am Spitzen Berg, Geotop 4131/3. Rechts des Wellenkalks fällt das Gelände flach zu den mergeligen Schichten des Mittleren Muschelkalks ab. Oberer Muschelkalk streicht nur noch lokal in kleinen Schichtrippen aus und wird weitgehend von flach lagernder Oberkreide (Ilsenburg Schichten/ Untercampan) transgressiv überlagert. Hier zeigt sich der Einfluss der mit dem jüngeren Sedimentalter abnehmenden Schichtaufrichtung, so dass die Trias überkippt, die oberkretazischen Schichten aber nur noch wenig angehoben sind.

Der Benzingerode-Vorsprung (Sporn), an dessen W-Rand sich das Schloss von Wernigerode befindet, bildet einen bogenartig nach N ausbuchtenden Vorsprung des Paläozoikums bzw. der Harznordrand-Störung, der ca. 10 km nach E bis Michaelstein/Blankenburg reicht. Das kinematische Prinzip der Spornbildung ist in Abb. 10.3 illustriert. Am W-Ende des Sporns (Wernigerode) führten linkslaterale Verschiebungen an SW-NE-Störungen und am E-Ende (Blankenburg/ Michaelstein) rechtslaterale Verschiebungen an NNW-SSE-Diagonalstörungen zum Vorschub des Paläozoikums über die in der Oberkreide einsinkende Subherzyne-Senke.

A10/4

Lage: E-Seite des Hellbachtals SE von Benzingerode. K.: R 44 23 275, H 57 44 745.
Aufschluss: Rinnenförmiger Anschnitt, Geotop 4131/11.
Beschreibung: Abgebaut wurden oolithische Kalksteine (Rogenstein) des Unteren Buntsandsteins. Die von „Alpha" bis „Lambda" gegliederte Bankfolge

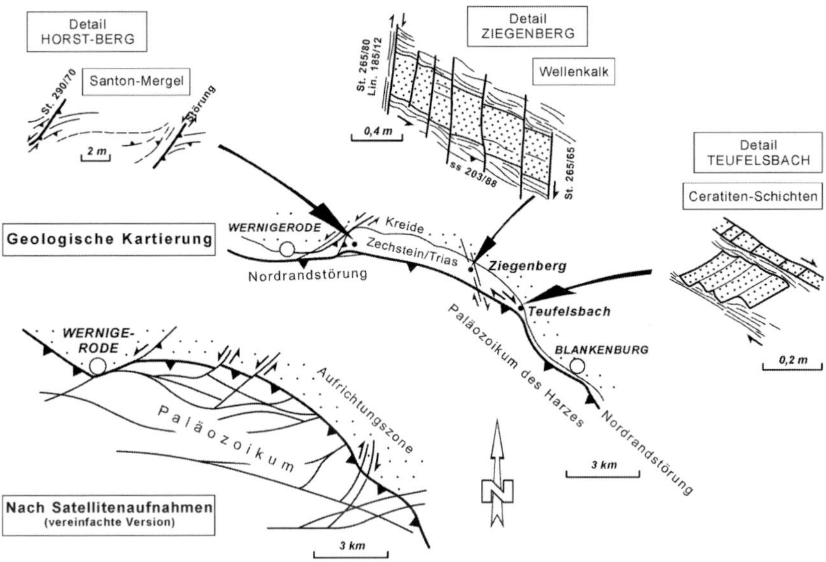

Abb. 10.3: Das Prinzip der Spornbildung am Nordrand des Harzblocks (Franzke et al. 2004). Die NE-Aufschiebung des Harzblocks wird in den Schichten der Aufrichtungszone bei Wernigerode durch linkslaterale Verschiebungen, bei Blankenburg durch rechtslaterale Verschiebungen an Schichtflächen und an Störungen ausgeglichen. Franzke et al. (2004).

der Rogenstein-Folge umfasst die Calvörde- und Bernburg-Formation (siehe auch A10/9). Im Aufschluss befinden wir uns stratigraphisch in dem oberen der beiden oolithischen Kalksteinhorizonte Kappa (κ) und Lambda (λ) der Bernburg-Formation. Es treten rötliche pisolithische Kalksandsteine sowie Ton- und Schluffsteine auf, welche die Rogensteinfolge zwei-gliedrig aufspalten und den Unteren Buntsandstein (su) gegen den Mittleren Buntsandstein (sm/Rotsandsteine der Volpriehausen-Formation) abgrenzen. Das nach N abfallende Gelände vor der Abbaurinne gehört bereits zum Mittleren Buntsandstein.

Am SW-Stoß der Abbaurinne sind an den steil einfallenden Schichtoberseiten bis zu 2 m große, ovale Stromatolithen in einer Umgebung von oolithischen, lakustrinen, hypersalinen Kalksandsteinen aufgeschlossen. Die Ooide erreichen bis ca. 5 mm Durchmesser, ihr schaliger Aufbau wird als Ausdruck periodischen Wachstums in bewegtem hochsalinaren Flachwasser gedeutet. Die Kalkooide kommen in unterschiedlichen Packungsdichten in den Kalksteinen und Kalksandsteinen vor. Es dominieren korngestützte Gefüge, die durch Zementation mit Calcit weiter verfestigt wurden. Mit Feinsand verfüllte polyedrische Trockenrisse weisen auf ein zeitweiliges Trockenfallen des Seebeckens hin.

Die Gesteinsfolge der Aufrichtungszone ist durch Streckung infolge Scherung und durch die teilweise eingetretene Fragmentierung härterer Einlagerungen auf ca. die Hälfte ihrer ursprünglichen Mächtigkeit ausgedünnt. Der Auflastdruck des ehemals auflagernden, bis ca. 2 km mächtigen Sedimentstapels bezüglich des Niveaus der Rogensteine entspricht 40–45 MPa lithostatischem Druck. Dies rief eine intensive Drucklösung an den bis zur Oberkreide noch flach liegenden Schichtflächen mit der Bildung von V-Stylolithen von bis ca. 10 cm Länge hervor. Die Drucklösung hat auch das Korngefüge der Rogensteine und damit die schalenförmigen Ooide betroffen, denn parallel zu den stark suturierten Schichtflächen sind auch die Ooide angelöst, so dass die Mächtigkeit der Karbonateinlagerungen durch Auflösung im Bereich des Korngefüges um mindestens 10 % reduziert wurde. Zuzüglich der Lösung auf Schichtflächen (V-Stylolithen) ist dieser Betrag mindestens zu verdoppeln.

A10/5

Lage: E-Ausgang von Benzingerode, Zufahrt zur neuen B 6 N – und N-Hänge des Zuckerkopfs und des Schlichten Bergs, K.: R 44 22 460, H 57 45 490.
Aufschluss: Kleine Anrisse und Lesesteinfunde von bioklastischen Kalksteinen des Untercampans (siehe auch Patzelt 2003).
Beschreibung: Die bioklastischen Kalksteine der Ilsenburg-Formation (Untercampan) enthalten Bruchstücke von Algen, Echinoiden und Bivalven und Bioturbationen. In der Abfolge sind unreife Sandsteine und sandige Mergel sowie konglomeratische Sandsteine eingelagert. Diese flach marine Abfolge wurde im küstennahen Bereich unter großenteils hochenergetischen Bedingungen sedimentiert. Feinkörnige Mergellagen stehen in schroffem Gegensatz zu den Konglomeraten und deuten darauf hin, dass innerhalb des Untercampans auch Teile der heutigen Harzscholle noch zeitweilig von transgressiven Meeresvorstößen erfasst wurden (Voigt et al. 2006).

Die nur kantengerundeten Gerölle der Konglomerate erreichen am benachbarten Austberg (NW von Benzingerode) bis 0,5 m Größe. Sie enthalten auch Fragmente aus dem heute nur 1,2 km entfernten Harzpaläozoikum (Quarz, Schiefer, Kieselschiefer, Grauwacken). Damit ist die Einschüttung von Konglomeraten von der inzwischen bis auf das Paläozoikum herunter abgetragenen Harzscholle erst ab dem Untercampan als gesichert anzusehen.

A10/6

Lage: Fahrstraße von K 1347 von (Heimburg – Elbingerode) durch das Drecktal SW von Heimburg. Parken bei Erreichen des Waldes an der Einfahrt in den nach NW von der Straße abgehenden Forstweg.

Aufschlüsse: auflässiger Steinbruch und Anrisse entlang der Straße und im Bachbett des Teufelsbachs.

Beschreibung: Entlang der Fahrstraße (K 1347) in Richtung Elbingerode sind auf ca. 500 m Länge zunächst Grauwackenschiefer und Grauwacken (Flysch) des Harznordrand-Kulms aufgeschlossen, die in mehreren Straßenanrissen und in einem kleinen Steinbruch (Abb. 10.6) angeschnitten sind. Nach einer variszischen Scherzone folgen nach S Schichten des Mittel- und Oberdevons (Wissenbachschiefer mit Diabasen und die Wernigerode-Flinz-Formation, Givet bis Frasne), welche aber nur im Bachbett des Teufelsbachs N der kleinen Brücke aufgeschlossen sind.

Die Gesteine sind transversal geschiefert und um WNW-ESE Achsen verfaltet. Das Schichtstreichen ist parallel zum heutigen Harzrand. Dieser Befund deutet darauf hin, dass es am Harznordrand abschnittsweise bereits eine variszische Scherzone gab, die durch dextrale Scherung gekennzeichnet war. Die Gefüge wurden mit Annäherung an den Harznordrand aus ihrer primären SW-NE Lage bogenförmig nach rechts (dextral) verschleppt. Außerdem sind jüngere, NW-SE streichende ruptile Störungen zu beobachten (Abb. 10.6), die nochmals in ältere divergente (Abschiebungen) und jüngere konvergente (Aufschiebungen) untergliedert werden können. Sie stehen mit der mehrphasigen mesozoischen Bruchtektonik am Harznordrand in Verbindung.

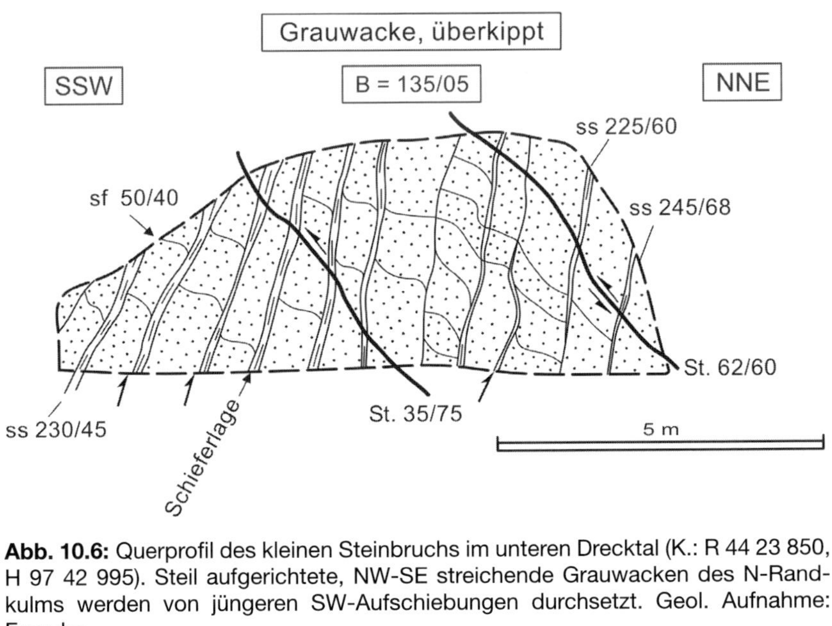

Abb. 10.6: Querprofil des kleinen Steinbruchs im unteren Drecktal (K.: R 44 23 850, H 97 42 995). Steil aufgerichtete, NW-SE streichende Grauwacken des N-Randkulms werden von jüngeren SW-Aufschiebungen durchsetzt. Geol. Aufnahme: Franzke.

Der Waldweg an der Parkstelle führt in W-Richtung nach 150 m zu einem Karsttrichter (Papenteich), der auf subrodiertem Zechstein, direkt neben der steil nach SW einfallenden N-Randstörung liegt.

A10/7
Fußexkursion auf der S-Seite des Teufelsbachs (talabwärts) in Richtung Michaelstein

Ausgangspunkt ist die Brücke im unteren Drecktal, zu erreichen von A10/6 auf der K 1347, ca. 500 m talaufwärts (K.: R 44 23 630, H 57 42 720). Talabwärts (nicht aufgeschlossen) überquert man nach Mitteldevon und Unterkarbon (Anschnitte im Bach) die Harznord-Störung (am Stauwehr) und gelangt in den ca. 100 m breiten Ausstrich des Zechsteins, welcher sich in Anrissen im Teufelsbach durch Lesesteine von Karbonatgesteinen zu erkennen gibt. Rote Böden weisen auf den folgenden Ausstrich des Unteren Buntsandsteins hin. Nach 1 km erreicht man die Einmündung des Schmerlenbachs in den Teufelsbach.

A10/7-1

Lage: Einmündung des von SW kommenden Schmerlenbachs. (K.: R 44 25 020, H 57 42 835).
Aufschluss: Stollenmundloch und Abbaupingen am Hang (vgl. weitere Details bei Patzelt 2003).
Beschreibung: Aus dem Stollen wurden bis 1978 Markasit und Glaukonit führende marine Grünsande des Unteroligozäns (König & Blumenstengel 2005, König et al. 2008) als Heilschlämme für das nahe gelegene Teufelsbad gefördert.

Helle Sande und glaukonitische Grünsande haben sich links und rechts des Schmerlentals in Karsttrichtern des subrodierten Zechsteins erhalten und wurden dort (+ 240 m NN) abgebaut. Berücksichtigt man den Nachweis von marin beeinflusstem Oligozän in Karstschlotten des devonischen Massenkalks in +512 m Meereshöhe am Hartenberg N Elbingerode und bei Hüttenrode, kann unter Verwendung dieses Referenzhorizonts eine postoligozäne Vertikalbewegung zwischen der Harzscholle und dem N-Vorland von fast 300 m angegeben werden. Das heutige Relief am N-Rand des Harzes ist also im Wesentlichen als Produkt der postoligozänen Hebung des Harzblocks anzusehen (König & Blumenstengel 2005 und König et al. 2008).
Am Ausgang des Schmerlentales überquert man die Brücke über den Teufelsbach und folgt nun dem Schotterweg am N-Ufer des Teufelsbachs nach SE. Am Hang des Horstberges stehen linker Hand unterschiedlich verkippte Gesteine des Wellenkalks (mu) an (Hakenwerfen!). 50 m vor Erreichen der asphaltierten Straße (mit Brücke über den Teufelsbach) erreicht man den klassischen „Hans Cloos-Aufschluss" (mit Parkmöglichkeit und Schautafel als Teil des 4,5 km langen geologischen Wanderweges Blankenburg/Harz, angelegt von Dipl. Ing. Panterodt, Oesig, siehe auch Patzelt 2003 und Geopark Landmarke 9, Geopunkt 9).

A10/7-2

Lage: Ortsverbindungsstraße Heimburg-Michaelstein/Oesig (Parkplatz), K.: R 44 25 410, H 57 42 650.
Aufschluss: „Hans-Cloos"-Aufschluss. Naturdenkmal mit Informationstafel, Geotop 4131/4.
Beschreibung: Flache, transgressive und diskordante Auflagerung von Sanden (Obersanton) und kalkhaltigen Schluffsteinen mit einer Konglomeratlage (tiefstes Unter-Campan, Blankenburg-Formation) auf überkippter Ceratiten-Folge (Oberer Muschelkalk, mo_2). Die Ceratiten-Folge besteht aus einer Wechsellagerung von plattigen Kalksteinen mit bis zu 5 cm mächtigen Tonlagen (Hauptmuschelkalk, Meißen-Formation, Tröger 1994). In Abb. 10.7-2 ist die kinematische Situation des Aufschlusses generalisiert dargestellt.

Die Schichtköpfe des Oberen Muschelkalks (mo_2) wurden bereits in ihrer flachen Ausgangslagerung durch Meeresbodenbewohner angebohrt, bevor die Schichtfolge aufgerichtet, überkippt und anschließend von 1 m mächtigen, glaukonitischen Sanden des Ober-Santons bedeckt wurde. Mit der Konglomeratlage, die Gerölle des örtlich umgelagerten Muschelkalks enthält, begann die Transgression des Untercampans. Die Oberkreide-Sedimente wurden an steilen ss-parallelen Scherflächen ebenfalls noch verstellt. Durch die Gleitbewegungen auf den ss-Flächen der steil

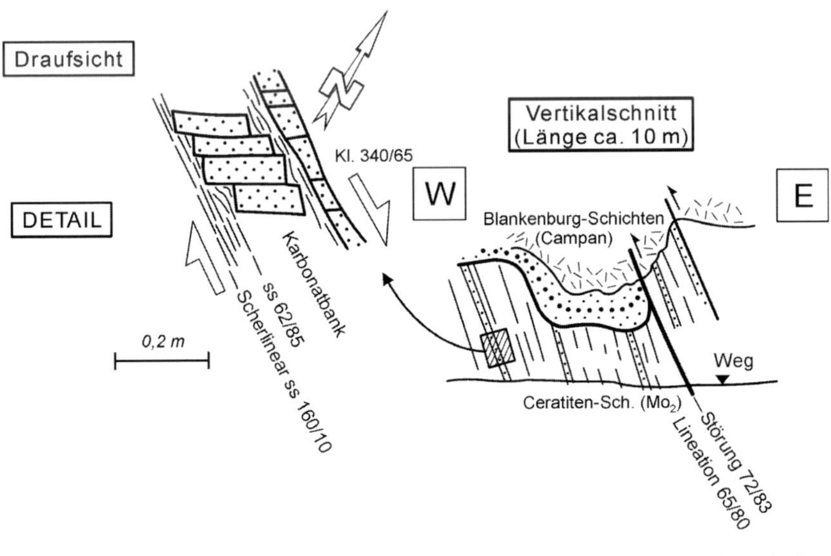

Abb. 10.7-2: Aufschluss am Teufelsbach (Hans-Cloos-Aufschluss). Vereinfachte Darstellung, basierend auf H. Cloos (1917), Schwab (1980), aktualisiert nach der heutigen Aufschlusslage. K.: R 44 25 410, H 57 42 650). Geol. Aufnahme: Franzke.

einfallenden Kalksteine wurden die Sedimente der Oberkreide dabei muldenförmig eingesenkt und die NE-Flanke dieser Muldenform an diesen Gleitflächen nach WSW aufgeschoben (Scherlinear 65/80).
Der Aufschluss zeigt eine der 5 Winkeldiskordanzen am Nordharzrand. Die Diskordanzen wurden durch die Hebungsphasen des Harzblocks verursacht. Sie verlieren sich nach N innerhalb des Subherzynen Beckens (Th. Voigt et al. 2004). Der Aufschluss gilt als locus typicus der „Wernigerode-Phase" der subherzynen Bewegungen. An horizontal gestriemten Schichtflächen sind als jüngste Bewegungen dextrale Verschiebungen erkennbar, welche auch an den dominosteinartigen Verkippungen von Kluftkörpern in den Kalksteinlagen des mo_2 zum Ausdruck kommen. Sie können zeitlich nicht eingeordnet werden, sind aber wohl ausgleichende Verschiebungen (NW-SE-Streckung) auf die NE-Aufschiebung des Harzblocks am Benzingeröder Abschnitt (Interpretation in Abb. 10.4).

A10/7-3

Lage: „Klostergraben" (Umflutbach), S-Hang gegenüber von A10/7-2.
Aufschlüsse: Die Bachbett-Anschnitte setzen das stratigraphische Profil des Cloos-Aufschlusses zum stratigraphisch Liegenden fort.
Beschreibung: Nach Tröger (1996) ist ein nahezu vollständiges Profil vom Oberen Buntsandstein (Salinarröt, so1) bis zur hangenden Grenze des Wellenkalks (mu3) aufgeschlossen. Aufgeschlossene Leithorizonte sind die gelbe Bank an der Basis des Wellenkalks (untere Jena-Formation), die Schaumkalke (χ1–3, obere Jena-Formation) und die gelben Kalke an der Grenze zur Anhydritfolge (untere Heilbronn-Formation) des Mittleren Muschelkalks (mm). Ehemalige Abbaurillen entsprechen den Terebratel-Bänken (τ1–2). Mittlerer und Unterer Buntsandstein sind an der N-Randstörung weitgehend abgeschert, ebenso der auf ca. 50 m Mächtigkeit reduzierte Zechstein (Abb. 10.7-3).

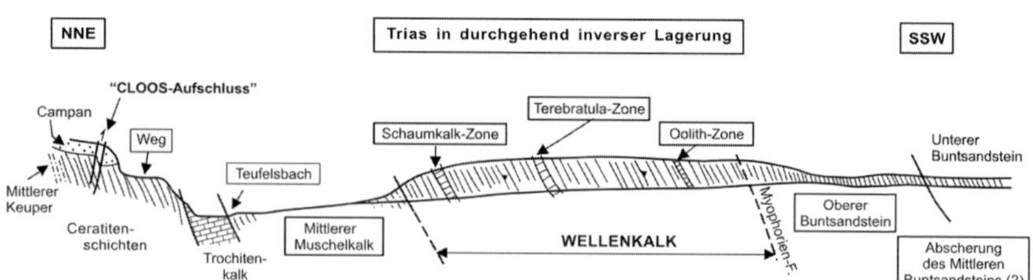

Abb. 10.7-3: Querschnitt durch den Umflutgraben bis zum Aufschluss 10/7-2 („CLOOS"-Aufschluss). Die gesamte Trias ist nach N überkippt, Obersanton und Untercampan liegen flach auf den aufgerichteten Schichtköpfen der Trias. Geol. Aufnahme: Franzke.

In den Baugruben für das 600 m SE gelegenen Teufelsbads II waren kurzzeitig steil nach WSW einfallende (überkippte) Sedimente des Mittleren (Tiefgarage) und Unteren Buntsandsteins (Bettenhaus II) zugänglich. An der SW-Ecke des Bettenhauses war die Grenzstörung zwischen dem Altpaläozoikum der Harzscholle und den überkippten Sedimenten des Vorlands als 0,5 bis 2 m mächtige Störungsbrekzie aufgeschlossen. In die Scherebene sind eingeregelt Sulfat- und Karbonatgesteins-Klasten, ein großer Gipsblock davon ist an der Schautafel im Teufelsbad II ausgestellt (Geotop 4133/9). Dies zeigt die fast vollständige Reduzierung des Zechsteins an der Randstörung. Das Heizhaus steht bereits auf den variszisch gefalteten Sedimenten des Oberdevons der Harzscholle. Details finden sich bei Franzke & Osswald (1997) und Kriebel et al. (1997).

A10/7-4

Lage: Ortsverbindungsstraße Michaelstein–Oesig, 200 m (N) vor den Mönchemühlen-Teichen. (K.: R 44 25 750, H 57 41 940).
Aufschluss: auflässiger Steinbruch.
Beschreibung: Im Bruch wurde steilstehender Mittlerer und Oberer Wellenkalk (Jena-Formation, mu_{2-3}) in überkippter Lagerung gewonnen (Abb. 10.7-4). Diskonform über den überkippten Schichtköpfen des Wellenkalks lagern transgressiv gelbbräunliche Sande und kalkhaltiger Silt (Mergel) der Blankenburg-Formation (Untercampan). Eingelagert ist eine konglomeratische Mergelbank mit Muschelkalkgeröllen.

Der Schichtstapel des Steinbruchs wird von einer kleinen Rücküberschiebung (nach WSW) durchzogen. Die Scherlineare auf den Schichtflächen des Wellenkalks zeigen, dass ein Teil der Schichtfugen „Phänoabschiebungen“ bilden, die beim Überkippen eines durch Biegegleitung geprägten Flexurstapels entstehen. Die Rücküberschiebung ist jünger als diese Schichtgleitung, da sie diese Gefüge durchtrennt und versetzt. Die Diskordanzfläche des Campans ist im Vorfeld der im Postcampan weiter aufsteigenden Harzscholle noch um 30°–40° nach NE verkippt worden. Nach Rückrotation um diesen Betrag ergibt sich für den Wellenkalk ein Prä-Untercampan-Einfallen von 70°–80° nach NE.
Man folgt nun weiter dem Fußweg an der SE-Seite der Mönchemühlen Teiche bis zur Mönchemühle und durchläuft nach Verlassen des Wellenkalk-Steinbruchs die flach auflagernde Blankenburg-Formation (Untercampan). Dann erreicht man weiter nach NE wieder steil stehende Trias in kleinen Anschnitten mit Oberen Muschelkalk (Trochitenkalk mo_1, Ceratiten-Folge mo_2) und Unteren Keuper (Tonsteine ku_1). Darauf folgen diskordant diesen Schichtköpfen flach auflagernde mergelige Gesteine der Salzberg-Formation und Quadersandsteine der Heidelberg-Formation (Santon).
Von Michaelstein bzw. von Oesig Weiterfahrt durch Blankenburg auf der B 81 und dann den Abzweig nach Thale (L 92) benutzen.

A10/8

Lage: L 92, E-Ausgang von Blankenburg in Richtung Thale. K.: R 44 29 150, H 57 39 500.

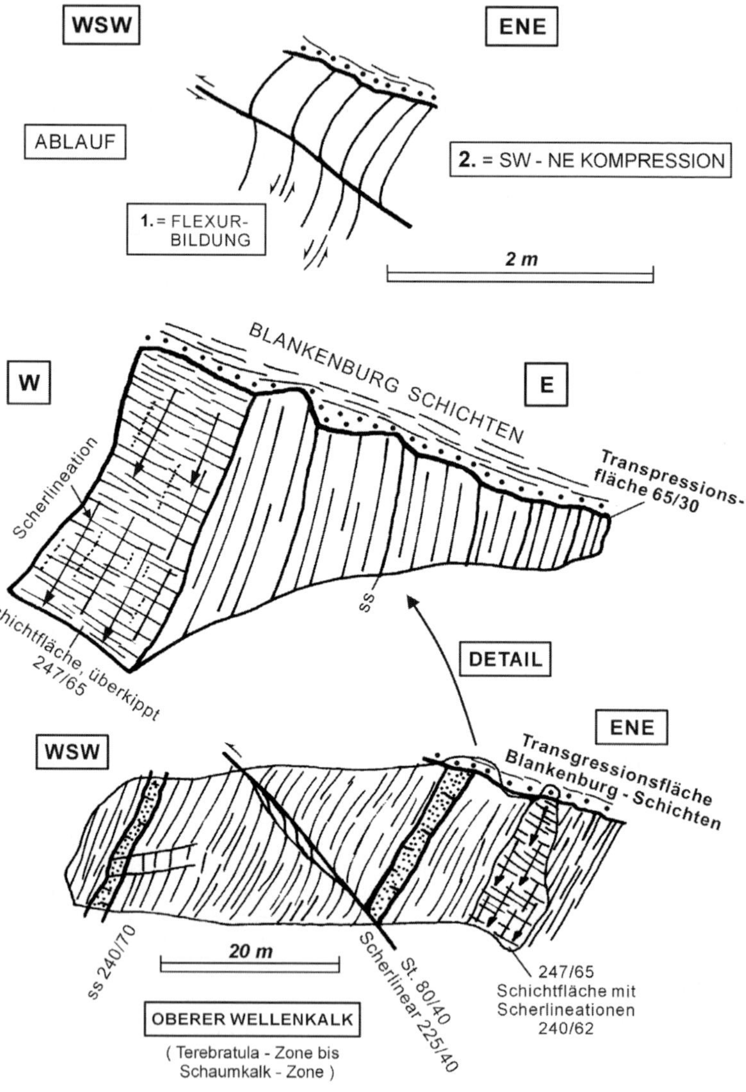

Abb. 10.7-4: Wellenkalk-Steinbruch neben den Mönchemühlen-Teichen. Auflösung der strukturellen Entwicklung in ältere Schichtaufrichtung (Flexurbildung) und jüngerer Überschiebungstektonik. Auch die Transgressionsfläche des Campans wird beim weiteren Einsinken des Subherzyn-Beckens (oberste Kreide/Tertiär) noch um ca. 30° nach NE verkippt. Geol. Aufnahme: Franzke.

Aufschluss: Felsgruppe „Großvater" auf dem Heidelberg. Parken N der L 92 am E-Ausgang von Blankenburg, Geotop 4231/14.
Beschreibung: Steil nach NE einfallende und mit Quarz zementierte (Quader-) Sandsteine der Heidelberg-Formation (Obersanton) der Aufrichtungszone.

Die Porenräume und das Kluft- und Störungsinventar der Heidelberg-Sandsteine sind auf einer Breite von 10-20 m mit Quarz zementiert, so dass der Härtlingszug der Teufelsmauer entstehen konnte. Die massive Quarzausscheidung ist erst nach der Kluftbildung erfolgt, also frühestens zum Abschluss der Diagenese, als die Schichtfolge, bedingt durch die synsedimentäre Hebung der Harzscholle, mindestens teilweise schon aufgerichtet war (Franzke 1990). Hiernach hat sich an der S-Flanke des Klippenzugs ein bis zu 1 m mächtiges, etwa schichtparallel verlaufendes Kataklaseband mit bis zu ca. 150 eng gescharten Scherflächen herausgebildet (Abb. 10.8).
Die Quarzkörner des Sandsteins sind durch die Schervorgänge zerbrochen, konnten aber durch weitere Scherung nicht abgerundet werden, da sie durch synchron mit der Zerscherung ausgefällte Quarzzemente in zwei Stadien wieder verkittet wurden. Die Kataklasezone folgt der Schichtlagerung (35/65) und stellt eine SW-gerichtete Aufschiebung in Richtung Harzrand dar. Sie hat damit Gegenvergenz zu den dominierenden N-vergenten Aufschiebungen der Harzrandstörung. Diese SW-konvergente Bewegung der Großvater-Störung wird auch von einer zweiten, flacheren Gruppe von Scherflächen (40/25) mitgetragen, die als synthetische Riedel-Scherflä-

Abb. 10.8: Mit Quarz zementierte Scherbänder am Großvaterfelsen in Blankenburg im steil NE einfallenden Heidelberg Sandstein/Obersanton. Blick nach NW. Foto: Franzke.

chen die Bewegungstrends am Großvaterfelsen unterstützen. Diese Prägung müsste zeitlich in die Oberkreide (Santon/Campan) bis zum Alttertiär gehören. Als jüngste Verformung, gänzlich ohne Quarzmineralisation, sind SW-NE streichende und jeweils linkslateral versetzende steile Kleinstörungen anzusprechen, die den Klippenzug der Großvater-Felsen in große prismatische Quader zerlegen.

A10/9

Lage: L 92, zwischen Timmenrode-Thale, Straßenübergang ehem. Werkbahnlinie des Eisenhüttenwerks Thale. K.: R 44 32 890, H 57 36 380.

80 m SE des Abzweigs der Straße nach Warnstedt führt am W-Rand des Friedhofs die ehemaligen Trasse der Bahn nach SW. Nach gut 500 m erreicht man den steilen Geländeeinschnitt (an der zweiten Brücke), in dem die Rogensteinzone des Unteren Buntsandsteins ansteht.

Aufschluss: Bahneinschnitt, 160 m Länge (Abb. 10.9), Geotop 4232/9.
Beschreibung: Der Einschnitt erschließt ein ca. 70 m mächtiges, 60°–80° NNE einfallendes, gering gestörtes Profil im tieferen und mittleren Teil der Calvörde-Formation (unterer Buntsandstein). Im südlichen Bereich des Einschnitts sind sechs oolithische Kalksteinbänke („Rogensteinbänke") aufgeschlossen, die in eine Siltsteinserie mit vereinzelten Sandsteinlagen eingebettet sind (siehe auch A 10/4). Einzelne flach einfallende, nach SW gerichtete Kleinüberschiebungen könnten mit der Schichtaufrichtung verstellte ehemalige Kleinabschiebungen gewesen sein. Die Aufrichtung der Schichten erfolgte durch den Mechanismus der Biegegleitung entlang von einzelnen, mechanisch gut beweglichen Schichtfugen. Die Bewegungen sind durch steil einfallende Scherlineationen (Linear 35/70) und dünne Scherbeläge auf diesen nachgescherten Schichtflächen kenntlich. Unmittelbar N der Brücke war eine Schleppfalte an der hangenden Frontseite einer nach NE gerichteten Aufschiebung aufgeschlossen (im Brückenfundament verbaut).

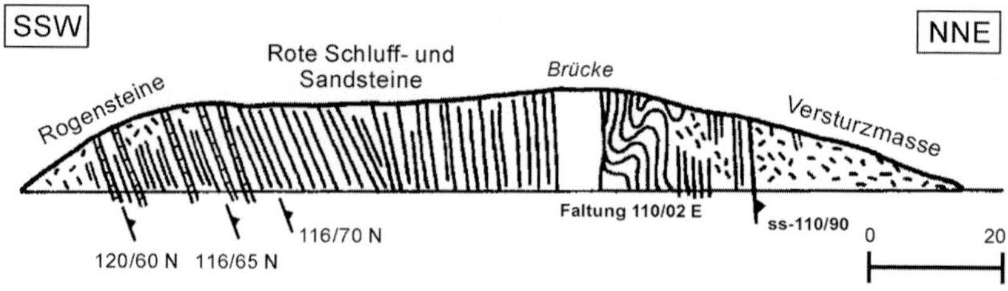

Abb. 10.9: Einschnitt in der Trasse der ehemaligen Werksbahn zum Gelände des ehem. Eisenhüttenwerks bei Thale. Steil aufgerichtete Calvörde-Bernburg-Formation (Unterer Buntsandstein). Geol. Aufnahme: Franzke.

Die lithofaziell-radiometrische Korrelation (Szurlies 1999, 2004) beweist, dass der Aufschluss die mit der Gamma-Strahlung bestimmbaren Kleinzyklen 2 bis 6 erfasst. Sie entsprechen nach der Oolith-Nomenklatur den Horizonten α2 bis γ6 (Roth 1976). Demnach gehören die untersuchten Schichten in die Calvörde-Formation und nicht in die Bernburg-Formation. Das Profil beginnt im S mit einer 1 m mächtigen Oolithbank (α1). An ihrer Oberseite (N-Seite) haben sich kleine Bauten von Stromatolithen entwickelt. Die Durchmesser der Ooide können 1 cm erreichen. Die Ooide zeigen im Dünnschliff einen deutlichen Schalenbau und nachträglich entstandene Schrumpfungsrisse. Für ihre Entstehung werden periodischer Karbonatausfall im bewegten Wasser von Gezeiten beeinflussten Küstenplattformen oder auch Karbonatausscheidung an Blaualgenfäden diskutiert (Hauschke et al. 2001). Die Oolith-Bank vier (β1, < 0,5 m), vom Liegenden gezählt, ist ein feinstreifiger Algenlaminit mit flaserschichtigen Siltsteinen. Oolith-Bank 5 (β2) erreicht 0,75 m Mächtigkeit, die übrigen Bänke sind unter 0,5 m mächtig. Im Vergleich zum Gebiet von Wernigerode ist eine Ausdünnung der Rogensteinbänke festzustellen.

A10/10-1

Lage: Fahrt Thale – Neinstedt. An der Abzweigung nach Weddersleben zum Parkplatz an der Friedensbrücke fahren. Von hier dem beschilderten Fußweg zum Königstein folgen oder zum SW-Ortsausgang von Weddersleben fahren und dort den von N kommenden Aufstieg zum Königstein nehmen.
Aufschluss: Klippenzug der Teufelsmauer am Königstein. Geopark Landmarke 9, Geopunkte 8 u. 13, Geotop 4232/10.
Beschreibung: Nahezu vertikal aufgerichtete und zementierte Sandsteine der Heidelberg-Formation (Obersanton). Die kettenförmig aneinander gereihten Klippen der Teufelsmauer werden vom Königstein beherrscht. In seinem Bereich fallen sowohl die an Konglomeratlagen innerhalb der Sandsteine erkennbare Schichtung als auch die ca. 5–10 m breite Zementationszone steil mit 70°–80° nach NE ein (Abb. 10.10-1).

Die Teufelsmauer bildet, obwohl sie in den aufgeschlossenen Bereichen etwa der Schichtung der Sedimente folgt, keinen definierten stratigraphischen Horizont. Die Felsen des „Großvater“ bei Blankenburg (A10/8) und bei Neinstedt bauen sich aus der Heidelberg-Formation (Santon) auf, die Gegensteine bei Ballenstedt (A10/17) aus Involutus-Sandstein/Coniac).
Die leicht bogenförmig geschwungene, in NW-SE Richtung verlaufende Schichtrippe der Teufelsmauer ist zwischen Blankenburg (Großvaterfelsen) und Ballenstedt (Gegensteine) auf fast 25 km Länge als mit Quarz zementierter Härtling entwickelt. Sie gehört zur „Aufrichtungszone“ der mesozoischen Schichtfolge an der N-Schollenkante des Harzblocks. Sie bildete sich postturonisch in der Oberkreide (seit ca. 85 Ma), als der aufsteigende Harzblock die Zechstein zeitliche bis mesozoische Schichtfolge zu einer wechselnd breiten und unterschiedlich stark rotierten Flexurzone aufschleppte. Die phasenhaft erfolgte Aufrichtung der mesozoischen Schichtfolge ist durch mehrere intraformationale Winkeldiskordanzen belegt (Voigt et al. 2005). Die jüngsten Sedimente der Oberkreide (Untercampan) wurden am wenigsten rotiert (bis etwa 40°), die ältere Oberkreide bereits stärker und das Prä-Cenoman wurde steil aufgerichtet oder sogar überkippt.

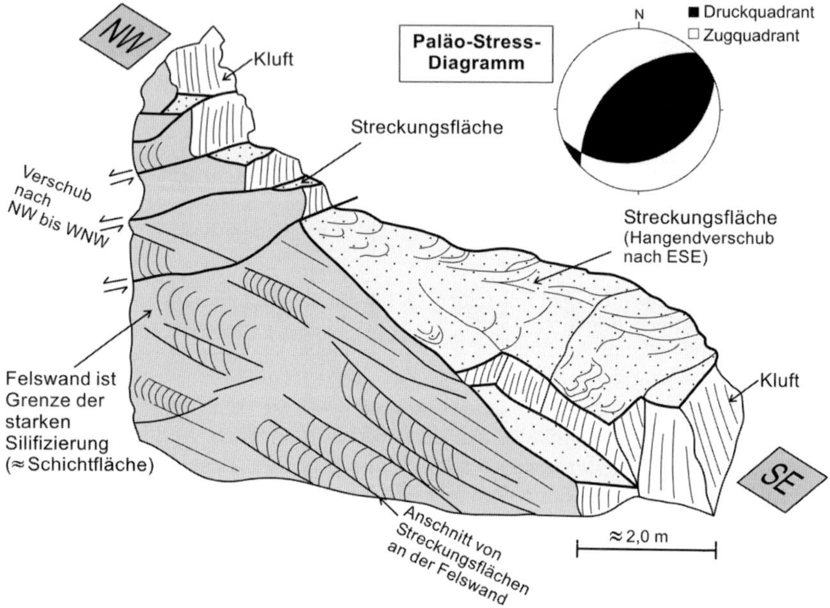

Abb. 10.10-1: Blick auf Schichtunterseiten des Heidelberg-Sandsteins am Königstein bei Neinstedt. Die wulstigen Unterseiten dokumentieren keine Sedimentstrukturen, sondern die Grenzen der intensiven Quarzzementation. Durch den Andruck des Harzblocks aus SW bildeten sich NW-SE-Streckungsflächen. Geol. Aufnahme: Franzke.

A10/10-2

Lage: Ortsverbindungsstr. Neinstedt–Weddersleben zum SSE-Ortseingang Warnstedt. K.: R 44 35 750, H 57 37 600.
Aufschluss: Sandgrube Warnstedt, Betreiber F. Wesling GmbH, Rehburg-Loccum.
Beschreibung: Die Grube liegt strukturell an der S-Flanke des Quedlinburg-Sattels (Abb. 10.10-2). Die Aufrichtungszone endet offenbar abrupt an der NE-Flanke des Aufschlussbereichs der Teufelsmauer. In der 300 m N gelegenen Sandgrube Warnstedt stehen bereits wenig diagenetisch verfestigte, d. h. kaum zementierte Heidelberg-Sandsteine an. Die Sande fallen mit 5°–10° nach SW, also auf den Harz zu, ein. Sie gehören wahrscheinlich zu stratigraphisch höheren Bereichen der Heidelberg-Formation als die am Königstein aufgeschlossenen Gesteine.

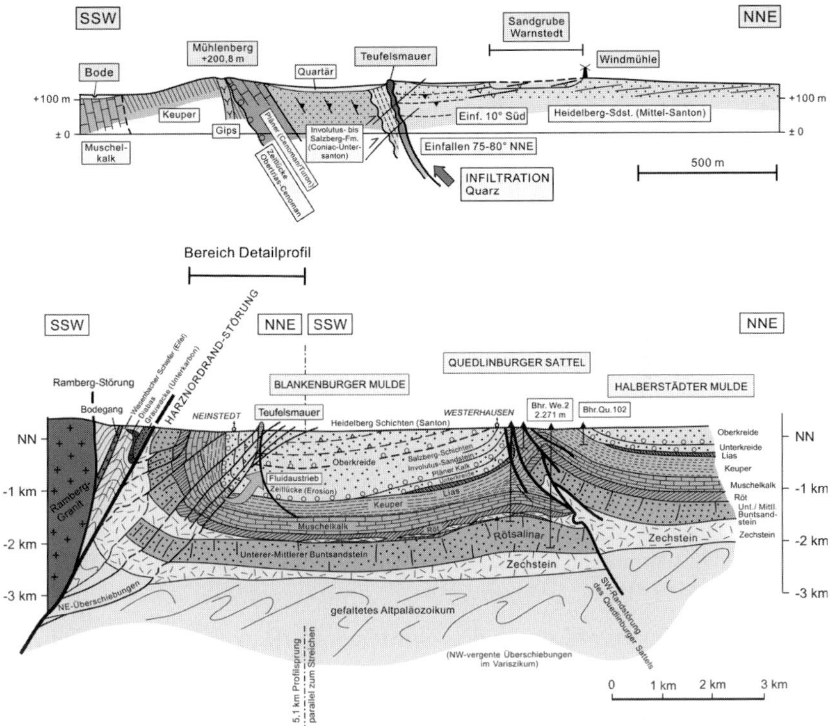

Abb. 10.10-2: Übersichts- und Detailprofil durch das Umfeld der Teufelsmauer bei Neinstedt/Weddersleben. Die steile Lagerung der mesozoischen Schichten der Aufrichtungszone endet abrupt an der Teufelsmauer. Dies weist auf eine Störung hin, an welcher sowohl der Fluidaustrieb der Formationswässer und die finale Zementation der Teufelsmauer stattfanden. Geol. Aufnahme: Franzke.

Die Porenräume der Sandsteine wurden an der Teufelsmauer in einer kaum mehr als 5 m breiten Zone in mindestens zwei Schüben mit Quarz zementiert, ohne dass die Sandsteine in ihrem Korngefüge zerschert worden wären, wie es an der Scherzone am Großvaterfelsen bei Blankenburg zu beobachten ist (siehe A10/8). Die pflasterartige Quarzzementation zeigt die Kennzeichen einer statischen Kristallisation. Die Zementation folgte in den Aufschlüssen entlang der Teufelsmauer etwa dem sedimentären Lagenbau und endete abrupt an wulstigen bis tropfenförmigen Grenzen, die an der S-Seite des Königsteins aufgeschlossen sind (Abb. 10.10-1). Auch das Kluftinventar der Sandsteine wurde mit Quarztapeten ausgekleidet, die als Folge einer Streckung parallel zum Harzrand nachträglich noch überschert sind. Da die Zementationszone bei Neinstedt in einem Bereich vorkommt, an dem auf engstem Raum ein abrupter Wechsel des Schichteinfallens von steil Nord (Teufelsmauer) auf söhlig bis flach SW erfolgte (Warnstedt), ist sie mit einer Störung verknüpft, die eine erhöhte Paläo-Fluidwegsamkeit auszeichnet. Aus diesem Grunde ist es auch wahrscheinlich, dass die Schichtfolge bereits aufgerichtet war, als die Fluidmigration und Quarzzementation begann.

Der Bereich der Teufelsmauer liegt etwa über dem Flexurknie der Aufrichtung. Sie stellt eine Zone erhöhter Wegsamkeit dar, an der die frei werdenden Diagenesewässer aus der über 1 km mächtigen und schnell sedimentierten Oberkreide ausgetrieben wurden. Die phasenhafte Hebung des Harzes in mindestens fünf Ereignissen seit dem Coniac (Voigt et al. 2005), die im Santon/Campan einsetzende kompressive Überprägung der N-Schollengrenze des Harzes und der zeitgleiche Austrieb der Formationswässer sind Indizien dafür, dass an der Teufelsmauer ein oberflächennahes hydrothermales System aktiv war. Durch die ständige Fluidanwesenheit auf den vorhandenen Trennflächen war die Scherresistenz dieser Flächen so weit herabgesetzt, dass anliegende Spannungsfelder wahrscheinlich phasenhaft über seismische Kleinimpulse („Seismic Pumping“) abgebaut werden konnten.

A10/11

Lage: K 2355, Ortsverbindungsstraße Neinstedt-Stecklenberg am E-Rand von Stecklenberg.

Von hier Fußexkursion nach SSW zur Mineralquelle von Stecklenberg (400 m) und durch das Wurmbachtal zum Nordrand des Ramberggranits an der Burgruine Lauenburg (2 km).

Aufschlüsse: Querprofil durch den Nordrand des Harzes bis zum Ramberggranit (Abb. 10.11).

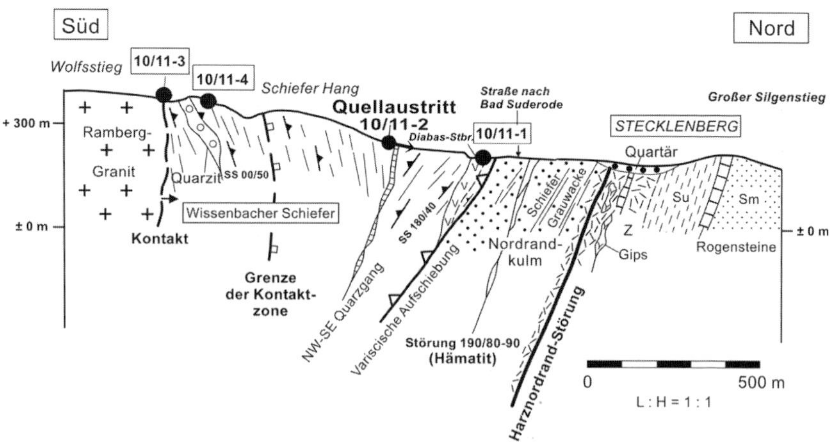

Abb. 10.11-1: Querprofil durch den N-Harzrand in Stecklenberg. Die Aufschlüsse A10/11-1 bis A11/11-4 sind zur Orientierung vermerkt. Geol. Aufnahme: Franzke.

Beschreibung: Ausgangspunkt der Wanderung ist ein kleiner Parkplatz an der Ortsverbindungsstraße von Stecklenberg nach Bad Suderode, ca. 50 m östlich des Orts. An der Asphaltstraße steht man 200 m südlich der Harznordrand-Störung und blickt nach N in die Aufrichtungszone. Im Vordergrund befindet sich die Subrosionssenke des Zechsteins, in der auch der Ortskern von Stecklenberg liegt. In ca. 500 m Entfernung ist der Härtling des Silgenbergs zu sehen, der durch die steil aufgerichtete Rogensteinzone (Unterer Buntsandstein) gebildet wird.

Auf den ersten 100 m der Fußexkursion in das Tal nach SW in den Harz hinein finden sich Lesesteine von Grauwacken und Grauwackenschiefern (Harznordrand-Kulm), die durch hydrothermale Alteration und kleine Hämatit-Trümer der permischen Gangvererzung gerötet sind.

A10/11-1

Nach weiteren 100 m erreicht man einen Rastplatz und direkt daneben einen kleinen Diabas-Steinbruch. Damit sind die am Harzrand E-W streichenden Wissenbach-Schiefer (Eifel-Givet) mit eingelagerten intrusiven Diabasen und effusiven Spiliten erreicht. Am N-Stoß des Bruchs ist der durch eine Abschiebung zerscherte hangende Kontakt eines Diabaslagers sichtbar (Kontakt/Störung = 120/50). Am S-Stoß folgt eine NW-SE-Störung (35/50), die nach NE abschiebend bewegt (Scherlinear 45/45) und hydrothermal alteriert ist. Trotz der unmittelbaren Nachbarschaft der Harzschollengrenze sind keine NE-aufschiebenden Verwerfungen zu finden.

A10/11-2

Nach weiteren 200 m im Tal aufwärts wird die Quellfassung der Mineralquelle erreicht (K.: R 44 37 215, H 57 33 140). Die eigentlichen Quellaustritte befinden sich 70–80 m oberhalb der heutigen Quellfassung. Die Wässer treten an einer Geländedelle am Hang aus, die einer mit Quarz mineralisierten NW-SE streichenden Störungslinie aufsitzt. Sie zieht S an der Ruine Stecklenburg vorbei nach NW und schart sich im Ortsbereich von Stecklenberg mit der Hauptrandstörung. So ist eine mögliche hydrologische Verbindung zu den Salinarserien bzw. den Subrosionswässern in der Aufrichtungszone gegeben. Die hohe Lage der stark mineralisierten Quellaustritte mit + 300 m NN gegenüber dem 80 bis 100 m tiefer liegenden Ausbiss des Zechsteins an der Harz-N-Randstörung ist hydrodynamisch nicht zu erklären (Abb. 10.11-1). Die Schüttung der Quellenzone ist mit 5,5 Litern pro Minute gering. Der Begriff Radiumquelle ist irreführend, da nur 26,21 Bq enthalten sind. Es ist eine Quelle vom Typ Na-Ca-Cl, der für den E-Bereich des N-Harzrands zwischen Ilsenburg und Ballenstedt typisch ist (Na = 528 mg/l, Ca = 446,7 mg/l, Cl = 561,9 mg/l). Weitere Angaben siehe beim Behringer Brunnen in Bad Suderode (A10/12) und bei Kater et al. (2003).

A10/11-3

Von der Quellfassung auf die W-Talseite wechseln und dem Wanderweg im Tal aufwärts bis zur Ruine der Kleinen Lauenburg folgen (frühmittelalterliche Reichsburg). In der Sohle der Rinne SW des Burgbergs verläuft der steil einfallende N-

Kontakt des Ramberggranits gegen Schieferhornfelse und Diabase der Wissenbachschiefer (K.: R 44 36 765, H 57 32 900). Eine frühere Aufschürfung der Autoren ist in Abb. 10.11-3 abgebildet.
Der nahezu senkrecht einfallende Intrusivkontakt des Ramberggranits ist an dieser Stelle vollständig intakt, d. h. er wurde nachträglich nicht überprägt. Die Kinematik der prägranitischen, dextralen Scherzone (Abb. 10.11-3) wurde aus Schleppungserscheinungen und einer steil NNE eintauchenden Schleppungsfale (B' 165/75) abgeleitet. Die tektonischen Strukturen wurden von der Kontaktwärme erst nachträglich erfasst. Dabei wurden die Gesteine zu Hornfels umgewandelt. Ab dem Wurmbachtal, d. h. etwal 1 km weiter westlich, grenzt die postgranitische Ramberg-Störung an thermisch kaum veränderte Schiefer. An der Verwerfung wurde die Schiefergebirgsscholle zwischen der Harznordrand-Störung (im N) und der Ramberg-Störung (im S) um einige hundert Meter abgesenkt, sodass heute im Aufschlussniveau kontaktmetamorph wenig oder unbeeinflusste Schiefer direkt an den Granit grenzen.

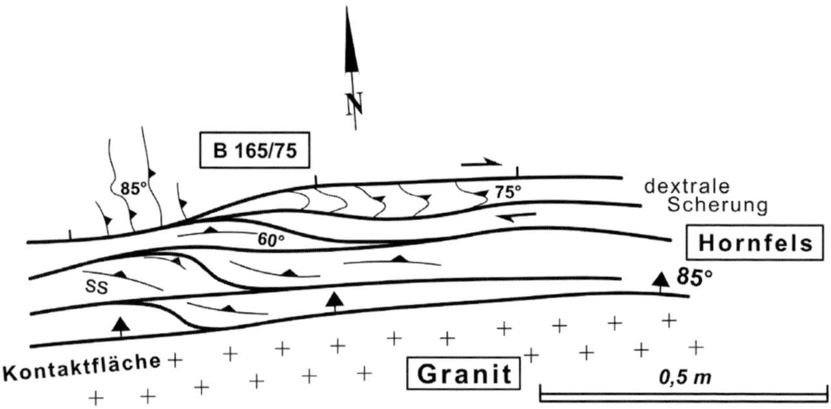

Abb. 10.11-3: Granitkontakt an der SW-Seite des Burggrabens der Kl. Lauenburg oberhalb von Stecklenberg. Der Kontaktbereich war durch eine dextral bewegte, duktil verformte Scherzone vorgeprägt und ist dann (295 Ma) kontaktmetamorph überprägt worden. Geol. Aufnahme: Franzke.

A10/11-4

Von hier geht es an der SE-Seite der Kl. Lauenburg vorbei zum NE-Ende der Gr. Lauenburg. Im Wallgraben am NE-Ende der Burg ist ein 100 m langes Querprofil durch steil stehende (ss 165/70-80) und eng N-vergent verfaltete Wissenbachschiefer mit Quarzit- und Kalksilikatfelslagen aufgeschlossen ist (B-Achsen 245/05, Vergenz 20°–25° nach NW). Variszische Längsstörungen modifizieren das Bild. Das Profil ist vom NE-Rand des Wallgrabens (= S-Hang des Burgbergs) in Blickrichtung WSW gut zu überblicken (K.: R 44 36 850, H 57 33 020).

Von hier aus weiter nach NE abwärts, vorbei an der Ruine Stecklenburg und zurück zum Ausgangspunkt am E-Rand von Stecklenberg. Unterwegs sind in den Wissenbachschiefern steil stehende NW-SE Zugbrüche, welche mit Quarz und Fluorit belegt sind, zu finden (hydrothermale Gangmineralisation).
Weiterfahrt auf der Ortsverbindungstraße nach Bad Suderode (2 km) und auf L 239 ins Kalte Tal Richtung Friedrichsbrunn. Tal aufwärts bis zum Kurzentrum am SW-Ende von Bad Suderode (Parkmöglichkeiten).
Zwischen Bad Suderode und den Saalsteinen ist im Kalten Tal auf ca. 1,5 km Länge ein Profil von Gesteinen des Harznordrand-Kulms und der Wissenbach-Schiefer mit Quarziteinlagerungen und Lagern von effusiven und intrusiven Diabasen aufgeschlossen (Abb. 10.12). An den N-Hängen der Saalsteine verläuft der Kontakt des Ramberggranits (normalkörnige Varietät). Geotop 4232/2 und 3, Geopark Landmarke 15, Geopunkt 4.

A10/12

Lage: Kurzentrum Bad Suderode. K.: R: 44 39 100, H 57 32 580.
Aufschluss: Fassung des Behringer Brunnens (Mineralwässer, Abb. 10.12), Geotop 4232/19.
Beschreibung: Die Mineralwässer werden 650 m oberhalb am Felsenkeller gefördert. Dort wurde ein 16 m tiefer Schacht abgeteuft, aus dem heraus in 15,7 m Teufe ein 25 m langer Querschlag zur Wassergewinnung aufgefahren wurde. Weitere Mineralwässer werden in einer Bohrung in 9 m Teufe gewonnen. Am Granitkontakt, 400 m SW vom Felsenkeller, treten nochmals mineralisierte Wässer aus. Für den Auslauf der Wässer am Behringer Brunnen wird

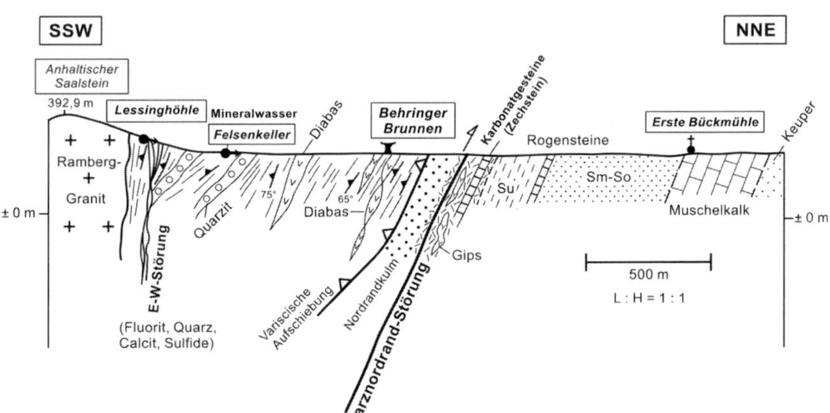

Abb. 10.12: Querprofil durch den Nordrand des Harzes in Bad Suderode. Die geologische Position der Aufschlüsse Behringer Brunnen (A 10/12), der Felsenkeller und die Lessinghöhle (A 10/13) sind eingetragen. Geol. Entwurf: Franzke.

eine mittlere Schüttung von 1 m^3/h angegeben. Die Mineralwässer sind vom Na-Ca-Cl-Typ. Die Hauptkomponenten haben folgende Gehalte (Angaben des Kurzentrums, 2001): Na = 3835 mg/l, Ca = 2560 mg/l, Cl = 9320 mg/l. Auch hier ist anzunehmen, dass diagonale oder querende Strukturen eine hydraulische Verbindung mit der Harznordrand-Störung und dem darauf folgenden Zechsteinsalinar schufen. Nach der unterschiedlichen Verbreitung der Diabase auf beiden Seiten des Kalten Tals und einem Verspringen des Nordrands des Ramberggranits E des Anhaltischen Saalsteins zu urteilen, scheint außerdem eine SW-NE-Störung im Kalten Tal zu verlaufen. Sie würde in der Ortsmitte von Bad Suderode auf die Nordrandstörung treffen. Auch hier ist die höhere Lage der Mineralwasseraustritte (Differenz ca. 50 m) im Vergleich zum Subrosionsbereich des Salinars im N der Randstörung zu vermerken (Mischwässer aus Süßwässern der Harzscholle und Salinarwässern des Vorlands).

A10/13

Lage: E-Seite des Kalten Tals. K.: R 44 38 480, H 57 32 040.
Aufschluss: Lessinghöhle 200 m SW des Felsenkellers von Bad Suderode.
Beschreibung: Fluorit-Gangmineralisation in hemipelagischen Schiefern (Wissenbach-Formation, Eifel).

An der Lessinghöhle hat es im 19. und 20. Jahrhundert mehrere Explorationsversuche auf Fluorit und auf sulfidische Gangvererzungen gegeben, die aber aufgrund der geringen Gangmächtigkeiten und der starken Zertrümerung immer nur kurzzeitig anhielten und zu keinem nachhaltigen Bergbau geführt haben.
Die W-Seite des Aufschlusses (Abb. 10.13) präsentiert typische C-org.-reiche Wissenbachschiefer mit eingelagerten Bändern von Kalksilikatfelsen und Quarziten, die E-W streichen und sehr steil nach S einfallen. Neben der ss-parallelen sf_1-Schieferung (Glimmereinregelung in ss) und einer kleindimensionierten B_1-Faltung (B 96/05) ist eine flach nach NE einfallende sf_2-Schieferung ausgebildet, welche das B_1-Gefüge überprägt. Die kleinen Gangstrukturen gingen aus reaktivierten variszischen Längsstörungen hervor und liegen angenähert in den ss-Flächenlagen. Durch kleine Fiederstrukturen (Quarz-Fluorit) ist gesichert, dass zur Zeit ihrer Aktivierung die minimale horizontale Normalspannung in 20°-Richtung (NNE-SSW) gewirkt hat.

A10/14

Lage: Nach weiteren 200 m auf dem kleinen Pfad am E-Hang talaufwärts erreicht man einen kl. Diabasbruch und kurz darauf den Granitkontakt des Ramberg-Massivs (Lesesteine).
Aufschlüsse: auflässiger Diabasbruch und Granit-Lesesteine.
Beschreibung: Im Bruch steht ein körniger intrusiver Diabas an, dessen E-W streichender Hangendkontakt zu Schieferhornfelsen (190/60) aufgeschlossen ist. Wir stehen hier 25 m vor dem N-Kontakt des Ramberg-Massivs, dessen Granite hangaufwärts im Bereich des Forstwegs in kleinen Klippen anstehen.

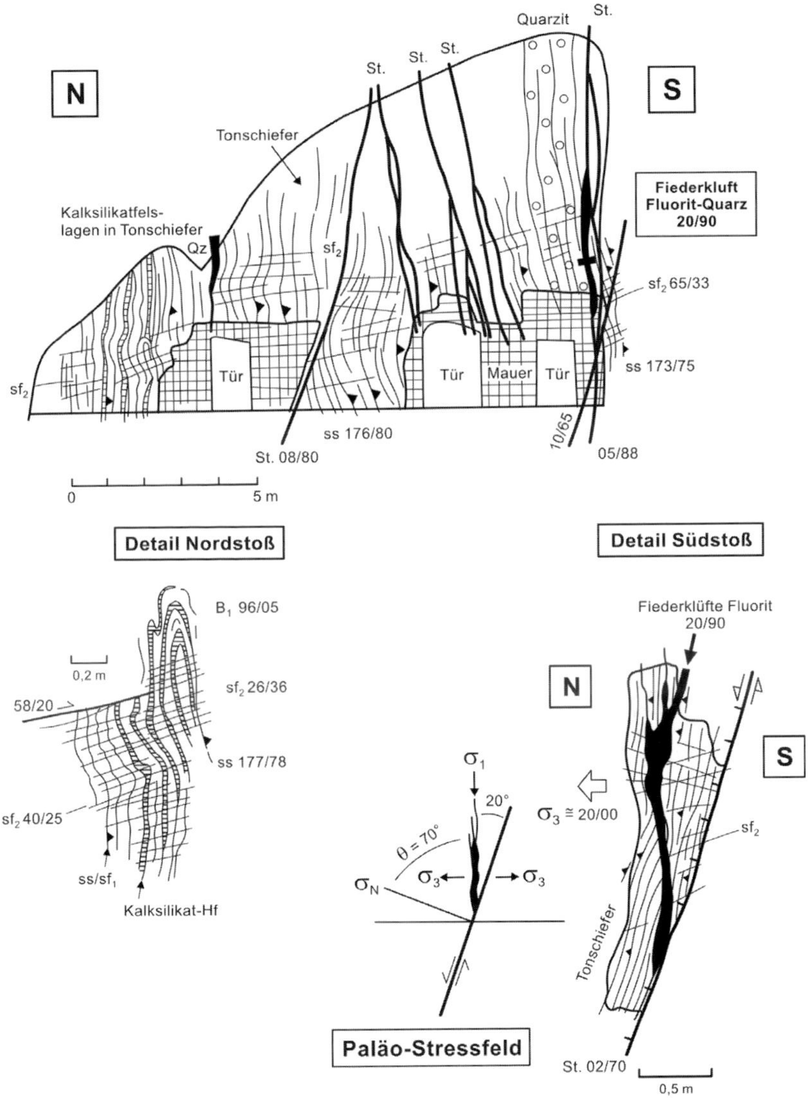

Abb. 10.13: Lessinghöhle oberhalb von Bad Suderode. Verfaltete Kalksilikatfelse (Wissenbachschiefer). von Klüften und Kleinstörungen mit Fluoritmineralisationen durchzogen. Die Spaltenöffnung folgte einer σ_3-Paläospannung von 20/00 (SSW-NNE). Geol. Aufnahme: Franzke.

Folgt man diesem Weg nach rechts (in Richtung Kaltes Tal), so erreicht man den Anhaltischen Saalstein. Jenseits der Straße trifft man im W auf den Preußischen Saalstein (alte Landesgrenze zwischen Anhalt und Preußen). In den Felsklippen steht der Zweiglimmergranit des Rambergs in typischer Ausbildung an. Die Quaderbildung durch Längs-, Quer- und Lagerklüfte wird hier durch eine zusätzliche Kluftschar modifiziert, die NW-SE streicht und steil nach NE und SW einfällt. Diese Klüfte sind nachträglich überschert. Dies wird durch die N-Randstörung des Ramberg-Massivs verursacht. Die Störung prägt sich von Bad Suderode nach W in Richtung Thale immer stärker aus. Palisadenquarzgänge, vor allem am Preußischen Saalstein, liegen in der Querkluftrichtung (Streichen NNW-SSE).
Von hier kann man per Fuß an der Chaussee nach Bad Suderode zurücklaufen. Auf der Westseite ist in der Straßenkehre abwärts der Saalsteine der Granitkontakt durch eine Geländesenke kenntlich. Daran schließt sich ein ca. 150 m langes Profil mit Schieferhornfelsen an (Schichtflächen undeutlich, 165/75, Kleinfaltenachsen 80/05), worauf Diabase und Quarzite folgen.
Von Bad Suderode Weiterfahrt in Richtung Gernrode/Ballenstedt (L239 – L241 – L243 – L242) und nach Rieder.

A10/15

Lage: L242, E Rieder, ca. 1000 m Abzweig in die Tagebau-Zufahrt nach S (rechts). K.: R 44 43 560, H 57 32 160.
Aufschluss: Grauwacken-Steintagebau Rieder im Eulental. Aussichtsplattform.

Betreten nur mit Betriebs-Erlaubnis der Mitteldeutschen Baustoff GmbH, 06193 Sennewitz bei Halle (Tel.: 034606-257-0).

Beschreibung: Abgebaut wird eine zyklische Abfolge oberdevonischer Grauwacken und Grauwackenschiefer mit kohligen Pflanzenreste führenden Horizonten sowie Einschaltungen von Metabasalt-Pillowlaven und zugehörigen Tuffen. Die Gesteinsfolge gehört zur Selke-Decke. Sie ist allochthon, d. h. nicht am Ort ihres heutigen Vorkommens entstanden (Selke-Formation).

Die Selke-Formation der Selke-Decke beginnt mit einem stark zerscherten „Basisquarzit“ (20 m), darauf folgen bis 250 m Metabasalte und Sedimente der Stiege-Schichten (Oberdevon I), ca. 50 m Hauptkieselschiefer (Oberdevon I–II) und Ton- und Buntschiefer (Oberdevon IIa) sowie die mit ca. 300 m erhaltene Grauwackenfolge in Flyschfazies (Oberdevon IIb bis Oberdevon IV?). Der parautochthone Unterbau mit dem Harzgerode-Olisthostrom ist ca. 1,5 km W (Luftlinie) bei Gernrode im Ostergrund aufgeschlossen. Am E-Ufer des Osterteiches sind die Metabasalte (Spilite) in steiler Lagerung aufgeschlossen.
Die Grauwacken stammen aus einem untermeerischen distalen Flyschfächer (submarine fan) des küstenfernen Bereichs am Fuß eines Terranehangs (Tschapek 1990). Es handelt sich um eine zyklische Wechselfolge von fein- bis mittelkörnigen Grauwacken unterschiedlicher Bankdicke (bis 3 m). Wenige dm-starke, oft Häcksel von Pflanzen des Oberdevons (u. a. *Cyclostigma hercynium* Weiss) führende Lagen von Grauwackenschiefern am Abschluss der Sedimentationszyklen können der Altersbestimmung dienen. Die lithischen Grauwacken besitzen einen hohen Anteil an

schlecht gerundeten und sortierten Gesteinsbruchstücken der Sandfraktion. Konglomeratische Grauwacken fehlen in der im Steinbruch Rieder verbreiteten Fazies. Sie sind weiter südlich von Ballenstedt (Hirschgrund und Siebersteinstal) in aufgelassenen Steinbrüchen vertreten. Im Tagebau wurden als Einschaltungen in den Flyschsedimenten metabasaltische Pyroklastika und bis 10 m mächtige spilitische Pillowlaven (König & Schwab 2001) nachgewiesen. Die Schichtfolge fällt im S-Bruchbereich mittelsteil nach ESE ein und schwenkt im N-Teil in ENE-Einfallen um. Tektonisch gebildete Faltenstrukturen fehlen. Die variszisch-konvergente Tektonik wird hier, wie im gesamten Verbreitungsgebiet der ca. 300 m mächtigen Grauwacken, durch einen ausgeprägten, NW-vergenten Schuppenbau charakterisiert. Die Lagerung ist durchgehend normal. Variszische schaufelförmige Störungen fallen mittelsteil nach SE ein. Gestriemte Chloritbelege weisen auf aufschiebende variszische Scherbewegungen nach WNW (Abb. 10.15).
Die Nähe der permischen Landoberfläche, welche an der Basis des benachbarten Meisdorfer Rotliegend-Beckens erhalten ist, macht sich auch durch sekundäre Rotfärbungen in den Grauwacken kenntlich. An Störungs- und Kluftzonen drangen festländisch gebildete Fe-oxidische Lösungen in größere Tiefen vor und setzten lokal die Gesteinsqualität herab. E-W und NNW-SSE streichende Störungen stehen in räumlichem Bezug zum E-W streichenden Schollenrand des Harzes und seinen me-

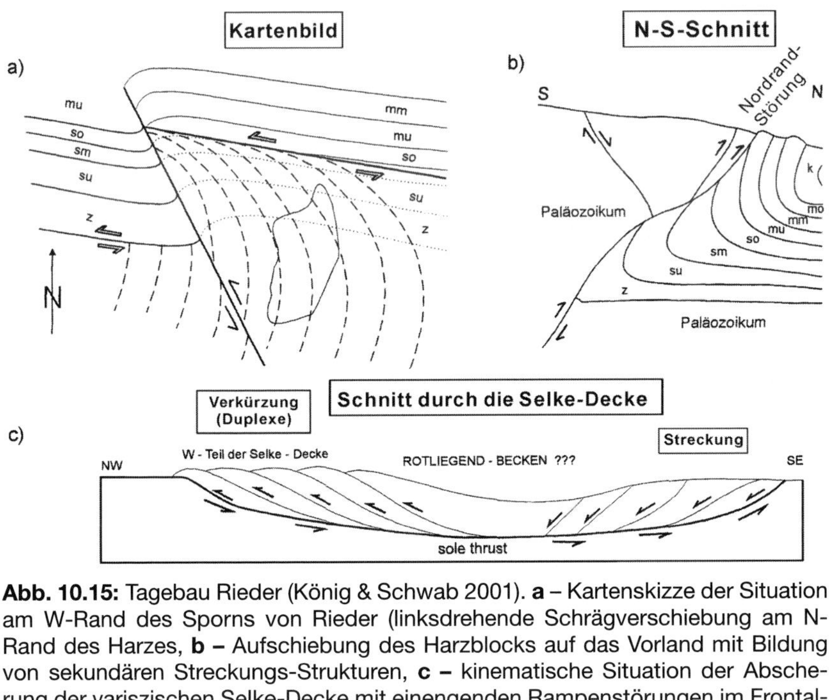

Abb. 10.15: Tagebau Rieder (König & Schwab 2001). **a** – Kartenskizze der Situation am W-Rand des Sporns von Rieder (linksdrehende Schrägverschiebung am N-Rand des Harzes, **b** – Aufschiebung des Harzblocks auf das Vorland mit Bildung von sekundären Streckungs-Strukturen, **c** – kinematische Situation der Abscherung der variszischen Selke-Decke mit einengenden Rampenstörungen im Frontalbereich und Dehnungsstrukturen im Rückland.

sozoischen Bewegungsaktivitäten. Es sind sowohl extensionale, transpressive als auch konvergente Bewegungen zu finden. Kartierungen im Umfeld des Tagebaus belegen, dass Teile der Selke-Decke, hier die devonischen Grauwacken am Sporn von Rieder, im Zusammenhang mit den saxonischen tektonischen Bewegungen auf die Randbereiche des permisch-mesozoischen Vorlandes überschoben wurden. Das Alter der Störungen kann im Tagebau wegen fehlender Referenzen zeitlich nicht näher eingestuft werden. Der Vergleich mit Aufschlüssen im unmittelbaren Vorland (Roseburg, Gegensteine) erlaubt aber Korrelationen zur post-santonischen Aufschiebungstektonik am Harzrand und zu gleichzeitig aktivierten Bewegungen an Querstörungen, welche den Vorschub des Paläozoikums im Sporn von Rieder ermöglichten (Abb. 10.15).

A10/16

Lage: L 242, Roseburg, zw. Rieder und Ballenstedt gelegen. K.: R 44 44 520, H 57 32 840.
Aufschlüsse: Straßenanschnitt an der Auffahrt und Aufschluss Ringgraben direkt unter der Brücke zum Eingang in die Burg.
Beschreibung: Überkippter Wellenkalk der Aufrichtungszone (Jena-Formation). Am Sporn von Rieder ist die Überschiebung des Harzblocks bis über den Röt erfolgt, so dass bereits 80 m S der Wellenkalkaufschlüsse an der Landstraße das Paläozoikum beginnt. Am Straßenanschnitt schaut man in einem Längsprofil auf das Liegende der überkippten Schichtflächen der Wellenkalkplatten (ss 175/60-70). Zwei Scharen größerer Scherklüfte fallen nach links (W) und rechts (E) ein und sind als sekundäre Streckungsflächen anzusehen, die den N-Andruck der Harzscholle durch E-W-Streckung auszugleichen suchten.

Roseburg, idealisierte Burganlage, erbaut 1905-1925 von Bernhard Sehring, Eigentümer und Architekt. Auch heute in Privatbesitz, Rolf Illmer, Tel. 0 30/6 31 63 60, Roseburg GmbH i.G.
Ein instruktives Querprofil befindet sich im Ringgraben unter der Brückenzufahrt zur Burg (Ausschnitt Abb. 10.16). Es sind dort zwei Scharen von nach N und S vergierenden Kleinüberschiebungen aufgeschlossen. Es dominiert aber S-vergente Einengung in Richtung auf den Harz. Vermutlich haben sich die Aufschiebungen aus kleinen Abschiebungen entwickelt, die bei der Aufrichtung des Schichtverbands mitrotiert und dann bei der im Santon/Campan einsetzenden S-N-Kompression zu paarigen Auf- und Überschiebungen transformiert wurden.

A10/17

Lage: L 242, Ortseingang Ballenstedt, Abzweigung nach N (links) 1 km in Richtung Flugplatz. K.: R 44 46 360, H 57 33 890.
Aufschluss: Isolierte Felsen der sog. „Gegensteine“, Geotop 4233/6.
Beschreibung: Steil (80°–85°) NNW einfallender, zementierter *Involutus*-Sandstein (Coniac). Der WSW-ENE streichende Klippenzug gehört zur Aufrichtungszone und bildet gleichzeitig den ab Ballenstedt vom Harz abschwen-

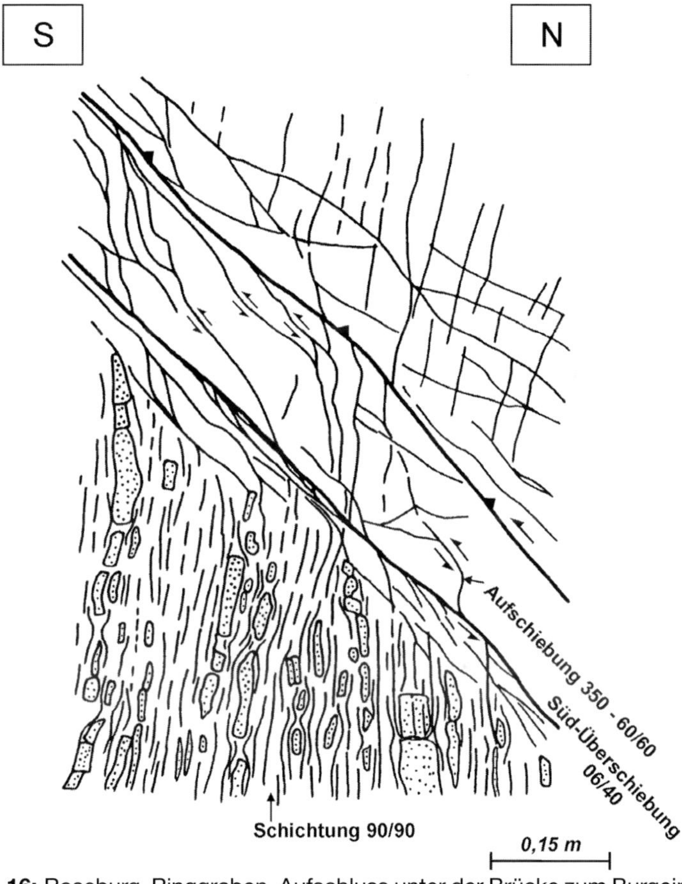

Abb. 10.16: Roseburg, Ringgraben. Aufschluss unter der Brücke zum Burgeingang. S-vergente Aufschiebung im Wellenkalk der Aufrichtungszone. Geol. Aufnahme: Franzke.

kenden S-Rand der Blankenburg-Mulde. Kleinüberschiebungen nach N bis NNW zerlegen den aufgerichteten Schichtverband. Diese Störungen werden von Quarzfiedern flankiert. Die Mineralisierung zeigt, dass Fluidmigration und Zementation auch in der Überschiebungsphase des Harzrandes noch wirksam waren. Hinzu kommen Flächen, die eine W-E-Streckung als Reaktion auf die N-Aufschiebung der Harzscholle markieren. Große querende Klüfte, die den Klippenzug zerlegen, sind als die jüngsten Strukturelemente nicht mehr mit Quarz mineralisiert.

Exkursion 11: Das Kristallin des Kyffhäusers

(Hans Joachim Franzke & Armin Zeh)

Exkursionsroute

Exkursionen im Kristallin des Kyffhäusers sind nur zu Fuß sinnvoll. Der Granit der Bärenköpfe und der Borntal-Intrusivkomplex können auch mit dem Fahrzeug über eine von Sittendorf nach S an den Kyffhäuser heran führende Asphaltstraße erreicht werden, welche an der Jugendherberge Kelbra endet. Für die übrigen Aufschlüsse wird eine Rundwanderung vorgeschlagen. Die Anfahrt per Fahrzeug ist entweder von Bad Frankenhausen im S oder von Kelbra im N her, jeweils über die B 85, möglich. 500 m NW des Abzweigs von der B 85 zum Kyffhäuser-Denkmal führt eine Fahrstraße nach NW zum Parkplatz an der Rothenburg (mittelalterliche Burgruine, Denkmal des Kyffhäuser-Bundes und ehemaliges Ferienheim), von dem aus die Fußexkursion beginnt und endet.

Thematische Schwerpunkte der Exkursion

Diese Exkursion vermittelt eine Übersicht über die am Nordrand des Kyffhäusers auf einer Fläche von nur 1,5 km^2 auftretenden Magmatite und Metamorphite sowie deren metamorphe und strukturelle Entwicklung (Karte siehe Einführung). Hierbei werden auch einige Aufschlüsse besucht, in welchen die flachdiskordant dem steil stehenden Kristallin auflagernden spätvariszischen Molasseserien des Stefans (Kyffhäuser-Formation) studiert werden können. Das Kyffhäuser-Kristallin befindet sich am Nordrand der Mitteldeutschen Kristallinzone, dem die Nördliche Phyllitzone vorgelagert ist, welche in der ca. 8 km entfernten Wippra-Zone des Südostharzes aufgeschlossen ist (Exkursion 9). Der Übergang zwischen beiden Einheiten ist durch flach auflagerndes Deckgebirge verdeckt, welches in der Goldenen Aue zwischen Harz und Kyffhäuser zu Tage tritt. In der Bohrung Heringen, die in der Goldenen Aue, ca. 3,5 km vom Ausbiss des Kristallins des Kyffhäusers entfernt abgeteuft wurde, treten unter Deckgebirge grünschieferfazielle Metabasite auf, die als Äquivalente der Grünschiefer der Wippra-Zone im Harz anzusehen sind. Das zeigt, dass die Nördliche Phyllitzone dem Kristallin des Kyffhäusers fast unmittelbar vorgelagert ist.

Der Kristallinaufbruch am Kyffhäuser verdankt seine Existenz der jungmesozoischen Heraushebung und Erosion im Bereich der NW-SE streichenden Hermundurischen Scholle. Diese wird durch die WNW-ESE streichende Kyffhäuser-Nordrandstörung und die nahezu E-W streichende Kelbra-Störung im N und durch die Finne-Störung im S begrenzt. Die stärkste jungmesozoisch-känozoische Hebung und Erosion dieser „Saxonischen" Leistenscholle erfolgte am Nordrand des Kyffhäusers, wo S der über 200 m hohen Geländestufe der Kyffhäuser-Nordrandstörung das kristalline Basement freigelegt ist. Wenn man die Permokarbon- oder die Zechsteinbasis auf der Hochscholle des Kyffhäusers und in der südlichen Goldenen Aue als Referenzflächen nimmt, beträgt der additive Vertikalversatz an dieser

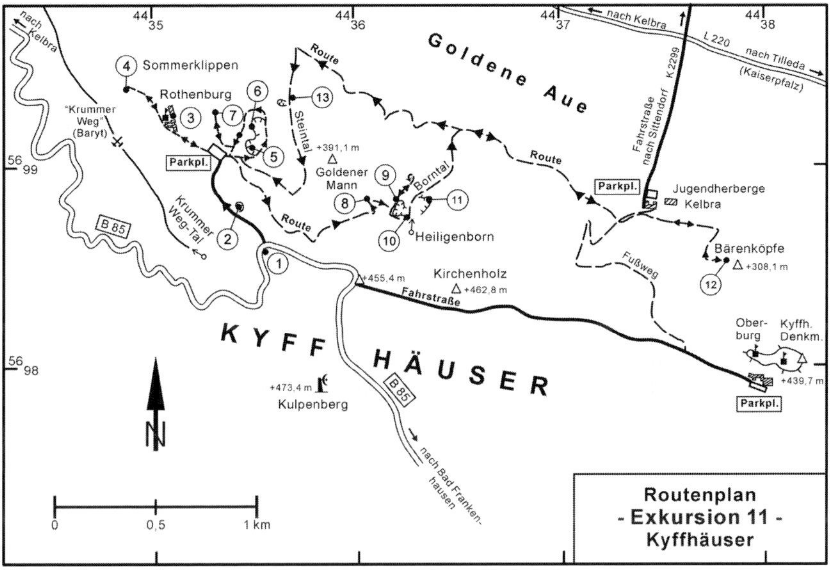

Abb. 11.0: Routenführung der Fußexkursion im Kristallin des Kyffhäuser.

Störung ca. 2,5 km, auch wenn man berücksichtigt, dass dem heutigen Kristallin. ausstrich ehemals das über 650 m mächtige Permokarbon und das gesamte oberpermisch-mesozoische Deckgebirge mit etwa 1.700 m auflagerten. Die mesozoische Bruchtektonik am Kyffhäuser ist gekennzeichnet durch Vertikal- und Schrägverschiebungen entlang von Sprödbruchzonen, die z. T. mit hydrothermalen Gangmineralisationen (Hämatit, Baryt) verheilt sind. Im Zuge der jungmesozoischen Schollenverkippungen kam es zudem zur weitläufigen Subrosion der oberflächennahen Salinargesteine des Zechsteins.

Die Aufschlüsse

A11/1

Lage: Bundesstraße 85 von Kelbra zum Gipfel des Kyffhäusers, Straßenanschnitte am Abzweig von der B 85 zur Rothenburg: K.: R 44 35 550, H 56 98 620.
Aufschluss: Alluvial-(Fan)-Sedimente der Unteren Kyffhäuser-Schichten (Siebigerode-Subfazies, Stefan B/C).
Beschreibung: Die Anschnitte an der Bundesstraße schließen kontinentale Schwemmfächer auf, die grobe Sedimentschüttungen (debris flows) mit bogiger Schrägschichtung enthalten, welche eine erodierende Wirkung auf die

vordem bereits abgelagerten Sedimente ausübten. Hinzu kommen zwischengelagerte grobe, feldspatreiche Sandsteinlagen. Die Schrägschichtung belegt für diesen Aufschluss einen Sedimenttransport aus nördlicher Richtung. Meister (1969) gibt für die Unteren Kyffhäuser-Schichten aber eine Haupttransportrichtung von SW nach NE an. Die bis faustgroßen Gerölle sind zum Teil nur kantengerundet. Quarz- und Quarzitgerölle dominieren. Ferner sind in diesem Aufschluss Kieselschiefer, Grauwacken und gebleichte Epimetamorphite, jedoch kaum Kristallingerölle zu beobachten. Gaitzsch (2001) ordnet den Faziesaufbau dieser unter ariden Bedingungen gebildeten kontinentalen Rotsedimente den Schwemmfächern (alluvial fans) zu, die sich mit feinkörnigeren Sedimenten mäandrierender Flusssysteme verschneiden.

Die Schichtfolge fällt mit 15°–20° nach SSW ein und überlagert flach-diskordant das nur ca. 30–50 m im Liegenden dieses Aufschlusses beginnende Kristallinstockwerk des Kyffhäusers. Die Diskordanz repräsentiert nur eine geringe Zeitlücke von ca. 30 Ma zu den Gesteinen des unterlagernden Kristallins. Das bedeutet, dass in dieser relativ kurzen Zeitspanne die kristallinen Gesteine aus ihrem Herkunftsbereich in der Kruste um etwa 10–12 km angehoben und erodiert wurden, bevor die ungefalteten Molassesedimente des Stefans und anschließend das jüngere Tafeldeckgebirge das an der Oberfläche anstehende Kristallin wieder bedeckten.

A11/2

Lage: Fahrstraße, abzweigend von der B 85 zur Rothenburg, 150 m ab der B 85 in Richtung der Burg. Von hier 5 m am rechten Hang hinauf und auf kleinem straßenparallelen Hangweg 150 m nach NW bis zu einem verlassenen kleinen Steinbruch. K.: R 44 35 430, H 56 99 800.
Aufschluss: Analog zu A11/1 alluviale Schuttfächer der Unteren Kyffhäuser-Schichten (Siebigerode-Subfazies, Stefan B/C) mit stratiformen Barytlagern.
Beschreibung: In die grobkörnigen Alluvial Fan-Sedimente sind auch hier feinkörnige, unreife Sandsteine mit hohem Feldspatgehalt eingelagert. Dachziegelartige Überlagerungen im Kornverband der Konglomerate sowie Schrägschichtung und Einregelung von silifizierten Stammfragmenten von Schachtelhalmen (*Dadoxylon* sp.) weisen auch hier auf einen vorherrschenden Sedimenttransport von NE nach SW hin. Im Geröllbestand sind neben Quarz vor allem gebleichte Fragmente von Phylliten, aber nur wenige Kristallingerölle zu finden, was auf die Abtragung einer Landoberfläche mit anstehenden Epimetamorphiten und darunter folgenden, nur lokal angeschnittenen amphibolitfaziellen Gneisen hindeutet.

Auf Schichtfugen der Sedimente finden sich stratiforme Barytlager (bis 0,2 m), deren Zufuhrkanäle im unterlagernden Kristallin steile Mineralgänge bilden (siehe A11/6 und A11/13). Der Baryt ist grob-rosettenförmig kristallisiert. Die Barytkörper sind zum Hangenden hin asymmetrisch aufgewölbt, was entwe-

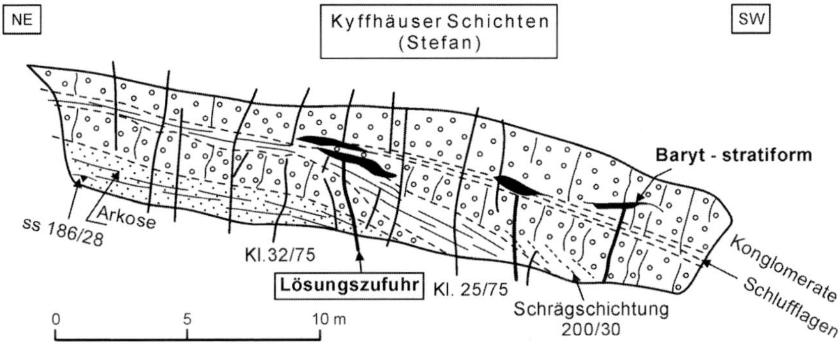

Abb. 11.2: Fahrstraße zur Rothenburg, 150 m ab der B 85 in Richtung der Burg. Am rechten Hang führt ein Pfad 150 m nach NW bis zu einem verlassenen Steinbruch. Koordinaten: R 44 35 430, H 56 99 800. Alluvial Fan-Sedimente der Unteren Kyffhäuser-Schichten (Siebigerode-Subfazies, Stefan B/C) mit stratiformen Barytlagern. Geol. Aufnahme: Franzke.

der auf die Wirkung hoher Fluiddrücke oder auf eine sich während der Barytausscheidung vermindernde Sedimentbedeckung und beginnende Entlastung hindeutet (Abb. 11.2). K-Ar-Datierungen an Alterationsletten der Barytgänge der benachbarten Baryt-Grube „Krummer Weg“ ergaben Alterswerte zwischen 116 und 99 Ma, so dass diese Mineralisationsetappe in die Kreide zu stellen wäre (Datierung K. Wemmer, Univ. Göttingen). Zu dieser Zeit erfolgte, analog zum Harzblock, eine intensive Hebung, Zerrung und Erosion auf der Hermundurischen Scholle.

Die Rothenburg erreicht man vom Aufschluss 11/2 über die Fahrstraße zur Burg (vorher Parkplatz mit Schutzhütte). Vom Parkplatz geht man ca. 350 m nach WNW vorbei an einem verfallenden Gebäudekomplex (ehemaliges Ferienheim) zu einer Aussichtsplattform mit Turm, über dessen Treppengang man den Hof der mittelalterlichen Burgruine erreicht.

A11/3

Lage: Felsklippen im Burghof der Ruine Rothenburg (siehe Abb. 11.3) in der Draufsicht und direkt östlich davon, 5 m unterhalb des Turms im Vertikalanschnitt. K.: R 44 35 040, H 56 99 250.
Aufschluss: Biotit-Plagioklas-Gneis-Zone mit Mylonitzonen und jüngeren Leukogranitgängen.
Beschreibung: Auf dem Weg zur Burgruine durchwandert man die Paragesteine der Biotit-Plagioklas-Gneis-Zone. Die fein foliierten Gneise streichen E-W

bis WNW-ESE und stehen nahezu seiger. Edukte dieser Paragneise waren Grauwacken mit Einlagerungen von Karbonatgesteinen, aus welchen die heutigen Kalksilikatfelse und Marmore entstanden sind. Aus basaltischen Lagergängen bildeten sich die eingelagerten Amphibolite. Die sedimentären Ausgangsprodukte der Gneise wurden vor ca. 475 Ma (Unteres Ordovizium) abgelagert, tief versenkt (ca. 700 °C/5–7 kbar) und vor ca. 340 Ma durch die sie umhüllenden Intrusionen noch kontaktmetamorph überprägt. Nach dem Metamorphose-Höhepunkt wurden sie noch von Leukogranitgängen intrudiert.

Die Felsklippen bestehen aus flaserig foliierten, dunkelgrauen Gneisen. Foliationsparallel gesprosste Feldspatblasten, zumeist Plagioklase, sind verbreitet. Sie treten besonders häufig im Übergangsbereich zum im S angrenzenden Diorit-Gneis („Biotit-Hornblende-Gneis“) auf und bilden mitunter dünne Neosom-Lagen. Die Paragneise, einschließlich der blastischen Komponenten, zeigen lokal einen intrafolialen Kleinfaltenbau. Die Achsenebenen der dm-großen Falten sind parallel zur umgebenden Foliation orientiert.

Auf dem Burghof der Rothenburg kann man die vertikal stehenden Paragneise in der Draufsicht studieren (Abb. 11.3). Darin treten geringmächtige Leukogranitgänge und kleine Pegmatitgängchen auf. Neben einer deutlichen Feld-

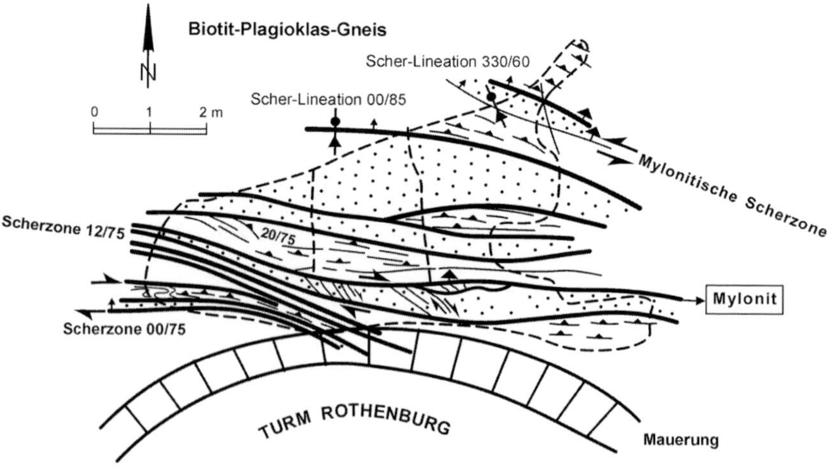

Abb. 11.3: Felsklippen im Burghof der Ruine Rothenburg (Draufsicht). K.: R 44 35 040, H 56 99 250. Biotit-Plagioklas-Gneis-Zone mit jüngeren Gängen von Leukogranit und Mylonit-Zonen. Geol. Aufnahme: Franzke.

spatblastese ist eine Zerscherung der Gneise parallel zu den Foliationsflächen zu beobachten. Die steil einfallenden Scherzonen zeigen dabei sowohl Merkmale von duktilen als auch von nachfolgenden kataklastischen Verformungen. Die duktile Verformung führte zur Bildung der mylonitischen Foliation sowie von kleinen Intrafolialfalten und zur Zerscherung von Quarzen und Feldspäten zu Sigmaklasten. Die jüngere Sprödverformung hat vor allem eine Kataklase der Feldspäte bewirkt. Bewegungsinkremente (Riedelscherflächen, Schleppungsphänomene) deuten auf dextrale Scherbewegungen während der kataklastischen Verformung hin.

Unterhalb des Turms befindet sich eine Aufschlusswand, in der die gleichen Strukturen wie im Burghof, jedoch in einem Vertikalanschnitt studiert werden können. Die metablastischen Gneise fallen steil nach S ein und werden von kleinen Fließfalten durchsetzt. Feldspatmobilisate auf Foliationsflächen sind verfaltet, d. h. ihre Bildung erfolgte bereits in einer frühen Phase der Metamorphose- bzw. Verformungsentwicklung des Kristallins. Die Gneise werden von steilen Scherzonen durchzogen, welche die Foliation unter spitzem Winkel schneiden. Schleppungseffekte an den Rändern der Mylonitzonen zeigen dabei nach S aufschiebende Bewegungen an. Die Kombination der strukturellen Daten aus der Draufsicht mit dem Vertikalanschnitt deuten insgesamt auf transpressive dextrale Schrägverschiebungen in den Scherzonen hin, deren Bewegungslineare mit 0°–20° nach W eintauchen.
Die Foliationsflächen zeigen ebenfalls zwischen 0°–20° nach W eintauchende Streckungslineare, die jedoch im Unterschied zu den Scherzonen auf eine ältere, sinistrale Zerscherung hindeuten. Diese strukturellen Beobachtungen gelten auch für andere Aufschlüsse im Kyffhäuserkristallin.
Weiterhin können im Aufschlussbereich flach liegende Leukogranitgänge und flache Überschiebungen beobachtet werden. Letztere durchdringen die Mylonite und zeigen eine Bewegungspolarität nach NW. Sie markieren den Abschluss der variszischen Entwicklung im Kristallin des Kyffhäusers. Vereinzelt lassen sich auch steil nach S einfallende Bruchzonen (Abschiebungen) beobachten, die etwas Hämatit und/oder Baryt führen. Diese wurden während der spätvariszischen bis mesozoischen extensionalen Tektonik gebildet.

A11/4

Lage: Sommerwand (Verlobungsplatz), 250 m WNW der Rothenburg. Zu erreichen vom Südrand der Mauer-Brüstung der Rothenburg und weiter auf dem Bergsporn zur Sommerwand. K.: R 44 35 070, H 56 99 250.
Aufschluss: Verformter Grenzbereich zwischen der Biotit-Plagioklas-Gneis-Zone und dem Hornblende-Gabbro-Komplex.
Beschreibung: Auf dem Bergsporn oberhalb der Sommerwand (Abb. 11.4-1) stehen grobkörnige Hornblende-Gabbros in mehreren Klippen und in einem steilen Einschnitt an.

Nach ca. 150 m endet der Rücken am Verlobungsplatz. Hier sind mehrere kleine Felsklippen, die sich den Hang nach SW hinunterziehen. Es ist ein nahezu kontinuierliches Querprofil durch den S-Bereich des Hornblende-Gab-

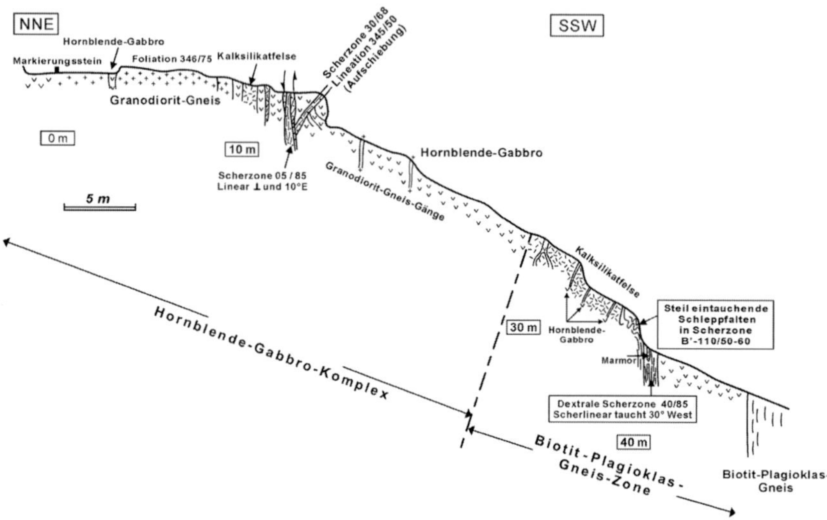

Abb. 11.4-1: Sommerwand (Verlobungsplatz), 250 m WNW der Rothenburg. K.: R 44 35 070, H 56 99 250. Verformter Grenzbereich zwischen der Biotit-Plagioklas-Gneis-Zone und dem Hornblende-Gabbro-Komplex. Geol. Aufnahme: Franzke.

bro-Komplexes und die angrenzende paragene Biotit-Plagioklas-Gneis-Zone aufgeschlossen. In diesem Hangprofil lassen sich vier lithologisch unterschiedliche Bereiche aushalten (Zeh 1992).

Bereich 1: Auf dem Bergsporn und den oberen 20 m des Südhangs stehen fein- bis grobkörnige Hornblendegabbros an (bis 15 cm große Hornblenden), die bereichsweise eine deutliche Foliation zeigen, meist jedoch ungeregelt erscheinen. Mitunter enthalten die Gabbros Pyrit und Titanit. Die Gabbros intrudierten um ca. 340 Ma und wurden nachfolgend von fein- bis mittelkörnigen Graniten bis Granodioriten durchsetzt, die anschließend geschiefert wurden und heute eine steile Foliation aufweisen. Ferner treten kleine Granit-Gängchen auf, die schriftgranitische Verwachsungen von Quarz mit Kalifeldspat zeigen. In einigen Klippen sind steil bis mittelsteil nach NNE einfallende Scherzonen im Gabbro aufgeschlossen. Diese wurden zunächst unter duktilen Bedingungen als dextrale Scherzonen angelegt und erfuhren später eine ruptile Überprägung. Beide Verformungen erfolgten im Zuge der variszischen Kollision bis zum Beginn der Heraushebung des Kristallins. Die duktile Verformung ereignete sich dabei in tieferen Krustenbereichen (ca. 20 km) und ist wahrscheinlich das Resultat von transpressiven Bewegungen im nördlichen Grenzbereich der MKZ, hervorgerufen durch die schräge Kollision zwischen Rhenoherzynikum und dem Saxothuringikum. Das zweite Ereignis kann als Quereinengung in einem bereits höheren Krustenstockwerk (ruptile Verformung) interpretiert werden. Diese Deformations-Entwicklung erfolgte in einer kurzen Zeitspanne zwischen 345–337 Ma.

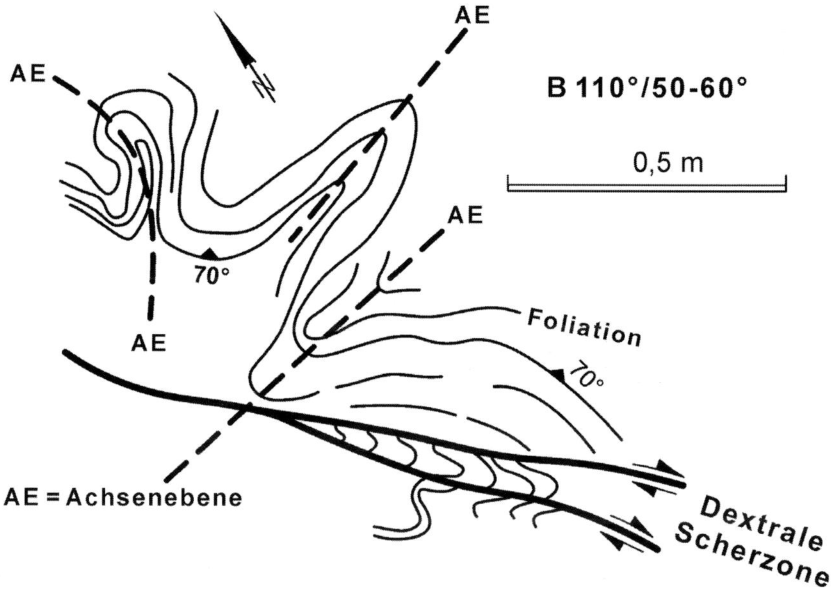

Abb. 11.4-2: Aufschluss bei 30 m in der Abb. 11/4-1. Felsanrisse in unreinen Karbonatgesteinen (Silikat-Marmore). Eine Stratifizierung wird durch Diopsid-Lagen nachgezeichnet und macht die Faltenstrukturen sichtbar. Die Faltenstruktur wird von einer dextralen Scherzone begrenzt. Geol. Aufnahme: Franzke.

Bereich 2: Unterhalb der Hornblendegabbro-Klippen folgen massive, dunkelgrüne Gesteinsklippen, die aus Kalksilikatfels (Epidotfels) aufgebaut sind. Letztere sind z. T. mit kleinen Gabbrokörpern verschuppt. Dieser Bereich gehört bereits zur paragenen Biotit-Plagioklas-Gneis-Zone. In den Kalksilikaten kann eine Scheelitvererzung (UV-Lampe) festgestellt werden.
Bereich 3: Weiter den Hang abwärts schließen sich unreine Karbonatgesteine an (Silikat-Marmore), die mitunter eine „Schichtung" zeigen, welche durch Diopsid-Lagen nachgezeichnet wird (Seim 1967). Zudem finden sich noch einzelne Amphibolit-Lagen und -körper, bei denen es sich entweder um ehemalige Tufflagen und/oder um geringmächtige, zerscherte Gabbro-Apophysen handelt. Die Silikat-Marmore und die sie begleitenden Rahmengesteine zeigen eine intensive Verfaltung und Zerscherung. Es dominieren Falten mit steil eintauchenden Achsen (B = 110°/50°–60°), sie deuten auf eine dextrale Scherung hin, ähnlich der, die in den benachbarten Gabbros als ruptile Überprägung zu beobachten ist (Abb. 11.4-2).
Bereich 4: Weiter hangabwärts folgen typische Biotit-Plagioklas-Gneise, die noch foliationsparallele Gabbrokörper enthalten können. Letztere sind entweder in Biotit-Plagioklas-Gneis intrudiert oder wurden, weniger wahrscheinlich, im Zuge der transpressiven Überprägung eingeschuppt.

A11/5

Lage: Steinbrüche an der W-Seite des oberen Steintals (400 m östlich der Rothenburg), südlicher (vorderer) Steinbruch. Zu erreichen über den Weg, der vom Parkplatz (mit Schutzhütte) nach ESE führt. Nach ca. 60 m teilt sich der Weg in drei Abzweigungen auf. Die Steinbrüche sind über den linken Abzweig (Hangweg) zu erreichen. K.: R 44 35 505, H 56 99 080.
Aufschlüsse: Im vorderen Steinbruch sind Gesteine des Diorit-Gneis-Komplexes mit darin intrudierten Mikrogranitgängen sowie hydrothermale Quarz-Hämatit-Mineralisationen aufgeschlossen.
Beschreibung: Der Bruch wird von den fein- bis mittelkörnigen Diorit-Gneisen des Diorit-Gneis-Komplexes eingenommen, die um ca. 345 Ma in die benachbarten Biotit-Plagioklas-Gneise intrudierten.

Die mittelkörnigen Diorit-Varietäten enthalten häufig Kalifeldspat und zeigen eine flaserige Textur. Daneben finden sich auch kompakte, von Kalifeldspat freie Dioritgneise. An einer freistehenden Felsklippe vor der westlichen Steinbruchwand kann die jüngere variszische Entwicklung des Kyffhäuserkristallins raumbildhaft rekonstruiert werden (Abb. 11.5).
Der Diorit-Gneis (Foliation: 355/75) wird hier von einer foliationsparallelen, 0,3 m breiten Mylonitzone durchzogen, die seitlich in allmählich weniger verformten Diorit-Gneisen ausklingt. Diese Mylonitzone zeigt, in Analogie zu den bereits beschriebenen Aufschlüssen, neben einer duktilen Verformung auch deutliche Anzeichen einer späteren kataklastischen Überprägung. Interne Scherflächen (synthetische Riedelflächen) und Scherlineare (Gleitrichtung = 275/25) belegen, dass die kataklastische Verformung in diesem Bereich mit sinistralen Schrägabschiebungen verbunden war. Im Hangendbereich des Aufschlusses tritt ein ungeschieferter Leukogranit-Gang (< 0,4 m) auf, welcher aber die gleiche kataklastische Überprägung wie das dioritische Rahmengestein zeigt. Dieser Gang wurde jedoch zusätzlich nochmals zerrissen und ist mit fiedrig angeordneten Quarztrümern durchsetzt, die eine steil nach N einsinkende Abschiebungs-Kaskade bilden. Die Öffnungsrichtung der Spalten ist an der Wachstumsrichtung von Mineralfibern im Gangquarz (185/12) erkennbar. Diese Struktur wurde wahrscheinlich während des Oberkarbons/Perms gebildet und wird noch von einer flach nach SW einfallenden, Top-NNE gerichteten Überschiebung zerschnitten. Letztere ist wahrscheinlich das Resultat der jungmesozoischen Überschiebungstektonik, die am nördlichen (Kyffhäuser) und auch am südlichen (Finne-Störung) Schollenrand der Hermundurischen Scholle auftritt.
An der N-Seite des vorderen Steinbruches wird der Dioritgneis von einer in WNW-ESE Richtung streichenden Störungszone durchschnitten, die aus einer eng gebündelten Schar von nach SSW einfallenden Abschiebungen besteht. Kleine Fiedertrümer und diagonal nach W eintauchende Bewegungsspuren belegen, dass es sich dabei um diagonale Schrägabschiebungen handelt. Hydrothermale Alteration im Bereich dieser Abschiebungszonen führte zur Kaolinisierung/Illitisierung von Feldspäten, zur Bleichung von Biotiten, sowie zur Chloritisierung von Hornblenden. Zudem findet man spärliche Mineralisationen von Quarz-Hämatit, Kupferkies und Karbonat-Baryt.

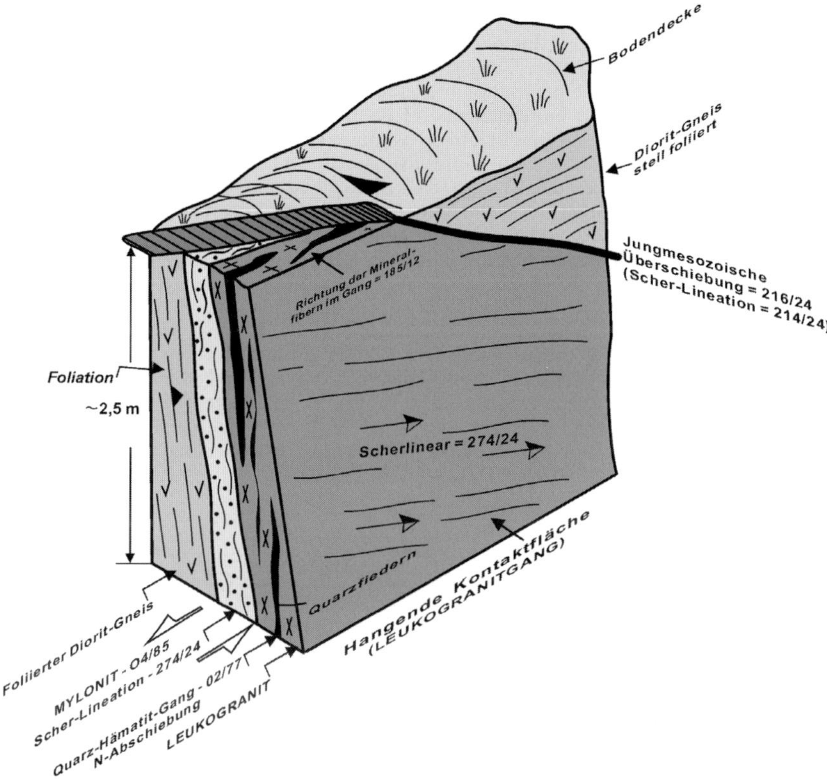

Abb. 11.5: Steinbruch oberes Steintal, 400 m E der Rothenburg (vorderer Steinbruch). Vom Parkplatz (mit Schutzhütte) nach ESE. Nach ca. 60 m linken Abzweig benutzen (Hangweg), nach weiteren 20 m erreicht man im Steinbruch eine stehen gebliebene Felsklippe. K.: R 44 35 505, H 56 99 080. Diorit-Gneis-Komplex mit Mikrogranitgängen und Quarz-Hämatit-Mineralisationen. Geol. Aufnahme: Franzke.

A11/6

Lage: Steinbrüche an der W-Seite des oberen Steintals, N-Steinbruch. Dieser schließt sich unmittelbar an den S-Bruch an. K.: R 44 35 520, H 56 99 200.
Aufschluss: Diorit-Gneis-Komplex, Scherzonen, Leukogranit-Gänge und hydrothermale Alteration.
Beschreibung: In den gut zugänglichen Wänden des N-Bruchs sind WSW-ENE bis E-W streichende, körnige Biotit-Hornblende-Plagioklas-Gneise (Diorit-

Gneis) aufgeschlossen, die relativ stark durchgeschiefert (foliiert) sind und bereichsweise eine intensive Blastese von rot gefärbten Plagioklasen aufweisen.

Die Blastese wird von einer klein dimensionierten Verfaltung (Intrafolialfaltung mit teilweise abgescherten Faltenschenkeln) überdauert. Steil einfallende, foliationsparallele Scherzonen, die graduell in die weniger verformten Rahmengesteine übergehen, enthalten Plagioklase und Kalifeldspäte, die im Dünnschliff eine dynamische Rekristallisation zeigen. Dies belegt, dass die Mylonitzonen bei Temperaturen über 500 °C angelegt wurden. Das zusätzliche Vorkommen von retrograden Mineralen wie Chlorit (nach Biotit und Hornblende) und Epidot (nach Plagioklas) zeigt zudem an, dass die Mylonitzonen später nochmals unter grünschieferfaziellen Rahmenbedingungen bei 300°–400°C aktiviert wurden (semiduktil-kataklastisch).
Die Dioritgneise werden im Steinbruch von einer großen Anzahl von sich verzweigenden Leukogranitgängen durchsetzt, die unterschiedlich orientiert sind. In vielen Fällen durchschneiden diese Gänge das Gneisgefüge, streckenweise folgen sie aber auch der Foliation, da diese eine wirksame mechanische Vorzeichnung im Gesteinskörper darstellte. Stellenweise wurde dabei das Foliationsgefüge des Rahmengesteins von den Leukogranitgängen übernommen. Die Verbandsverhältnisse zeigen, dass Apophysen der Leukogranitgänge in die steil einfallenden Scherzonen eindrangen oder diese spitzwinklig schneiden (Abb. 11.6).

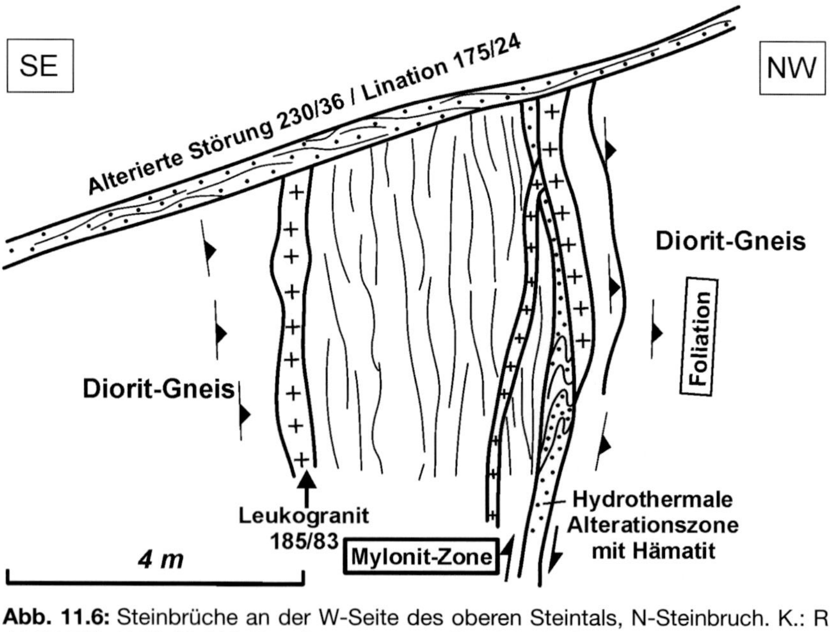

Abb. 11.6: Steinbrüche an der W-Seite des oberen Steintals, N-Steinbruch. K.: R 44 35 520, H 56 99 200. Detail vom unteren Bereich der Bruchwand. Diorit-Gneis-Komplex mit foliationsparalleler Zerscherung, darin eindringende Leukogranitgänge und abschließende hydrothermale Alteration. Geol. Aufnahme: Franzke.

Die Leukogranitgänge sind nicht mehr verformt. Sie postdatieren somit die foliationsparallel verlaufenden Mylonit- und Kataklase-Zonen, die wahrscheinlich im Zuge der variszischen Kollision und der damit verbundenen Heraushebung des Kyffhäuser-Kristallins gebildet wurden. Ferner lassen sich im Steinbruch hydrothermale Alteration und Mineralisation beobachten, die an steile und auch an flacher einfallende Flächen gebunden sind. Diese Flächen verwerfen die Leukogranitgänge z. T. um dm- bis m-Beträge. Das Alter dieser Strukturen kann im Steinbruch nicht eingeordnet werden (spätvariszisch bis mesozoisch).

A11/7

Lage: Kleiner Steinbruch im W der besuchten beiden Steinbrüche im oberen Steintal. Der Aufschluss ist vom N-Steinbruch (Aufschluss 11/6) aus über einen 300 m langen bogenförmig verlaufenden Wanderpfad nach N, um den Bergsporn herum, zu erreichen. K.: R 44 35 450, H 56 99 250.
Aufschluss: Leukogranit-Gang , diskordant aufsitzend im Diorit-Gneis.
Beschreibung: Der bis 8 m mächtige Leukogranit-Gang ist spitzwinklig in die steil foliierten Diorit-Gneise (Foliation: 345°/70°–90°) eingedrungen. Am hangenden Kontakt (165/40) ist eine feinkörnige Randzone erkennbar,

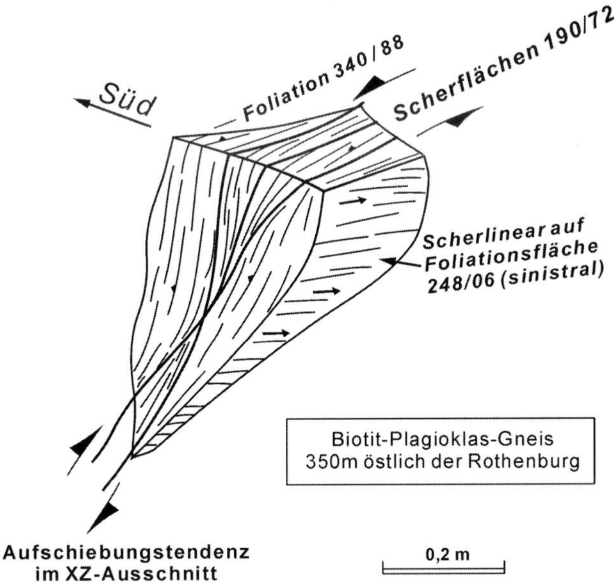

Abb. 11.7: Kleiner Felsanschnitt in Biotit-Plagioklas-Gneis, Lage siehe vorstehenden Text (K.: R 44 35 250, H 56 99 300). Auf den Foliationsflächen dieser Gneise ist sinistrale Zerscherung der Gneise ausgeprägt. Geol. Aufnahme: Franzke.

wogegen im Kernbereich des Ganges bis zu 5 mm große Quarze und Kalifeldspäte auftreten. Glimmer sind selten. Der Granitgang ist mit den einrahmenden Ortho-Gneisen fest verschweißt. Zugspannungen, die bei der Kristallisation und Abkühlung der Granit-Schmelze wirksam waren, generierten ein orthogonales Kluftmuster, welches eine enge quaderförmige Absonderung ermöglichte.

Dem nun undeutlich werdenden, bogenförmigen Pfad nach S folgend, erreicht man nach ca. 120 m wieder den Ausgangspunkt am Parkplatz (mit Schutzhütte) im E der Rothenburg. Wenn man ca. 100 m vor Erreichen des Parkplatzes vom Pfad nach rechts (NW) abbiegt, stößt man auf einem nach N führenden Bergrücken mehrere kleine Felsklippen, die aus Biotit-Plagioklas-Gneisen bestehen.
Abb. 11.7 zeigt einen kleinen Felsanschnitt aus diesem Bereich (K.: R 44 35 250, H 56 99 300). Auf den Foliationsflächen der Gneise ist die bereits erwähnte sinistrale Zerscherung der Gneise deutlich ausgeprägt.

A11/8

Lage: Vom Parkplatz Rothenburg folgt man nun dem Hauptwanderweg (blaues Kreuz als Symbol) nach ESE. An der erwähnten Weggabelung (nach ca. 60 m) nimmt man nun dem rechten Abgang (links geht es zu den bereits besuchten Steinbrüchen im oberen Steintal). Der Wanderweg verläuft ca. 10–20 m oberhalb der nahezu horizontal liegenden Diskordanzfläche zwischen dem Kristallin und den auflagernden Molassesedimenten des Oberkarbons (= Landoberfläche des Stefans). Die Grenze ist durch einen Gefälleknick des Hangs wenige Meter unterhalb des Hauptwanderwegs klar zu verfolgen (Wasseraustritte). Nach ca. 700 m auf dem Wanderweg erreicht man eine kleine Schutzhütte. Hier biegt man links ab und folgt dem Weg, der Hang abwärts führt. Nach ca. 60 m stößt man an einer Weggabelung (links ins Steintal, rechts ins Borntal) auf eine trichterförmige Schachtpinge mit Haldenauswurf. K.: R 44 35 325, H 56 98 815.
Aufschluss: Verwurf von Gneisen gegen Molasse-Sedimente.
Beschreibung: Eine Störung, ausgekleidet mit hydrothermaler Gangmineralisation, verwirft das kristalline Grundgebirge gegen Oberkarbon-Sedimente auf der Südseite der Störung (10–20 m Vertikalverschiebung). Die störungsgebundene Gangstruktur (WNW-ESE, Einfallen steil SSW) wurde durch einen Schurfschacht untersucht. Der Haldenauswurf enthält Bruchstücke des Ganginhaltes (Quarz, Karbonate, etwas Baryt, Kupferkies und Hämatit). An dieser Stelle wurden in den 1950er Jahren Erkundungsarbeiten auf Baryt durchgeführt. Baryt-Bergbau erfolgte jedoch nur im westlichen Teil des Kyffhäusers (Grube „Krummer Weg“ im Tannenbergstal). Er wurde um 1960 eingestellt.

A11/9

Lage: Von Aufschluss 11/8 geht es in einer Talkerbe ca. 120 m nach ESE, bis man auf einen Querweg oberhalb der Steinbrüche des oberen Borntals (W-Seite des Borntals) trifft. In Richtung NNE erreicht man auf diesem Weg nach 30 m Felsanschnitte direkt am Weg, K.: R 44 36 100, H 56 98 815. Folgt man dem Weg weiter nach NNE, findet man weitere Felsanschnitte.

Aufschlüsse: Das Profil zeigt alterierte Syenit/Granit-Gneise mit flach nach SE einfallenden duktil-kataklastischen Scherzonen, gefolgt von Diorit-Gneisen und weiteren Syenit-Gneisen.

Beschreibung: Der vordere (südliche) Teil des Aufschlusses besteht vorwiegend aus stark alterierten Granit- und Syenit-Gneisen des Borntal-Intrusiv-Komplexes. Weiterhin treten vereinzelt Dioritgneis-Körper auf. Letztere sind wahrscheinlich bei der Intrusion der Granite/Syenite des Borntal-Intrusiv-Komplexes in das dioritische Rahmengestein eingeschleppt worden.

Die Granit- und Syenit-Gneise werden von steil nach SW und NE einfallenden dextralen Schrägverschiebungen durchtrennt, von denen die hydrothermale Alteration der Gneise ausging (Abb. 11.9).

Die intensive Rotfärbung der anstehenden Gesteine hat eine andere Ursache. Sie ist das Produkt einer sekundären Hämatit-Infiltration, die von der unterpermischen Landoberfläche ausging, welche unmittelbar über dem heute erodierten Aufschlussbereich verlief. Im nördlichen Bereich des Aufschlusses werden die Granitgneise von mehreren, flach nach SE einfallenden Kataklasezonen durchsetzt, welche älter als die steilen Abschiebungen sind und „bretterstapelartig" aufeinander folgen. Diese Kataklase-Zonen enthalten massenhaft Chlorite als Neubildungen, welche durch die retrograde Alteration aus Biotiten entstanden. Stellenweise sind die Ränder Kataklasit-„Bretter" in kleine WSW-ENE streichende Schleppfalten gelegt. Di-

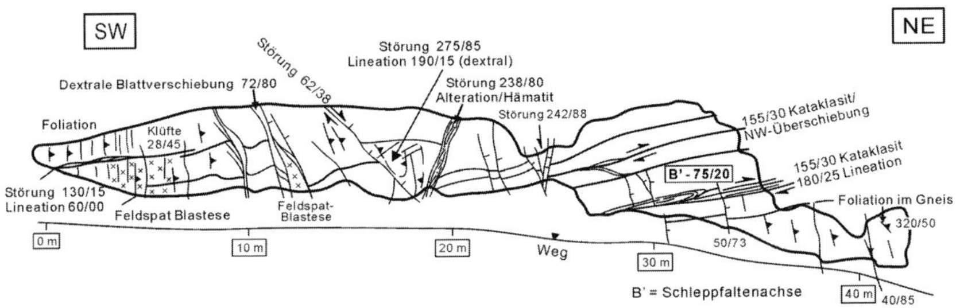

Abb. 11.9: Hangweg oberhalb der Steinbrüche des oberen Borntals (Westseite) K.: R 44 36 100, H 56 98 815. Alterierte Syenit-/Granit-Gneise mit flach nach SE einfallenden duktil-kataklastischen Scherzonen, im N-Bereich Diorit-Gneise und Syenit-Gneise. Geol. Aufnahme: Franzke.

ese sowie N-S verlaufende Gleitspuren auf den flachliegenden Störungsbrettern ergaben, dass es sich um N-vergente Kleinüberschiebungen handelt. Diese könnten während einer späten Phase der variszischen konvergenten Tektonik unter oberkrustalen (epizonalen) Bedingungen gebildet worden sein.
Weiter auf dem Weg in Richtung NNE folgen kleinere Weganrisse, an denen frischere Syenit-Gneise zu finden sind. Es handelt sich dabei um ein grobkörniges, rötliches Gestein, das sehr reich an Kalifeldspat ist und eine deutliche Foliation zeigt, welche durch Biotite, seltener durch Hornblenden nachgezeichnet wird.

A11/10

Lage: Von A11/9 zurück nach SSW bis zum Ende der Absperrung des Steinbruchs auf der linken (bruchwärtigen) Seite des Weges, dann 90° nach links abwärts ins Borntal einbiegen. Nach einer weiteren Linkskurve erreicht man nach ca. 20 m linker Hand einen kleinen Steinbruch. K.: R 44 36 100, H 56 98 810.
Aufschluss: Grobkörniger schlieriger Diorit mit Gängen von Granit (Granit-Gneis).
Beschreibung: Direkt am Weg befindet sich ein kleiner Steinbruch, in dem ein grobkörniger Diorit aufgeschlossen ist, der von flach liegenden Granit-(Gneis)-Gängen durchschnitten wird, die einen scharfen Kontakt zum Diorit aufweisen.

Der Diorit zeigt eine schlierige Textur, die durch eine unregelmäßige, z. T. wolkige Verteilung von Hornblende und Quarz-Feldspat (Kfs und Pl)-reichen Domänen hervorgerufen wird. Die Anteile an mafischen und felsischen Bestandteilen wechseln dabei sehr rasch und unregelmäßig. Eine Foliation ist kaum feststellbar. Bei dem schlierigen Diorit handelt es sich sehr wahrscheinlich um ein hybrides magmatisches Gestein. Eine basische Schmelze wurde mit einer sauren Schmelze unvollständig vermischt. Dieser Diorit ist älter als der Granit-(Gneis), was die Durchschneidung des Diorits durch Granit belegt. Radiometrische Altersdatierungen ergaben jedoch nahezu identische Alter für beide Gesteine (ca. 337 Ma). Die Granit-(Gneis)-Gänge sind mit hoher Wahrscheinlichkeit Apophysen des grauen Granit-(Gneises), der in dem größeren Steinbruch ca. 50 m westlich, also unmittelbar hinter dem beschriebenen Aufschluss, ansteht. Der schlierige Diorit wird von steilstehenden kataklastischen Scherzonen durchsetzt, deren Flächeninventar mit Chlorit belegt ist.

A11/11

Lage: Auf dem Waldweg weiter Tal abwärts in das untere Borntal. Nach ca. 150 m erreicht man auf der rechten Seite die Sohle eines verwachsenen größeren Steinbruchs.
Aufschluss: graue Granit-Gneise, porphyrische Granite, schlierige Diorite. (K.: R 44 36 360, H 56 98 835).
Beschreibung: Die hellgrauen bis rötlichen Granit-Gneise sind fein- bis mittelkörnig und zeigen eine engständige Foliation (< 1 mm). Diese Granit-Gneise haben mitunter fließende Übergänge zu Kalifeldspat-porphyrischen Graniten.

Die bogig verlaufende, um W-E streichende Foliation fällt steil nach S ein und wird von Hellglimmern nachgezeichnet. An der Ostwand ist ein grobkörniger Diorit aufgeschlossen (wie in Aufschluss 11/10), der neben cm-großen Hornblende-Kristallen auch mm-große Titanite enthalten kann.

Von hier geht es den Hohlweg abwärts bis zum Ausgang des Borntals am N-Rand des Kyffhäusers. Dann biegt man nach ESE ab und folgt einer beschotterten Fahrstraße, bis man nach ca. 1,3 km die Jugendherberge Kelbra erreicht. Von hier folgt man dem Fußweg am Waldrand weiter nach ESE, bis man nach ca. 400 m einen Taleinschnitt findet, der nach SSW zum W-Hang der Bärenköpfe führt. Auf dieser Strecke folgt man zunächst dem Ausstrich der N-Randstörung des Kyffhäusers gegen Zechstein/Mesozoikum des nördlichen Vorlandes (Goldene Aue). Beim Einbiegen nach S erreicht man den Bärenkopf-Granit.

A11/12

Lage: Bärenköpfe, Gipfelbereich und Westhang, Felsklippen (K.: R 44 37 750, H 56 98 510).
Aufschluss: Bärenkopf-Granit.
Beschreibung: Der Klippenzug auf den Bärenköpfen schließt großkörnige, in weiten Teilen porphyrische Granite auf, die eine relativ weitständige SW- bis WSW-streichende Foliation mit steilem NW-Einfallen (70°–85°) aufweisen. Die Foliationsflächen sind linksdrehend überschert, was an geschweiften Quarzen und rupturell zerbrochenen und verdrifteten Feldspatfragmenten („book-shelf structures") abgelesen werden kann.

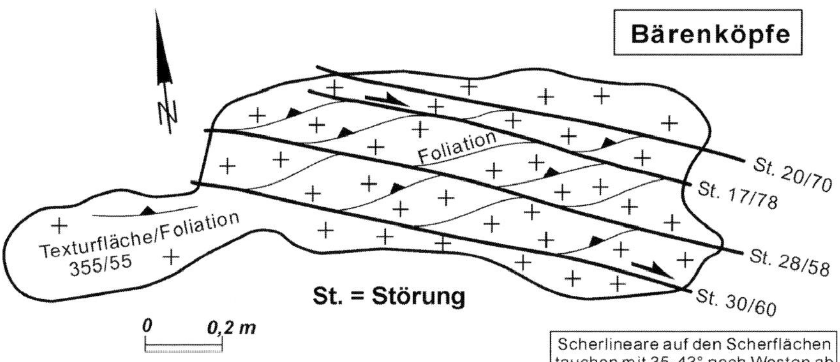

Abb. 11.12: Bärenköpfe, Felsklippen von Bärenkopf-Granit im Gipfelbereich und am Westhang. K.: R 44 37 750, H 56 98 510. Dextrale Zerscherung der foliierten porphyrischen Granite der Bärenköpfe. Geol. Aufnahme: Franzke.

Mit Annäherung an die heutige N-Randstörung des Kyffhäusers erfolgt ein Einschwenken der Foliationsflächen aus der SW- in die E-W-Richtung, also im Sinne einer dextralen Verschiebung/Verbiegung. Vereinzelt sind geringmächtige Pegmatit-Gänge (330/80) und Leukogranitgänge anzutreffen, die undeformiert und damit jünger sind. Sie schneiden die Foliation winklig. U-Pb-Zirkon-Altersdaten belegen, dass der Bärenkopf-Granit um 337 Ma intrudierte. K-Ar-Muskovit-Altersdaten von ca. 333 Ma zeigen zudem, dass der Granit unmittelbar nach seiner Intrusion unter 400 °C abgekühlt sein muss, was auf eine schnelle Hebung des Kristallins hinweist (variszische Exhumierungsphase).
Der Bärenkopf-Granit wird lokal von W-E bis WNW-ESE streichenden Störungen durchzogen, welche die Foliation verschleppen und in einzelnen Aufschlüssen sowohl als dextrale, als auch als sinistrale transpressive Störungen auftreten. Diese Störungen haben bereits einen räumlichen Bezug zur benachbarten Nordrandstörung des Kyffhäusers, sind aufgrund der noch duktil geprägten Verformung aber sicherlich noch variszischen Alters (Abb. 11.12). Dies ist ein Beleg für die Existenz einer Proto-Kyffhäuser-Störungszone.
Von den Bärenköpfen zurück zum Borntal und entweder auf dem Fahrweg am N-Rand des Kyffhäusers (Waldrand) entlang oder auf einem schattigen Hangweg 100 m südlich davon weiter nach W bis zu einem Rastplatz am Eingang des Steintals (hier freier Blick in die Goldene Aue und den Südharz).

A11/13

Lage: Kleiner Steinbruch im unteren Steintal, E-Seite, erreichbar vom Wanderweg am Nordrand des Kyffhäusers aus, nach ca. 250 m talaufwärts bis zu einer Wegkreuzung. Der Steinbruch folgt gleich oberhalb. K.: R 44 35 765, H 56 99 350.
Aufschluss: Diorit-Gneis, Mikrogranit-Gänge und hydrothermale Alterationszone (kurzer Stollen).
Beschreibung: Es ist ein Querprofil durch den nördlichen Übergangsbereich zwischen der Diorit-Gneis-Zone und der Biotit-Plagioklas-Gneis-Zone aufgeschlossen (Abb. 11.13).

Die mittelkörnigen Diorit-Gneise führen als Hauptbestandteile Plagioklase, Hornblenden und Biotite, hinzukommen etwas Kalifeldspat und Quarz. Sie zeigen eine steil nach NW einfallende Foliation mit einem ebenfalls steil nach NW eintauchenden Streckungs-/Scherlinear (330/65). Die Foliation wird durch geringmächtige Quarz-Feldspat-Mobilisate nachgezeichnet. Das Gneisgefüge wird von zahlreichen Leukogranitgängen diskordant durchsetzt, die ihrerseits an einer hydrothermal alterierten, steil stehenden Störungszone (180/90) abgeschnitten und um maximal 2 m (vertikale Komponente) treppenförmig nach S abgesenkt wurden. Eine 1–2 m breite ruptile Störungszone verläuft parallel zur 250 m entfernten N-Randstörung des Kyffhäusers und ist mit Quarz, Hämatit und sporadisch Baryt mineralisiert.
Von hier aus folgt man dem Weg im Steintal talaufwärts, wobei man mehrere große Felsklippen quert, die aus steil foliierten Diorit-Gneisen bestehen und in mehreren kleinen Steinbrüchen auch gewonnen wurden. An der Weggabelung im oberen Steintal biegt man dann nach rechts ab (Koordinaten des Wegkreuzes: R 44 35 655,

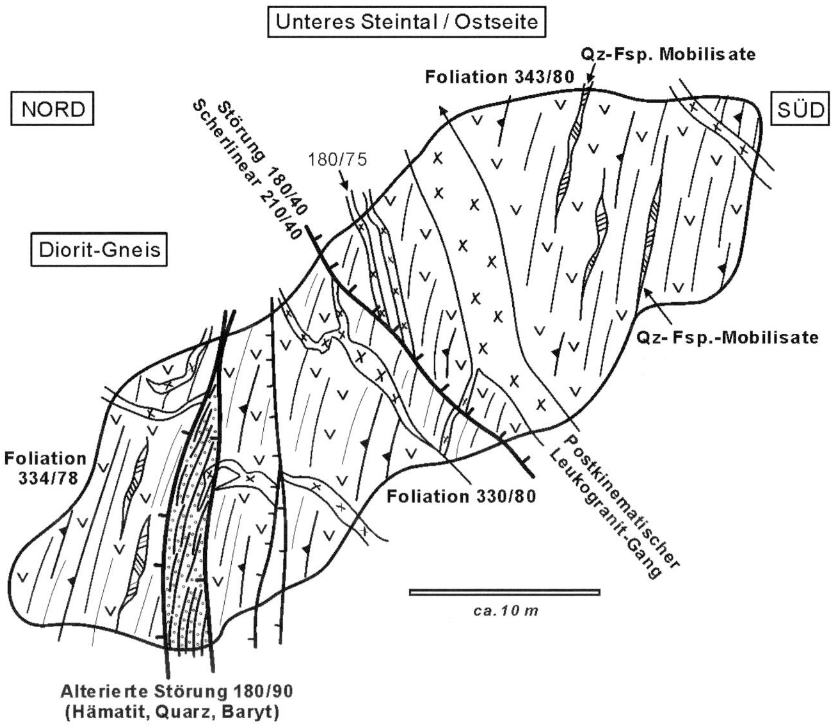

Abb. 11.13: Unteres Steintal, E-Seite, kleiner Steinbruch, K.: R 44 35 765, H 56 99 350. Diorit-Gneis, Mikrogranitgänge und hydrothermale Alterationszone (kurzer Stollen). Geol. Aufnahme: Franzke.

H 56 99 230) und erreicht nach ca. 500 m den Ausgangspunkt der Fußexkursion am Parkplatz östlich der Rothenburg. Alternativ kann man dem Wanderweg vom Steinbruch A11/13 aus nach W weiter folgen und erreicht nach ca. 1,5 km den unteren Talausgang des Krummer Weg-Tals und damit die B 85.

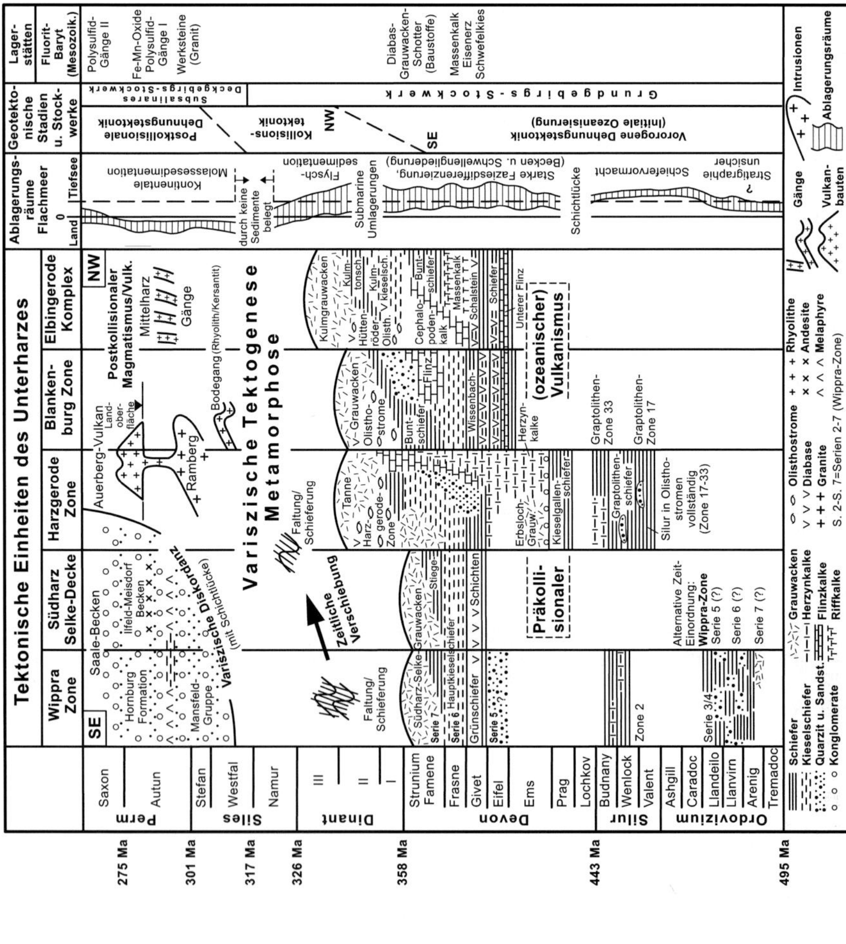

Abb. V11: Stratigraphische Tabelle Unterharz

Übersicht der im Geotop-Verzeichnis von Sachsen-Anhalt (Thomae et al. 2007) enthaltenen Aufschlüsse

Sortiert und nummeriert nach geologischen Messtischblättern			Geotop-Nr. Aufschluss, Gestein, Lagerung
Blatt 4129 Bad Harzburg			
Ilsenburg, SW-Ortsausgang, Steinbr., ehem.	4129/1	A1/4	Acker-Bruchbg-Quarzit/IlsesteinGr.
Brockengipfel, Hexenaltar, Teufelskanzel	4129/2	A1/12	Brocken-Granit, Dach-(Kern)-Granit
Ilsenburg, Felsburg Paternosterklippen	4129/3	S. 57	Ilsestein-Granit, grobkörnig Ilsenburg
Felsburg Ilsestein	4129/4	A1/5	Ilsestein Granit, drusig
Blatt 4130 Wernigerode			
Hasserode, Holtemme/ Mündung Gr.Sandtal	4130/3	S. 64	Ilsestein-Granit, Brocken-Biotitdiorit
Hasserode, Bielstein-Ch., W Silberner Mann	4130/4	A2/6	Brocken-Granit, grobkörnig/Hornfels
Felsturm Gebohrter Stein, Lochstein	4130/5	A2/8	Brocken-Granit, grobkörnig
Hasserode,Pinge/Mundloch, Aufgeklärt Glück	4130/6	A2/3L	ND, Quarzgang, BiCoNi-Mineralis
Hasserode, Steinerne Renne, Holtemmetal	4130/7	A2/7	Grube „Silberner Mann“, Quarzriff
Hasserode, Thumkulenstr. Kontors-Kopf, ND	4130/9	A2/6L	Granit-Apophyse, Quarzit-Hornfels
Drübeck, Klosterholz, Tagebau, ehem.	4130/10	A10/1	Werra-Anhydrit (A1) „Älterer Gips“
Blatt 4131 Derenburg			
Benzingerode-Heimburg, Aufrichtungszone	4131/3	A10/3	Subherzyn-Schichtrippen-Landschaft
Michaelstein, Teufelsbach, Weganschnitt	4131/4	A10/7-2	„Hans-Cloos-Aufschluss“

Michaelstein, Straße nach Oesig, Steinbruch	4131/5	A10/7-4	Disk. zw. mu2,3 u. Blankenburg-Fm.
Heimburg, Teufelsbach/ Schmerlenbach	4131/6	A10/7	Stollen, Halden, Heilerde-Grube
Michaelstein, Teufelsbad 2, Eingangszone	4131/9	S. 263	Gipsblock, Baugrubenfund

Blatt 4230 Elbingerode

Kahleberger Viehhöfe	4230/1	A3/3	Herzynkalk-Klippe
Elbingerode, Pinge „Großer Graben“	4230/3	A4/8	Eisen-Huterz, Keratophyrkegel
Trautenstein,Druidenstein	4230/5	A3/4	Mittelharz-Gang, Rhyolith
Königshütte OT Scheunenhof	4230/6	A4/16	Keratophyr-Schalstein-Tuff
Königshütte OT Neue Hütte, Stbr. Bastkopf	4230/7	A4/17	Schalstein-Lapillituff, Kalkstein
Königshütte OT Königshof, Stbr. Katzenberg	4230/9	A4/14	Kulm-Grauwacke, Sediment-Gefüge
Königshütte OT Königshof, Papenberg	4230/10	A4/13	Bodetal-Olisthostrom, Gefüge
Hasserode, Felsburg, Otto-Felsen, begehbar	4230/11	A2/9	Brocken-Granit, grobkörnig
Schierke, Feuersteinklippe, ND	4230/13	A2/12	Brocken-Granit, mikropegmatitisch
Drei-Annen-Hohne, Felsklippe Bärenklippe	4230/15	A2/9	Hornfels, Wissenbach-Formation
Wernigerode, Bushalt Bolmke, Steinbr. ehem.	4230/18	A2/5	Mittelharz-Gang, Andesit

Blatt 4231 Blankenburg

Altenbrak, Gr. Mühlental, Ensemble	4231/1	A6/3-1	Bodetal-Olisthostrom, Olistholithe
Hüttenrode, Garkenholz Blauer See	4231/2	A4/1-1	Farbenwechsel in Steinbruch-See
Rübeland, Höhlenrestaurant	4231/3	A4/4-2	Schlammhügel-Kalkstein
Kreuztal, Krockstein, Kalksteinmassiv	4231/4	A4/2-2	überkippte Lagerungsstrukturen
Kreuztal, Busstopp, Straßenanschnitte	4231/5	A4/2-1	Kulm-Grw. Schiefer, Lagerungsgefüge
Kreuztal, Steinbruch, Andesit	4231/6	A4/3-3	Mittelharz-Gang, Andesit, Lagerung

Rübeland, SW-Hang Bielstein, Riffkalk	4231/9	A4/5	Demergenz-Stadium, fossilreich
Eggeröder Brunnen, Klostergrd., Ibenklippe	4231/10	A4/26	Schalstein-Lagerhorizont-Kulm
Treseburg, Wilhelmsblick, Straßenanschnitt	4231/11	A6/23	Bodetal-Olisthostrom, Olistholithe
Altenbrak, Straßenanschnitt Bösenkleef	4231/12	A6/34	Bodegang-Rhyolith
Thale, Bodetal, Gewitterklippen	4231/13	A6/15-2	Xenolithe, Bodetalrhyolith
Blankenburg, Schichtrippe „Grossvater“	4231/14	A10/8	Heidelberg-Quader, Quarzzementiert
Rübeland, Hermannshöhle	4231/17-1	A4/4-1	Karst, Tropfsteine, Bärenreste
Rübeland, Baumannshöhle	4231/17-2	A4/4-2	Karst, Tropfsteine, Höhlenfauna
Eggeröder Brunnen, „Volkmarskeller“	4231/18	S. 137	Karsthöhle
Bärenfels, Denkmal-Sockel	4231/20	A4/4-2	Schlammhügel-Kalkstein
Neuwerk, Bodetal, Steinbrüche, ehem.	4231/21	A4/4-2,3	Metabasalte (Spilit,Diabas)

Blatt 4232 Quedlinburg

Bad Suderode, Kaltes Tal, Preuss. Saalstein	4232/2	S. 273	Ramberg-Granit, Kontakt
Bad Suderode, Kaltes Tal, Anhalt. Saalstein	4232/3	S. 273	Ramberg-Granit, Kontakt
Thale, Bodekessel, Ensemble	4232/6	A6/5-9	Ramberg-Granit, Kontakt
Treseburg, Taschengrund	4232/7	A6/13,15	Bodegang-Rhyolith
Thale, Werkbahneinschnitt, Buntsandstein	4232/9	A10/2	Calvörde-Fm., Rogenstein
Weddersleben, Aufrichtungszone, Königstein	4232/10	A10/10-1	Heidelberg-Sandst, Quarzzementiert
Bad Suderode, Kureinrichtungen, Pavillon	4232/19		Quell-Fassung, Behringer-Brunnen
Bad Suderode, Kaltes Tal, Kurpark	4232/20		Natrium-Calcium-Quelle

Blatt 4233 Ballenstedt

Ballenstedt, Schichtrippe, Gegensteine,	4233/6		Heidelberg-Fm., Quadersandstein

Blatt 4330 Benneckenstein

Trautenstein, Kahleberger Viehhöfe	4330/1	A3/3	Herzynkalk-Klippe
Tanne, B 242, SW-Giepenbachskopf, Steinbr.	4330/2	A3/2	Tanne-Formation, Grauwacke
Ilfeld, Netzkater, Möhrenrücken,Steinbrüche	4330/4		Südharz-Grauwacke
Trautenstein, Druidenstein, Kirch-Felsen	4330/5	A3/4	Mittelharzgang-Rhyolith
Sorge, B242-Anschnitte, Steinbruch, ehem.	4330/6	A3/1	Tanne-Formation, Plattenschiefer

Blatt 4331 Hasselfelde

Güntersberge, Teichdamm, Hanganschnitte	4331/1	A3/9	Herzynkalk-Olistolithe
Stiege, Schenkenberg, S-Hang, Anschnitte	4331/2	A3/7	Südharz-Decke, Metabasite
Stiege, B242,Hüttenberg/ Galgenberg, Anschn.	4331/3	A3/6-2	Harzgerode-Olisth./ Selke-Decke

Blatt 4332 Harzgerode

Harzgerode, Stbr. Schneckenberg, ND	4332/1	A7/6	Herzynkalk-Groß-Olistholith
Mägdesprung, Forstort Scheerenstieg	4332/2	A7/14	Herzynkalk-Profil
Alexisbad, Selke-Uferweg, Felsklippen	4332/4	A7/8	Tanne-Grauwacke, Kleinfalten
Mägdesprung, Schieferbruch, ND	4332/5	A7/11	Tanne-Plattenschiefer
Alexisbad, Habichtstein	4332/6	S. 189	Tanne-Grauwacke
Alexisbad, Mundloch Schwefelstollen	4332/7	A7/9	Grubenwasser-Abfluss
Siptenfelde, Erichsburg, Pingen	4332/10		Ramberg-Granit-Apophyse
Mägdesprung, Herzog-Alexis-Erbstollen	4332/13	A7/12	dorisch gestaltetes Stollenmundloch
Alexisbad, Adoph-Felsen	4332/14	A7/10	Tanne-Grauwacke, Großsattel

Blatt 4333 Pansfelde

Panzerberg	4333/1	R1	Silur, Graptolithen-Fundstelle

Selke-Mühle, Antoinetten-weg, Meiseberg	4333/2	A7/17	Selke-Decke, Meise-berg-Profil
Meisdorf, Selke-Tal, DJH Falken, Steinbruch	4333/8	A7/23	Selke-Grauwacke, Geröll-Lagen
Blatt 4334 Leimbach			
Harkerode, Burgruine Arnstein	4334/1	R2/3	Metabasit (Diabas)
Haltepunkt Gräfenstuhl-Klippmühle, Straße	4334/2		Klippmühl (Quarzit)Formation
Blatt 4431 Stolberg			
Blatt 4432 Schwenda			
Questenberg, Straße n. Hainrode, Brücke	4432/1	A9/1	Dinsterbach-Schwinde (Ponor)
Schwenda , Gr. Auerberg, S-Hang, Steinbr.	4432/2	A8/23	Felsit-Rhyolith
Blatt 4433 Wippra			
Wettelrode, Röhrig-Schacht, Kupferschiefer	4433/1	A9/4	Schaubergwerk, Museum, Pfad
Großleinungen, Hohe Marl, Steinbr., ehem.	4433/4	A9/1	Porphyrkonglomerat (Eisleben Fm.)
Wippra, Brombachtal, W-Hang	4433/5	A9/10	Phyllitschiefer, Quarzfalten
Wippra, Pferdeköpfe, Steinbruch, ehem.	4433/7	A9/8	Pferdeköpf-(Grün-schiefer)-Fm.
Blatt 4434 Mansfeld			
Blatt 4531 Heringen (Helme)			
Uftrungen, Thyratal, Heimkehle	4531/1	A8/1	Karsthöhle (Sulfat-gestein-Höhle)

Ortsregister im östlichen Harz und Kyffhäuser sowie Aufschlüsse, Steinbrüche und auflässige Bergwerke

Sachregister östlicher Harz und Kyffhäuser

(Fossilarten)

Sammlung geologischer Führer, lieferbare Bände

Format der Bände 42 bis 47: 11,2 x 16 cm, in Leinen gebunden, ab Band 48 im Format 19,5 x 13,5 cm, in flexiblem Kunststoff:

Band 42: Flügel, H.:
Das Steirische Randgebirge
1963. XVI, 160 Seiten, 15 Abbildungen,
4 Photos, 1 geol. Karte
ISBN 978-3-443-39044-0

Band 48: Richter, Dieter:
Aachen und Umgebung; [Nordeifel und Nordardennen mit Vorland.];
3., vollk. überarb. Aufl.
1985. 3. Auflage. XVI, 302 Seiten,
46 Abbildungen, 7 Tabellen,
7 Faltbeilagen, 10 Karten
ISBN 978-3-443-15044-0

Band 49: Richter, Max:
Vorarlberger Alpen; 2. veränd. Aufl.
1978. X, 171 S., 58 Abb., 2 Faltbeil.,
1 Karte
ISBN 978-3-443-15023-5

Band 50: Schröder, Bernt:
Fränkische Schweiz und Vorland;
3. Aufl. 1977, Nachdr. 1992
1992. VIII, 86 Seiten, 20 Abb.,
4 Faltbeilagen
ISBN 978-3-443-15004-4

Band 53: Purtscheller, F.:
Ötztaler und Stubaier Alpen;
2. veränd. Aufl.
1978. VIII, 129 Seiten, 21 Abbildungen,
1 Karte
ISBN 978-3-443-15022-8

Band 55: Richter, Dieter:
Ruhrgebiet und Bergisches Land;
[Zwischen Ruhr und Wupper.]
3. vollk. überarb. Aufl.
1996. VIII, 222 Seiten, 68 Abbildungen,
5 Tabellen, 5 Faltbeilagen, 11 Karten
ISBN 978-3-443-15063-1

Band 57: Streif, Hansjörg:
Das ostfriesische Küstengebiet;
[Nordsee, Inseln, Watten und Marschen.];
2. völlig neubearb. Aufl.
1990. 2. Auflage. VII, 376 Seiten,
48 Abbildungen, 10 Tabellen,
1 Faltbeilage
ISBN 978-3-443-15051-8

Band 58: Mohr, Kurt:
Harz. Westlicher Teil; 5. erg. Aufl.
1998. XII, 216 Seiten, 33 Abbildungen,
17 Tab., 1 Karte, 18 Routenkarten,
1 Routenübersicht
ISBN 978-3-443-15071-6

Band 59: Plöchinger, B.; Prey, S.:
Der Wienerwald; 2. völlig neu bearb. Aufl.; Red.: Schnabel, W.
1993. XIV, 168 Seiten, 28 Abbildungen,
3 Tabellen, 2 Faltbeilage
ISBN 978-3-443-15059-4

Band 62: Schreiner, Albert:
Hegau und westlicher Bodensee;
3. ber. Aufl. 2008
X, 90 Seiten, 22 Abb., 1 Tab.
ISBN 978-3-443-15040-2

Band 63: Labhart, Toni P.:
Aarmassiv und Gotthardmassiv
1977. XI, 173 Seiten, 22 Abb., 1 Tab.
1 Karte, 1 Faltbeilage
ISBN 978-3-443-15019-8

Band 64: Waldeck, Hans:
Die Insel Elba und die kleineren Inseln des Toskanischen Archipels; [Mineralogie, Geologie, Geographie, Kulturgeschichte.]; 2., verbesserte u. erweiterte Aufl.
1986. VIII, 216 Seiten, 82 Abbildungen, 8 Tabellen
ISBN 978-3-443-15046-4

Band 66: Sindowski, Karl-Heinz:
Zwischen Jadebusen und Unterelbe
1979. X, 145 Seiten, 15 Abbildungen, 13 Tabellen, 1 Faltbeilage
ISBN 978-3-443-15025-9

Band 67: Geyer, Otto F.; Gwinner, Manfred P.:
Die Schwäbische Alb und ihr Vorland; 3. verb. Aufl. 1984, unveränd. Nachdr.
1997. VI, 275 Seiten, 36 Abbildungen, 14 Tafeln, 1 Faltbeilage
ISBN 978-3-443-15041-9

Band 68: Grabert, Hellmut:
Oberbergisches Land; [Zwischen Wupper und Sieg]
1980. VIII, 178 Seiten, 65 Abbildungen, 2 Tabellen, 2 Faltbeilagen
ISBN 978-3-443-15027-3

Band 69: Pichler, Hans:
Italienische Vulkan-Gebiete III; [Lipari, Vulcano, Stromboli, Tyrrhenisches Meer]
1990. XIX, 272 Seiten, 53 Abb., 11 Tab., 4 Tafeln, 3 Faltbeil., 1 Karte
ISBN 978-3-443-15052-5

Band 70: Mohr, Kurt:
Harzvorland – westlicher Teil
1982. VIII, 155 Seiten, 30 Abbildungen, 12 Tabellen
ISBN 978-3-443-15029-7

Band 73: Plöchinger, Benno:
Salzburger Kalkalpen
1983. X, 144 Seiten, 34 Abbildungen, 3 Fossiltafeln, 1 geol. Karte, 2 Tabellen
ISBN 978-3-443-15034-1

Band 74: Rutte, Erwin; Wilczewski, Norbert:
Mainfranken und Rhön; 3. überarb. Aufl.
1995. VI, 232 Seiten, 65 Abbildungen, 3 Tabellen, 4 Tafeln, 1 Karte
ISBN 978-3-443-15067-9

Band 81: Rothe, Peter:
Kanarische Inseln; [Lanzarote, Fuerteventura, Gran Canaria, Tenerife, Gomera, La Palma, Hierro.]. 3. Auflage
2008. XVI , 338 Seiten, 100 Abbildungen, 13 Tabellen, 1 Beilage
ISBN 978-3-443-15081-5

Band 82: Schmidt-Thomé, Paul:
Helgoland; [Seine Dünen-Inseln, die umgebenden Klippen und Meeresgründe]
1987. X, 111 Seiten, 53 Abbildungen, 3 Faltbeilagen
ISBN 978-3-443-15049-5

Band 83: Pichler, Hans:
Italienische Vulkangebiete V; [Mte. Vúlture, Äolische Inseln II (Salina, Filicudi, Alicudi, Panarea), Mti. Iblei, Capo Pássero, Ustica, Pantelleria und Linosa]
1989. X, 271 Seiten, 56 Abbildungen, 7 Tabellen, 11 Tafeln, 6 Faltbeilagen
ISBN 978-3-443-15050-1

Band 84: Schneider, Horst:
Saarland; mit Beiträgen von Dieter Jung.
1992. X, 271 Seiten, 61 Abbildungen, 12 Tabellen, 1 Faltbeilage, 1 Karte
ISBN 978-3-443-15053-2

Band 85: Seidel, Gerd:
Thüringer Becken
1992. VII, 204 Seiten, 70 Abbildungen, 17 Tabellen, 2 Faltbeilagen
ISBN 978-3-443-15058-7

Band 86: Geyer, Otto F.:
Die Südalpen zwischen Gardasee und Friaul; [Trentino, Veronese, Vicentino, Bellunese]
1993. XIII, 576 Seiten, 175 Abb., 4 Tab.
ISBN 978-3-443-15060-0

Band 87: Beeger, Dieter; Quellmalz, Werner:
Dresden und Umgebung, 1994. VIII, 205 Seiten, 61 Abbildungen
ISBN 978-3-443-15062-4

Band 88: **Die deutsche Ostseeküste**; Hrsg.: Duphorn, Klaus; Kliewe, Heinz; Niedermeyer, Ralf-Otto; Janke, Wolfgang; Werner, Friedrich.
1995. VIII, 281 Seiten, 87 Abbildungen, 6 Tabellen, 1 Faltbeilage
ISBN 978-3-443-15065-5

Band 89: Meyer, Wilhelm; Stets, Johannes:
Das Rheintal zwischen Bingen und Bonn
1996. XII, 386 Seiten, 44 Abbildungen, 2 Faltbeilage
ISBN 978-3-443-15069-3

Band 90: Bachmann, Gerhard H.; Brunner, Horst:
Nordwürttemberg; [Stuttgart, Heibronn und weitere Umgebung]. 1998. XIV, 403 Seiten, 61 Abbildungen, 3 Tabellen
ISBN 978-3-443-15072-3

Band 91:
Ungarn; [Bergland um Budapest, Balaton-Oberland, Südbakony. Unter Mitarbeit von Pál Müller u. a.]; Hrsg.: Trunkó, László
2000. IX, 158 Seiten, 26 Abbildungen, 11 Photos, 1 Karte
ISBN 978-3-443-15073-0

Band 92: Groiss, Josef Th.; Haunschild, Hellmut; Zeiss, Arnold:
Das Ries und sein Vorland
2000. XII, 271 Seiten, 58 Abbildungen, 6 Tabellen, 4 Beilagen
ISBN 978-3-443-15074-7

Band 93: Prinz-Grimm, Peter; Grimm, Ingeborg:
Wetterau und Mainebene
2002. IX, 167 Seiten, 50 Abbildungen, 2 Tabellen, 1 Karte mit den Exkursionsrouten
ISBN 978-3-443-15076-1

Band 94: Geyer, Otto F.; Schober, Thomas; Geyer, Matthias:
Die Hochrhein-Regionen zwischen Bodensee und Basel, 2003. XI 526 Seiten, 110 Abbildungen
ISBN 978-3-443-15077-8

Band 95: Martens, Thomas:
Thüringer Wald
2003. X , 252 Seiten, 68 Abb., 17 Tab., 12 Photos, viele Routenkärtchen im Text
ISBN 978-3-443-15078-5

Band 96: Patzelt, Gerald:
Nördliches Harzvorland
2003. 182 S., 50 Abb., 1. Tab., 11 Exkursionsrouten
ISBN 978-3-443-15079-2

Band 97: Schneider, Gabi:
The Roadside Geology of Namibia
2. Aufl. 2008. X, 294 pages, 112 fig., 1 tab., 29 route descriptions
ISBN 978-3-443-15084-6

Band 98: Frisch, Wolfgang; Meschede, Martin; Kuhlemann, Joachim:
Elba, [Geologie, Struktur, Exkursionen und Natur] 2008.
VIII, 216 S., 24 Abb., 3 Tab., 104 Farbabbildungen
ISBN 978-3-443-15082-2

Band 99: Kuhlemann, Joachim; Frisch, Wolfgang; Meschede, Martin:
Korsika, [Geologie, Natur und Landschaft, Exkursionen]
2009. XII , 236 S., 37 Abb., 4 Karten, 103 Farbabb.
ISBN 978-3-443-15085-3

Band 100: Walter, Roland:
Aachen und südliche Umgebung
[Nordeifel und Nordost-Ardennen]
2010. VII, 360 S., 122 Abb.,
102 Farbabb., 12 Exkursionsrouten
ISBN 978-3-443-15086-0

Band 101: Walter, Roland
Aachen und nördliche Umgebung
[Mechernicher Voreifel, Aachen-Süd-limburger Hügelland und westliche Niederrheinische Bucht]
2010. VIII, 214 S., 76 Abb., 77 Farb-abb.,
7 Exkursionsrouten
ISBN 978-3-443-15087-7

Band 102: Günther, Dieter
Der Schwarzwald und seine Umgebung
2010. VI, 302 S., 85 Abb., 78 Farbabb.,
10 Tab.
ISBN 978-3-443-15088-4

Band 103: Eisbacher, G.H., Fielitz, W.
Karlsruhe und seine Region
2010. VI, 346 S., 34 Abb., 33 Farbabb.,
1 Tab.
ISBN 978-3-443-15089-1

Band 104: Franzke, H.J., Schwab, M.
Harz, östlicher Teil
[mit Kyffhäuser Kristallin]
2011. 326 S., 141 Abb., 5 Farbabb.,
11 Exkursionen
ISBN 978-3-443-15090-7

Band 105: Niedermeyer, R.-O., Lampe, R., Janke, W., Schwarzer, K., Duphorn, K., Kliewe, H., Werner, F.
Die deutsche Ostseeküste
2011. völlig neu bearbeitete Auflage,
VI, 360 S., 97 Abb., 20 Farbabb.,
17 Exkursionsrouten
ISBN 978-3-443-15091-4